SOJUS TM-19
SPACELAB D-1
SPACELAB D-2
SPACELAB-SIMULATOR
DLR
DLR
ARES V
ARES I

## Impressum



## Konzeption, Texte und Layout

Dr. Hans-Jürgen Schlicht Multimedia & Print Sinsheim und
Auto & Technik Museen Sinsheim und Speyer e.V.

## Druck

Vogel Druck, Höchberg

Unser herzlicher Dank gilt den Vereinsmitgliedern und allen Freunden des
Museums, die zum Gelingen dieses Werkes beigetragen haben.



**Wir bedanken uns bei allen Unternehmen und Institutionen, die diese Ausgabe unseres Museumsbuchs unterstützt haben:**

Alfred Kärcher Vertriebs-GmbH
AUDI AG
Autohaus Kobia GmbH
Baden-Württembergische Bank
Bernard & Graefe Verlag
Chem-Tools GmbH
Deutsche Lufthansa AG
Druckerei Ziegler GmbH & Co. KG
E.L. Immobilien GmbH
E+H Versicherungsmakler GmbH
EWR AG
Fachstätte historischer
Musikautomaten
FESTO AG & Co. KG
FIBRO GmbH
Frech GmbH
GIN TONIC SPECIAL Mode GmbH
GROB GmbH Antriebstechnik
Helmut Schön Baugesellschaft mbH
KoMota Solutions GmbH
Löser GmbH
Lutz Rogalla GmbH
Mercedes-Benz Museum
Messe Sinsheim GmbH
Metallbau Emmeln GmbH & Co. KG
Paul Pietsch Verlage GmbH & Co. KG
Radeberger Gruppe KG
Robert Bosch GmbH
ROBIN RUTH Germany
RPR 1 - Radio Rheinland Pfalz
Schäfer & Unger GbR
SCHOLPP AG
Spedition Kübler GmbH
Stadt Sinsheim
Stadt Speyer
Sunline Deckenstrahlungs-
heizungen GmbH
Verlagsgruppe Koehler / Mittler
Wilhelm Hönig & Sohn GmbH
Wilhelm Layher GmbH & Co. KG

# Technik
# MUSEUM SPEYER

TECHNIK
MUSEUM
SPEYER

# Inhalt

JOHN T. ESSBERGER
DGzRS

PELHOF
LUFTHANS

Lufthansa

D-AQUI
BERLIN-TEMPELHOF

# Das Technik Museum Speyer

Im Technik Museum Speyer können Sie Glanzstücke der Technikgeschichte in einer Vielfalt erleben, die absolut einzigartig ist. Neben zahllosen anderen Exponaten präsentiert das Museum:

- ein original russisches BURAN Space Shuttle, das über einen Steg aus nächster Nähe besichtigt werden kann
- APOLLO AND BEYOND - Die größte Ausstellung zur bemannten Weltraumfahrt in Europa
- eine begehbare Boeing 747 „Jumbo Jet"
- die John T. Essberger, ein begehbarer Seenotkreuzer der DGzRS
- eine Antonov 22 - Das größte Propellerflugzeug der Welt, begehbar
- die U-9, ein begehbares ehemaliges U-Boot der Bundesmarine
- über 70 Flugzeuge und Hubschrauber, davon viele begehbar, sowie 150 Auto- und Motorrad-Oldtimer aus allen Epochen
- 40 historische Feuerwehrfahrzeuge und 20 Lokomotiven
- das Museum Wilhelmsbau mit mechanischen Musikinstrumenten, Puppen, Moden, Uniformen etc.
- ein Marinemuseum und eine Modellbauausstellung
- wechselnde Sonderausstellungen zu den unterschiedlichsten Themen

# *The Technik Museum Speyer*

*At the Technik Museum Speyer you can enjoy highlights of technological history in an absolutely unique variety. Besides countless other exhibit items the museum presents:*

- *a genuine Russian BURAN space shuttle, which can be visited as close as possible by a gangway*
- *APOLLO AND BEYOND - The largest exhibition covering manned space flight in Europe*
- *a fully accessible Boeing 747 "Jumbo Jet"*
- *the John T. Essberger, a rescue cruiser of the DGzRS which can be completely visited*
- *an Antonov 22 - The world's largest propeller plane; fully accessible*
- *the U-9, a fully accessible submarine of the German navy*
- *more than 70 aircraft and helicopters, 10 of them fully accessible, and 150 vintage cars and motorcycles from all eras*
- *40 historical fire engines and 20 locomotives*
- *the Museum Wilhelmsbau with automatic musical instruments, dolls, fashion, uniforms etc.*
- *a maritime museum and a model exhibition*
- *changing special exhibitions covering the most diverse subjects*

technik-museum.de/video/speyer

SHELL
Essolub

## Die Liller Halle

Die denkmalgeschützte Liller Halle des Technik Museum Speyer ist ein markantes Beispiel der Industriebaukunst zwischen Jahrhundertwende und 1. Weltkrieg. Das historisch wertvolle Bauwerk, das zurecht als das größte Exponat des Museums angesehen werden kann, hat eine im wahrsten Sinne des Wortes bewegte Vergangenheit hinter sich:

- Erbaut 1913 in Lesquin / Lille für die Firma Thomson, Houston
- Abgebaut während des 1. Weltkriegs durch deutsche Truppen
- Transport nach Speyer und Wiederaufbau für die Pfalz-Flugzeugwerke, die hier 2.500 Flugzeuge fertigte
- Nach dem 1. Weltkrieg bis 1930 erfolgte eine Nutzung durch französische Truppen
- Von 1937 bis Anfang 1945 diente sie den Flugzeugwerken Saarpfalz als Werkstatt für alle gängigen Flugzeugtypen
- Von März 1945 bis 1984 kam es erneut zu einer militärischen Nutzung durch französische Truppen

Im August 1990 begannen die Renovierungsarbeiten durch das Technik Museum Speyer. Am 11. April 1991 wurde das Gebäude als Ausstellungshalle in Betrieb genommen. Heute beherbergt die lichtdurchflutete Halle einen großen Teil der Ausstellungsstücke des Museums, darunter Automobile, Feuerwehrfahrzeuge, Lokomotiven und, natürlich, viele Flugzeuge.

*The "Liller Halle", classified as a historical monument, is an impressive example of industrial architecture between the turn of the century and World War I. The building of great historic value, which can rightly be considered the largest exhibit item of the museum, can look back on a moved history in the true sense of word:*

- *Built in 1913 at Lesquin / Lille for the Thomson Co., Houston*
- *Dismantled by German troops during World War I*
- *Transport to Speyer and reconstruction for the airplane makers Pfalz-Flugzeugwerke which built 2,500 planes at these premises*
- *After World War I the building was used by the French army up to 1930*
- *From 1937 until early 1945 the airplane makers Saarpfalz used it as a workshop for all common types of planes*
- *From March 1945 through 1984 it was once more used by French troops*

In August of 1990 renovation work was commenced by the Technik Museum Speyer. Grand opening of the building as an exhibition hall was on 11 April 1991. Today, the light flooded hall houses a major portion of the exhibit items of the Technik Museum Speyer including automobiles, fire engines, locomotives and, of course, many airplanes.

# Wie aus einer Ruine ein Schmuckstück wurde

## *How a ruin was turned into a jewel*

Werner Schineller, bis 2010 Oberbürgermeister der Stadt Speyer

*Werner Schineller, up to 2010 Lord Mayor of the City of Speyer*

Was in den vergangenen Jahren aus dem Technik Museum Speyer geworden ist hätte ich 1989, als ich zusammen mit Eberhard Layher erstmals über das gerade vom Bundesgrenzschutz aufgegebene, brachliegende Gelände ging, nicht zu träumen gewagt.

Zusammen besichtigten wir die 1915 errichtete Liller Halle, die sich ebenso wie die meisten anderen Gebäude des Areals in desolatem Zustand präsentierte. Etwas skeptisch war ich schon, als mir Eberhard Layher, dessen Sinsheimer Museum damals an die Grenzen seiner räumlichen Kapazitäten gekommen war, seine kühnen Pläne für einen weiteren Museumsstandort gestenreich erläuterte.

Aber ich merkte auch, dass hier ein Mann von einem besonderen Unternehmergeist ans Werke gehen wollte, der, mit der Unterstützung seiner ebenso unermüdlichen Frau Margot, von seinem Vorhaben durch und durch überzeugt war. Nachdem ich ihm die Idee, nicht nur das ehemalige Kasernengelände für das neue Museum zu kaufen, sondern auch gleich noch den Alten Hafen zu erstehen, ausreden konnte, machte sich Eberhard Layher im Juni 1990 mit seinen Helfern auch sofort ans Werk, seine Vision vom Technik Museum Speyer umzusetzen.

Keine zweite Auflage des Sinsheimer Hauses, keine „Dependance" – worauf auch die Stadt Speyer sehr viel Wert legte – sollte das neue Technik Museum Speyer werden, sondern etwas Eigenständiges, Unverwechselbares. In den folgenden Monaten wunderte sich die Speyerer Presse, mit welchem Tempo auf der Baustelle, von der 500 Lastwagenladungen Müll und Schutt hatten entfernt werden müssen, gearbeitet wurde: „In der Liller Halle laufen die Arbeiten auf Hochtouren. Kilometerweise werden Kabel verlegt, hoch oben unterm Dach der Halle basteln Handwerker an der Installation der Beleuchtung. Mit Sprühgeräten wird die Farbe aufgetragen. Eine Baustelle, wie man sie sich vorstellt.", schrieb die „Speyerer Tagespost".

Mit der feierlichen Eröffnung des Technik Museum Speyer am 11. April 1991 konnte nicht nur eine beeindruckende Schau von etwa 100 historischen Automobilen, Motorrädern, Lokomotiven und Flugzeugen gezeigt werden – es wurde auch ein wichtiges städtebauliches und denkmalpflegerisches Ziel verwirklicht: der Erhalt der denkmalgeschützten „Liller Halle", in der einst die „Pfalz-Flugzeugwerke" ihre Maschinen zusammenschraubte. Bis heute ist sie das Herz des so rasant gewachsenen Museums, das in den Folgejahren Dank seines riesigen Freigeländes – das Museumsareal umfasst heute über 150.000 Quadratmeter Frei- und 25.000 Quadratmeter Hallenfläche – immer wieder mit den außergewöhnlichsten Exponaten aufwarten konnte, die durch international Aufsehen erregende logistische Meisterleistungen ihren Weg nach Speyer fanden.

So etwa das Unterseeboot „U9" der Bundesmarine mit einer Länge von 46 Metern und einem Gewicht von 466 Tonnen, das 1993 auf dem Rhein nach Speyer kam. Oder die „Antonov 22", das mit einer Spannweite von 64 Metern und einer Länge von 58 Metern bis heute größte in Serie gebaute Propellerflugzeug der Welt. 1999 landete ein russischer Pilot mit dem riesigen Flugzeug auf dem Speyerer Flugplatz, eine fliegerische Glanzleistung. Oder 2002 der „Jumbo Jet" der Lufthansa, der bis heute das einzige Flugzeug dieser Art ist, das zerlegt, an einen Ort außerhalb eines Flugplatzes transportiert und wieder zusammengebaut wurde. Auf ihrem riesigen Stahlgerüst ist die „Boeing 747" neben dem Dom ein weiteres Wahrzeichen unserer Stadt geworden. 2008 schließlich wurde mit der russischen BURAN gar ein Raumschiff von Bahrain über das offene Meer nach Rotterdam und von dort rheinaufwärts nach Speyer transportiert - ein Medienereignis ersten Ranges.

Eine ähnlich glückliche Hand wie beim Aufbau des Technik Museum Speyer bewiesen die Layhers mit der Eröffnung des IMAX DOME Filmtheaters 1997 und des „Museum Wilhelmsbau" im Jahr 2000. Die behutsame Restaurierung des aus seinem Dasein als Ruine geretteten, einstigen Bürogebäudes der „Pfalz-Flugzeugwerke", in dem als „Museum im Museum" mechanische Musikinstrumente, Moden des 18. und 19. Jahrhunderts, Künstlerpuppen sowie historische Waffen und Uniformen gezeigt werden, ist ebenfalls ein Glücksfall für unsere Stadt.

Der Unternehmergeist, der Wagemut und das Engagement der Familie Layher in Speyer sind inzwischen eine 20 Jahre alte Erfolgsgeschichte. Als Attraktion und Besuchermagnet für Gäste aus Nah und Fern stellt das Technik Museum Speyer mit all seinen Einrichtungen heute zusammen mit dem Historischen Museum der Pfalz und vielen anderen kleinen aber feinen Museen und Gedenkstätten der Stadt ein Ensemble des „Kulturellen Gedächtnisses" dar, wie es kaum eine andere Stadt unserer Größe aufweisen kann.
Für ihre Leistung gilt der Familie Layher und den vielen helfenden Köpfen und Händen, die beim Wachsen und der Weiterentwicklung des Technik Museum Speyer in den letzten zwei Jahrzehnten mitgewirkt haben, großer Dank und höchste Anerkennung.

*In 1989, when I visited the bare land that had just been abandoned by the German Federal Border Guard together with Eberhard Layher for the first time I would not have dared to dream what was to become of the Technik Museum Speyer in the years since gone by.*
*Together we toured the Liller Halle built in 1915 which, like most of the other buildings on site, was in desolate condition. I admit that I did have my doubts when Eberhard Layher, whose museum at Sinsheim had reached the limits of its spatial capacity, explained his bold plans for the site of a further museum with verve and feeling.*
*But I also noticed that a man of great entrepreneurial spirit was going to set to work here who, with the help of his wife Margot, indefatigable like himself, was thoroughly convinced of his plans. After I had succeeded in talking him out of not only buying the area of the former barracks for his new museum but to acquire the Old Harbour as well, Eberhard Layher, together with his helpers, promptly started to realize his vision of the Technik Museum Speyer in June of 1990.*
*The Technik Museum Speyer was not to become a second version of the museum in Sinsheim, nor a branch of it - and the City of Speyer attached great importance to that - but something of autonomy and distinction. In the course of the following months the press of Speyer was puzzled by the speed of the activities at the construction site from which 500 truck-loads of rubbish had first to be removed: "Work is running at full speed in the Liller Halle. Miles of wire have been laid, high up under the hall's roof workers are installing the lighting. Paint is applied with spray guns. A building site par excellence", thus an article in the "Speyerer Tagespost".*
*With the grand opening of the Technik Museum Speyer on 11 April 1991 it was not only possible to show an impressive exhibition of about 100 historic automobiles, motorbikes, locomotives and aeroplanes - an important aim of urban development and preservation of historical monuments had been achieved as well: the preservation of the industrial building "Liller Halle", classified as a historical monument, which was once used by the "Pfalz-Flugzeugwerke" for the assembly of their aircraft. Up to this day that hall is the heart of this rapidly growing museum which owing to its huge open-air grounds – the museum now has an expanse of 150.000 m² open-air grounds and 25.000 m² indoor area – can time and again offer exhibits which found their way to Speyer as a result of masterfully executed transports.*
*Examples are the submarine "U9" of the German Federal Navy with a length of 46 meters and a weight of 466 tons that came to Speyer on the river Rhine in 1983, or the "Antonov 22", with a wing-span of 64 meters and a length of 58 meters up today the largest series produced propeller aircraft of the world. In 1999 a Russian pilot touched down with the giant plane at the Airfield Speyer, a brilliant feat of aviation. Or in 2002 the "Jumbo Jet" of the Lufthansa which, up to this day, is the only wide bodied aircraft that was disassembled, transported to a place outside of an airport and then reassembled again. On her giant steel scaffolding the "Boeing 747" has become a further landmark of our city, besides the imperial cathedral. In 2008 finally even a space shuttle was brought to Speyer, the Russian BURAN, which was transported from Bahrain across the open sea to Rotterdam and from there on the Rhine upriver to Speyer - a top-class media event.*
*With the installation of the IMAX DOME movie theatre, grand opening in 1997, the Layhers should prove to have the same lucky hand as with their venture of the Technik Museum Speyer. The restoration of the building classified as historical monument and now referred to as "Wilhelmsbau" that was done with painstaking care turned the ruin of the former administrative building of the "Pfalz-Flugzeugwerke" into a jewel and is now housing a fascinating collection of automatic musical instruments, fashion from the 18th and 19th centuries, artistic dolls as well as historical weapons. The "Museum Wilhelmsbau" as it is called today, a true "museum in the museum" also proved to be a stroke of luck for our city.*
*The entrepreneurial spirit, valour and engagement of the Layher family in Speyer have developed into a continual history of success. As an attraction and crowd puller for guests from near and far the Technik Museum Speyer with all of its exhibits, together with the Historic Museum of the Palatinate and many further small but fine museums and memorials of the city, are now constituting an ensemble of "cultural memory" that hardly any other city of our size can offer.*
*For their achievements the Layher family and the numerous further helping heads and hands who participated in the growth and development of the Technik Museum Speyer are deserving immense gratitude, respect and praise.*
Text: Werner Schineller Fotos: Archiv

Links: Einweihung des Museum Wilhelmsbau im Frühjahr 2000 (von links: Museumsleiter Hermann Layher, Wolf Spitzer, Schöpfer der Großplastik „Orpheus", Walter Zuber, bis 2005 Innenminister von Rheinland-Pfalz, Werner Schineller). Rechts: In seiner Funktion als Oberbürgermeister der Stadt Speyer überreicht Werner Schineller (links) im Jahr 2001 Museumspräsident Eberhard Layher (rechts) die Ehrenplakette der Stadt Speyer.

*Left: Grand opening of the Museum Wilhelmsbau in spring of 2000 (from the left: Museum's Head Hermann Layher, Wolf Spitzer, creator of the big sculpture "Orpheus", Walter Zuber, up to 2005 Minister of the Interior of Rhineland-Palatinate, Werner Schineller. Bottom: In his capacity as Lord Mayor of the City of Speyer, Werner Schineller (left) is presenting the Museum's President Eberhard Layher (right) with the Badge of Honour of the City of Speyer.*

ANTONOV 22
SAR

TITANIC

## Das Freigelände

Auf dem Freigelände des Technik Museum Speyer bieten wir nicht nur beeindruckende alte Technik, sondern auch vielfältige Möglichkeiten für Spiel, Spaß und Erholung. Neben mehreren Karussells erwartet die Besucher eine Sesselbahn, eine Bootsprunganlage, eine Elektro-Cart-Rennstrecke, eine Riesenrutschbahn und vieles mehr. Auf dem großen Spielplatz können sich Kinder nach Herzenslust austoben. Zum Verweilen laden das Museumsrestaurant neben der Raumfahrthalle, der gemütliche Biergarten auf dem Freigelände und das Bistro im Museumsfoyer ein. Im Foyer befindet sich auch unser Shop mit Museumsartikeln wie Geschenk- und Ansichtskarten, DVDs, Büchern, Modellen und vielem mehr. Computergesteuerte Fahr- und Abenteuersimulatoren ermöglichen rasante Erlebnisfahrten durch faszinierende Fantasiewelten. Und, nicht zuletzt, wartet im Foyer eine der ganz großen Attraktionen des Museums auf Sie: Das IMAX DOME Filmtheater, das im stündlichen Wechsel faszinierende Filme auf einer gigantischen Kuppel-Leinwand präsentiert.

## *The open-air ground*

*In our large open-air ground you not only encounter impressive old technology but also many possibilities for fun and recreation. Our great playground presents a unique variety of play equipment, including an electro-car racing track and a large slide. In our restaurant next to the space exhibition hall, the beer-garden and the bistro in the museum lobby you have the possibility to relish the fantastic scenery of the museum while enjoying a meal. In the lobby you can also find our shop with picture postcards, DVDs, books, models and much more as well as another true world sensation: the IMAX DOME movie theater, where you can enjoy the experience of fascinating movies on a gigantic dome screen.*

## Gastronomie - *Restaurants*

Unsere Gastronomie verwöhnt Sie 365 Tage im Jahr mit warmen Speisen, Getränken sowie Kaffee und Kuchen. Das Museumsrestaurant direkt neben der Raumfahrthalle bietet eine große Auswahl an preiswerten, frisch zubereiteten Gerichten (Bild oben). Ideal für den kleinen Hunger ist das Bistro im Museums-Foyer (Bild Mitte). Bei gutem Wetter ist der Biergarten auf dem Freigelände geöffnet (Bild unten). Für Feiern und Veranstaltungen hält unsere Gastronomie vielfältige Angebote für jeden Geschmack und jedes Budget bereit.

*In our restaurants you can enjoy warm meals, beverages or coffee and cake 365 days a year. The museum restaurant directly next to the space exhibition hall offers a wide selection of reasonably priced, freshly cooked meals (picture top). Ideal for a snack is our bistro in the lobby (picture middle). In good weather, the beer garden on the outdoor ground is open (picture bottom). For celebrations and events we offer special arrangements for every taste and budget.*

## Gruppenangebote - *Group arrangements*

Das Technik Museum Speyer ist ein ideales Reiseziel für Vereine, Busgruppen, Betriebsausflüge und Schulklassen. Für Besuchergruppen ab 20 Personen bieten wir daher preiswerte Pauschalangebote. Unsere Spezialbroschüre für Gruppen können Sie telefonisch anfordern (☎ +49 (0)6232 6708-44) oder von unserer Webseite laden (www.technik-museum.de/gruppen).

*The Technik Museum Speyer is an ideal destination for clubs, bus groups, works outings, and field trips. For groups (20 persons and more) we therefore offer economically priced packages. Our special brochure for groups can be ordered by phone (☎ +49 (0)6232 6708-44) or downloaded from our website (www.technik-museum.de/groups).*

## Treffen & Veranstaltungen - *Meetings & Events*

Jedes Jahr bildet das Technik Museum Speyer einen stimmungsvollen Rahmen für die unterschiedlichsten Veranstaltungen und Treffen. Feste Größen im jährlichen Veranstaltungskalender sind u.a. das große Lanz-Bulldog-Treffen im Sommer und der „Brazzeltag“ im Mai, bei dem die Besucher die unterschiedlichsten Fahrzeuge in Aktion erleben können (siehe die folgenden Seiten). Des Weiteren organisieren bei uns Vereine und Clubs aus der Oldtimer-Szene die unterschiedlichsten Events, die von Ausflugsfahrten oder Mitgliederversammlungen bis zu Großveranstaltungen mit mehreren Hundert Teilnehmern reichen. Einige Beispiele zeigt diese Seite. Informationen zum aktuellen Programm finden Sie auf unserer Homepage www.technik-museum.de.
Suchen auch Sie ein interessantes Ziel für eine Ausfahrt oder ein Treffen? Planen Sie eine Großveranstaltung? Die Technik Museen in Sinsheim und Speyer bieten allen Oldtimerfreunden ideale Voraussetzungen für Events jeder Art vom Kurztrip bis zu mehrtägigen Veranstaltungen! Rufen Sie uns an und schildern Sie uns Ihre Wünsche. Wir freuen uns auf Ihren Besuch!

*Every year the Technik Museum Speyer provides a perfect background for numerous meetings and events. Constants in our event diary are, amongst others, the great Lanz Bulldog Meeting taking place every summer and the "Brazzeltag" in May, where visitors can experience the most diverse vehicles in action (see the following pages). Moreover, many vintage car and motorcycle clubs make use of our museum for club meetings and events. Some examples are shown on this page. Up-to-date information about what is planned can be found on our homepage www. technik-museum.de.*
*If you are interested in organizing a meeting in our museum just give us a call. The museums in Sinsheim and Speyer provide excellent possibilities for events of any kind and size. We are looking forward to your visit!*

Diese Seiten zeigen einige Beispiele für Veranstaltungen, die regelmäßig im Technik Museum Speyer durchgeführt werden.

**Lanz Bulldog Treffen (Bild oben)** Jedes Jahr im August treffen sich im Technik Museum Speyer die Freunde der legendären Traktoren aus Mannheim. Auch gepflegte historische Schlepper anderer Hersteller sind willkommen.

**Ford Capri Treffen (Bild Mitte)** Das Ford-Capri-Treffen, das alle zwei Jahre im Sommer von der „Capri Post" im Technik Museum Speyer durchgeführt wird, hat eine besonders lange Tradition. Schon 1994 war das Museum erstmals der Treffpunkt für Ford-Capri-Fans aus ganz Europa.

**Drehorgeltreffen (Bild unten)** Jedes Frühjahr sind das Technik Museum Speyer, das u.a. eine faszinierende Sammlung historischer, selbstspielender Musikautomaten präsentiert, und die Speyerer Innenstadt der Treffpunkt für Drehorgelspieler aus nah und fern.

**Star Wars Treffen (Bild rechte Seite oben)** Bei diesem SciFi-Event der Extraklasse verwandeln jedes Jahr im September hunderte Star-Wars-Fans in Originalkostümen sowie die Fans anderer Science-Fiction-Sagas die Raumfahrthalle in eine Fantasy-Welt.

**Schwimmwagen Treffen (Bild rechte Seite unten links)** Das Museumsgelände in Speyer und der nahe gelegene Rhein sind zu Pfingsten der Tummelplatz zahlreicher Schwimmwagen-Freunde.

**Flugzeugteile-Börse (Bild rechte Seite unten rechts)** Zweimal im Jahr, jeweils im Frühjahr und im Herbst, lockt die Flugzeug-Veteranen-Teile-Börse seit 1996 tausende Flugzeugfans nach Speyer.

*Theses pages show examples of some of the events which take place at the Technik Museum Speyer on a regular basis.*

***Lanz Bulldog Meeting (picture top)*** *Each year in August the friends of the legendary tractor from Mannheim meet at the Technik Museum Speyer. Well preserved historic tractors from other manufacturers are also welcome.*

***Ford Capri Meeting (picture left page middle)*** *The Ford Capri Meeting, organized every second year at the Technik Museum Speyer by the "Capri Post", has an especially long standing tradition. Already in 1994 the museum was, for the first time, the meeting place for Ford Capri fans from all Europe.*

***Barrel Organ Meeting (picture left page bottom)*** *Always in spring the Technik Museum Speyer, which also presents a large collection of self-playing automatic musical instruments, and the city of Speyer are the meeting point for barrel organ players from near and far.*

***Star Wars Meeting (top picture)*** *At this event taking place each year in September, several hundred Star Wars fans in original costumes as well as fans of other science fiction sagas transform the space exhibition hall of the museum into a fantasy world.*

***Amphibious car meeting (picture bottom left)*** *On Whitsun the museum grounds in Speyer and the neighboring Rhine are the romping place for numerous amphibious car friends.*

***Aircraft spare parts bourse (picture bottom right)*** *Since 1996 two times a year, in spring and autumn, the bourse for historic aircraft spare parts lures thousands of aircraft fans to Speyer.*

## Willkommen beim „Brazzeltag" - *Welcome to the "Brazzeltag"*

Brennende Reifen, heulende Motoren, knatternde Oldtimer und tuckernde Traktoren - dies und noch viel mehr gibt es beim spektakulären Aktionswochenende des Technik Museum Speyer, dem „Brazzeltag". Das Wort „brazzeln" stammt übrigens aus dem Schwäbischen und beschreibt das Knattern, Tuckern und Dröhnen der unterschiedlichsten Motoren. Jedes Jahr am zweiten Mai-Wochenende verwandelt sich das Museum in einen regelrechten Spielplatz für Technikfans, für die das „Brazzeln" wie Musik in den Ohren ist. Vom kleinen motorisierten Dreirad bis hin zum Jet-Dragster ist alles dabei, was auf Rädern bewegt werden kann, und Töne von sich gibt. Für die Museumsbesucher bietet der „Brazzeltag" die einmalige Gelegenheit, die unterschiedlichsten Museumsfahrzeuge einmal live in Aktion zu erleben. Für gute Stimmung und das leibliche Wohl sorgen ein buntes Beiprogramm und eine zünftige Bewirtung. Informationen zum Programm und zu den Teilnahmemöglichkeiten finden Sie im Internet unter www.brazzeltag.de

*Burning wheels, howling engines, rattling vintage cars and chugging tractors - that's just a small selection of what can be experienced at the "Brazzeltag", the spectacular action weekend of the Technik Museum Speyer. By the way, the term "brazzeln" is Swabian and describes the rattling, chugging and humming of the most diverse engines. Each year at the second weekend in May the museum transforms itself into a playground for technology fans for whom the "brazzeln" of engines sounds like music. From small motorized three-wheelers to jet-dragsters every type of vehicle which can be moved on wheels and makes noise is present. For the museum visitors the "Brazzeltag" is an excellent opportunity for seeing many of the museum exhibits live in action. There is also a diverse accompanying program with show acts and music and, of course, plenty of good food. Information about the program and possibilities for active participation can be found on the internet under www.brazzeltag.de*

MUSEUM
SPEYER
BRAZZELTAG
JÄHRLICH AM 2. WOCHENENDE IM MAI
DAS MUSEUM
LEBT
BRUTUS
& BURN OUT
JEEPS &
MOTORRÄDER
DRAGSTER
& LANZ
GROSSES
OLDTIMER
TREFFEN
technik-museum.de/video/brazzeltag
www.brazzeltag.de
www.facebook.com/brazzeltag

RESCUE
Katastrophenretter im Einsatz

Shackleton's
Abenteuer
Antarktis

MUMIEN
GEHEIMNISSE DER PHARAONEN

## IMAX DOME - Mittendrin

Das 1997 im Technik Museum Speyer eröffnete IMAX DOME Filmtheater ist das einzige Filmtheater dieser Bauart in Deutschland. Im Gegensatz zu anderen Filmtheatern wird der Film im IMAX DOME nicht auf eine flache Leinwand, sondern auf eine riesige Kuppel projiziert. Die im stündlichen Wechsel gezeigten Filme sind optimal auf die Technik dieses Filmtheaters abgestimmt. Sie garantieren ein Filmerlebnis, das kein anderes Kino bieten kann.

- Riesige Kuppel als Leinwand
- Fast 1000 $m^2$ Projektionsfläche
- Beste Film- und Tonqualität (22.000 Watt Tonsystem)
- Sie sind immer mitten im Film
- Abwechslungsreiches Filmprogramm für die ganze Familie
- Filmstart zu jeder vollen Stunde (Filmlänge ca. 45 Minuten)

## IMAX DOME - *Totally immersed*

*The IMAX DOME movie theater at the Technik Museum Speyer, the only movie theater of this kind in Germany, opened in 1997. Contrary to other movie theaters, in the IMAX DOME the movie is not projected on a flat screen but rather on a gigantic dome. The movies, which change on the hour, are optimally adjusted to the technology of this movie theater. They guarantee a movie experience that surpasses all other usual cinemas.*

- *Huge dome screen*
- *Almost 1000 $m^2$ projection area*
- *Superior picture and sound quality (22,000 Watts power)*
- *You are totally immersed in the movie*
- *Varied movie program for the whole family*
- *Movies start on the hour (movie length approx. 45 minutes)*

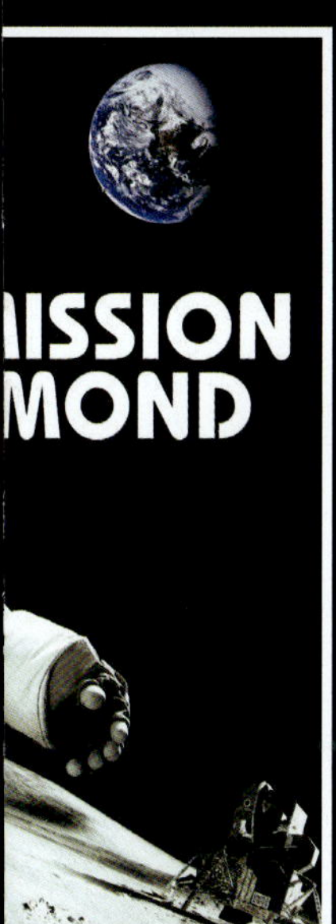

## Events im Museum

Das Technik Museum Speyer bietet Ihnen außergewöhnliche Möglichkeiten zur Durchführung von Veranstaltungen und Tagungen. Ob Stehempfänge beim Space Shuttle BURAN, Produktpräsentationen und Gala-Dinner in der Eventhalle „Hangar 10" oder Kongresse im FORUM – wir bieten Ihnen für jede Art und Größe von Event die passenden Räumlichkeiten in einem einzigartigen Ambiente. Feiern Sie inmitten zahlreicher Raritäten der Technikgeschichte und besichtigen Sie Europas größte Raumfahrtausstellung „APOLLO AND BEYOND" exklusiv. Wir machen es möglich!

- Erleben Sie außergewöhnliche Tagungen und Events in einer einzigartigen Umgebung
- Großes Freigelände und Eventhalle „Hangar 10"
- Filmvorstellungen im IMAX DOME Filmtheater, Vorträge und Präsentationen im FORUM
- Hochwertiges Catering-Angebot
- Tagungshaus, Übernachtungsmöglichkeiten im benachbarten Hotel Speyer am Technik Museum

**Weitere Infos: ☎ +49 (0)6232 / 6708-43 oder im Internet unter www.technik-museum.de/events**

## *Events at the museum*

*The Technik Museum Speyer is offering exceptional possibilities for organizing your events. Be it a stand-up reception at the BURAN space shuttle, product presentations and gala dinner in the event hall "Hangar 10" or a conference in the FORUM – In our museum you will find the right location for every kind and size of event in a truly unique ambience. Celebrate surrounded by numerous rarities of technological history and enjoy an exclusive tour of Europe's largest space exhibition "APOLLO AND BEYOND". We make it possible for you!*

- *Experience exceptional conventions and events in an unique ambience*
- *Large open air ground and event hall "Hangar 10"*
- *Movie shows at the IMAX DOME cinema, speeches and presentations at the FORUM*
- *High quality catering*
- *Convention center, accommodations at the neighbouring Hotel Speyer am Technik Museum*

***More information: ☎ +49 (0)6232 / 6708-43 or in the internet at www.technik-museum.de/events***

## Bequem übernachten im Hotel Speyer am Technik Museum

In einer ruhigen und doch zentralen Umgebung bietet das Hotel Speyer am Technik Museum bequeme Übernachtungsmöglichkeiten direkt auf dem Museumsgelände. Fühlen Sie sich in den 108 modern ausgestatteten Zimmern wie zu Hause und genießen Sie schon morgens einen exklusiven Blick auf die Museumsexponate. Dem Hotel angeschlossen ist ein Caravanpark mit 90 Stellplätzen.

- 108 modern ausgestattete Zimmer mit Sat-TV, Dusche, WC, Telefon und kostenlosem W-LAN
- Frühstück vom Buffet im Übernachtungspreis enthalten
- Ausreichend kostenlose Parkplätze direkt am Hotel
- Pauschalangebote für Event- und Tagungsgäste
- Pauschalangebote für Gruppen und Einzelreisende, die den Museumsbesuch inkl. Übernachtung beinhalten. Die aktuellen Angebote finden Sie auf der Internetseite des Hotels.
- **Caravanpark mit 90 Plätzen mit Dusche, WC und Waschmöglichkeiten, Strom- und Wasseranschluss, Entsorgungsstation**

**Infos und Buchungen: ☎ +49 (0)6232 / 6710-0 oder www.hotel-speyer.de**

## *Stay overnight at the Hotel Speyer am Technik Museum*

*In a central but nonetheless calm surrounding the "Hotel Speyer am Technik Museum" offers comfortable accommodation directly on the premises of the museum. Feel at home in one of the 108 modernly appointed rooms and enjoy the fascinating view of the museum right from the beginning of the day. Connected to the hotel is a caravaning site with 90 pitches.*

- *108 comfortably equipped rooms all with SAT-TV, shower, WC, telephone, and free W-LAN connection*
- *Buffet breakfast included in the room rate*
- *Sufficient free parking places directly at the hotel*
- *Packages for event and convention guests*
- *Packages for groups and single tourists including a visit to the museum and accommodation. Visit the homepage of the hotel for current offers.*
- **Caravaning site with 90 pitches with shower, WC, washing facilities, electric power and water supply, disposal station**

***Information and bookings: ☎ +49 (0)6232 / 6710-0 or www.hotel-speyer.de***

# Raumfahrt / *Space flight*

45
CCCP-3501002
ALTAIR
EUROMIR

Treten Sie ein und erleben Sie die größte Raumfahrtausstellung Europas hautnah in der riesigen Raumfahrthalle des Technik Museum Speyer. Die Halle hat eine Länge von 85 m, eine Breite von 75 m und eine Höhe von bis zu 22 m. Die Gesamtausstellungsfläche auf drei Ebenen beträgt ca. 9.000 m$^2$.
Das Highlight der Ausstellung ist ein original sowjetisches Space Shuttle vom Typ BURAN. Außerhalb von Russland und Amerika ist die BURAN in Speyer der einzige Raumgleiter, der in einem Museum besichtigt werden kann. Neben der BURAN präsentiert das Technik Museum Speyer in der Halle gemeinsam mit dem SPACE EXPO e.V. die Raumfahrtausstellung „APOLLO AND BEYOND". Diese Ausstellung dokumentiert die spannende Entwicklung der bemannten Raumfahrt anhand einzigartiger Exponate. Von Raumanzügen über Weltraumnahrung bis zu einer Toilette, die auch in der Schwerelosigkeit funktioniert, ist alles zu sehen, was mit der Weltraumfahrt zusammenhängt.
Ein Glanzstück der Ausstellung ist ein sorgfältig gestaltetes Ensemble der Mondlandungen mit einem Stück Mondgestein, das mit Apollo 15 zur Erde gebracht wurde. Weitere spektakuläre Exponate sind die original Sojus TM-19 Landekapsel, mit der der deutsche Astronaut Ulf Merbold am 4. November 1994 von der russischen Raumstation Mir zur Erde zurück flog, das originale Trainingsmodul des Weltraumlabors SPACELAB vom Deutschen Zentrum für Luft- und Raumfahrt (DLR), ein 1:1 Test-Modul des ISS Moduls COLUMBUS vom Raumfahrt-Unternehmen Astrium und ein 1:10 Modell der Internationalen Raumstation ISS von der Europäischen Raumfahrtagentur ESA.

*Step inside and experience Europe's largest space exhibition in the huge space flight hall of the Technik Museum Speyer. The hall has a length of 85 m, a width of 75 m and a height of up to 22 m. The total exhibition space on three floors sums up to about 9,000 m$^2$.*
*The highlight of the exhibition is a genuine Soviet BURAN space shuttle. Outside of Russia and the United States the shuttle in Speyer is the only one which can be visited in a museum. Besides the BURAN the Technik Museum Speyer, in cooperation with SPACE EXPO e.V., presents the space exhibition "APOLLO AND BEYOND" which documents the fascinating history of manned space flight. The exhibits comprise almost everything connected to space flight like space suits, space food, a toilet which works in weightlessness and much more.*
*An absolute highlight of the exhibition is a carefully designed ensemble of the lunar landings including a lunar rock which was brought to Earth by the Apollo 15 mission. Other spectacular exhibit items are the original Soyuz TM-19 landing capsule with which the German astronaut Ulf Merbold returned to Earth from the Russian space station Mir on 4 November 1994, the original SPACELAB training module from the German Aerospace Center DLR, a 1:1 mockup of the ISS module COLUMBUS from Astrium, and a 1:10 model of the International Space Station ISS from the European Space Agency ESA.*

"Apollo and Beyond"
esa
EADS
COLUMBUS
COLUMBUS
COLUMBUS
ISS
ASTP
Lufthansa

esa

## Space Shuttle BURAN

Das Space Shuttle BURAN war das Ergebnis eines der ehrgeizigsten Projekte in der Geschichte der sowjetischen Raumfahrt. Der gewaltige Raumgleiter ist 36 m lang, 16 m hoch und wiegt ca. 80 Tonnen. Wie beim US-amerikanischen Gegenstück stand die Wiederverwendbarkeit nach Einsätzen im Erdorbit im Vordergrund. Der im Museum gezeigte BURAN Prototyp OK-GLI wurde 1984 gebaut und diente zur Erprobung von Gleitflug und Landung nach dem Wiedereintritt in die Erdatmosphäre. Im Gegensatz zur finalen Version verfügte der Prototyp am Heck über spezielle Triebwerke, mit denen er selbsttätig starten konnte. Zwischen 1984 und 1989 hat die OK-GLI 25 Atmosphärenflüge absolviert und damit entscheidend zum erfolgreichen Orbitalflug einer BURAN-Raumfähre im Jahr 1988 beigetragen. Nach dem Zusammenbruch der Sowjetunion wurde die Weiterentwicklung zunächst gestoppt, und 1993 dann endgültig eingestellt.

*The space shuttle BURAN was the result of one of the most ambitious projects in the history of Soviet space flight. The huge shuttle is 36 m long, 16 m high and weighs about 80 tons. As was the case with its U.S. American counterpart, reusability after space flights in Earth orbit was of major importance. The BURAN prototype OK-GLI shown in the museum was built in 1984 and was used for testing gliding-flight and landing after reentry into the atmosphere. In contrary to the final version the prototype was equipped with special engines at the rear which allowed autonomous starts and landings. Between 1984 and 1989 the OK-GLI completed 25 atmospheric flights and significantly contributed to the successful orbital flight of a BURAN shuttle in 1988. After the collapse of the Soviet Union further developments were stopped and finally the whole program was discontinued in 1993.*

# Igor Volk, Testpilot der BURAN OK - GLI
# *Igor Volk, test pilot of the BURAN OK - GLI*

Igor Volk, Kosmonaut und Ehrenmitglied des Museumsvereins, hat als Testpilot wesentlich zur Entwicklung des sowjetischen Raumgleiters BURAN beigetragen. Bei einem Besuch im Museum Speyer erzählte er uns über seine Testflüge mit der Museums-BURAN.

**Igor, warst Du begeistert, als Du 1978 als Kosmonaut für das Buran-Programm ausgewählt wurdest?**
Nein! Natürlich wünschen sich viele Menschen ins Weltall zu fliegen, aber ich hatte so einen Wunsch nie gehabt. Das war eher Zufall. Das Leben hat es gewollt, dass ich gelernt habe, Flugzeuge mit abgeschalteten Triebwerken zu landen. Als dann das Programm für wiederverwendbare Raumfahrtsysteme aktuell wurde war diese Fähigkeit gefragt, und ich wurde zum leitenden Testpiloten des Raumgleiters Buran ernannt. Um Erfahrung im Weltall zu sammeln, wurde ich in die Vorbereitungsgruppe für Kosmonauten aufgenommen, und habe anschließend einen Flug zur Raumstation Saljut 7 absolviert. Außerdem war ich für den dritten Flug der Buran ins All als Kommandant vorgesehen. Zunächst waren ja zwei vollkommen automatische Flüge geplant.

**Deine Begeisterung hielt sich also in Grenzen, als Du 1984 zur Raumstation Saljut 7 geflogen bist?**
Der Flug verlief unspektakulär und problemlos. Ich als Testpilot empfand die G-Beschleunigung beim Start der Rakete als sehr harmlos. Ich nahm sie kaum wahr. Ich beschäftigte mich auf Saljut 7 mit Untersuchungen zum Verhalten des menschlichen Körpers nach einem Außenbordeinsatz (EVA). Meine Hauptaufgabe bestand jedoch darin, unmittelbar nach der Rückkehr zur Erde innerhalb kürzester Zeit als Pilot mit einer Tupolev Tu-154 und einer MiG-25 die Flugbahn der Buran beim Wiedereintritt in die Erdatmosphäre zu simulieren. Hierzu habe ich mich direkt nach der Rückkehr von der Raumstation noch in meinem Raumanzug erst in die Tupolev und dann in die MiG gesetzt, um die Flugmanöver zu absolvieren. Und das ohne Umgewöhnung nach fast 12 Tagen in der Schwerelosigkeit.

**Gleich nach Deiner Rückkehr aus dem All fing die heiße Phase der Flugtests mit dem Buran-Prototyp OK-GLI an, der im Museum Speyer steht. Wie war Deine fliegerische Vorbereitung?**
Zunächst musste ich große Flugzeuge wie die Ruslan, Antonov An-124 und die Tupolev Tu-144 fliegen, weil sich bei diesen Flugzeugen das Cockpit ungefähr auf gleicher Höhe über der Landebahn wie bei der Buran befindet. Zusätzlich wurden verschiedene Prüfstände und Simulatoren eingerichtet, wo wir uns mit der Flugdynamik und dem Flugverhalten der Buran vertraut machen konnten.

**Als Du den Raumgleiter zum ersten Mal gesehen hast, warst Du da spontan überzeugt, dass er wie ein Flugzeug starten, fliegen und landen kann?**
Ehrlich gesagt war es für mich keine Frage, ob der Prototyp OK-GLI fliegen wird oder nicht. Die Konturen ähneln ja dem eines Flugzeugs. Außerdem, ich kann auch mit einem Garagentor fliegen, es muss nur an leistungsstarken Triebwerken befestigt sein.

**Wann begannen die ersten Tests mit der OK-GLI?**
Die ersten Tests mit der Buran, die heute im Technik Museum Speyer steht, begannen Ende Dezember 1984. Es waren Rollversuche, die wir bis zu einer Geschwindigkeit von 300 km/h steigerten. Dabei musste vieles korrigiert werden. So wurden z.B. während der Hochgeschwindigkeits-Rolltests bei Betätigung des Steuerknüppels die Elevons (Kombination von Höhen- und Querruder) in eine hochfrequente Schwingung versetzt. Das führte zu einer Zerstörung der Scharniere dieser Steuerflächen. Bei einem der Hochgeschwindigkeits-Manöver platzte auch einmal ein Reifen des Fahrwerks. Vieles mussten wir erst verstehen lernen, um es korrigieren zu können.

**Am 10. November 1985 war es soweit – der erste Flug. Wie war der Moment des Abhebens?**
Beim allerersten Testflug ist es extrem wichtig, die richtige Startgeschwindigkeit zu erreichen. Bei der Buran war das bei 480 km/h der Fall. Wie ein normales Flugzeug hat die Museums-Buran das „Füßchen“ angehoben und ist mit mir davon geschwebt.

**Am 15. April 1988 hast Du den letzten Buran-Testflug absolviert. Acht Monate später, am 15. November, startete die Buran 1.01 unbemannt ins All. Hättest Du die Buran bei ihrer Landung in Baikonur gerne begleitet?**
Natürlich, zweifellos. Ich wollte sogar mit einer MiG-25 aufsteigen. So ein Alleinflug wäre aber meinen Kollegen gegenüber nicht fair gewesen. So habe ich es gelassen. An dieser Stelle möchte ich dem Chefkonstrukteur Losino-Losinski besonders danken, dass er damals die Startfreigabe für die Buran erteilt hat. Streng genommen hätte man damals wegen der schlechten Wetterbedingungen nämlich nicht starten dürfen. Und ich danke natürlich vor allem dem Technik Museum Speyer, dass die OK-GLI seit 2008 einen so würdigen Ehrenplatz gefunden hat, und Besucher aus aller Welt diesen Meilenstein der sowjetisch/russischen Raumfahrtgeschichte nun hier im Museum bewundern können.

*As a test pilot, Igor Volk, cosmonaut and friend of the museum, has provided considerable contributions to the development of the Soviet space shuttle programme BURAN. On occasion of a visit to the Technik Museum Speyer he told us about his test flights with the museum's BURAN OK-GLI.*

***Igor, were you enthusiastic when you were enlisted as a cosmonaut for the Buran programme in 1978?***
*No! Of course many people wish to fly into space but I never had such wish. This happened rather incidentally. I was an expert in landing planes with turned-off engines and this knowledge was now in demand. When the programme for reusable space systems became a reality, I was promoted to chief test pilot of the space glider Buran. To gather the necessary experience in space I was included in the training group for cosmonauts and subsequently made a flight to the space station Saljut 7. Apart from that I was scheduled as commander for the third space flight of the Buran. The first two flights were planned to be completely automatic.*

***So, your enthusiasm was limited in 1984 when you were flying to the space station Saljut 7?***
*It was an unspectacular flight. I, as a test pilot, found the G-force at the start of the rocket rather harmless. I hardly noticed it. On Saljut 7 I was dealing with experiments about the reaction of the human body after extra-vehicular activities (EVA). My main task upon return to earth, however, was to immediately simulate the flight path of the Buran on re-entry into the earth's atmosphere with a Tupolev Tu-154 and a MiG-25. For this purpose, directly upon my return from the space station, still in my space suite, I took the pilot's seat, first in the Tupolev and then in the MiG, to do the flight manoeuvre. And that without adjustment after almost 12 days in weightlessness.*

***The hot phase of the flight tests with the Buran prototype OK-GLI were beginning immediately after your return from space. What kind of training did you have?***
*At first I had to fly big planes like the Ruslan, Antonov An-124 and the Tupolev Tu-144 since in these planes the cockpit of the pilot is approximately as high above the runway as in the Buran. In addition to that various test chambers and simulators were installed where we could get acquainted with the flight dynamics and flight characteristics of the Buran.*

***When you saw the glider for the first time, were you convinced right away that it could start, fly and land like an aircraft?***
*To be honest, it was no question for me whether the prototype OK-GLI would fly or not. The contours, after all, are similar to those of an aircraft. Apart from that I can even fly a garage door. It must just be attached to powerful engines.*

***When did the first tests with the OK-GLI begin?***
*The first tests with the Buran now at the Technik Museum Speyer began in late December of 1984. They were roll tests that we increased up to a speed of 300 km/h. Many shortcomings were revealed during this process. For instance, during the high-speed roll tests we found out that activation of the control stick caused high frequency vibrations of the elevons (combination of elevator and aileron) which damaged the hinges of these control surfaces. During one of the tests we also had a rupture of one of the landing gear tyres. As you see, there were many things we first had to learn to understand before being able to correct them.*

***On 10 November 1985 the time had come – the first flight. How was the moment of take-off for you?***
*At the very first test flight it is of extreme importance to reach the correct take-off speed. For the Buran this was 480 km/h. Just like a normal aircraft the museum Buran lifted her "tootsie" and sailed away with me.*

***On 15 April 1988 you completed the last test flight with the Buran. Eight months later, on 15 November, the unmanned Buran 1.01 started into space. Would you have liked to have convoyed the Buran on her landing in Baikonur?***
*Of course, no doubt. I even wanted to go up in a MiG-25. But a solo flight like that would have been unfair towards my colleagues. So I rather left it alone. And I would like to take this opportunity to express my gratitude to chief designer Losino-Losins for giving clearance for the take-off of the Buran. Due to the adverse weather conditions a start would actually not have been permitted. And my very special "thank you" also goes to the Technik Museum Speyer, of course, where, in 2008, the OK-GLI has been given such a dignified place of honour, and where visitors from all over the world can now admire this milestone of Soviet/Russian space flight history.*

Igor Volk (rechts) mit Margot Layher (Mitte) und Charles M. Duke, 10. Mensch auf dem Mond mit Apollo 16 (links), bei der Einweihung der Raumfahrtausstellung 2008.

*Igor Volk (right) with Margot Layher (middle) and Charles M. Duke, 10th man on the moon with Apollo 16 (left), at the grand opening of the space exhibition in 2008.*

Obwohl sich die BURAN und das US-amerikanische Space Shuttle äußerlich sehr ähnlich sehen, gibt es technisch fundamentale Unterschiede. Beim US Space Shuttle wird ein Großteil der Schubkraft durch die drei eingebauten Triebwerke erzeugt, die beim Start durch einen Außentank mit Treibstoff versorgt und durch Zusatzraketen unterstützt werden. Die BURAN wurde dagegen mit einer riesigen ENERGIJA Rakete gestartet. Die Zusatztriebwerke des im Museum gezeigten Prototyps OK-GLI waren nur für Atmosphärenflüge ausreichend.

Durch die Beschränkung auf kleine Manövriertriebwerke war die BURAN im Bau weniger aufwändig und konnte auch mehr Nutzlast ins All befördern. Des Weiteren verfügte sie über bessere Segeleigenschaften, wodurch sie in der Lage war, fünf Tonnen mehr Nutzlast zur Erde zurück zu bringen. Die BURAN wurde außerdem, im Gegensatz zum US Space Shuttle, von Beginn an auch für unbemannte Missionen konzipiert.

Für die BURAN OK-GLI begann nach dem Ende des sowjetischen Shuttle-Programms eine lange Odyssee. Nach 10-jähriger Lagerung wurde sie 1999 nach Sydney verschifft, wo sie während der Olympischen Sommerspiele als Touristenattraktion ausgestellt wurde. Im Anschluss daran ging die BURAN in den Besitz einer Investorengruppe aus Singapur über, die mit ihr eine große Welttournee plante. Erste und letzte Station dieser Tournee war im Jahr 2002 Bahrain. Aufgrund von wirtschaftlichen Differenzen wurde der Raumgleiter beschlagnahmt und im Hafen von Bahrain eingelagert. Im Sommer 2003 erwarb das Museum die BURAN, aber aufgrund von Rechtsstreitigkeiten verzögerte sich der Transport nach Deutschland um fünf Jahre. Anfang März 2008 war es dann endlich soweit – Die BURAN wurde verladen, zu einem Hochseefrachter transportiert und ins Technik Museum Speyer gebracht.

Bilder oben: Am 15. November 1988 erfolgte der erste und einzige Orbitalflug einer BURAN. Bilder links: Das US Space Shuttle (links) und die sowjetische BURAN (rechts) im Vergleich.

*Pictures top: On 15 November 1988 the BURAN took off for its first and only orbital flight. Pictures left: Comparison of the US space shuttle (left) and the Soviet BURAN (right).*

*Although the Soviet and the US space shuttle look quite similar there are fundamental technical differences. The US shuttle generates a large part of its thrust by three built-in rocket engines which, during lift-off, are supplied with fuel from an external tank and supported by two solid rocket boosters. The BURAN, on the other hand, was launched with a gigantic ENERGIJA rocket. The extra engines of the prototype OK-GLI were only sufficient for atmospheric flights. Since the BURAN was only equipped with small rocket engines for maneuvering it was easier to build and could carry more payload into space. It also had better gliding capabilities and therefore could bring 5 tons more payload back to Earth. In contrary to the US shuttle it was also designed for unmanned flights from scratch.*
*After the end of the Soviet space shuttle program, a long odyssey began for the BURAN OK-GLI. In 1999, after 10 years of storage, it was shipped to Sydney where it was exhibited as a tourist attraction during the Olympic Summer Games. Subsequently the shuttle was taken over by an investment group from Singapore who was planning a world-tour with the BURAN. However, the first and last station of the tour was Bahrain. Due to financial differences the shuttle was seized and put into storage in the harbor of Bahrain. In the summer of 2003 the BURAN was acquired by the museum but transport to Germany was delayed because of legal struggles for five years. In early March 2008 finally the time had come – The BURAN was loaded onto a cargo ship and the voyage to the Technik Museum Speyer could begin.*

Bild oben: Nach jahrelangen rechtlichen Auseinandersetzungen konnte die BURAN Anfang März 2008 endlich nach Deutschland transportiert werden.

*Picture top: After long lasting legal struggles the BURAN was finally shipped to Germany in early March 2008.*

technik-museum.de/video/buran

Bild rechts: Entlang der Route Bahrain - Rotes Meer - Suez-Kanal - Mittelmeer - Ärmelkanal wurde die BURAN zunächst nach Rotterdam transportiert. Dort wurde sie auf einen Ponton verladen und rheinaufwärts nach Speyer gefahren.

*Picture right: Along the route Bahrain - Red Sea - Suez Channel - Mediterranean Sea - English Channel the BURAN was first transported to Rotterdam. There it was loaded onto a pontoon and driven up the Rhine to Speyer.*

Von ihrem Lagerplatz in Bahrain wurde die BURAN auf einem Ponton zu einem Frachtschiff gefahren und für den Seetransport verladen (Bild oben). Nach 28 Tagen kam sie wohlbehalten im Hafen von Rotterdam an, wo sie intensiv gereinigt wurde (Bild Mitte). Befreit vom Wüstenstaub begann am 5. April 2008 mit der erneuten Verladung der BURAN auf einen Ponton die vorletzte Etappe des Transports nach Speyer (Bild links).

*From its storage place in Bahrain the BURAN was brought on a pontoon to a cargo ship where it was loaded for sea transport (picture top). After 28 days it arrived safely in Rotterdam where it was thoroughly cleaned (picture middle). Freed from the desert dust the penultimate stage of the transport started with the loading of the BURAN on a pontoon on 5 April 2008.*

Die Fahrt auf dem Rhein dauerte 6 Tage und wurde von zahllosen Schaulustigen verfolgt. In allen Medien wurde weltweit über den spektakulären Transport berichtet.

*The ride on the Rhine took 6 days and was observed by countless onlookers. The spectacular transport was covered worldwide in all media.*

Das große Finale nach 42 endlos langen Transporttagen – Im Naturhafen Speyer wurde die BURAN vom Ponton gezogen und zum Technik Museum Speyer gefahren.

*The grand finale after 42 endlessly long transport days – In the natural harbour Speyer the BURAN was drawn from the pontoon and transported to the Technik Museum Speyer.*

## BOR-5

BOR (russisch für Bespilotny Orbitalny Raketoplan = Unbemanntes orbitales Raketenflugzeug) war die Bezeichnung für eine Serie von Testflugkörpern, mit denen Erfahrungswerte für die Konstruktion der BURAN gesammelt wurden. Die Hauptaufgabe bestand dabei in der Entwicklung des Hitzeschutzschildes, der Optimierung der aerodynamischen Gestaltung des Raumgleiters und der Ermittlung der Flugparameter für die Steuersysteme.
Die Flugtestkörper BOR waren im Maßstab 1:8 verkleinerte Modelle der BURAN. Ausgerüstet mit Autopilot, Messinstrumenten und Sensoren wurden fünf solcher „Mini-BURAN" gebaut (BOR-1 bis BOR-5). Als Startrakete diente eine Kosmos-3M-RB5-Rakete. Bedingt durch die begrenzte Nutzlastkapazität der Trägerrakete durften die Modelle nur maximal 1,54 Tonnen wiegen. Zwischen 1984 und 1988 fanden insgesamt fünf Flüge von Kapustniy Jar aus statt. Der im Museum bei der BURAN gezeigte BOR-5 Testflugkörper war am 27. Juni 1988 im Weltall. Er erreichte dabei eine suborbitale Gipfelhöhe von 210 Kilometer. In einer Flughöhe von sieben bis acht Kilometer leitete das bordeigene Steuerprogramm einen engen Spiralgleitflug ein, um die Geschwindigkeit zu verringern. Am Ende der 2.000 Kilometer langen Flugstrecke entfaltete sich in drei Kilometer Höhe der Bremsfallschirm. Mit einer Geschwindigkeit von sieben bis acht Metern pro Sekunde sank der Flugkörper dann zurück zur Erde. Die deutlich sichtbaren Brandspuren stammen von der enormen Hitzeentwicklung beim Wiedereintritt in die Erdatmosphäre.

*BOR (Russian for Bespilotny Orbitalny Raketoplan = unmanned orbital rocket aircraft) was the designation of a series of test missiles built for collecting empirical data for construction of the BURAN. Major tasks were the development of the heat shield, design of the general aerodynamic structure of the shuttle as well as the determination of suitable flight parameters for the control system. The BOR test missiles were 1:8 scaled down models of the BURAN. Equipped with auto pilot, measuring instruments and sensors five of these "mini BURAN" were built. Launching vehicle was the Kosmos-2M-RB5-rocket. Due to the limited payload capacity of the carrier rocket the weight of the BOR was limited to 1.54 tons.*
*Between 1984 and 1988 five BOR were launched from Kapustniy Jar. The BOR-5 test missile shown in the museum next to the BURAN was launched into space on 27 June 1988. It reached a suborbital ceiling of 210 kilometers. At a height of seven to eight kilometers the on-board flight control program initiated a narrow helical gliding flight to reduce velocity. At the end of the 2,000 kilometers long flight route the brake parachute unfolded at a height of 3,000 meters. Then the missile sank back to Earth with a speed of seven to eight meters per second. The clearly visible burning marks were caused by the enormous heat development after reentry into the atmosphere.*

# „APOLLO AND BEYOND“ – Wie die Raumfahrt nach Speyer kam

Space Expo e.V. zeigt zusammen mit dem Technik Museum Speyer „APOLLO AND BEYOND“ die größte Raumfahrtausstellung Europas. Von Juri Gagarin bis zur Internationalen Raumstation ISS wird die mehr als 50-jährige Geschichte der bemannten Raumfahrt gewürdigt. Hier berichten die Ausstellungsmacher Gerhard Daum und Martina Faikis, wie die Ausstellung entstanden ist.

Seit März 1993, so Gerhard Daum, bin ich akkreditierter Raumfahrtjournalist und habe bis Ende 2013 vor Ort 57 bemannte Missionen in Cape Canaveral und Houston, sowie in Baikonur und Moskau miterlebt. Bei vielen Events und Ereignissen entstanden dabei enge und freundschaftliche Kontakte zu Apollo- und Space-Shuttle-Astronauten sowie Kosmonauten. Im Laufe der Jahre habe ich Interviews mit vielen Astronauten geführt und pflege bis heute enge persönlichen Kontakte. Daraus ergab es sich auch, dass mir das eine oder andere persönliche Erinnerungsstück oder Stücke, die während der Missionen an Bord waren, als Dank für mein Engagement um die Raumfahrt und deren Zeitzeugen überlassen wurde. So mehrten sich exklusive Exponate.
Mein Ziel war es, mit einer Raumfahrtausstellung und Veranstaltungen mit Astronauten rund um das Thema Raumfahrt dem Publikum in Deutschland die Geschichte, Gegenwart und Zukunft der bemannten Raumfahrt mit ausgefallenen Exponaten, detaillierten Informationen und Vorträgen näher zu bringen und erlebbar zu machen. Die erste Idee einer Raumfahrtausstellung hatte ich bereits im Jahr 1998. Erste konkrete Konzepte erarbeitete ich dann im Jahr 2003 zusammen mit Martina Faikis, die ihre Erfahrungen aus dem Bereich Marketing einbrachte. Mit ihr nahm die Planung einer Ausstellung Gestalt an. Doch trotz intensiver Bemühungen konnte keine adäquate, geschweige denn bezahlbare, Lokalität gefunden werden, in der sich über einen Zeitraum von einigen Monaten dieses Projekt hätte realisieren lassen.
Wir erarbeiteten ein Sponsorenkonzept in der Hoffnung, hierüber Finanziers für die Raumfahrtausstellung gewinnen zu können. Allerdings erwies sich dieses Unterfangen als aussichtslos, da es niemanden gab, der das Projekt finanziell unterstützen wollte. Auch fanden sich zunächst keine raumfahrtaffinen Institutionen, die sich eine Unterstützung in irgendeiner Art vorstellen konnten. Eine letzte Möglichkeit war eine Anfrage beim Auto & Technik Museum Sinsheim, das aufgrund seiner eher technischen Ausrichtung und unkonventionellen Ausstellung an sich prädestiniert schien,

Gerhard Daum – Raumfahrtjournalist und Begründer der Raumfahrtausstellung „APOLLO AND BEYOND“

*Gerhard Daum – Space flight journalist and founder of the space flight exhibition “APOLLO AND BEYOND”*

ein Raumfahrtprojekt zu unterstützen. Die Idee war, im Museum eine temporäre Basisausstellung mit einer Größe von 500 m² und maximal 6 Monaten Dauer aufzubauen, sowie potentielle Sponsoren einzuladen, um diese von der Exklusivität der Exponate und der Seriosität der Initiatoren zu überzeugen. Aus einem ersten persönlichen Kontakt im März 2005 ergab sich recht schnell und unkompliziert eine Zusage, die Raumfahrtausstellung in einer neu geplanten Halle des Technik Museum Speyer aufzubauen.
Nach der Zusage hieß es nun, das Grundkonzept der Raumfahrtausstellung auf solide, „publikumsnahe“ Beine zu stellen. Um dem Ausstellungsprojekt auch rechtlich eine solide Grundlage zu geben, gründeten wir den gemeinnützigen Space Expo e.V., der die Raumfahrtausstellung seit März 2005 betreut. Zudem brauchte das Projekt einen Namen. Schnell fiel die Entscheidung auf „APOLLO AND BEYOND“ – vor allem weil die Ära der Apollo-Mondlandungen vielen Menschen durch die Fernsehbeiträge Ende der 1960er und Anfang der 1970er Jahre noch lebhaft in Erinnerung ist.
Um die Chronologie der Raumfahrt-Geschichte möglichst interessant und informativ zu erzählen, entwickelten wir Informati-

Links: Gerhard Daum (Mitte) beim Rundgang durch die Ausstellung in Malaysia mit dem malaysischen Tourismusminister. Rechts: Gerhard Daum und Martina Faikis beim Aufbau der Ausstellung in Speyer mit der gerade eingetroffenen Replik von Neil Armstrongs Raumanzug.

*Left: Gerhard Daum (middle) on a tour of the exhibition in Malaysia with the Malaysian Minister of Tourism. Right: During the installation of the exhibition in Speyer, Gerhard Daum and Martina Faikis unpack the replica of Neil Armstrong's space suit that had just arrived.*

onswände, die jede Station der bemannten Raumfahrt, von ihren Anfängen bis hin zur Zukunft, verständlich und lebhaft wiedergeben. Aufgrund der vielen internationalen Besucher des Museums wurden diese in Deutsch und Englisch gestaltet.
Trotz Vollzeit-Job und Familie steckten wir über den Zeitraum von mehr als dreieinhalb Jahren jede freie Minute in den Traum „Raumfahrtausstellung". Eine erste Bewährungsprobe bestanden wir, als über Kontakte des Museums eine Anfrage aus Malaysia kam. Im Zuge der 50-Jahr-Feier „Visit Malaysia 2007" und zu Ehren des Besuchs des ersten Astronauten Malaysias, Sheikh Muszaphar Shukor, auf der ISS, initiierte die malaysische Regierung in Putrajaya, dem ersten Verwaltungszentrum Malaysias, die Raumfahrtausstellung „Malaysia International Space Adventure" (MISA). Auf insgesamt 27.000 $m^2$ sollte den Besuchern mit interaktiven Ausstellungsstücken und 4D-Filmen die Faszination der Raumfahrt näher gebracht werden. Die Ausstellung wurde vom malaysischen Tourismusministerium beauftragt und war die erste Raumfahrtausstellung des Landes überhaupt. Die Anfrage, den Bereich „Historie der bemannten Raumfahrt" auszustatten, erreichte uns im August 2007. Vom 15. Dezember 2007 bis zum 22. April 2008 war ein Teil der einzigartigen Exponate in Malaysia zu sehen. Die dabei gewonnenen Erfahrungen brachten wir in das Ausstellungskonzept in Speyer ein. So entstanden u.a. exklusive Vitrinen, deren Gestaltung den hochwertigen Exponaten mehr als gerecht wird.
Nach der Fertigstellung der neuen Raumfahrthalle in Speyer im September 2008 begann der Aufbau der Ausstellung „APOLLO AND BEYOND". Auf drei Ebenen mit mittlerweile insgesamt 5.000 $m^2$ Fläche wird der Besucher durch die Geschichte der bemannten Raumfahrt, vom Beginn Anfang der 1960er Jahre bis hin zur Zukunft, geführt. Aufgrund der sehr positiven Resonanz der Ausstellung in Malaysia konnten wir auch namhafte Partner gewinnen, die exklusive Exponate für „APOLLO AND BEYOND" zur Verfügung stellten. So dürfen wir beispielsweise das original Spacelab Trainingsmodul des Deutschen Zentrums für Luft- und Raumfahrt (DLR) zeigen. Ein besonderes Glanzstück der Ausstellung ist seit Juni 2013 ein von der NASA bereitgestelltes Stück Mondgestein, das von den Apollo-15-Astronauten 1971 zur Erde gebracht wurde.
Nach dreieinhalb jähriger Vorbereitungszeit konnte die Raumfahrtausstellung „APOLLO AND BEYOND" im Oktober 2008 im Rahmen einer großen Gala mit 800 geladenen Gästen eröffnet werden. Ehrengäste von Space Expo e.V. waren der Apollo-16-Astronaut und Moonwalker Charlie Duke und der deutsche Astronaut Thomas Reiter. Als Gast des Museums durften wir den russischen Kosmonauten und Buran Testpiloten Igor Volk begrüßen. Das Highlight des Abends war eine Grußbotschaft aus der ISS. Per Videoleinwand überbrachte uns die Expedition-17-Besatzung, Kommandant Sergej Wolkow, sowie die Flugingenieure Oleg Kononenko und Greg Chamitoff, die besten Wünsche zur Eröffnung. Im Anschluss daran eröffneten Charlie Duke, Thomas Reiter und Igor Volk dann die Ausstellung, indem sie das rote Band durchschnitten, und sich auf der Autogrammwand verewigten.
Bis heute konnten wir bereits 26 Astronauten als Gäste und Redner in unserer Ausstellung begrüßen. Höhepunkte waren die Besuche der Apollo-Astronauten und Moonwalker Charlie Duke, Alan Bean und Eugene Cernan, die Premiere des IMAX Hubble-3D-Films mit dem Space-Shuttle-Kommandanten Scott Altman, das 25-jährige Jubiläum der Spacelab D-1 Mission, bei dem fast die komplette Besatzung das Jubiläum mit uns feierte, und der Besuch der STS-134 Besatzung, die 2011 mit der Raumfähre „Endeavour" den letzten Flug absolvierte. Aus der anfänglich angedachten Raumfahrtausstellung von 6 Monaten ist mittlerweile eine nicht mehr wegzudenkende permanente Ausstellung geworden, die seit der Eröffnung bereits um einiges größer geworden ist, und in der Zukunft noch weiter wachsen wird.

## „APOLLO AND BEYOND" – *How space flight came to Speyer*

*Together with Space Expo e.V., the Technik Museum Speyer presents „APOLLO AND BEYOND", the largest space flight exhibition in Europe. Reaching from Yuri Gagarin to the International Space Station ISS the exhibition tells the more than 50 years long history of manned space flight. Here the makers of the exhibition, Gerhard Daum and Martina Faikis, recount how the exhibition came into being,*

*Since March of 1993, says Gerhard Daum, I am accredited as space flight journalist and, until the end of 2013, have witnessed 57 manned missions on site in Cape Canaveral and Houston as well as Baikonur and Moscow. On occasion of many events and happenings close and friendly contacts with Apollo- and space shuttle astronauts as well as cosmonauts were formed. In the course of the years I conducted interviews with many astronauts and maintain close personal contacts with them up to this day. As a result, I received one personal keepsake or the other, or items that were on board during the missions, from the astronauts in appreciation of my commitment to space flight and its contemporary witnesses. Thus, many exclusive exhibits accumulated in my collection.*
*It was my aim to acquaint the public in Germany with, and give them a feeling for the history, presence and future of manned space flight with a space flight exhibition presenting many extraordinary exhibits as well as detailed information and lectures. The first idea of a space flight exhibition occurred to me back in 1998 already. First concepts were then drawn up in 2003 together with Martina Faikis, who contributed her experience from the marketing sector. With her the planning of an exhibition took shape. But in spite of intensive efforts it proved impossible to find an adequate, not to mention affordable, location where this project could have been realized in a time span of some months. We worked out a sponsoring concept in the hopes to be able to win sponsors for the space flight exhibition this way. This undertaking, however, proved to be without any prospects of success since there was no-*

Bild oben: Charlie Duke (rechts) übergibt Gerhard Daum (links) seine goldene Apollo-16-Fliegerkacke während der Eröffnungsgala der Ausstellung „APOLLO AND BEYOND" am 2. Oktober 2008.

*Picture top: Charlie Duke (right) hands over his Apollo 16 gold flight jacket to Gerhard Daum (left) during the grand opening gala of the exhibition "APOLLO AND BEYOND" on 2 October 2008.*

body ready to lend financial support for this project. Neither could any institutions with an affinity to space flight at first be found who might have been inclined to contribute in any way. The last possibility was to direct an inquiry to the Auto & Technik Museum Sinsheim which, due to their orientation towards technology as a whole and because of their unconventional exhibitions, seemed predestined to support such a space flight project. The idea was to build up a temporary exhibition at the Museum Sinsheim with a size of 500 m² and a time span of maximally 6 months and, at the same time, to invite prospective sponsors to convince them of the exclusivity of the exhibits and respectability of the initiators. Promptly and uncomplicated a first personal contact in March of 2005 led to a consent to build up the space flight exhibition in a newly planned hall of the Technik Museum Speyer.

Now the task was to turn the basic concept into a real project with public appeal. To give the project a legally solid basis the nonprofit making SPACE EXPO e.V. club was founded which operates the exhibition since March 2003. In addition to that we needed a name. Soon the decision was made in favor of "APOLLO AND BEYOND" – mainly because many people still have a vivid recollection of the era of the Apollo moon landings from TV reports of the late 1960s and early 1970s. To present the chronology of the story as interesting and instructive as possible, we developed information panels relating each station of manned space flight from its beginnings up to the future in a comprehensible and vivid fashion. Due to the many international visitors of the museum these information panels were set up in German and English languages.

In spite of full time jobs and families we invested every free minute in the dream "Space Flight Exhibition" over a period of more than three and a half years. A first test we passed was when a request came from Malaysia by contacts of the museum. In the frame of the 50-year anniversary "Visit Malaysia 2007" and in honour of the visit of the first astronaut of Malaysia, Sheikh Muszaphar Shukor, at the ISS, the Malaysian Government initiated the space flight exhibition "Malaysia International Space Adventure" (MISA) in Putrajya, the major administrative centre of Malaysia. On 27,000 m², visitors were to be acquainted with the fascination of space flight by means of interactive exhibits and 4D-films. The exhibition was commissioned by the Ministry ofTourism of Malaysia and was actually the first space flight exhibition of the country. Great importance was attached to a sophisticated and informative presentation of space flight history. The request to set up the sector "History of Manned Space Flight" reached us in August of 2007. Starting on 15 December 2007, until 22 April 2008 part of the unique exhibits of "APOLLO AND BEYOND" were presented in Malaysia. We included the Malaysian experience into our exhibition concept and into our project at the Technik Museum Speyer. This way, amongst others, exclusive showcases were created the arrangements of which did more than justice to the highly valuable exhibits.

In September of 2008, upon the completion of the new space flight hall in Speyer, the assembly of the exhibition „APOLLO AND BEYOND" began. On an area now comprising 5,000 m² on three levels the visitors are guided through the history of manned space flight from the beginnings in the early 1960s up to the future. As a consequence of the positive response in Malaysia we also succeeded in winning renowned partners who placed exclusive exhibits for "APOLLO AND BEYOND" at our disposal. So we are in a position today, e.g., to show the spacelab training module of the German Centre for Air- and Space Travel (DLR). A particular highlight since June 2013 is a moon rock supplied by NASA which was brought to Earth by the Apollo 15 astronauts in 1971.

After preparations lasting three and a half years the space flight exhibition "APOLLO AND BEYOND" was ready for its grand opening in October 2008 in a festive gala with 800 invited guests. Guests of honour of Space Expo e.V. were the Apollo 16 astronaut and moonwalker Charlie Duke and the German astronaut Thomas Reiter. As a guest of the museum we were able to welcome the Russian cosmonaut and Buran test pilot Igor Volk. The crowning moment of the evening was a message of greeting from the International Space Station ISS. Via video screen the expedition-17-crew, Commander Sergej Wolkow as well as the flight engineers Oleg Kononenko and Greg Chamitoff, extended their best wishes on the grand opening. Following thereafter Charlie Duke, Thomas Reiter and Igor Volk then opened the space flight exhibition "APOLLO AND BEYOND" by cutting the red ribbon and leaving their names on the autograph wall for posterity.

Up to this day we have had the pleasure of welcoming 26 astronauts already as guests and speakers. Highlights were the visits of the three Apollo astronauts and moonwalkers Charlie Duke, Alan Bean and Eugene Cernan, the premiere of the IMAX "Hubble 3D"-film with space shuttle Commander Scott Altman, the 25th Anniversary of the Spacelab D-1 mission, when almost the entire crew was celebrating this anniversary with us, and the visit of the STS-134 crew who undertook the last flight of the space shuttle "Endeavour". The space flight exhibition that was first planned for 6 months has meanwhile become an indispensable, permanent exhibition which has already significantly grown since its opening and which will continue to grow over the next years.

Bild oben: Alan Bean (rechts), 4. Mensch auf dem Mond mit Apollo 12, mit Gerhard Daum bei einem Besuch der Ausstellung in Speyer im März 2010. Bild unten: Eugene Cernan (rechts), 11. und letzter Mensch der den Mond mit Apollo 17 verlassen hat, mit Gerhard Daum im neuen Ausstellungsbereich „Der Mond" im Juni 2013.

*Picture top: Alan Bean (right), fourth man on the moon with Apollo 12, together with Gerhard Daum during a visit to the exhibition in Speyer in March 2010. Picture bottom: Eugene Cernan (right), 11th and last man on the moon with Apollo 17, with Gerhard Daum in the new section of the exhibition „The Moon" in June 2013.*

## Raumfahrtausstellung - *Space flight exhibition* APOLLO AND BEYOND

Gemeinsam mit dem Verein SPACE EXPO e.V. zeigt das Technik Museum Speyer in der Raumfahrthalle die Dauerausstellung „APOLLO AND BEYOND“. Auf einer Fläche von 5.000 m² dokumentieren einzigartige Exponate die Geschichte der bemannten Raumfahrt von den Anfängen in den frühen 1960er Jahre bis zur aktuellen Internationalen Raumstation ISS. In den einzelnen Segmenten zeigt „APOLLO AND BEYOND“ Ausstellungsstücke, Fotos, Texte, Originaldokumente und Filme, die den Besuchern die einzelnen Missionen näher bringen.
Glanzstücke der Raumfahrtausstellung sind u.a. ein originales Stück Mondgestein, das von den Apollo-15-Astronauten zur Erde gebracht wurde, zahlreiche Raumanzüge und andere Ausrüstungsgegenstände, ein 1:10 sowie ein 1:18 Modell der internationalen Raumstation ISS, ein 1:1 Test-Modul des europäischen ISS-Forschungslabors COLUMBUS, 1:1 Replikas der Apollo-11-Mondfähre „EAGLE“, des Mondautos „Lunar Roving Vehicle“ und des Wostok-1-Raumschiffs, die originale russische Sojus TM-19 Landekapsel und das originale SPACELAB Trainingsmodul.
Die Ausstellung gliedert sich in folgende Bereiche: Die Visionäre - Wernher von Braun und John F. Kennedy • Die ersten bemannten amerikanischen Missionen - Mercury und Gemini • Das Apollo-Programm • Ausstellungsbereich „Der Mond“ mit einer ausführlichen Darstellung der Mondlandungen und einem originalen Stück Mondgestein als Highlight • Lunar Roving Vehicle (LRV) - das erste „Auto“ auf dem Mond • Das amerikanische Raumlabor SKYLAB und das Apollo Soyuz Test Project • Das Raumtransportsystem Space Shuttle • Das europäische Wissenschaftslabor SPACELAB • Die internationale Raumstation ISS • Das europäische Forschungslabor COLUMBUS auf der ISS • Die europäischen Raketen und Raumfahrzeuge Ariane 4, Ariane 5 und ATV • Die Geschichte der bemannten sowjetisch / russischen Raumfahrt • Die sowjetisch / russischen Raumstationen • Alan Bean - Moonwalker und Künstler • Der Bereich deutsche Astronauten.

*In cooperation with SPACE EXPO e.V. the Technik Museum Speyer presents the permanent exhibition "APOLLO AND BEYOND" in the space flight hall of the museum. On an area of 5,000 m² many unique exhibits document the history of manned space flight from the beginnings in the early 1960s up to today's International Space Station ISS. In the different sections of the exhibition „APOLLO AND BEYOND" shows exhibits, photographs, documents and movies to provide a better understanding of the missions.*
*Highlights of the space exhibition are, amongst others, an original lunar rock which was brought to Earth by the Apollo 15 astronauts, numerous space suits and other space flight equipment, a 1:10 and a 1:18 model of the International Space Station ISS, a 1:1 mockup of the European ISS research laboratory COLUMBUS, 1:1 replicas of the Apollo 11 lunar module "EAGLE", the moon car "Lunar Roving Vehicle", and the Vostok-1 spacecraft, the original Russian Soyuz TM-19 landing capsule and the original SPACELAB training module.*
*The exhibition is divided into the following sections: The visionaries - Wernher von Braun and John F. Kennedy • The first manned American missions - Mercury and Gemini • The Apollo program • Exhibition area "The Moon" comprehensively covering the lunar landings and presenting an original lunar rock as a highlight • Lunar Roving Vehicle (LRV) - The first "car" on the moon • The American space laboratory SKYLAB and the Apollo Soyuz Test Project • The space transportation system Space Shuttle • The European scientific laboratory SPACELAB • The International Space Station ISS • The European research laboratory COLUMBUS for the ISS • The European launch vehicles and spacecrafts Ariane 4, Ariane 5 and ATV • The history of the manned Soviet / Russian space flights • The Soviet / Russian space stations • Alan Bean - moonwalker and artist • Exhibition area German astronauts.*

## Mercury

Die Bereiche Visionäre und Mercury dokumentieren die Anfänge der bemannten amerikanischen Raumfahrt. Mercury war das erste bemannte Raumfahrtprojekt der NASA. Die Kapsel bot Platz für einen Astronauten, der längste der sechs Flüge dauerte 34 Stunden und 19 Minuten. Als Trägersystem dienten zunächst Redstone-Raketen, mit denen aber nur suborbitale Flüge möglich waren. Erst mit der stärkeren Atlas-Rakete wurde die Erdumlaufbahn erreicht.

Am 5. Mai 1961 startete Alan Shepard als erster Amerikaner zu einem suborbitalen Flug mit einer Mercury-Kapsel ins Weltall. Das Bild rechts unten zeigt den Start der Mercury - Redstone 3 mit Alan Shepard an Bord. Diese Mission gilt als der zweite bemannte Flug in der Geschichte der Raumfahrt nach dem Flug von Juri Gagarin am 12. April des gleichen Jahres. Knapp drei Wochen später, am 25. Mai 1961, hielt der damalige amerikanische Präsident John F. Kennedy vor dem Kongress seine berühmte Rede, in der er das Ziel vorgab, noch vor dem Ende des Jahrzehnts einen Menschen auf dem Mond zu landen und sicher wieder zur Erde zurück zu bringen. Am 20. Februar 1962 gelangen John Glenn die ersten drei Erdumrundungen mit der stärkeren Atlas-Rakete.

Neben ausführlichen Informationen zum Mercury-Programm präsentiert dieser Ausstellungsbereich u.a. eine Replik des Raumanzugs, wie er von John Glenn bei seiner Mercury-Mission getragen wurde.

*The exhibition areas visionaries and Mercury document the beginnings of manned American space flight. Mercury was the first manned space flight project by NASA. The capsule had room for one astronaut, the longest of the six flights lasted 34 hours and 19 minutes. For launching first Redstone rockets were used which, however, only permitted suborbital flights. Only with the more powerful Atlas rocket the orbit was reached.*

*On 5 May 1961 Alan Shepard lifted off into space as the first American in a Mercury capsule. The picture at the bottom right shows the launch of the Mercury - Redstone 3 with Alan Shepard on board. This mission is considered the second manned space flight in history after Yuri Gagarin's flight on 12 April 1961. Scantly three weeks later, on 25 May 1961, John F. Kennedy held his famous speech before Congress setting the goal of landing a man on the moon before the end of the decade and returning him safely to Earth. On 20 February 1962 John Glenn achieved the first three orbits with the stronger Atlas rocket.*

*Besides extensive information about the Mercury program this part of the exhibition presents, amongst others, a replica of the space suit as it was worn by John Glenn during his Mercury mission.*

## Gemini

An das Mercury-Programm schloss sich das Gemini-Programm mit einer zweisitzigen Kapsel an. Meilensteine der zehn zwischen 1965 und 1966 durchgeführten bemannten Missionen waren die Durchführung von Rendezvous- und Kopplungsmanövern im All, Langzeitflüge mit einer Dauer von bis zu 14 Tagen, sowie der Nachweis der Realisierbarkeit von Außenbordeinsätzen (EVA; Extra Vehicular Activity). Das Bild oben zeigt den Gemini-Bereich der Ausstellung mit einer Replika des Raumanzugs vom Kommandanten der Gemini-6A-Mission, Wally Schirra. In den Vitrinen sind zahlreiche originale Gemini-Ausrüstungsgegenstände zu sehen wie Handschuhe des silbernen und des weißen Gemini-Raumanzugs, eine SE-6 Steuerdüse, Teile der Hitzeschutzschilde von Gemini 6, 7 und 8, eine Sternenkarte und eine Checkliste, die bei Gemini 9A mit Gene Cernan als Pilot an Bord waren, sowie Raumfahrtnahrung, wie sie 1965 und 1966 verwendet wurde. Das Bild rechts unten zeigt den originalen Fliegeroverall, der vom Gemini-12-Kommandanten Jim Lovell auf dem Bergungsschiff USS Wasp am 15. November 1966 nach der Wasserung im Atlantik getragen wurde.

*After the Mercury program followed the Gemini program with a capsule for two astronauts. Milestones of the ten missions conducted between 1965 and 1966 were rendezvous- and docking maneuvers in space, long duration flights lasting up to 14 days and the prove of the feasibility of extra-vehicular activities (EVA). The picture at top shows the Gemini area of the exhibition with a replica of the space suit worn by Wally Schirra during the Gemini 6A mission. In the showcases many original pieces of Gemini equipment can be seen like gloves of the silver and the white Gemini space suit, a SE-6 thruster, pieces of the heat shields of Gemini 6, 7 and 8, a star chart and a checklist which were on board of Gemini 9A with pilot Gene Cernan as well as space food as it was common in 1965 and 1966. The picture at the right shows the original flight suit worn by Gemini 12 commander Jim Lovell on board the recovery ship USS Wasp after splashdown in the Atlantic Ocean on 15 November 1966.*

## Apollo

Mit dem Apollo-Programm wurde das von Präsident John F. Kennedy gesetzte Ziel erreicht: Bis zum Ende des Jahrzehnts einen Menschen auf dem Mond zu landen und wieder sicher zur Erde zurück zu bringen. Die Apollo-Kapsel bot Platz für drei Astronauten. Zum Start wurde die gigantische Saturn-V-Rakete verwendet, die größte Rakete, die bis heute gebaut wurde, und die als einzige die Kraft hatte, die für den Flug zum Mond erforderliche Nutzlast ins Weltall zu befördern.

Den Apollo-Missionen ist innerhalb von APOLLO AND BEYOND der größte Raum gewidmet. Dieser Ausstellungsbereich gliedert sich in zwei Teile: Einen allgemeinen Bereich, in dem alle Apollo-Missionen mit zahlreichen außergewöhnlichen Exponaten dargestellt werden, und den speziellen Teil „Der Mond", der insbesondere den sechs Mondlandungen gewidmet ist. Dieser wird weiter unten ausführlich dargestellt.

Zwei besonders interessante Exponate im allgemeinen Bereich sind originalgetreue Repliken der Raumanzüge von Neil Armstrong, Apollo-11-Kommandant und erster Mensch auf dem Mond (Bild oben in der Vitrine rechts), sowie von Buzz Aldrin, dem Piloten der Apollo-11-Mondfähre (Bild unten ganz links; die Originalaufnahme rechts daneben zeigt Buzz Aldrin bei seinem Mondspaziergang). Des Weiteren zeigt die Ausstellung einen originalen $CO_2$-Filter, wie er bei der Apollo-13-Mission verwendet wurde (Bild rechte Seite unten links). Dieser Filtertyp, von den Astronauten lustigerweise „Mailbox" (Briefkasten) genannt, hat Geschichte geschrieben, da es den Apollo-13-Astronauten mit einem solchen Filter und einem improvisierten Adapter gelang, den $CO_2$-Gehalt in der Atemluft der Mondfähre nach der Explosion eines Sauerstofftanks beim Rückflug zur Erde unterhalb der kritischen Konzentration zu halten (Originalfoto des verbauten Filters in der Apollo-13-Mondfähre „Aquarius" auf der rechten Seite unten rechts).

In den Vitrinen werden darüber hinaus zahlreiche andere Original-Exponate gezeigt, die bei diversen Apollo Missionen dabei waren (siehe obere Bilder auf dieser und der gegenüberliegenden Seite). Herauszuheben sind eine Mondkarten-Mappe von Gene Cernan von der Apollo-10-Mission, Teile der Hitzeschutzschilde von Apollo 8, 9 und 15, Raumfahrtnahrung, die sich an Bord der Kommandokapsel „Casper" von Apollo 16 befand, geflogene Checklisten der Apollo-Missionen 7, 11, 12 und 16 sowie, als besondere Rarität, eine Hinweiskarte (cue card) von Charlie Duke, dem Piloten der Apollo-16-Mondfähre, die an Bord der Mondfähre „Orion" war. Diese Karte wurde an der oberen Instrumententafel befestigt und befand sich mit den Astronauten und der Mondfähre auf der Mondoberfläche.

*With the Apollo program the goal set by President John F. Kennedy was achieved: To land a man on the moon before the end of the decade and to return him safely to Earth. The Apollo space-*

ship offered room for three astronauts. It was launched by the gigantic Saturn V rocket, the largest rocket ever built and the only one which had the power to transport the payload necessary for a flight to the moon into space.

Due to their importance the Apollo missions are given the most room within APOLLO AND BEYOND. This part of the exhibition is divided into two sections: A general section covering all Apollo missions with many exceptional exhibit items and the special section "The Moon" dedicated especially to the six lunar landings. This section will be described in detail below.

Two especially interesting exhibit items within the general section are true-to-the-original replicas of the space suits worn by Neil Armstrong, commander of Apollo 11 and the first man on the moon (picture left page top in the right showcase), and by Buzz Aldrin, pilot of the Apollo 11 lunar module (picture left page bottom left; the original photograph at the right shows Buzz Aldrin during his excursion on the lunar surface). The exhibition also presents an original $CO_2$ filter as it was used with the Apollo 13 mission (picture bottom left). This type of filter, in a funny way called "mailbox" by the astronauts, wrote history since during the flight back to Earth after the explosion of an oxygen tank, with such a filter and a makeshift adapter the Apollo 13 astronauts managed to keep the $CO_2$ level within the lunar module below the critical level (original photograph of the installed filter in the Apollo 13 lunar module "Aquarius" at the bottom right).

In addition many other original exhibit items are shown which were on board during several Apollo missions (see pictures at top of this and the opposite page). Especially noteworthy are a lunar map briefcase of Gene Cernan from the Apollo 10 mission, parts of the heat shields of Apollo 8, 9 and 15, space food which was on board of the Apollo 16 command module "Casper" and flown checklists of the Apollo missions 7, 11, 12 and 16. One special rarity is a cue card donated by Charlie Duke, pilot of the Apollo 16 lunar module, which was on board the lunar module "Orion". This card was fixed to the upper instrument panel and, together with the astronauts and the lunar module, was on the lunar surface.

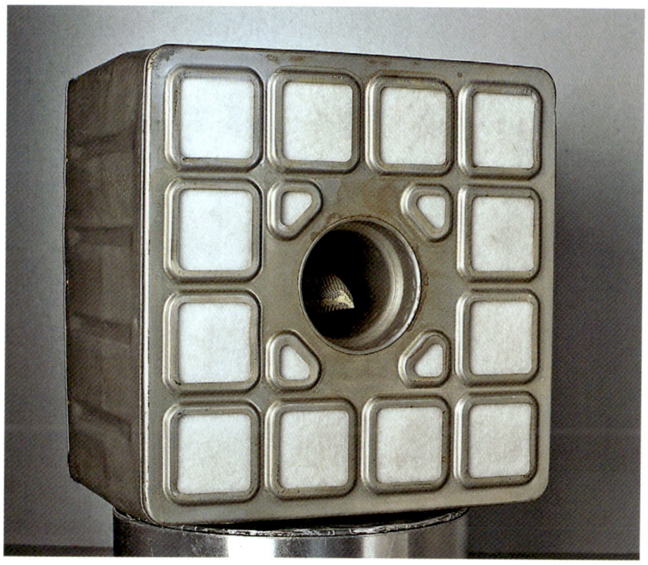

Die Bilder auf dieser Seite zeigen einige der in der Ausstellung präsentierten originalen Fliegeroveralls und Jacken von Apollo-Astronauten. Die goldene Fliegerjacke (Bild oben zweite Vitrine von rechts und unten links) sowie der goldene Fliegeroverall im oberen Bild ganz rechts stammen von Charlie Duke, dem Piloten der Mondfähre von Apollo 16. Die Jacke wurde von Charlie Duke während des Trainings und bei zahlreichen offiziellen Events getragen. Die andere goldene Fliegerjacke (Bild oben Vitrine links) stammt von Gene Cernan, dem Kommandanten von Apollo 17. Die weiße Jacke (Bild oben 2. Vitrine v.l. und unten rechts) wurde vom Apollo-Astronauten John Young zur Verfügung gestellt. Es handelt sich um eine feuerfeste, teflonbeschichtete Beta-Stoffjacke, wie sie von den Apollo-Astronauten an Bord des Raumschiffs getragen wurde, wenn kein Druckanzug erforderlich war. Die ausgestellte Jacke wurde von John Young während des Trainings für die Apollo-10- und die Apollo-16-Mission genutzt.

*The pictures on this page show some of the original flight overalls and jackets donated by Apollo astronauts that are presented in the exhibition. The gold flight jacket (top picture second showcase from right and picture bottom left) as well as the gold flight suit shown at the far right of the top picture were donated by Charlie Duke, pilot of the Apollo 16 lunar module. The jacket was worn by Charlie Duke during training and at many official events. The other gold flight jacket (top picture left) was donated by Gene Cernan, commander of Apollo 17. The white jacket (picture top second showcase from left and picture bottom right) was provided by the Apollo astronaut John Young. It is a fireproof, Teflon coated beta cloth jacket as it was worn by the Apollo astronauts on board of the spacecraft when a pressure suit was not required. The presented jacket was worn by John Young while he was training for the Apollo 10 and Apollo 16 missions.*

Nur zwölf Menschen haben bis heute den Mond betreten. Das Museum ist stolz, dass es drei dieser „Moonwalker" als Ehrengäste in der Raumfahrtausstellung begrüßen durfte. Die Bilder oben zeigen Charlie Duke am 21. April 1972 auf dem Mond bei Bohrungen am Plum Krater und, gemeinsam mit Gerhard Daum (Mitte) und dem 2012 verstorbenen ehemaligen Präsidenten des Museums Eberhard Layher (links), im Technik Museum Speyer am 1. Oktober 2008. Charlie Duke war Pilot der Mondfähre von Apollo 16 und der 10. Mensch auf dem Mond. Die goldene Fliegerjacke, die er bei seinem Besuch in Speyer getragen hat, befindet sich heute im Museum.

Das Bild Mitte rechts zeigt den Moonwalker Alan Bean, vierter Mensch auf dem Mond mit Apollo 12, beim Verlassen der Mondfähre und darunter mit Gerhard Daum (links) und Hermann Layher (rechts), dem jetzigen Präsidenten des Museums, bei einem Besuch in Speyer am 24. März 2010. Nach seinem Abschied von der NASA machte Alan Bean sein Hobby, die Malerei, zu seinem Beruf. Seine Werke, die ausschließlich die Apollo-Mondflüge und Mondlandungen zum Thema haben, schmücken heute die Wände zahlreicher Raumfahrtenthusiasten.

*Until today only twelve people set their foot on the moon. The museum is proud that three of these moonwalkers could be welcomed at the museum as honorary guests. The pictures at the top show Charlie Duke during a drilling operation on the moon near Plum crater on 21 April 1972 and, together with Gerhard Daum (middle) and the former President of the Museum Eberhard Layher, who died in 2012, at the Technik Museum Speyer on 1 October 2008. Charlie Duke was the pilot of the Apollo 16 lunar module and the tenth man on the moon. The gold flight jacket which he wore during his visit in Speyer is now in the museum.*

*The pictures at the right show the moonwalker Alan Bean, fourth man on the moon with Apollo 12, leaving the lunar module and with Gerhard Daum (left) and Hermann Layher (right), the current President of the Museum, during a visit to Speyer on 24 March 2010. After retirement from NASA Alan Bean made his hobby, painting pictures, into his profession. His paintings, which all have the Apollo lunar flights and lunar landings as the central theme, decorate the walls of the homes of many space flight enthusiasts.*

# Ausstellungsbereich „Der Mond“
## *Exhibition area „The Moon“*

APOLLO 15
APOLLO 11
APOLLO 17

„Das ist ein kleiner Schritt für einen Menschen, aber ein großer Sprung für die Menschheit." - Bis heute ist dieses Zitat von Neil Armstrong, der am 21. Juli 1969 als erster Mensch den Mond betrat, unvergessen. Bei den sechs erfolgreichen Mondlandungen, die im Rahmen des Apollo-Programms zwischen 1969 und 1972 durchgeführt wurden, und die zu den größten Ereignissen des 20. Jahrhunderts überhaupt gehören, betraten 12 Menschen den Erdtrabanten und kehrten danach wieder sicher zur Erde zurück. Die wissenschaftlichen Erkenntnisse, die bei diesen Missionen gewonnen wurden, haben entscheidend zum Verständnis der Entstehung unseres Sonnensystems beigetragen, und gehören zu den wichtigsten Leistungen der Menschheitsgeschichte.

Um diese Pioniertat zu würdigen präsentiert das Technik Museum Speyer im Rahmen der Raumfahrtausstellung APOLLO AND BEYOND den Ausstellungsbereich „Der Mond" mit einem ganz besonderen Glanzstück – einem 3,4 Milliarden Jahre alten Mondstein. Dieser Bereich widmet sich ausschließlich den Apollo-Mondlandungen. Auf einer nachgebildeten Mondoberfläche werden die erste und die letzte Mondlandung dargestellt. Zu sehen sind unter anderem originalgetreue 1:1 Nachbildungen der Apollo-11-Mondfähre „EAGLE", des Mondautos „Lunar Roving Vehicle" (LRV), welches bei den Apollo-Missionen 15 bis 17 zum Einsatz kam, sowie Raumanzüge, wie sie von Eugene A. „Gene" Cernan, Kommandant (CDR) von Apollo 17, und von Harrison H. „Jack" Schmitt, Pilot der Apollo-17-Mondfähre (LMP), getragen wurden. Das Bild oben zeigt das Ensemble, wie es im Museum besichtigt werden kann.

Der ausgestellte Mondstein (Bild rechte Seite unten) wurde am 1. August 1971 von den Astronauten Dave Scott und Jim Irwin an der Station 4 der zweiten Apollo-15-Exkursion von einem Basalt-Felsblock im Hadley-Apenninen Landegebiet abgeschlagen und danach für knapp 42 Jahre in einem Forschungslabor der NASA in Houston untersucht und aufbewahrt. Als Krönung des Ausstellungsbereichs „Der Mond" wurde er dem Technik Museum Speyer von der NASA

als Dauerleihgabe überlassen. Das Museum Speyer ist die einzige Einrichtung in Deutschland, die ein originales Stück Mondgestein in detailgetreuer Kulisse mit fundierten Informationen ausstellt. Wir sind stolz, dass wir den Apollo-Astronauten und Moonwalker Gene Cernan bei der Eröffnung des Ausstellungsbereichs als Ehrengast im Museum Speyer begrüßen konnten. Gene Cernan flog im Dezember 1972 mit Apollo 17, der letzten der sechs Mondlandungs-Missionen, zum Erdtrabanten. Er ist der 11. Mensch, der den Mond betreten hat, und der bis jetzt letzte Mensch, der ihn verlassen hat. Das Bild oben zeigt Gene Cernan (rechts) mit Gerhard Daum bei der Übergabe des Mondsteins.
Die Stelle, an der die Apollo-15-Astronauten den Stein abgeschlagen haben, wird auf einem Großpanorama von etwa 9 Meter Höhe und 19 Meter Breite, welches aus 11 Bildern zusammengesetzt ist, exakt dargestellt. Des Weiteren wird auf einem Großbild der Mond mit einem Durchmesser von 4,50 Meter gezeigt (siehe Bild linke Seite unten mit Gene Cernan (links) und Gerhard Daum). Dieser Mond wurde aus etwa 1.300 Original-Fotos der NASA Mondsonde Lunar Reconnaissance Orbiter (LRO) zusammengesetzt und zeigt die Landeplätze der sechs Mondlandungen. Jede einzelne Landestelle wird zusätzlich mit einem eigenen Panorama dokumentiert. Ausführliche Informationen zu den Missionen des Apollo-Programms sind auf Info-Tafeln historisch und wissenschaftlich exakt mit außergewöhnlichen Fotos der NASA-Mondsonde LRO, die im Jahr 2011 die Landestellen fotografiert hat, dargestellt. Die wissenschaftlichen Inhalte wurden in Zusammenarbeit mit dem Institut für Planetenforschung des Deutschen Zentrums für Luft- und Raumfahrt (DLR) ausgearbeitet. Wir sind glücklich, dass wir dank der Initiative unseres Kooperationspartners Gerhard Daum unseren Besuchern eine solch einzigartige Ausstellung zeigen können.

*"That's one small step for a man, one giant leap for mankind." - Until today this quote by Neil Armstrong who, on 21 July 1969, was the first man to walk on the moon is still unforgotten. During the six successful lunar landings executed under the Apollo program between 1969 and 1972, which definitely belong to the most important occurrences of the 20th century, 12 people set their foot on the moon and returned safely to Earth. The scientific knowledge acquired during these missions has significantly contributed to the understanding of the development of our solar system and belongs to the most important accomplishments of mankind.*
*To honor this achievement, within the space exhibition APOLLO AND BEYOND the Technik Museum Speyer presents the exhibition area "The Moon" with a very special highlight - a 3.4 billion years old lunar rock. This section of the exhibition is exclusively dedicated to the Apollo lunar landings. On an imitated lunar surface the first and the last lunar landing are depicted. The scene consists of true-to-the-original 1:1 replicas of the Apollo 11 lunar module "EAGLE", the moon car "Lunar Roving Vehicle" (LRV), as it was operated during the Apollo missions 15 to 17, and space suits as they were worn by Eugene A. "Gene" Cernan, commander (CDR) of the Apollo 17 mission, and by Harrison H. "Jack" Schmitt, pilot of the Apollo 17 lunar module (LMP). The picture at the top of the left page shows the scenery as it can be visited in the museum. The presented lunar rock (picture bottom) was chopped off a basalt rock at station 4 of the second Apollo 15 excursion at the Hadley-Apennine landing site by astronauts Dave Scott and Jim Irwin on 1 August 1971 and afterwards examined and stored at the NASA lunar receiving laboratory for almost 42 years. As a special highlight of the exhibition area "The Moon" it was given to the Technik Museum Speyer by NASA as a permanent loan. The Museum Speyer is the only institution in Germany showing an original lunar rock in a detailed scenery with comprehensive information. We are proud that on occasion of the grand opening of the new exhibition area we could welcome the astronaut and moonwalker Gene Cernan as honorary guest. In December 1972 Gene Cernan flew to the moon with Apollo 17, the last of the six lunar landing missions. He is the 11th man who walked on the moon and to date the last one who left it. The picture at the top left shows Gene Cernan (right) presenting the moon rock to Gerhard Daum.*
*The place where the lunar rock was chopped off by the Apollo 15 astronauts is exactly depicted on a huge panorama picture with a height of 9 meters and a width of 19 meters which was assembled from 11 individual pictures. Moreover there is also a detailed picture of the moon with a diameter of 4.5 meters (see picture left page bottom with Gene Cernan (left) and Gerhard Daum). This moon was assembled from 1.300 original pictures shot by the NASA lunar probe Lunar Reconnaissance Oribiter (LRO) and shows the landing sites of the six lunar landings. In addition each landing site is documented by a separate panorama picture. Extensive historically and scientifically exact information about the missions of the Apollo program are presented on information panels together with exceptional pictures shot by the NASA lunar probe which took photographs of all landing sites in 2011. The scientific information was compiled in cooperation with the Institute for Planetary Research of the German Aerospace Center DLR. We are happy that thanks to the initiative of our cooperation partner Gerhard Daum we are in the position to present such a unique exhibition to our visitors.*

## Lunar Roving Vehicle (LRV)

Das auch als Mondauto bezeichnete „Lunar Roving Vehicle" (LRV) wurde entwickelt, um den Aktionsradius der Astronauten auf der Mondoberfläche zu vergrößern und wissenschaftlich interessante Gebiete, die weiter entfernt vom Landeplatz waren, zu erforschen und dort Proben zu nehmen. Es kam bei den letzten drei der sechs Mondlandungs-Missionen (Apollo 15 - 17) zum Einsatz. Das Bild unten links zeigt den ersten Rover mit dem Astronauten Jim Irwin während der ersten von drei durchgeführten Exkursionen der Apollo-15-Mission.

Aufgrund der konsequenten Leichtbauweise betrug die Masse des LRV nur rund 210 kg. Der Antrieb erfolgte durch vier Elektromotoren (einer pro Rad), die von zwei nicht aufladbaren Batterien mit Strom versorgt wurden. Der maximale Fahrbereich lag bei ca. 90 km. Durch einen speziellen Klappmechanismus war es möglich, das LRV platzsparend in der Mondfähre zu verstauen. Beim Herausziehen mit Seilzügen aus der Ladebucht entfaltete es sich von selbst. Besonders interessant sind die Räder, die aus geflochtenem Klaviersaitendraht bestanden. Dadurch waren sie sehr leicht, unempfindlich gegen die extremen Temperaturunterschiede und sorgten auch für eine gewisse Federung des Fahrzeugs. Die Reifen waren so filigran, dass sie unter den Schwerkraftbedingungen der Erde noch nicht einmal das Fahrzeuggewicht tragen konnten. Auf dem Mond waren sie dagegen ausreichend stabil für eine Zuladung von bis zu 490 kg. Insgesamt wurde bei den drei Einsätzen auf dem Mond mit dem LRV eine Strecke von 90,5 km zurückgelegt, wobei die größte Entfernung von der Mondfähre 7,6 km betrug.

*The „Lunar Roving Vehicle", also referred to as the moon car, was developed to extend the range of the astronauts on the lunar surface and to take samples from and explore scientifically interesting areas that where farther away from the landing site. It was employed during the last three of the six lunar landings (Apollo 15 to 17). The picture at the bottom left shows astronaut Jim Irwin with the first rover during the first of three excursions of the Apollo 15 mission.*

*Due to the uncompromising lightweight design the LRV had a mass of only 210 kg. It was driven by four electric motors (one per wheel) which were supplied with electric power by two non-rechargeable batteries. The maximum range of operation was about 90 km. Due to a special folding mechanism the rover required minimal storage space within the lunar module. After it was drawn out by straps from its storage bay it unfolded itself. Especially interesting are the wheels made of plaited piano wire. In this way they were not only light and resistant against the extreme temperature differences but also provided a basic suspension. These wheels were so delicate that under the influence of Earth's gravity they could not even carry the weight of the vehicle. On the moon, however, they were strong enough for an extra load of up to 490 kg. The total distance covered with the LRV on the moon during its three employments was 90.5 km and the greatest distance reached from the lunar module was 7.6 km.*

## Skylab

Schon Mitte der 1960er Jahre wurden bei der NASA Überlegungen angestellt, wie das bei den Apollo-Missionen erworbene Wissen und die technischen Gerätschaften nach den Mondlandungen weiter genutzt werden konnten. Das wichtigste Ergebnis dieser Überlegungen war die Raumstation Skylab, die bis heute einzige rein amerikanische Raumstation.

Skylab basierte weitgehend auf der Apollo-Technologie. Die Raumstation selbst bestand weitgehend aus der entsprechend umgebauten dritten Stufe S-IVB einer Saturn-V-Rakete. Am 14. Mai 1973 wurde Skylab mit einer zweistufigen Saturn-V-Rakete zunächst unbemannt in die Erdumlaufbahn geschossen (Skylab-Mission). Dieser Flug war gleichzeitig der letzte Start einer Saturn V. Zwischen dem 25. Mai und dem 16. November 1973 starteten drei Mannschaften mit jeweils drei Astronauten zu Skylab (Skylab-Missionen 1 bis 3). Nachdem die drei Besatzungen die Raumstation 28, 59 und 84 Tage bewohnt hatten, wurde sie am 8. Februar 1974 durch die letzte Mannschaft auf eine höhere Flugbahn gehoben, aber nicht weiter genutzt. Am 11. Juli 1979 verglühte die Raumstation über Australien. Neben umfassenden Informationen zum Skylab-Programm und geflogenen Ausrüstungsgegenständen zeigt die Ausstellung die Flugjacke von Bill Pogue, dem Piloten der Kommandokapsel von Skylab 3, die er an Bord der Raumstation während der Skylab-3-Mission getragen hat (Bild unten links).

*Already during the 1960s it was discussed at NASA how the know-how acquired during the Apollo missions and the technical equipment could be continued to be used after the lunar landings. The most important result of these deliberations was the space station Skylab, until today the only space station developed exclusively by the United States.*

*Skylab mostly relied on Apollo technology. The space station mainly consisted of a remodeled third stage S-IVB of a Saturn V rocket. On 14 May 1973 the initially unmanned Skylab was launched into orbit with a two stage Saturn V rocket (Skylab mission). This launch was also the last launch of a Saturn V. Between 25 May and 16 November 1973 three three-man crews lifted off to Skylab (Skylab missions 1 to 3). After the three crews had occupied the station for 28, 59 and 84 days, respectively, it was elevated to a higher orbit by the last crew on 8 February 1974, but then left alone. On 11 July 1979 it burnt up above Australia. Besides comprehensive information about the Skylab program and flown pieces of equipment the exhibition presents the flight jacket of Bill Pogue, pilot of the command module of Skylab 3, which he wore on board the space station during the Skylab 3 mission (picture bottom left).*

## ASTP (Apollo-Sojus-Test-Projekt)

Das Apollo-Sojus-Test-Projekt (ASTP) war die erste US-amerikanisch-sowjetische Kooperation in der Weltraumfahrt und der letzte Flug eines Apollo-Raumschiffs. Ziel der Mission war die Kopplung eines Apollo- mit einem Sojus-Raumschiff mit Hilfe eines speziellen Dockingmoduls. Am 17. Juli 1975 gelang die technisch komplizierte Kopplung der beiden Raumschiffe und die Mannschaften konnten in das jeweils andere Raumschiff umsteigen. Diese Mission stellte eine Zäsur in die bis dahin streng getrennten und im Wettbewerb stehenden Weltraumprogramme der Supermächte dar. In der Ausstellung ist u.a. eine geflogene Checkliste des amerikanischen Docking-Module-Piloten Deke Slayton zu sehen.

*The Apollo Soyuz Test Project (ASTP) was the first joint U.S.–Soviet space flight and the last flight of an Apollo spacecraft. The goal of the mission was the docking of an Apollo to a Soyuz spacecraft with the help of a special docking module. On 17 July 1975 the technically difficult docking of the two spacecraft was successfully accomplished and the crews could change into each other's spacecraft. This mission heralded the end of strictly separated and competing space flight programs of the two super powers. Amongst others the exhibition shows a flown checklist of the American docking module pilot Deke Slayton.*

## Space Shuttle

Dreißig Jahre lang dominierten die Space-Shuttle-Missionen das amerikanische Raumfahrtprogramm. Die Space-Shuttle-Ära begann am 12. April 1981 mit dem ersten Start der „Columbia“ und endete nach 135 Missionen mit der letzten Landung der „Atlantis“ am 21. Juli 2011. Die Bezeichnungen der Space-Shuttle-Missionen beginnen immer mit dem Kürzel „STS“. Diese Abkürzung steht für „Space Transportation System“ und beschreibt zutreffend, was das Space Shuttle war: Ein Raumtransporter, mit dem eine möglichst große Nutzlast in einen erdnahen Orbit transportiert werden konnte, und der im Gegensatz zu Raketen wie der Saturn V weitgehend wiederverwendet werden konnte. Ursprünglich bezeichnete die folgende Nummer einfach die Nummer des Starts, z.B. STS-9. Beginnend mit dem fiskalischen Jahr 1984 wurde eine alternative Flugnummerierung bestehend aus zwei Ziffern und einem Buchstaben eingeführt. 1988 ging man dann wieder zu einer fortlaufenden Nummerierung über.

Zu den wichtigsten Erfolgen der STS-Missionen gehörten die Aussetzung und die fünfmalige Wartung des Hubble-Weltraumteleskops, die Aussetzung zahlreicher Satelliten, diverse Flüge mit Wissenschaftsmodulen wie dem weiter unten beschriebenen SPACELAB, Flüge zur russischen Raumstation Mir sowie der Hauptanteil am Aufbau der Internationalen Raumstation (ISS). Insgesamt wurden fünf weltraumtaugliche Orbiter, so lautet die exakte Bezeichnung für das Hauptsystem ohne Zusatztank und Startraketen, gebaut. Zwei davon, die „Challenger“ und die „Columbia“, gingen durch Unfälle verloren, wobei die jeweils siebenköpfigen Besatzungen ums Leben kamen.

Im Bereich „Space Shuttle“ von APOLLO AND BEYOND werden die Entwicklungsgeschichte und die Technik dieses einzigartigen Raumfahrzeugs detailliert beschrieben, und alle 135 STS-Missionen anhand von Info-Tafeln und zahlreichen Originalexponaten dokumentiert. In den unten gezeigten Vitrinen sind u.a. originale Fliegeroveralls von mehreren amerikanischen Space-Shuttle-Astronauten, darunter Charles „Lacy“ Veach, Douglas Wheelock, Gregory Johnson und Andrew Feustel, sowie ESA- und NASA-Fliegeroveralls und geflogene Erinnerungsstücke des deutschen Astronauten Gerhard Thiele ausgestellt, der im Jahr 2000 mit der Mission STS-99 im All war. Die Vitrine im Bild auf der gegenüberliegenden Seite links unten zeigt Weltraumnahrung, wie sie an Bord eines Space Shuttle verwendet wurde.

Die auf der rechten Seite oben abgebildeten Vitrinen beinhalten u.a. experimentelle Systeme zur Durchführung wissenschaftlicher Experimente an Bord des Space Shuttles. Zu sehen sind u.a. das System für das holographische Experiment HOLOP, das im Rahmen der SPACELAB D-1 Mission im November 1985 an Bord

der Raumfähre „Challenger" im SPACELAB Wissenschaftsmodul durchgeführt wurde. Ziel dieses Experiments war die Analyse der Bewegungen von Blasen in Flüssigkeiten, sowie die Untersuchung von Dichteverteilungen in der Nähe des kritischen Punktes unter reduzierten Schwerkraftbedingungen. Eine andere in der Ausstellung gezeigte experimentelle Anordnung diente zur Erzeugung besonders großer und reiner Proteinkristalle in der Schwerelosigkeit. Insgesamt bietet dieser Ausstellungsteil einen faszinierenden Einblick in die Geschichte und die Bedeutung des Space Shuttle.

*For thirty years the space shuttle missions dominated the U.S. space flight program. The space shuttle era began on 12 April 1981 with the first launch of "Columbia" and ended after 135 missions with the last landing of "Atlantis" on 21 July 2011. The designation of the space shuttle missions always starts with "STS". This acronym stands for "Space Transportation System" and perfectly describes what the space shuttle was: A system for transporting the largest possible payload into a low Earth orbit which, contrary to rockets like the Saturn V, could be largely reused. Initially the following number was the sequential number of the launch: e.g. STS-9. Starting with the fiscal year 1984, however, another numbering scheme consisting of two digits and a letter was introduced. In 1988 this was changed back again to sequential numbering.*

*The most important accomplishments of the STS-missions were the launch of the Hubble space telescope and the five Hubble maintenance missions, the launch of many satellites, flights with various space laboratories like the SPACELAB described below, flights to the Russian space station Mir as well as the main part of building up the International Space Station (ISS). In total five orbiters, which is the exact designation for the main system without external tank and booster rockets, fit for space were built. Two of them, "Challenger" and "Columbia" were lost in mission accidents, in which a total of fourteen astronauts were killed (each space shuttle crew consisted of seven astronauts).*
*In the space shuttle section of APOLLO AND BEYOND the history and the technology of this unique spacecraft are described in detail. All 135 STS-missions are documented on information panels and illustrated with many original exhibit items. For instance, the showcases depicted in the pictures at the bottom of the opposite page contain original flight suits of several U.S. space shuttle astronauts like Charles „Lacy" Veach, Douglas Wheelock, Gregory Johnson and Andrew Feustel, as well as ESA and NASA flight suits and flown keepsakes of the German astronaut Gerhard Thiele who flew into space with mission STS-99 in 2000. The showcase in the picture at the bottom of this page shows space food as it was common on board of the space shuttle*

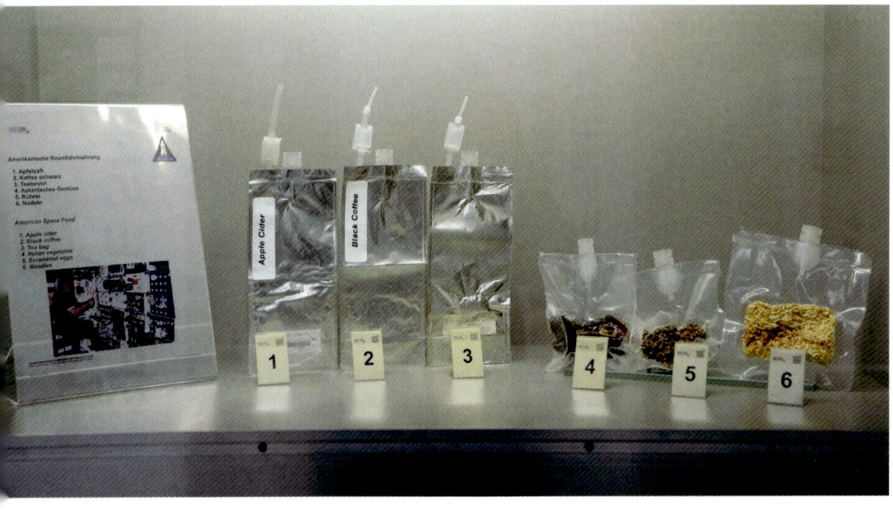


*The showcases depicted in the top picture contain, amongst others, experimental systems for conducting scientific experiments on board the space shuttle. One example is the system for the holographic experiment HOLOP which was conducted on board the orbiter "Challenger" in the SPACELAB module during the SPACELAB D-1 mission in November 1985. The ratio of this experiment was to examine the movements of bubbles in liquids as well as the analysis of density changes near the critical point under reduced gravity. Another experimental system shown in the exhibition was used for growing particularly large and pure protein crystals in weightlessness. Overall this section of the exhibition gives a fantastic insight into the history and the significance of the space shuttle.*

## SPACELAB

Das SPACELAB war einer der wichtigsten europäischen Beiträge zum amerikanischen Space-Shuttle-Programm. Es handelt sich um ein ausschließlich für den Einsatz mit dem Space Shuttle konzipiertes, wiederverwendbares Raumlabor sowie Experimentpaletten. Gebaut wurde das Modul im Auftrag der ESA von einem europäischen Firmenkonsortium. Im November 1983 flog es mit der Mission STS-9 erstmals ins All. Bis zu seiner Ausmusterung im Jahr 1998 kam es 22 Mal zum Einsatz. Bei dem im Museum gezeigten SPACELAB Simulator handelt sich um das originale Trainingsmodul, in dem die Astronauten mit dem Ablauf der Experimente vertraut gemacht wurden, um diese dann während der Mission möglichst zeitsparend durchführen zu können. Die Bilder rechts zeigen oben einen Blick in das Innere des Simulators, und darunter die Raumfähre „Columbia“ mit geöffneten Laderaumtüren und dem im Frachtraum fixierten SPACELAB D-2 Wissenschaftslabor. Zahlreiche Astronauten haben in dem im Museum ausgestellten Simulator trainiert, darunter die gesamten SPACELAB D-1 und D-2 Crews.

*The SPACELAB was one of the most important European contributions to the U.S. space shuttle program. It was a reusable space laboratory as well as experiment pallets, designed exclusively for space shuttle missions, commissioned by ESA and built by a European company consortium. In November 1983 it was first launched into space with mission STS-9. Until its retirement in 1998 it was employed 22 times. The SPACELAB simulator shown in the museum is the original training module used to acquaint the astronauts with the experiments. Such training is essential for efficient execution of experiments given the tight schedule of a space mission. The pictures at the right show at the top a view into the interior of the simulator and beneath the orbiter "Columbia" with open payload bay doors and the SPACELAB D-2 science lab installed in the cargo bay. Numerous astronauts have been trained in the simulator shown in the museum, including the complete SPACELAB D-1 and D-2 crews.*

## Die Internationale Raumstation ISS - *The International Space Sation ISS*

Seit dem Auslaufen des Space-Shuttle-Programms ist die Internationale Raumstation ISS das mit Abstand bedeutendste aktive bemannte Raumfahrtprojekt. Neben Russland und den USA sind zahlreiche weitere Länder, darunter auch Deutschland, an Bau und Betrieb beteiligt. Die Station umkreist die Erde in einer Höhe von ca. 400 km. Mit einer Länge von ca. 110 m einer Breite von ca. 80 m und einer Masse von rund 455 Tonnen ist sie die bis jetzt größte Raumstation der Menschheit. Die ISS ist modular aufgebaut und kann daher, je nach Bedarf, erweitert oder verändert werden. Die Raumstation ist seit dem 2. November 2000 perma nent bewohnt und soll bis mindestens 2020 betrieben werden.

Das Bild oben zeigt ein 1:10 Modell der ISS, das in der Raumfahrthalle besichtigt werden kann. Auf zahlreichen Info-Tafeln werden die Funktion der Station und die wichtigsten Missionen beschrieben. In mehreren Vitrinen sind geflogene Shirts und andere Ausrüstungsgegenstände von Astronauten ausgestellt, die Expeditionen zur ISS unternommen haben. Das Foto unten links zeigt beispielsweise Exponate, die vom japanischen JAXA Astronauten Koichi Wakata (ISS Expeditionen 18, 19 und 20) und vom US-Astronauten TJ Creamer (ISS Expeditionen 22 und 23) zur Verfügung gestellt wurden. Das Bild rechts unten zeigt die ISS im Erdorbit fotografiert aus dem Flugdeck der Raumfähre „Discovery" im April 2010.

*Since the end of the space shuttle program the International Space Station ISS is by far the most important active project of manned space flight. Besides Russia and the United States many other countries are involved in building-up and running of the station, including Germany. The station orbits the Earth at an altitude of about 400 km. With a length of about 110 m, a width of about 80 m and a mass of about 455 tons it is the largest space station of mankind to date. The ISS has a modular design and thus can be extended or changed as needed. Since 2 November 2000 it is continuously occupied and is planned to be run at least until 2020.*

*The picture at the top shows a 1:10 model of the ISS which can be visited in the space exhibition hall. In several showcases flown shirts and other pieces of equipment from astronauts who conducted expeditions to the ISS are shown. For instance, the picture at the bottom left shows exhibit items provided by the Japanese JAXA astronaut Koichi Wakata (ISS expeditions 18, 19 and 20) and the US American astronaut TJ Creamer (ISS expeditions 22 and 23). The picture at the bottom right shows the ISS in Earth orbit photographed from the flight deck of the orbiter "Discovery" in April 2010.*

## ISS Forschungslabor COLUMBUS - *ISS research laboratory COLUMBUS*

Wie bereits beschrieben wurde ist die ISS so aufgebaut, dass sie durch Module erweitert werden kann. Eines dieser Module ist das Forschungslabor COLUMBUS, von dem im Museum eine Testversion in Originalgröße besichtigt werden kann (Bild oben). Das Test-Modul befindet sich unmittelbar unterhalb des ISS-Modells und vermittelt einen realistischen Eindruck von der Größe der ISS und vom Platzangebot, dass die ISS-Astronauten in der Raumstation zur Verfügung haben.

Das Modul wurde im Auftrag der Europäischen Raumfahrtagentur ESA entwickelt und mit der Raumfähre „Atlantis" zur ISS transportiert (Mission STS-122). Am 11. Februar 2008 wurde es an der Steuerbordseite des Verbindungsknotens Harmony an die ISS angeschlossen. Bei dieser Mission mit dabei war der deutsche Astronaut Hans Schlegel, der gemeinsam mit Ulrich Walter bereits 1993 an der Mission STS-55, der zweiten deutsche Spacelab-Mission D-2, teilgenommen hat.

Das Bild rechts unten zeigt einen Blick in das Innere des im Museum gezeigten Moduls. Es verfügt über eine Reihe von Einschüben mit standardisierten Maßen, sogenannte International Standard Payload Racks (ISPRs), in die je nach geplanter Nutzung unterschiedliche Experimentiersysteme eingesetzt werden können. Nach der erfolgreichen Montage des Moduls schaltete die ISS-Besatzung einen Live-Call zur Bundeskanzlerin Angela Merkel, um den deutschen Anteil an diesem Projekt zu würdigen. Hierzu wurde im Modul eine Deutschland-Fahne aufgehängt, die anschließend von Hans Schlegel wieder zur Erde zurück gebracht wurde. Diese Fahne ziert jetzt das Modul im Museum (Bild rechts unten).

*As has been described the ISS is designed such that it can be extended by modules. One of these modules is the research laboratory COLUMBUS. A 1:1 mockup of this module built for test purposes is on display in the museum. It is situated directly beneath the ISS model and gives a good impression of the size of the ISS and the space the astronauts have available in the space station.*

*The module was developed by order of the European Space Agency ESA and transported to the ISS with the orbiter "Atlantis" (mission STS-122). On 11 February 2008 it was connected to the ISS at the starboard side of the Harmony module. On board with this mission was the German astronaut Hans Schlegel who, with Ulrich Walter, had already participated in mission STS-55, the second German Spacelab mission D-2.*

*The picture at the bottom right provides a view into the interior of the module shown in the museum. It features several standardized racks, so called International Standard Payload Racks (ISPRs) which, depending on the planned use, can accommodate different experimental systems. After the successful installation of the module the ISS crew made a live call to the German Chancellor Angela Merkel to recognize the German contribution to this project. On this occasion a German flag was pinned to the wall of the module which was later brought back to Earth by Hans Schlegel. This flag now decorates the module in the museum (picture bottom right).*

## Ariane und ATV

Bereits in den 1960er Jahren erfolgte auf Initiative Frankreichs die Gründung eines europäischen Raumfahrtkonsortiums mit dem Ziel, unabhängig von den USA und der damaligen Sowjetunion Satelliten ins All schicken zu können. Hierzu musste zunächst ein geeignetes Trägersystem entwickelt werden. Die ersten europäischen Raketen trugen die Bezeichnung Europa 1 bis 3. Aus diesen gingen dann die Ariane-Raketen hervor, die heute von der EADS-Tochter Astrium gebaut und weiterentwickelt werden. Zuständig für den Betrieb und die Vermarktung des aktuellen Modells Ariane 5 ist das europäische Gemeinschaftsunternehmen Arianespace. Alle Starts der europäischen Trägerrakete erfolgen vom Weltraumbahnhof Kourou in Französisch-Guayana. Speziell zur Versorgung der ISS wurde in Europa der Nutzlasttransporter ATV (Automated Transfer Vehicle) entwickelt. Im März 2008 wurde erstmals ein ATV mit Hilfe einer Ariane 5 Rakete erfolgreich zur ISS geschickt.
Auch die Entwicklungsgeschichte der europäischen Trägersysteme wird in der Ausstellung APOLLO AND BEYOND anhand von Info-Tafeln und Exponaten umfassend dargestellt. Das Bild links unten zeigt, von links nach rechts, eine Ariane 4 im Maßstab 1:10, ein ATV Schnittmodell im Maßstab 1:10, eine Ariane 5 mit 2 Satelliten im Maßstab 1:20 und eine Ariane 5 im Maßstab 1:15 mit einem ATV als Nutzlast. Im Bild unten rechts ist das ATV-Modell vergrößert dargestellt. Das Bild oben rechts zeigt eine originale Ariane 5 EPS-Oberstufe. Die Oberstufe besteht aus einem Triebwerk sowie den Treibstofftanks. Oberhalb der Stufe wird die Nutzlast montiert, beispielsweise ein ATV oder Satelliten. Die EPS-Oberstufe befördert die Nutzlast nach dem Ausbrennen und Abtrennen der 1. Stufe in den Erd- bzw. geostationären Orbit.

*Initiated by France a European space flight consortium was founded in the 1960s already with the goal launching satellites into space independent from the U.S. and the then Soviet Union. To this end first a suitable launch system had to be developed. The first European rockets were given the designations Europe 1 to 3. From these resulted the Ariane rockets which today are built and refined by the EADS division Astrium. Responsible for the operation and the marketing of the current model Ariane 5 is the European joint enterprise Arianespace. All European rockets are launched from the Kourou space center in French Guayana. Especially for supply of the ISS the cargo spacecraft ATV (Automated Transfer Vehicle) was developed. In March 2008 an ATV was successfully launched to the ISS with an Ariane 5 rocket for the first time.*
*The history of the European launch systems is also comprehensively covered in the exhibition APOLLO AND BEYOND with both detailed information panels and exhibits. The picture at the bottom left shows, from left to right, an Ariane 4 rocket scale 1:10, an ATV cut-away model scale 1:10, an Ariane 5 rocket with two satellites scale 1:20 and an Ariane 5 rocket with an ATV as payload scale 1:15. The picture at the bottom right shows the ATV model in larger size. The picture at the top right shows an original EPS upper stage of an Ariane 5 rocket. The upper stage consists of a rocket engine with fuel tanks. On top of the stage the payload is mounted, for instance a satellite or an ATV. After the burnout and jettison of the first stage the EPS upper stage transports the payload into an Earth- or a geostationary orbit.*

## Sowjetisch / Russische Raumfahrtgeschichte

Neben der BURAN zeigt das Technik Museum Speyer innerhalb von APOLLO AND BEYOND auch eine umfangreiche Ausstellung zur Geschichte der bemannten sowjetisch / russischen Raumfahrt. Die zahlreichen Exponate und die detaillierten Info-Tafeln geben einen umfassenden Einblick in das sowjetisch / russische Weltraumprogramm vom Raumschiff Wostok 1, mit dem Juri Gagarin 1961 als erster Mensch in den Weltraum aufbrach, bis zur Jetztzeit.

## *Soviet / Russian space flight history*

*Besides the BURAN, as part of the space exhibition APOLLO AND BEYOND the Technik Museum Speyer also presents a large exhibition covering the history of manned Soviet / Russian space flight. The numerous exhibit items and the detailed information panels provide a comprehensive overview of the Soviet / Russian space flight programs reaching from the spacecraft Vostok 1, with which Yuri Gagarin lifted off into space as first man in history, until today.*

Die Bilder auf dieser Seite zeigen einige der russischen Raumanzüge, die in der Ausstellung zu sehen sind. Oben links: SK-1 Raumanzug. Dieses frühe sowjetische Modell wurde für die Raumflüge mit den Wostok-Raumschiffen vom sowjetischen Unternehmen NPP Swesda entwickelt und hergestellt. Ein solcher Raumanzug wurde von Juri Gagarin bei seinem Raumflug 1961 getragen. Oben Mitte: Sokol KV 2 Raumanzug, getragen vom Kosmonauten Wiktor Afanassjew während der Sojus TM-29 Mission zur Raumstation Mir im Jahr 1999. Der Raumanzug wird nur an Bord der Sojus-Kapsel beim Start und der Landung sowie bei Flugmanövern im Weltraum angelegt und verfügt über alle notwendigen Anschlüsse für die externen Lebenserhaltungssysteme. Oben rechts: Orlan Raumanzug. Der Orlan Raumanzug ist ein russisches Modell für Außenbordeinsätze und ist daher u.a. mit einem integrierten Lebenserhaltungssystem ausgestattet. Unten links: Baklan Raumanzug. Diese Art von Raumanzug sollte in den 1980er Jahren für die Flüge mit der Raumfähre BURAN verwendet werden. Er wurde nicht nur für die Raumfahrt entworfen, sondern auch für Piloten in Militärflugzeugen, die in sehr großen Höhen operieren, wie z.B. der Höhenbomber Tu-160.

*The pictures on this page show some of the space suits that are on display in the exhibition. Top left: SK-1 space suit. This early Soviet model was developed and manufactured by the Soviet enterprise NPP Svesda for space flights with the Vostok spacecraft. This type of space suit was worn by Yuri Gagarin during his space flight in 1961. Top middle: Sokol KV 2 space suit worn by cosmonaut Viktor Afanasijev during the Soyuz TM-29 mission to the space station Mir in 1999. The space suit is only worn on board the Soyuz capsule during launch and landing as well as flight maneuvers in space and features all connections required for the external life support systems. Top right: Orlan space suit. The Orlan space suit is a Russian model designed for extra vehicular activities and thus is equipped with an integrated life support system. Bottom left: Baklan space suit. This space suit was intended for flights with the orbiter BURAN that were planned for the 1980s. It was not only designed for space flight but also for the pilots of military planes operating at very high altitudes like the high altitude bomber Tu-160.*

Bild oben: Die Vitrine zeigt links eine Toilettenanlage für die Nutzung unter den Bedingungen der Schwerelosigkeit, wie sie an Bord der Raumstation Mir verwendet wurde. Der blaue Anzug rechts ist ein Thermalanzug für das Kosmonauten-Training. Daneben ein Schlafsack sowie Schuhe, die ursprünglich für die Raumstation Mir entwickelt wurden, aber bis heute an Bord der ISS im Einsatz sind.
Bild links Mitte: Vitrine mit zwei geflogenen Sokol-Handschuhen und einem Innenhandschuh (oben) und russischer Raumfahrtnahrung (unten).
Bild links unten: Kasbek Sitz mit Sokol KW-2 Raumanzug. Diese Schale wird mit dem Sitzgehäuse in der Sojus-Kapsel montiert. Für jeden Kosmonauten wird eine individuelle, genau der Körperkontur angepasste Sitzschale angefertigt, so dass der Kosmonaut exakt in den Sitz passt. Auf diese Weise können die bei Start und Landung auf den Körper wirkenden Kräfte so gering wie möglich gehalten werden.

*Picture top: This showcase presents at the left a toilet for use in weightlessness as it was installed on board the space station Mir. The blue suit at the right is a thermal suit worn by the cosmonauts during training. Besides a sleeping bag and shoes are shown that were initially developed for the space station Mir but that are still used today on board the ISS.*
*Picture left middle: Showcase with two flown Sokol gloves and one inner glove (top) and Russian space food (bottom).*
*Picture bottom left: Kasbek seat with Sokol KV-2 space suit. This shell is mounted together with the seat casing in the Soyuz capsule. To make sure that the cosmonaut exactly fits into the seat, for each cosmonaut an individual seat shell is made exactly fitting the body contour. This way the forces that act on the body during launch and landing can be kept at a minimum.*

## Wostok 1 Raumschiff

Mit dem Wostok 1 Raumschiff flog der russische Kosmonaut Juri Gagarin am 12. April 1961 als erster Mensch in den Weltraum. Er umkreiste die Erde einmal und landete nach 1 Stunde und 48 Minuten in der Steppe von Kasachstan. Im Juni 1963 war Walentina Tereschkowa mit Wostok 6, der letzten Wostok-Mission, die erste Frau im All. Insgesamt wurden von der UdSSR zwischen 1961 bis 1963 sechs bemannte Wostok-Missionen durchgeführt. Die Wostok-Raumschiffe bestanden aus zwei Modulen, der kugelförmigen Landekapsel und einem Geräteteil. Im Geräteteil befanden sich hauptsächlich das Bremstriebwerk und der notwendige Treibstoff. Die technische Ausrüstung der Landekapsel bestand überwiegend aus Telemetrie- und Kommunikationssystemen. Der Geräteteil wurde vor der Landung abgetrennt, was jedoch beim Flug von Gagarin nicht vollständig gelang, weil sich einige Kabel nicht trennten. Der Kosmonaut war in der Kapsel auf einem Schleudersitz festgeschnallt, der vor der Landung in ca. 7,000 m Höhe seitlich herauskatapultiert wurde. Somit landete der Kosmonaut nicht gemeinsam mit der Kapsel, sondern separat mit einem Fallschirm.

Aus Anlass des 50. Jubiläums des ersten Raumflugs wurde die Raumfahrtausstellung im Technik Museum Speyer im April 2011 um einen detailgetreuen Nachbau des Wostok 1 Raumschiffs von Juri Gagarin, sowie um zahlreiche weitere Exponate und Info-Tafeln zur Geschichte der sowjetisch / russischen Raumfahrtmissionen erweitert. Als Ehrengast konnte das Museum bei der Eröffnung der erweiterten Ausstellung den deutschen Kosmonauten Sigmund Jähn begrüßen, der am 26. August 1978 als erster Deutscher ins All flog. Das Bild oben rechts zeigt den Ehrengast (Mitte) gemeinsam mit Gerhard Daum (links), dem Leiter und Begründer der Raumfahrtausstellung APOLLO AND BEYOND, und Museumspräsident Hermann Layher (rechts).

## *Vostok 1 spacecraft*

*With the Vostok 1 spacecraft the Russian cosmonaut Yuri Gagarin lifted off into space as first man in history on 12 April 1961. He orbited the Earth once and, after a flying time of 1 hour and 48 minutes, landed safely in the steppe of Kazakhstan. Between 1961 and 1963 six manned Vostok missions were performed by the USSR. In June 1963, with the last Vostok mission Vostok 6, Valentina Tereshkova was the first female in space.*

*The Vostok spacecraft consisted of two modules, a spherical descent module housing the cosmonaut, instruments and escape system, and an instrument module containing the engine system with propellant. The technical equipment of the descent module mainly consisted of telemetry and communication devices. Before landing the instrument module was separated from the descent module which, however, was not fully achieved during Gagarin's flight since some cables did not separate. The cosmonaut was strapped to an ejection seat and, on reentry, was ejected from the side of the capsule at an altitude of about 7,000 m and descended via parachute, while the capsule landed separately.*

*On occasion of the 50th anniversary of the first manned space flight, the space flight exhibition at the Technik Museum Speyer was expanded by a true-to-the-original model of the Vostok 1 spacecraft as well as many additional exhibit items and information panels illustrating the history of the Soviet / Russian space flights in April 2011. We were pleased to welcome the German cosmonaut Sigmund Jähn, who on 26 August 1978 lifted off into space as the first German, as honorary guest during the grand opening of the enlarged exhibition. The picture at the top right shows Sigmund Jähn (middle) together with Gerhard Daum, the head and founder of the space flight exhibition APOLLO AND BEYOND, and the President of the Museum Hermann Layher.*

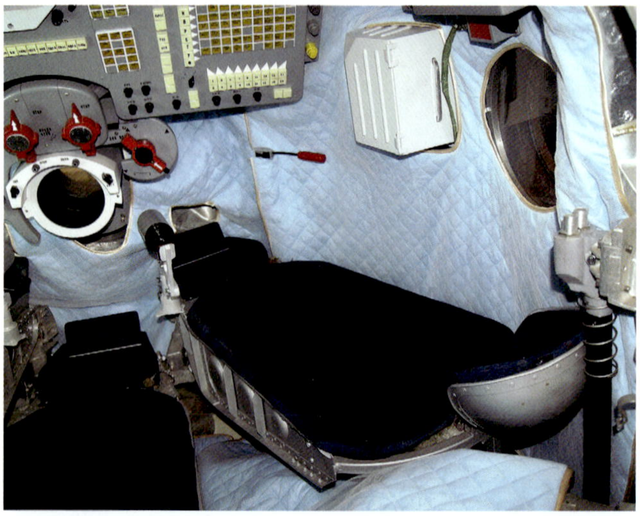

Bild Mitte: Blick ins Innere der Kapsel auf einen der Kosmonautensitze. Bild unten: Der russische Kosmonaut Igor Volk (links) und der deutsche Kosmonaut und Astronaut Ulf Merbold (rechts) bei der Übergabe der Kapsel im Technik Museum Speyer.

*Picture middle: View into the interior of the capsule showing one of the cosmonaut seats. Picture bottom: The Russian cosmonaut Igor Volk (left) and the German cosmonaut and astronaut Ulf Merbold during the hand-over ceremony at the Technik Museum Speyer.*

## Original Sojus TM-19 Kapsel

Unter der Bezeichnung Sojus (russ. für „Vereinigung"oder „Union") wurden in der Sowjetunion ab Mitte der 1960er Jahre eine Reihe von Raumfahrzeugen für bis zu drei Mann Besatzung entwickelt. Der erste bemannte Start einer Sojus-Kapsel erfolgte am 23. April 1967 und ab Juni 1971 kamen sie als bemannte Raumschiffe zunächst für die Raumstationen der Saljut-Reihe und später für die Mir zum Einsatz. Heute werden sie für Flüge zur Internationalen Raumstation (ISS) eingesetzt. Bei dem Exponat im Museum handelt es sich um die originale Sojus TM-19 Kapsel, mit der der deutsche ESA Wissenschaftskosmonaut Ulf Merbold mit den russischen Kosmonauten Juri Malentschenko und Talgat Mussabajew am 4. November1994 von der russischen Raumstation Mir zurück zur Erde geflogen ist. Die Kapsel hat eine Höhe von 2,24 m, einen Durchmesser von 2,17 m und wiegt ca. 2,85 Tonnen. Dank der Mithilfe von Mitgliedern des Fördervereins Auto & Technik Museum e.V. ist es gelungen, das Raumschiff vom russischen Luft- und Raumfahrtkonzern Energija zu erwerben.
Unser Ehrenmitglied im Museumsverein Igor Volk, Sojus T-12 Kosmonaut und BURAN Testpilot, hat wesentlich zu diesem Erfolg beigetragen und den kompletten Transport der Raumkapsel von Moskau über Frankfurt nach Speyer begleitet, wo sie am 3. Mai 2010 dem Museum offiziell übergeben wurde.

*From the mid 1960s on a series of spacecraft for a crew of up to three people was developed in the Soviet Union under the designation "Soyuz" (Russian for "union" or "coalition"). The first manned launch was on 23 April 1967 and from June 1971 on they were the manned spacecrafts used for flights first to the Salyut space stations and later to the Mir and the ISS. The capsule in the museum is the original Soyuz TM-19 landing capsule with which the German science cosmonaut Ulf Merbold and the Russian cosmonauts Yuri Malenchenko and Talgat Musabayev returned to Earth from the space station Mir on 4 November 1994. The capsule has a height of 2.24 m, a diameter of 2.17 m and weighs about 2.85 tons. Thanks to the help of members of the museum club Auto & Technik Museum e.V. it was possible to acquire the spacecraft from the Russian aerospace company Energiya.*
*Our honorary museum club member Igor Volk, Soyuz T-12 cosmonaut and BURAN test pilot, has significantly contributed to this success and accompanied the transport of the spacecraft from Moscow to Speyer, where it was officially handed over to the museum on 3 May 2010.*

## Autogrammtafeln - *Autograph panels*

Von 2008 bis Ende 2013 haben 26 Astronauten und Kosmonauten die Raumfahrtausstellung im Technik Museum Speyer besucht, und viele geladene Gäste und Besucher bei zahlreichen Veranstaltungen begeistert. Alle sind sie mit Bild und Unterschrift auf den Autogrammtafeln von APOLLO AND BEYOND verewigt (Bild oben). Die Bilder links zeigen als kleine Auswahl von links oben nach rechts unten die Astronauten Linda Godwin (Missionen STS-37, STS-59, STS-76 und STS-108), Greg „Box" Johnson (Missionen STS-123 und STS-134), Scott „Scooter" Altman (Missionen STS-90, STS-106, STS-109 und STS-125), Mike Fincke (Missionen Sojus TMA-4 / ISS-Expedition 9, Sojus TMA-13 / ISS-Expedition 18 und STS-134), Gene Cernan (Missionen Gemini 9A, Apollo 10 und Apollo 17), Andrew „Drew" Feustel (Missionen STS-125 und STS-134), Steve Nagel (Missionen STS-51G, STS-61A, STS-37 und STS-55) und Douglas „Wheels" Wheelock (Missionen STS-120 und Sojus TMA-19 / ISS-Expeditionen 24 & 25).

*From 2008 until the end of 2013 26 astronauts and cosmonauts have visited the space flight exhibition at the Technik Museum Speyer and excited many invited guests and visitors at numerous events. All of them have been eternized with picture and autograph on the autograph panels of APOLLO AND BEYOND (top picture). As a small selection the pictures at the left show (from top left to bottom right) the astronauts Linda Godwin (missions STS-37, STS-59, STS-76 and STS-108), Greg „Box" Johnson (missions STS-123 and STS-134), Scott „Scooter" Altman (missions STS-90, STS-106, STS-109 and STS-125), Mike Fincke (missions Soyuz TMA-4 / ISS-expedition 9, Soyuz TMA-13 / ISS-expedition 18 and STS-134), Gene Cernan (missions Gemini 9A, Apollo 10 and Apollo 17), Andrew „Drew" Feustel (missions STS-125 and STS-134), Steve Nagel (missions STS-51G, STS-61A, STS-37 and STS-55) and Douglas „Wheels" Wheelock (missions STS-120 and Soyuz TMA-19 / ISS-expeditions 24 & 25).*

ASTRONAUTEN
Deutsche Astronauten
German Astronauts
In alphabetischer Reihenfolge:
In alphabetical order:
DLR
EUROMIR 95
THOMAS REITER
SPACELAB D-1

GERHARD THIELE
SRTM

ULRICH WALTER
DLR
SPACELAB D-2

THOMAS REITER
THOMAS REITER
EUROMIR 95

REINHOLD EWALD
MIR 97

## Deutsche Astronauten und Kosmonauten

Bis Ende 2013 sind zehn deutsche Raumfahrer mit russischen und amerikanischen Missionen als Astronaut oder Kosmonaut in den Weltraum geflogen (in alphabetischer Reihenfolge): Reinhold Ewald (Mission Sojus TM-25 / TM-24 / MIR-97), Klaus-Dietrich Flade (Mission Sojus TM-14 / TM-13 / MIR-92), Reinhard Furrer (Mission STS-61A / Spacelab D-1), Sigmund Jähn (Mission Sojus 31/29 / Saljut 6), Ulf Merbold (Missionen STS-9 / Spacelab 1, STS-42 / IML-1, Sojus TM-20 / TM-19 / EUROMIR 94), Ernst Messerschmid (Mission STS-61A / Spacelab D-1; siehe auch die beiden Bilder oben), Thomas Reiter (Missionen Sojus TM-22 / EUROMIR 95 und STS-121 / STS-116 / ASTROLAB), Hans Schlegel (Missionen STS-55 / Spacelab D-2 und STS-122 / 1E Columbus; siehe auch die beiden Bilder unten), Gerhard Thiele (Mission STS-99 / SRTM) und Ulrich Walter (Mission STS-55 / Spacelab D-2). Ihnen ist der Bereich „Deutsche Astronauten" von APOLLO AND BEYOND gewidmet.

Anhand von ausführlichen Info-Tafeln und über 100 Exponaten, die von den Raumfahrern zur Verfügung gestellt wurden, gibt dieser Ausstellungsbereich einen umfassenden Überblick über die persönlichen Werdegänge der Astronauten und Kosmonauten sowie die Inhalte der von Ihnen durchgeführten Missionen. APOLLO AND BEYOND ist damit die einzige Ausstellung in Deutschland, in der alle Missionen der bemannten deutschen Raumfahrt mit Exponaten zusammengefasst präsentiert werden.

## *German astronauts and cosmonauts*

*Until the end of 2013 ten Germans lifted off into space as astronauts or cosmonauts as members of U.S. or Russian missions (in alphabetical order): Reinhold Ewald (mission Soyuz TM-25 / TM-24 / MIR-97), Klaus-Dietrich Flade (mission Soyuz TM-14 / TM-13 / MIR-92), Reinhard Furrer (mission STS-61A / Spacelab D-1), Sigmund Jähn (mission Soyuz 31/29 / Salyut 6), Ulf Merbold (mission STS-9 / Spacelab 1, STS-42 / IML-1, Soyuz TM-20 / TM-19 / EUROMIR 94), Ernst Messerschmid (mission STS-61A / Spacelab D-1; see also the pictures at top), Thomas Reiter (mission Soyuz TM-22 / EUROMIR 95 and STS-121 / STS-116 / ASTROLAB), Hans Schlegel (mission STS-55 / Spacelab D-2 and STS-122 / 1E Columbus; see also the pictures at bottom), Gerhard Thiele (mission STS-99 / SRTM) and Ulrich Walter (mission STS-55 / Spacelab D-2). To them the exhibition section "German astronauts" of APOLLO AND BEYOND is dedicated.*

*With detailed information panels and more than 100 exhibit items provided by the German astronauts and cosmonauts this part of the exhibition gives a comprehensive insight into the personal careers of the German astronauts and cosmonauts as well as the subjects of the missions in which they participated. In this way APOLLO AND BEYOND is the only exhibition in Germany giving a combined overview of all manned missions of German space flight with both extensive information and exhibit items.*

# Flugzeuge / *Airplanes*

Lufthansa
TECHNIK
MUSEUM
U.S. AIR FORCE
37446
U.S. AIR FORCE

Die Luftfahrt hat in Speyer eine lange Tradition. Bereits 1912 wurde der Flugplatz Speyer eröffnet, und nur ein Jahr später erfolgte in unmittelbarer Nachbarschaft zum Flugfeld auf dem jetzigen Museumsgelände die Gründung der „Pfalz-Flugzeugwerke", eine der ersten deutschen Flugzeugfabriken überhaupt. Neben den Pfalz-Flugzeugwerken haben noch zahlreiche weitere Unternehmen in Speyer Luftfahrtgeschichte geschrieben, darunter Heinkel, VFW, VFW-Fokker, Messerschmitt, Bölkow & Blohm (MBB) und Airbus.
Schon bei der Planung des Technik Museum Speyer war somit klar, dass Flugzeuge einen Schwerpunkt der Ausstellungen bilden würden. Heute können die Besucher in der Liller Halle, in der Raumfahrthalle und auf dem Freigelände über 70 Flugzeuge und Hubschrauber besichtigen. Viele davon sind begehbar. Die Glanzstücke sind ein Boeing 747 „Jumbo Jet" der Lufthansa, der im Frühjahr 2002 in einer spektakulären Aktion zu Land, zu Wasser und in der Luft nach Speyer transportiert wurde, sowie eine Antonov An-22, das größte Propellerflugzeug der Welt.
Das Bild oben zeigt einen Blick auf das Flugzeug-Ensemble beim Museumseingang. Die Flugzeuge im Vordergrund sind (von links nach rechts) eine Douglas DC-3 in der Militärversion C-47 „Dakota", eine Nord 2501 „Noratlas" und eine Fokker VFW 614. Im Hintergrund ist der „Jumbo Jet" auf seinem riesigen Stahlpodest zu sehen.
Die ab 1936 in Serie produzierte DC-3 gehört zu den legendärsten Flugzeugen überhaupt. Einzelne Exemplare sind noch heute im Einsatz. Die zu Beginn der 1950er Jahre als Militärtransporter eingeführte „Noratlas" war bis in die 1970er Jahre bei zahlreichen Streitkräften aktiv, u.a. auch bei der Bundeswehr. Das Museumsstück wurde freundlicherweise von der französischen Regierung zur Verfügung gestellt. Die VFW 614 war der erste, in der Bundesrepublik Deutschland konstruierte Passagierjet. Viele Erfahrungen, die beim Bau dieses Flugzeugtyps gemacht wurden, flossen später in die Entwicklung des „Airbus" ein.

*Aviation has a long-standing tradition in Speyer. The Speyer airfield was founded back in 1912 already and but one year later the "Pfalz-Flugzeugwerke", one of the very first German airplane factories, was founded in the immediate vicinity of the airfield on the present museum grounds. In addition to the Pfalz-Flugzeugwerke, numerous further enterprises wrote aviation history in Speyer, among them Heinkel, VFW, VFW-Fokker, Messerschmitt, Bölkow & Blohm (MBB) and Airbus.*
*Back when the Technik Museum Speyer was planned, therefore, it was clear that airplanes were going to play a major role in the exhibitions. Today, visitors can admire more than 70 airplanes and helicopters in the Liller Halle, the space flight hall and the open-air grounds. Many of them can be visited from the inside. Highlights are a Boeing 747 Lufthansa "Jumbo Jet", which was transported to Speyer in spring of 2002 in a spectacular action on land, by water and airborne, as well as an Antonov An-22, the world's largest propeller plane.*
*The picture at the top shows the airplane ensemble at the museum entrance. The airplanes in the foreground are (from left to right) a Douglas DC-3 military Version C-47 "Dakota", a Nord 2501 "Noratlas" and a Fokker VFW 614. In the background the "Jumbo Jet" on its gigantic steel pedestal can be seen.*
*The DC-3, built in series from 1936 on, is one of the most legendary airplanes of all times. Some specimens are still commercially used today. The "Noratlas", introduced in the early 1950s as a military transport airplane, was used by many armed forces until wide into the 1970s, including the German Bundeswehr. The museum exhibit was kindly provided by the French Government. The VFW 614 was the first passenger jet plane constructed in the Federal Republic of Germany. Much of the know-how acquired during building of this plane was later incorporated into the development of the "Airbus".*

## Boeing 747 „Jumbo Jet“

Der „Jumbo Jet“ im Technik Museum Speyer ist das einzige Flugzeug dieses Typs außerhalb eines Flugplatzes und auch das einzige Exemplar, das jemals zerlegt und wieder zusammengebaut wurde. Im Frühjahr 2002 war es gelungen, von der Lufthansa eines dieser riesigen Großraumflugzeuge für die Flugzeugausstellung zu bekommen.

Der Transport des Giganten der Lüfte nach Speyer war eine der größten Herausforderungen, der sich das Museum bis dahin gegenüber gesehen hatte (siehe die folgenden Seiten). Die erste Etappe von Frankfurt zum Flughafen Karlsruhe/Baden-Baden konnte noch fliegend zurückgelegt werden. Nach dem fachgerechten Zerlegen des Flugzeugs begann die zweite Etappe mit dem Verladen der Einzelteile. Das größte Problem war der Transport des gigantischen Rumpfes mit einer Länge von rund 70 Metern. Mit riesigen Kränen wurde er auf einen Spezialtransporter gehoben, zur Nato-Rampe in Söllingen gefahren, auf einen Lasten-Ponton verladen und auf dem Rhein zu einem Naturhafen nahe Speyer gefahren. Von dort ging es dann wieder auf dem Landweg weiter. Die gesperrten Straßen waren gesäumt von zehntausenden Zuschauern. Für die fünf Kilometer zum Technik Museum Speyer benötigte der Schwertransport ungefähr zwei Stunden. In mehrmonatiger Arbeit wurde die Maschine dann wieder zusammengebaut und in Flugposition auf ein riesiges Stahlgerüst montiert, das von unserem Statiker, Herrn Dipl. Ing. Reinhold Hildebrandt aus Mühlacker, konstruiert wurde. Der Innenraum kann komplett besichtigt werden, sogar einer der Flügel ist begehbar. Die Innenverkleidung wurde teilweise demontiert, um einen Eindruck von der Konstruktion eines solchen Großraumflugzeugs zu geben (siehe Bilder auf der gegenüberliegenden Seite unten).

Wir möchten uns an dieser Stelle ganz herzlich bei der Deutsche Lufthansa AG und der Stadt Speyer bedanken, die es uns ermöglicht haben, einen „Jumbo Jet“ in dieser Form zu präsentieren und begehbar zu machen. Wir haben dieses Ereignis zum Anlass genommen, der Deutsche Lufthansa AG die Ehrenmitgliedschaft in unserem Museumsverein zu verleihen.

Bild links: Übergabe des symbolischen Kaufpreises von 1 Euro an Herrn Dr. Gerald Gallus, Vorstandsmitglied der Lufthansa Technik AG (4. v. l.) durch Museumsleiter Hermann Layher (2. v.l.) auf dem begehbaren Flügel des „Jumbo Jet“ in Anwesenheit des damaligen Oberbürgermeisters der Stadt Speyer, Werner Schineller (3. v. r.).

*Picture left: Handing over of the symbolic purchasing price of one Euro to Dr. Gerald Gallus, member of the board of Lufthansa Technik AG (4th from the left) by the Museum's President Hermann Layher (2nd from the left) upon the accessible wing of the "Jumbo Jet" in the presence of the then Lord Mayor of the City of Speyer, Werner Schineller (3rd from the right).*

*The "Jumbo Jet" at the Technik Museum Speyer is the only aircraft of this type stationed at a location other than an airport, and also the only specimen ever that has been dismantled and reassembled again. In spring of 2002 it was possible to get one of these huge wide-bodied aircraft from Lufthansa for our exhibition.*
*The transport of this giant of the airs to Speyer was one of the greatest challenges ever encountered by the museum so far (see the following pages). The first leg from Frankfurt to the airport Karlsruhe/Baden-Baden could still be managed on wing. Upon an expert dismantling of the craft the second leg started by loading the separate parts. The greatest problem was the transport of the gigantic fuselage with a length of a round 70 meters. With huge cranes it was hoisted upon a special transporter, transferred to the NATO ramp near Söllingen, loaded onto a heavy-goods pontoon and brought on the Rhine to a natural harbour near Speyer. From there the journey continued once more by land. Ten thousands of onlookers lined the closed-off roads. It took the heavy goods transport about two hours to manage the five kilometres distance to the Technik Museum Speyer. In months of efforts the aircraft was then reassembled and mounted in flight position on a huge tubular steel scaffolding designed by our structural engineer Dipl. Ing. Reinhold Hildebrandt of Mühlacker. The entire interior of the craft, and even one of the wings are accessible for the visitors. Part of the inside lining has been removed to give an impression of the design of a wide-bodied aircraft of this kind (see the pictures at bottom).*
*We wish to take this opportunity to convey our sincere gratitude to the Deutsche Lufhansa AG and the City of Speyer both of whom made it possible for us to present the "Jumbo Jet" in this way, and to make it accessible for viewing. We have taken this event as an occasion to convey the honorary membership in our museum club to the Deutsche Lufthansa AG.*

Blick auf den begehbaren Flügel (links) und in den Innenraum des „Jumbo Jet" mit der zum Teil demontierten Verkleidung (rechts).

*View at the walkable wing (left) and into the hull of the „Jumbo Jet" with the partially dismantled lining (right).*

# Boeing 747 „Jumbo Jet"

1

2

3

4

5

6

7

Bilder 1-5: Um den Jumbo Jet nach Speyer transportieren zu können, mussten zunächst die Flügel und das Leitwerk demontiert werden. Der 70 Meter lange Rumpf wurde dann auf einen Spezial-Tieflader geladen, zum Rheinufer bei Söllingen gefahren und dort auf einen Lasten-Ponton geladen. Bilder 6 und 7: Die Fahrt nach Speyer war Millimeterarbeit, da die Brückenhöhen aufgrund des hohen Wasserstandes gerade noch ausreichend waren.

*Pictures 1-5: To be able to transport the Jumbo Jet to Speyer, wings and fuselage had first to be dismantled. The fuselage with a length of 70 meters was then loaded unto a special low loader and brought to the river bank of the Rhine at Söllingen to be loaded there unto a heavy-load pontoon. Pictures 6 and 7: The voyage to Speyer required millimeter-precise navigation since, due to the high water level, clearing the bridges was a tricky venture.*

# Stationen einer Reise - *Stations of a journey*

8

9

10

12

11

13

Bilder 8-13: Im Naturhafen Speyer erfolgte die erneute Verladung auf den Tieflader. Auf der Straße ging es dann weiter zum Technik Museum. Dort angekommen wurde der „Jumbo Jet" wieder zusammengebaut und im März 2003 in Flugposition auf ein riesiges Stahlgerüst montiert.

*Pictures 8-13: At the natural harbor of Speyer the airplane was again loaded onto the low loader. Last stage of transport to the Technik Museum Speyer was on the road. After its arrival the "Jumbo Jet" was reassembled and in March 2003 it was mounted in flight position on a huge steel scaffold.*

Der Prototyp flog erstmals 1972, und bereits 1976 hatte die US Air Force 500 Maschinen übernommen.
Der im Museum gezeigte Kampfjet ist bis Ende 1993 beim F-15 Geschwader der amerikanischen Luftwaffe in Bitburg geflogen. Als der Verband aufgelöst wurde ergab sich die Gelegenheit, eine ausgemusterte F-15 als Ausstellungsstück zu erhalten.

*In 1969 McDonnell-Douglas was commissioned building a new multiple purpose fighter plane. The result was the F-15 "Eagle". The first flight of the prototype was in 1972, and in 1976 already 500 planes had been acquired by the US Air Force.*
*The fighter jet on exhibit in the museum in Speyer was flying with the F-15 squadron of the US Air Force in Bitburg up to the end of 1993. When the squadron was dissolved an opportunity presented itself to obtain a retired F-15 as an exhibit item for the Technik Museum Speyer.*

## Suchoi Su-22 (links / *left*)
Die Su-22 ist ein Mehrzweck-Kampfflugzeug, das als Jäger oder zur Bekämpfung von Bodenzielen eingesetzt werden kann. Als Besonderheit verfügt die Su-22 über eine veränderliche Flügelpfeilung, wobei aber nur die Außenflügel geschwenkt werden können. Bei ausgefahrenen Tragflügeln wird die Mindestgeschwindigkeit des Jets soweit herabgesetzt, dass auch ein Einsatz von kleinen Flugplätzen aus möglich ist.
Das ausgestellte Exemplar, eine Su-22 M 4, stammt von den Luftstreitkräften der ehemaligen DDR, die zwischen 1984 und 1987 insgesamt 48 Maschinen dieses Typs beschafft hat. Mit der Übernahme der NVA durch die Bundeswehr wurden die Jets ausgemustert.

*The Su-22 is a multiple purpose fighter plane which can be used as a fighter or to attack surface targets. A special feature are variable arrowhead wings, but only the outward pair are swing-wings. With extended wings the minimum speed of the jet can be reduced to an extent that will also permit operation from small airfields.*
*The specimen on exhibit, a Su-22 M 4, originated from the air force of the former GDR, which had procured 48 specimens of this type between 1984 and 1987. With the take-over of the East German army by the Federal Armed Forces after the reunion of Eastern and Western Germany in 1989 these jets were retired.*

## McDonnell F-101 „Voodoo" (oben links / *top left*)
1946 suchte die amerikanische Luftwaffe nach einem Begleitjäger mit großer Reichweite. Die Wahl fiel auf eine Neuentwicklung von McDonnell, die spätere F-101. Technische Probleme verzögerten die Einführung des Flugzeugs jedoch um viele Jahre. Erst im Frühjahr 1957 wurden die ersten zweisitzigen Maschinen an die US Air Force übergeben. Zu ihrer Zeit war die F-101 eines der schnellsten Kampfflugzeuge. In einzelnen Ländern wurde sie bis Mitte der 1980er Jahre geflogen.

*In 1946 the US Airforce was searching for a far-range escort fighter. The aircraft chosen was a new development by McDonnell, the future F-101. Technical problems, however, delayed the introduction of the plane for many years. It was not until spring of 1957 that the first two-seater planes were delivered. The F-101 was one of the fastest fighter aircraft of its time. In some countries it was being flown up to the mid -1980s.*

## McDonnell-Douglas F-15 (oben rechts / *top right*)
1969 erhielt McDonnell-Douglas den Auftrag zum Bau eines neuen Mehrzweck-Kampfflugzeugs. Es entstand die F-15 „Eagle".

## McDonnell F-4 Phantom II

Die „Phantom" ist ein Langstrecken-Allwetterflugzeug zum Einsatz als Abfangjäger, Erdkampf- und Aufklärungsflugzeug. Der Prototyp flog erstmals 1958, die Einführung bei den amerikanischen Luftstreitkräften erfolgte ab 1961. Im Vergleich zum wenige Jahre zuvor eingeführten „Starfighter" zeichnet sich die F-4 durch eine Reihe von Unterschieden aus. Sie ist wesentlich größer und robuster, besitzt zwei und nicht nur ein Triebwerk und wird grundsätzlich mit zwei Mann Besatzung geflogen.

Die „Phantom" hat sich unter härtesten Bedingungen hervorragend bewährt und befindet sich heute (Sommer 2013), noch immer im Einsatz. Bis 1980 wurden weltweit 5.195 Maschinen produziert. Nach der sowjetischen MiG-21 ist die F-4 damit das meistgebaute Kampfflugzeug nach dem 2. Weltkrieg. Die Bundesluftwaffe hat erst in den 1970er Jahre 175 F-4F Phantom II als Ersatz für die veraltete Jagdversion des „Starfighter" beschafft. 110 F-4F wurden von 1991 bis 1996 kampfwertgesteigert. Seit dem Jahr 2004 wurde die „Phantom" schrittweise durch den Eurofighter abgelöst und die letzte F-4F der Bundeswehr schließlich 2013 ausgemustert.

Das in den Bildern rechts gezeigte Museumsstück trägt die Farben der US Navy Kunstflugstaffel „Blue Angels". Das Team flog die „Phantom" von 1969 bis 1973. Nach einer Serie von schweren Unfällen wechselte man auf die kleinere A-4 „Skyhawk" und ab 1986 auf die F-18 „Hornet".

*The "Phantom" is a long-distance all-weather aircraft for use as interceptor, ground-combat- and reconnaissance plane. The first flight of the prototype took place in 1958, introduction with the US Air Force was in 1961. In comparison with the "Starfighter" introduced a few years earlier the F-4 stands out by a number of different features. It is far bigger and more robust, has two rather than one engine, and is invariably flown by a crew of two.*

*The "Phantom" stand the test admirably under severe conditions and as of Summer 2013 is still in action. Up to 1980 altogether 5,195 units were produced worldwide. Second to the Soviet MiG-21, therefore, the F-4 is the most frequently built fighter plane after WWII. The German Federal Air Force did not acquire the "Phantom" until the midseventies, and then as a substitute for the obsolete fighter version of the "Starfighter". Of the 175 "Phantom" procured by the German Federal Air Force 110 specimens were modernized between 1991 and 1996. Since 2004 the "Phantom" was stepwise replaced by the Eurofighter and the last F-4F of the German Bundeswehr was finally retired in 2013.*

*The museum's specimen shown at the right in the pictures is in the colors of the aerobatics squadron "Blue Angels" of the US Navy. They were flying the "Phantom" from 1969 until 1973. Following a series of severe accidents they switched to the smaller A-2 "Skyhawk" and, starting in 1986, to the F-18 "Hornet".*

**Mikojan / Gurewitsch MiG-23 BN**

Im Rahmen einer Luftparade in der UdSSR wurde die MiG-23 1967 erstmals der Öffentlichkeit präsentiert. Es handelt sich um ein einstrahliges Kampfflugzeug mit Schwenkflügeln, das praktisch das Gegenstück zum „Tornado" der NATO darstellt. Die MiG-23 gibt es als einsitziges Jagdflugzeug, als zweisitziges Schul- und Übungsflugzeug und als Jagdbomber. Bei der gezeigten Maschine handelt es sich um die Jagdbomber-Version mit umfassender Panzerung für den Piloten. Die Bewaffnung bestand aus einer 23 mm Kanone und Aufhängungen für eine Vielzahl von gelenkten und ungelenkten Raketen. Sie wurde bis zur Übernahme der NVA durch die Bundeswehr im Jahr 1990 in der ehemaligen DDR geflogen und trägt einen Spezialanstrich der Bundesluftwaffe.

*On occasion of an air parade in the USSR the MiG-23 was first presented to the public in 1967. It is a single-jet fighter plane with swing-wings and, therefore, practically the counterpart of the NATO "Tornado". The MiG-23 is available as single-seater fighter plane, as double-seater training- and practice plane and as fighter bomber. The plane in the museum is a fighter bomber version with extensive armour plating to protect the pilot. The weapons consisted of one 23 mm canon and suspension hooks for numerous guided- and unguided missiles. Up to the take-over of the East German army by the Federal Armed Forces in 1990 the carft was in action in the former GDR and is sporting a special paintwork of the German Federal Air Force.*

## Hawker „Hunter" (ganz links / *far left*)

Die Hawker „Hunter" war mit fast 2.000 gebauten Exemplaren, die in 19 Länder geliefert wurden, das erfolgreichste britische Kampfflugzeug der Nachkriegszeit. Das Museumsstück trägt die Farben der britischen Kunstflugstaffel „Black Arrows" Aerobatic Team - 111. Squadron (Stützpunkt Wattisham) 1958/1959. Die Ausmusterung der Hawker „Hunter" nach 1960 war gleichzeitig das Ende der „Black Arrows". Nachfolger wurden die „Blue Diamonds".

*With nearly 2.000 units that were built and delivered to 19 countries, the Hawker "Hunter" was the most successful British post-war fighter plane. The museum's exhibit is sporting the colors of the British stunt flying squadron "Black Arrows" Aerobatic Team - 111. Squadron (base Wattisham) 1958/1959. The retirement of the Hawker "Hunter" after 1960 was also the end of the "Black Arrows". Successors were the "Blue Diamonds".*

## Lockheed F-104 G „Starfighter" (2. von links / *second from left*)

Der „Starfighter" wurde als reiner Tagjäger konzipiert und war auf Geschwindigkeit optimiert. Die Leistungen waren beeindruckend. 1958 stellte der Starfighter mit 30.000 m einen Höhen- und mit 2.540 km/h einen Geschwindigkeitsweltrekord für Kampfjets auf.
Die F-104 wurde im Lauf der Jahre in vielerlei Weise modifiziert. Für die Bundesluftwaffe entstand die F-104 G, eine stark veränderte Mehrzweckvariante, die jetzt nicht nur Jäger sondern auch Aufklärer und Jagdbomber war. Dies mag zur Tragik dieses Flugzeugs beigetragen haben. Während die US Air Force den „Starfighter" nur als Jäger einsetzte und kaum Verluste zu beklagen hatte, gingen bei der Bundesluftwaffe von 917 beschafften Maschinen 269 durch Unfälle verloren.
Die oben gezeigte einsitzige F-104 G flog beim JaBoG 33 in Büchel. Sie trägt die Farben des Marinegeschwaders 2 (MFG 2) „Vikings". Obwohl diese Flugstaffel nur vom 14.8.1983 bis zum 27.9.1986 bestand, begeisterte sie bei weltweit mehr als 60 Vorführungen über 6 Millionen Zuschauer. Mit der Ablösung des „Starfighters" wurde auch die Flugstaffel aufgelöst. In der Liller Halle ist zusätzlich noch eine zweisitzige Trainer-Version des Starfighters von der Erprobungsstelle Manching ausgestellt.

*The "Starfighter" was designed to perform as a day fighter exclusively and was optimized on speed. The performance was truly impressive. In 1958 it set a new altitude record with 30,000 m and with 2,540 km/h a new world speed record for jet fighters.*
*In the course of the years the F-104 was modified in many ways. The F-104 G was created for the Federal German Air Force, a multipurpose version which was no longer just fighter but reconnaissance plane and fighter bomber as well. This may well have contributed to the tragedy of this plane. While the US Air Force was using the "Starfighter" as a fighter exclusively and had to suffer a minimum of casualties only, 269 planes of the 917 craft procured by the German Air Force were lost in accidents.*
*The one-seater F-104 G shown above was flying with the JaBoG 33 at Büchel. It is sporting the colors of the naval squadron 2 (MFG 2)*

*"Vikings". Although this squad existed from 14 August 1983 through 27 September 1986 only, it excited over 6 million spectators in more than 60 shows worldwide. The flight squadron disbanded together with the retirement of the "Starfighter". In addition, in the Liller Halle a two-seater Starfighter trainer version from the Test and Trial Department at Manching is on display.*

## Do 24 Rumpf / *Hull* (3. von links / *third from left*)

Die Do 24 war ein hochseefähiges Seenotrettungs- und Transportflugzeug. Sie wurde von der Firma Dornier im Auftrag der holländischen Regierung speziell für Tropeneinsätze konstruiert. Im September 1937 fand die Seeprüfung unter schwierigsten Bedingungen in der Nordsee statt. Danach ging das Flugzeug in Serie und wurde von der Firma Aviolanda in Papendrecht / Holland in Lizenz gebaut. Angetrieben wurde die Do 24 von drei Bramo-Motoren mit jeweils 1.000 PS Leistung. Der ausgestellte Rumpf einer Do 24 wurde 1991 im Müritz-See (Mecklenburg) in der ehemaligen DDR geborgen und vom Technik Museum Speyer restauriert. Die Tragfläche mit den Motoren und das Heck fehlen.

*The Do 24 was an ocean-going sea rescue- and transport plane. It was designed and constructed by Dornier on behalf of the Dutch Government especially for service in the tropics. The nautical test took place in the North Sea in September of 1937 under difficult conditions. Subsequently the plane went onto the production line and was manufactured under licence by Aviolanda in Papendrecht, Holland. Three Bramo engines with a power of 1,000 hp each were used as means of propulsion. The hull of a Do 24 shown in Speyer was salvaged in 1991 from Lake Müritz (Mecklenburg) in the former GDR and restored by the Technik Museum. The wing with the engines as well as the tail part are missing.*

## Mikojan / Gurewitsch MiG-21 (ganz rechts / *far right*)

Fast zeitgleich zum „Starfighter" wurde 1956 die Mig-21 der Öffentlichkeit vorgestellt. Im Laufe der Jahre wurde dieser Flugzeugtyp mehrfach modifiziert und dadurch der technischen Entwicklung angepasst. Daneben wurde zur Ausbildung der Piloten auch eine zweisitzige Schulungsversion entwickelt. Die im Technik Museum Speyer ausgestellte MiG-21 wurde von den Luftstreitkräften der NVA bis zur Übernahme durch die Bundeswehr im Jahr 1990 geflogen. Sie trägt die Farben der „Red Archers", einer Kunstflugstaffel der indischen Luftwaffe, die in den 1970er Jahren flog

*Almost simultaneously with the "Starfighter" the MiG-21 was introduced to the public in 1956. This plane was repeatedly modified in the course of the years to adapt to technological developments. For the training of pilots a two-seater version was developed besides. The MiG-21 on exhibit at the Technik Museum Speyer was in service with the air force of the former GDR up to the takeover by the Federal Armed Forces in 1990. It is painted in the colors of the "Red Archers", a stunt flying squad of the Indian air force that was active in the 1970s.*

## Mil Mi-14 PL/BT (Bild oben links / *top picture left*)

Der U-Boot Ortungs- und Jagdhubschrauber Mi-14 PL wurde in der Sowjetunion in den 1970er Jahren entwickelt und bis 1991 gebaut. Er flog in vielen Ostblockländern. Dieses Exemplar stammt aus der ehemaligen DDR. Der untere Teil des Rumpfes ist wie ein Boot gestaltet, das Fahrwerk ist einziehbar. Der Hubschrauber ist dadurch voll schwimmfähig. Mit zielsuchenden Torpedos und Raketen konnte er auch gegen Schiffsziele eingesetzt werden. In der Ausbuchtung am Bug war ein Ortungsgerät eingebaut.

*The submarine-locating and combat helicopter Mi-14 PL was developed in the Soviet Union in the 1970s and built until 1991. It was used in many countries of the Eastern Bloc. This specimen originated from the former GDR. The lower part of the hull is built like a boat, the landing gear is retractable. This way, the helicopter is absolutely amphibious. Equipped with homing torpedos and rockets it could also be used against ship targets. A locating device was installed in the bulge at the nose.*

## Mil Mi-24 P (Bild oben rechts / *top picture right*)

Wahrscheinlich startete der Prototyp des Mi-24 P bereits 1972 zum ersten Flug. Die Konzeption sah einen kombinierten Kampf- und Transporthubschrauber vor, der bis zu acht voll ausgerüstete Soldaten und vier Tragbahren mitführen konnte. Die Besatzung bestand bei den ersten Versionen aus vier, später nur noch aus zwei Mann, dem vorne sitzenden Waffenoffizier und dem erhöht hinter ihm sitzenden Piloten. Die Bewaffnung des Mi-24 P bestand aus einer doppelläufigen 23 mm Kanone an der Bugseite, 4 Panzerabwehrraketen, Raketenbehältern mit je 32 Raketen und weiteren Lenkwaffen.
Das Museumsstück stammt aus NVA-Beständen. Die 23 mm Kanone ist nicht montiert, außerdem sind zwei Raketenbehälter durch Zusatztanks ersetzt.

*Presumably, the prototype of the Mi-24 P accomplished its first flight in 1972 already. The concept was providing for a combined combat and transport helicopter which could accommodate up to eight soldiers in full equipment and four stretchers. The first versions had a crew of four, later models were manned by only two, the gunner in front and the pilot on a raised seat behind him.*
*Armament of the Mi-24 P consisted of a double-barreled 23 mm gun at the nose, 4 anti-tank missiles, 2 containers holding 32 rockets each and further guided missiles.*
*The museum's exhibit came from the arsenals of the former NVA (National Peoples Army) of the GDR. The 23 mm gun is not mounted, and two rocket containers have been substituted by spare fuel tanks.*

## Mil Mi-2 (Bild darunter / *picture beneath*)

Die ersten zwei Prototypen der Mi-2 wurden in der ehemaligen Sowjetunion gebaut. Die Produktion und Weiterentwicklung erfolgte ab 1965 bei PZL / Swidnick in Polen. Angetrieben wird die Maschine von zwei Isotow-Turbinen mit einer Leistung von jeweils 450 WPS. Von 1965 bis 1985 wurden insgesamt 3.500 Exemplare für zivile und militärische Zwecke gebaut. Der Hubschrauber hat eine Reichweite von 1.700 km und kann 7 bis 9 Passagiere oder 950 kg an Gewicht aufnehmen. Das gezeigte Exemplar, das in der Raumfahrthalle ausgestellt ist, stammt aus Beständen der sowjetischen Luftwaffe.

*The first two prototypes of the Mi-2 were built in the former Soviet Union. Starting in 1965, production and further development were continued at PZL / Swidnick in Poland. The helicopter is powered by two Isotow turbines with a performance of 450 shaft hp each. Altogether 3,500 units were built from 1965 through 1985 for both civilian- and military purposes. The helicopter has a range of 1,700 km and can either accommodate 7 to 9 passengers or hold a load of 950 kg. The museum exhibit, which is on display in the space flight hall, originated from the arsenal of the Soviet air force.*

## Dassault Mercure 100 (oben links / *top left*)

Mit der „Mercure 100" präsentierte der französische Flugzeugbauer Dassault zu Beginn der 1970er Jahre ein konsequent für den Kurzstreckeneinsatz konzipiertes Passagierflugzeug, das der Boeing 737 Marktanteile abnehmen sollte. Die „Mercure" bot Platz für 150 Passagiere, die Reichweite lag je nach Zuladung zwischen 700 und 1.500 Kilometer. Das ausgestellte Exemplar war über 20 Jahre bei der französischen Fluggesellschaft „Air Inter" im Einsatz. Es wurde im Frühjahr 1995 außer Dienst gestellt und dem Museum geschenkt.

*At the beginning of the 1970s the French aircraft builder Dassault presented the "Mercure 100" that was consequently designed as a short range air-liner which should compete with the Boeing 737. The "Mercure" offered space for 150 passengers, its operation range was between 700 and 1,500 kilometers, depending on the payload. The specimen on exhibit in the museum was used for more than 20 years by the French airline "Air Inter". It was put out of operation in 1995 and donated to the museum.*

## Antonov An-26 (oben rechts / *top right*)

Die An-26 ist ein mittleres Transportflugzeug für Kurz- und Mittelstrecken. Eine große Heckladeluke ermöglicht das schnelle Verladen auch von sperrigen Gütern. Das Flugzeug im Museum wurde in der ehemaligen DDR als Regierungsflugzeug eingesetzt. Es diente vornehmlich dem ehemaligen Staatsratsvorsitzenden Erich Honecker als Privatmaschine und hat ein Ruhe- und ein Arbeitsabteil. Im Laderaum konnte ein Dienstwagen mitgenommen werden.

*The An-26 is a medium cargo plane for short- and medium hauls. A large tailgate permits speedy loading even of bulky cargo. The plane at the museum served in the former GDR as a government craft. It was mainly used by the former head of state, Erich Honecker, as his private plane and is equipped with a rest- and an office-compartment. An official car could be transported in the cargo hold.*

## Republic F-84 Thunderstreak (rechts / *right*)

Die F-84 war ein frühes Jagdflugzeug der US Air Force, das insbesondere als Jagdbomber eingesetzt wurde. Es wurden über 2,700 Exemplare gebaut. Die Bundesluftwaffe beschaffte zwischen 1956 und 1957 etwa 400 Maschinen dieses Typs. Das Museumsstück trägt die Farben der italienischen Kunstflugstaffel „Getti Tonanti".

*The F-84 was an early fighter plane of the US Air Force, which was mainly operated as fighter bomber. More than 2,700 units of this type were produced. The German Federal air force acquired about 400 planes between 1956 and 1957. The museum exhibit is painted in the colors of the Italian aerobatic squad "Getti Tonanti".*

## Canadair CL-215 (oben / *top*)

Die Canadair CL-215 ist ein Löschflugzeug speziell zur Bekämpfung von Waldbränden. Eine ausführliche Beschreibung befindet sich im Sinsheim-Teil dieses Buchs, da im Auto & Technik Museum Sinsheim ein identisches Exemplar ausgestellt ist.

*The Canadair CL-215 is an airplane for fighting forest fires. An extensive description can be found in the Sinsheim part of this book since an identical craft is on exhibit in the Museum Sinsheim.*

## Antonov An-2 (Mitte / *middle*)

Die An-2 ist der größte Doppeldecker, der jemals gebaut wurde. Noch heute, über 60 Jahre nach dem Erstflug, wird dieses robuste Flugzeug aus sowjetischer Produktion in vielen Ländern geflogen. Die An-2 bietet Platz für 12 bis 14 Passagiere oder 1.240 kg Fracht. Sie kann auch auf kleinen und unvorbereiteten Plätzen starten und landen. Das Museumsstück wurde vom Bürgermeister der Stadt Kursk, die mit Speyer partnerschaftlich verbunden ist, gespendet.

*The An-2 is the largest biplane ever built. Even today, more than 60 years after the first flight, this soviet-built airplane it is flown in many countries. The An-2 accommodates 12 to 14 passengers or holds a load of 1,240 kg. It can take off and land even on small unprepared airfields. The specimen on exhibit at the museum was donated by the Mayor of the City of Kursk, a partner city of Speyer.*

## Rockwell Aero Commander 680F (unten/ *bottom*)

Im Jahr 1952 begann der Flugzeugbauer Rockwell mit der Serienproduktion der Typenreihe Aero Commander. Insgesamt wurden über 2.000 Exemplare gebaut. Die 680F ging 1955 in Serie. Die zweimotorige Propellermaschine diente 25 Jahre lang als Vermessungsflugzeug, insbesondere für die Kartographieerstellung.

*Series production of the Aero Commander model was commenced by the airplane manufacturer Rockwell of Burton, Ohio in 1952. About 2,000 specimens of this type were built. The exhibit, an Aero Commander 680 F, went into production in 1955. The twin-engine propeller plane served for 25 years as a land survey plane, and here in particular for cartographical purposes.*

MUSIK
CLUB
Wir lieben LIVE.
Alles andere
ist Konserve
WIR LIEBEN
LIVE !!!
www.RPR1.de
RPR1.

## Antonov An-22

Tausende Schaulustige und Medienvertreter waren am 29. Dezember 1999 auf das Gelände des Flugplatz Speyer geströmt, um ein ganz besonderes Spektakel mitzuerleben - die Landung eines riesigen Antonov An-22 Großraumflugzeugs. Mit einer Spannweite von 64 Metern und einem Leergewicht von 114 Tonnen ist die An-22 das größte Propeller-Flugzeug der Welt. Die Landung auf der nur knapp 1.300 Meter langen Rollbahn in Speyer war daher selbst für die erfahrenen Testpiloten, die die Antonov in Kiew übernommen und zunächst non-stop zum Flughafen Karlsruhe / Baden-Baden geflogen hatten, eine Herausforderung. Die akribischen Vorbereitungen, in deren Verlauf sogar der Dachstuhl eines Gebäudes auf dem Museumsgelände aus Sicherheitsgründen teilweise abgetragen werden musste, sollten sich jedoch auszahlen. Nach nur zwei Testanflügen setzten die Piloten die Maschine punktgenau auf der Landebahn auf und brachten sie ohne Probleme zum stehen. Der Transport auf das benachbarte Museumsgelände erforderte dann erneut Millimeterarbeit. Diese Aufgabe wurde von den Spezialisten der Firma Kübler aus Schwäbisch-Hall, die für ihre große Erfahrung mit Schwertransporten bekannt ist, mit Bravour erledigt.

Die An-22 war als ziviles und militärisches Transportflugzeug konzipiert, das Lasten von bis zu 100 Tonnen auch in unwegsame Regionen ohne feste Landebahn bringen konnte. Im Notfall war für Start und Landung eine feste Graspiste ausreichend. Im riesigen, 33 Meter langen und 4,4 Meter breiten Laderaum finden drei voll beladene Kieslaster bequem Platz und die An-22 hätte keine Mühe, mit dieser Last auch abzuheben. Maschinen dieses Typs waren u.a. bei der Erschließung Sibiriens von entscheidender Bedeutung.

**Technische Daten** Länge: 57,31 m; Höhe: 12,54 m; Spannweite: 64,40 m; Flügelfläche: 345 m$^2$; Leergewicht: 118.727 kg; max. Startgewicht: 225.000 kg; Reisegeschwindigkeit: 580 km/h; Höchstgeschwindigkeit: 600 km/h; Landegeschwindigkeit: 240 km/h; Startrollstrecke: 1.460 m; Landerollstrecke: 1.040 m; Volllastreichweite: 5.000 km; Motoren: 4x Propellerturbine - Samara / Kusnetsov NK-12MA; Motorleistung: 14.805 wps; Besatzung: 5

Bild gegenüberliegende Seite unten links: Der riesige Frachtraum der Antonov hat ein Volumen von 640 m³. Bild gegenüberliegende Seite unten rechts: Der berühmte Alpinist Hans Kammerlander bei einem Rundgang auf den Tragflächen. Bilder oben: Die Antonov beim Aufsetzen auf dem Flugplatz Speyer. Der Transport auf das Museumsgelände erfolgte durch die Firma Kübler.

*Picture opposite page bottom left: The gigantic cargo hold of the Antonov has a volume of 640 m³. Picture opposite page bottom right: The famous alpinist Hans Kammerlander taking a tour of the wings. Pictures top: The Antonov landing at Speyer airfield. Transport to the museum grounds was performed by Messrs. Kübler.*

*Thousands of onlookers and members of the media were flocking to the airfield in Speyer on 29 December 1989 to witness an extraordinary spectacle - the landing of a giant Antonov An-22 wide-bodied aircraft. With a wing span of 64 meters and a net weight of 114 tons the An-22 is the world's largest propeller-driven aircraft. Landing on the Speyer runway with a mere length of just 1,300 meters, therefore, was a real challenge even for the highly experienced test pilots who had taken charge of the Antonov in Kiew and initially had flown it non-stop to Karlsruhe / Baden-Baden airport. But the meticulous preparations, in the course of which it proved necessary, as a matter of fact, to dismantle part of the roof truss of a building on the museum grounds for safety reasons, were to pay in the end. After but two test approaches the pilots brought the craft down dead on the spot bringing it to a stop on the runway without any problems. The transport to the museum grounds thereafter again required precision work. This task was taken care of in a brilliant performance by the experts from Kübler of Schwäbisch-Hall who are well-known for their extensive experience in the handling of heavy goods transports.*
*The An-22 had been designed as a civilian and military cargo craft that could carry loads of up to 100 tons even into rough territory without a regular runway. If no airfield was available a solid turf strip was sufficient. The huge cargo hold with a length of 33 meters and a width of 4.4 meters easily accommodate three trucks fully loaded with gravel, and to lift off with this load would not be any problem at all for the An-22. Aircraft of this kind played a major role, for instance, in the development of Siberia.*
***Technical data*** *Length: 57.31 m; Height: 12.54 m; Wing span: 64.40 m; Wing surface: 345 m²; Net weight: 118,727 kg; Max. Take-off weight: 225,000 kg; Cruising speed: 580 km/h; Maximum speed: 600 km/h; Landing speed: 240 km/h; Take-off run: 1,460 m; Landing run: 1,040 m; Full-load range: 5,000 km; Engines: 4x Turbopropeller - Samara / Kusnetsov NK-12MA; Engine power: 14,805 wps; Crew: 5*

## Transall C 160 (oben links / *top left*)

Die Transall wurde in den 1960er Jahren als Ersatz für die in Bezug auf Reichweite und Nutzlast begrenzte Nord „Noratlas" entwickelt. Die deutsche Luftwaffe erhielt die erste von insgesamt 110 Maschinen am 30. April 1968. Das Flugzeug bietet Platz für 93 Personen bzw. 62 Krankentragen mit vier Betreuern. Es können 16.000 kg Last befördert werden. Bis ca. 2019 sollen alle Transall ausgemustert und schrittweise durch den Airbus A400M ersetzt werden.

Das Museumsstück flog zuletzt beim Lufttransportgeschwader LTG 61 in Penzing und wurde nach 12.400 Flugstunden, 9.046 Landungen und 2.583 Einsätzen im Jahr 2011 ausgemustert und dem Museum übergeben. Die Besatzung um Stabshauptmann Josef Faut, der die Maschine 28 Jahre lang geflogen hatte, und Staffelkapitän Major Markus Knoll vom LTG 61 hob am 13. April 2011 mit der „Good Old Lady" mit der Kennung 50+99 zum letzten Mal in Penzing ab und landeten sie sicher auf dem Flugplatz Speyer, von wo aus sie dann auf das benachbarte Museumsgelände geschleppt wurde. Das Bild unten zeigt das Flugzeug kurz nach der Landung.

*At the end of the 1960s the Transall was developed as replacement for the Nord "Noratlas" which was too limited with respect to range and load capacity. The first of altogether 110 units was delivered to the German air force in February 1963. The airplane has room for 93 passengers or 62 stretchers with four support persons. The maximum cargo capacity is 16,000 kg. It is planned to replace this rather old model by the Airbus A400M until 2019.*

*The museum exhibit was last active at the Air Transport Squadron 61 (LTG 61) in Penzing. After 12,400 flight hours, 9,046 landings and 2,583 missions it was retired in 2011 and donated to the museum. On 13 April 2011 the LTG 61 crew with Captain Josef Faut, who had flown the aircraft with the identification number 50+99 for 28 years, and squadron leader Major Markus Knoll took off with the "Good Old Lady" at Penzing for the last time and landed her safely on the airfield Speyer, from where she was transported to the neighboring premises of the museum (see picture at bottom).*

technik-museum.de/video/transall

## Vickers Viscount 814 (oben rechts / *top right*)

Die Vickers Viscount war ein Passagierflugzeug für bis zu 71 Fluggäste, das von 1948 bis 1964 gebaut wurde. Als erstes Verkehrsflugzeug mit Turboprop-Antrieb leitete sie eine neue Ära der Luftfahrt ein.

Das am 1. Juni 1962 in Dienst gestellte Museumsstück war bis 1970 mit dem Kennzeichen D-ANAF bei der Lufthansa im Einsatz. Seit 1972 wurde das Flugzeug zur technischen Ausbildung genutzt. Über 2.000 junge Menschen erlernten an dieser Maschine ihren Beruf zum Fluggerätemechaniker oder Elektroniker. Im Jahr 2012 erhielt die Lehrwerkstatt eine Boeing 737-500 als neues Lehrobjekt. Aufgrund der langjährigen freundschaftlichen Verbindung zwischen dem Museum und der Lufthansa Technik AG wurde aus diesem Anlass entschieden, die Viscount dem Museum als Dauerleihgabe zu überlassen. Die Demontage des Flugzeugs für den Transport nach Speyer und der Zusammenbau auf dem Museumsgelände wurden von den Auszubildenden der Lufthansa Technik AG und dem Team der Museumswerkstatt gemeinsam durchgeführt. Die Bilder zeigen die Viscount bei der Zerlegung im Hangar der Lufthansa Technik AG (unten) und im Museum nach einer Neulackierung im Lufthansa-Design der 1960er Jahre (oben).

*The Vickers Viscount was a passenger airplane for up to 71 passengers that was built between 1948 and 1964. It started a new era of aviation since it was the first airplane powered by turboprop engines.*

*The museum exhibit, designation D-ANAF, was in regular service with the Lufthansa from 1962 until 1970. From 1972 on it was used as a training object for apprentices. More than 2,000 young people learned their profession as aircraft mechanic or electronic technician with the help of this aircraft. In 2012 the apprentice's workshop was given a Boeing 737-500 to replace the Viscount and because of the long lasting friendly relationship between the museum and the Lufthansa Technik AG the decision was made to donate the historic airplane to the museum as a permanent loan. The dismantling of the airplane for the transport to Speyer and the reassembly on the museum grounds were jointly accomplished by apprentices of the Lufthansa Technik AG and the team of the museum workshop. The pictures show the airplane during disassembly in the hangar of the Lufthansa Technik AG (bottom) and in the museum with a new paintwork in the Lufthansa design of the 1960s (top).*

## Dassault Mirage III R (oben links / *top left*)

Die in der Raumfahrthalle gezeigte Mirage III R mit der Sonderlackierung der VRK-Truppe wurde in den 1950er Jahren entwickelt und gebaut. Sie verfügt über eine spezielle Luftbildausrüstung. In der Rumpfspitze ist eine Aufnahmeeinrichtung für Tag- und Nachtaufnahmen eingebaut. Zur Fernaufklärung diente ein bodenunabhängiges Navigationssystem.

*The Mirage III R on display in the space flight hall with the special paintwork of the VRK-troops was developed and built in the 1950s. It is equipped with special aerial camera gear. The fuselage nose has a built-in device for daylight- and night photo shooting. A ground independent navigation system was used for long-distance reconnaissance.*

## Saab Draken J35 (oben rechts / *top right*)

Mit der Draken J35 gelang der schwedischen Firma Saab, die damals auch im Flugzeugbau aktiv war, ein revolutionärer Schritt vorwärts in einer Zeit, als Düsenflugzeuge in den Luftstreitkräften vieler Länder gerade Fuß gefasst hatten. Der erste Prototyp des Draken absolvierte seinen Jungfernflug am 25. Oktober 1955. Saab hatte aber schon 1949 mit ersten Entwürfen begonnen. Mitte der 1980er Jahre wurden 24 Flugzeuge dieses Typs an die österreichische Luftwaffe geliefert. 2006 wurden sie ausgemustert und durch den Eurofighter ersetzt. Einige dieser Flugzeuge wurden an Museen und ähnliche Institutionen gegeben. Eines davon kann jetzt in der Raumfahrthalle in Speyer besichtigt werden.

*In a time when jet planes became dominant in the air forces of many countries the Draken J35 was a major step forward for the Swedish airplane builder Saab. The first prototype took off on 25 October 1955 but Saab had started with the development in 1949 already. In the middle of the 1980s 24 airplanes of this type were delivered to the Austrian air force. In 2006 they were retired and replaced by the Eurofighter. Some of the retired airplanes were given to museums and similar institutions. One of them can now be visited in the space flight hall in Speyer.*

**Fokker DR 1 (oben links und unten rechts / *top left and bottom right*)**

Die Fokker DR 1 ist ein Dreidecker, der während des 1. Weltkriegs als einsitziges Kampfflugzeug entwickelt wurde. Geflogen u.a. vom „Roten Baron" Rittmeister Manfred von Richthofen wurde diese Maschine berühmt.

Das Flugzeug zeichnete sich durch seine Wendigkeit und eine für die damalige Zeit enorme Steigleistung aus (von 0 auf 1.000 Meter in weniger als 3 Minuten). Angetrieben von einem 9-Zylinder-Motor mit 110 PS erreichte die DR 1 eine Höchstgeschwindigkeit von ca. 165 km/h.

Insgesamt wurden von August 1917 bis August 1918 von diesem Typ 322 Maschinen hergestellt. Das oben gezeigte Museumsstück wurde im Original von Lt. Paul Baeumer, Jasta 2 Bölcke, geflogen. Bei dem rechts unten gezeigten Exemplar handelt es sich um einen originalgetreuen Nachbau der Maschine des „Roten Barons".

*The Fokker DR I is a triplane developed during WW I as a single-seater fighter. Piloted by the "Red Baron", Rittmeister Manfred von Richthofen, this plane became famous. What made this plane stand out were its manoeuvrability and an enormous climbing capacity for that time (from 0 to 1,000 m in less than 3 minutes). Powered by a 9-cylinder engine with 110 hp, the DR 1 reached a maximum speed of about 165 km/h.*

*Altogether 322 planes of this type were built from August 1917 through August 1918. The museum's exhibit shown at the top was originally piloted by Lieutenant Paul Baeumer, Jasta 2 Bölcke. The exhibit shown at the bottom right is a true-to-the-original replica of the "Red Baron's" craft.*

**Stampe SV.4 (oben rechts / *top right*)**

Die Stampe SV.4 war ein frühes Schulflugzeug der belgischen Luftwaffe. Der Doppeldecker wurde im Jahr 1933 eingeführt, aber erst nach dem Ende des 2. Weltkriegs in größeren Stückzahlen in Frankreich und Algerien produziert. Insbesondere als Sportflugzeug für den Kunstflug erfreute sich die SV.4 einer großen Beliebtheit.

*The Stampe SV.4 was a former training plane of the Belgian air force. The biplane was introduced in 1933, but not built in greater numbers until the end of WW II, and then in France and Algeria. The SV.4 enjoyed a great deal of popularity particularly as a sporting aircraft for stunt flying.*

## Junkers Ju 52 / 3m

Die Junkers Ju 52 wurde aufgrund ihrer Zuverlässigkeit in den 1930er Jahren zum Standardflugzeug in der Verkehrsluftfahrt. Auch als Militärflugzeug spielte die Ju 52 schon vor dem 2. Weltkrieg eine Rolle. So diente sie z.B. während des spanischen Bürgerkriegs als Kampf- und Transportflugzeug. Die unten gezeigte, in der Liller Halle ausgestellte Maschine flog im April 1940 mit Nachschub von Neumünster nach Narvik, wo sie auf dem zugefrorenen Hartvigvaansee landete. Britische und norwegische Flugzeuge griffen an, die Spuren sind noch deutlich zu sehen. Bei der Schneeschmelze versank das Flugzeug im See und lag 46 Jahre in 75 Meter Tiefe. 1986 wurde es geborgen und später in das Technik Museum Speyer gebracht. Das Bild oben zeigt eine Ju 52 in ziviler Ausführung, wie sie z.B. in den 1930er Jahren von der Deutschen Lufthansa eingesetzt wurde. Dieses Exemplar kann in der Raumfahrthalle besichtigt werden.

*Due to its reliability the Junkers Ju 52 became a standard plane of commercial aviation in the 1930s. It also played a part as military plane already prior to WW II. It served, e.g., in the Spanish Civil War as a bomber and transport plane. In April 1940, the plane shown at the bottom, which is on display in the Liller Halle, flew from Neumünster to Narvik with a load of supplies where it landed on frozen Lake Hartvigvaansee. British and Norwegian planes attacked, the traces are plainly visible. When thaw melted the ice the plane sank into the lake where it layed 75 m deep for 46 years. It was salvaged in 1986 and later on brought to the Technik Museum in Speyer. The picture at the top shows a civilian version as it was used, for instance, by the German Lufthansa in the 1930s. This specimen can be visited in the space flight hall.*

## Messerschmitt Bf 109 G-4

Von 1936 bis 1945 war die Bf 109 das Standardflugzeug der Tagjagdverbände der deutschen Luftwaffe und mit rund 30.000 Exemplaren das meistgebaute deutsche Flugzeug im 2. Weltkrieg überhaupt. Das im Technik Museum Speyer ausgestellte Exemplar gehört zu einer Serie von 1.242 gebauten Bf 109 G-4 und ist die einzige existierende Maschine dieser Baureihe auf der Welt. Sie ist außerdem eine von nur zwei originalen Bf 109 in Deutschland, die im 2. Weltkrieg eingesetzt wurden.
Das Museumsstück wurde 1942 in Wiener Neustadt gebaut und vom Jagdgeschwader 52 an der Ostfront eingesetzt, wo sie am 20. März 1943 über dem Schwarzen Meer einen Motorschaden erlitt. Nach 45 Jahren wurde die Maschine 1987 geborgen. Im Jahr 1995 begann eine dreijährige Restaurierung in Italien. Im Juni 2001 gelang es der Traditionsgemeinschaft Jagdgeschwader 52 & Luftwaffen - JG 52 - Museum e.V. die Maschine nach Speyer zu holen.

*From 1936 through 1945 the Bf 109 was the standard day-time fighter plane of the German Luftwaffe and with an approximate total of 30,000 units it was the German airplane with the overall highest production number in WW II. The specimen on exhibit at the Technik Museum Speyer is one of a series of 1,242 type Bf 109 G-4 that were built and it is the only existing craft of this series worldwide. Apart from that it is one of but two original Bf 109 which actually served in WW II that are on display in Germany.*
*The exhibit in the museum was built in Wiener Neustadt in 1942 and deployed by the fighter squadron 52 on the eastern front where it suffered engine trouble over the Black Sea and crashed on 20 March 1943. After 45 years the craft was salvaged in 1987. In 1995 a laborious restoration enterprise, which took three years, was commenced in Italy. In June of 2001 the organization "Traditionsgemeinschaft Jagdgeschwader 52 & Luftwaffen - JG 52 - Museum e.V." succeeded in getting the craft to Speyer.*

Blick auf den Motor und in das Cockpit des perfekt restaurierten Museumsstücks.

*View at the engine and into the cockpit of the perfectly restored museum exhibit.*

## Beech 50 Twin Bonanza (oben / *top*)

Die Twin Bonanza ist ein interessantes Flugzeug, das erste amerikanische Nachkriegsmodell eines zweimotorigen Leichtflugzeugs für einen Piloten und fünf Passagiere. Das Flugzeug kam 1988 in einem perfekten Zustand ins Museum, musste aber voll flugfähig an die Decke gehängt werden, da die deutschen Behörden eine Zulassung trotz mehrerer Umbauten verweigerten.

*The Twin Bonanza is an interesting airplane, the first American postwar model of a twin-engined light plane for one pilot and five passengers. In 1988, the aircraft was acquired by the museum in top condition but had to be hung up under the rafters in completely airworthy condition because the German authorities refused to grant permission of the plane in spite of numerous reconstructions.*

## North American F-86 „Sabre“ (Mitte / *middle*)

Die „Sabre“ war einer der ersten Strahljäger der US Air Force. Sie wurde u.a. im Koreakrieg eingesetzt. Das Museumsstück ist ein Lizenzbau der kanadischen Firma „Canadair“. Die Maschine trägt die Farben der kanadischen Kunstflugstaffel „Golden Hawks“.

*The "Sabre" was one of the first jet fighters of the US Air Force. It was employed e.g. in the Korean War. The museum's exhibit was built under license by the Canadian "Canadair". The craft is painted in the colors of the Canadian aerobatic squad "Golden Hawks".*

## Aero L-29 „Delfin“ (unten / *bottom*)

Im Rahmen eines Wettbewerbs der Länder des ehemaligen Warschauer Paktes wurde die tschechische „Delfin“ 1961 als bestes Schulflugzeug ausgewählt. Bis 1974 entstanden im Werk „Aero Vodochody“ etwa 3.600 Exemplare. In der ehemaligen DDR flogen zwischen 1963 und 1981 50 Maschinen dieses Typs. Das Museumsstück stammt aus der Tschechoslowakei.

*On occasion of a competition between the countries of the former Warsaw Pact, in 1961 the Czech "Delfin" was chosen as best training plane. Up to 1974 approximately 3,600 units were built at the "Aero Vodochody" works. Fifty planes of this type were flying in the former GDR between 1963 and 1981. The specimen on exhibit originated from Czechoslovakia.*

## Dassault Mirage III E (oben / *top*)

Die oben gezeigte Mirage III E ist im Stil der Kunstflugstaffel „Patrouille Francaise" lackiert. Sie ist mit der speziellen Radarausrüstung Cyrano II ausgestattet, mit der sie auch in niedrigen Höhen blind fliegen und sogar Gebirgstäler durchqueren konnte.

*The Mirage III E shown at the top, with the painting of the aerobatic squadron "Patrouille Francaise", is equipped with the special radar device Cyrano II, which permitted blind flying also at low altitudes and even while traversing mountain valleys.*

## Alouette II

Die Alouette II, entwickelt von der Firma Aérospatiale, war einer der ersten Mehrzweckhubschrauber mit einer Wellenturbine. Im Juni 1958 stellte eine Alouette II mit 10.981 m einen Höhenweltrekord für Hubschrauber auf. Die Alouette II wurde sowohl im zivilen als auch im militärischen Bereich eingesetzt. Über 1.300 Stück wurden gefertigt. Das gezeigte Exemplar stammt von den deutschen Heeresfliegern.

*The Alouette II, developed by the Aérospatiale company, was one of the first multipurpose helicopters with a shaft turbine. In 1958 an Alouette II set the altitude world record for helicopters with 10,981 m. The Alouette II was used in both the civilian- and military field. More than 1,300 units were produced. The item on exhibit came from the German army.*

## Alpha-Jet E

Der ,,Alpha-Jet" ist eine deutsch-französische Gemeinschaftsentwicklung der 1970er Jahre. Dieser für Unterschallgeschwindigkeit ausgelegte Flugzeugtyp diente bei der deutschen Luftwaffe ausschließlich als leichter Kampfbomber zur Luftnahunterstützung. In Frankreich wurde er auch als Ausbildungsflugzeug eingesetzt. Insgesamt wurden rund 350 Maschinen dieses Typs gebaut.

*The "Alpha-Jet" was jointly developed by Germany and France in the 1970s. In the German air force this craft, designed for subsonic speed, was used as a light fighter-bomber for close-range aerial support only, while the French side also used it as a training plane. Altogether 350 units of this type were built.*

# Lokomotiven - *Locomotives*

Das Technik Museum Speyer ist nicht nur ein Eldorado für Flugzeug-Fans, auch die Freunde historischer Lokomotiven kommen voll auf ihre Kosten. In der Liller Halle und auf dem Freigelände können rund 20 dieser stählernen Kolosse besichtigt werden. Eine ganz besondere Attraktion ist die oben gezeigte „Qian Jin", der Name bedeutet „Fortschritt", die einzige chinesische Dampflokomotive in Europa. Sie ist mit Tender 26,02 m lang, 4,80 m hoch und 3,33 m breit. Das Leergewicht beträgt 152 Tonnen. Die „Qian Jin" entstammt der größten je in China aufgelegten Baureihe. 5.048 Exemplare dieses Typs verließen zwischen 1964 und 1988 das Werk in Datong (Nordchina).
Die gewaltigen Ausmaße und das Gewicht erforderten einen komplizierten Sondertransport, der am 12.8.1996 in Luzern begann. Die Lok war bis dahin im dortigen Verkehrshaus gezeigt worden. Zwar gibt es einen Schienenweg zwischen Luzern und Speyer und auch die Spurweite hätte gepasst, die Spurkränze entsprachen jedoch nicht der europäischen Norm, wodurch die Weichenanlagen hätten beschädigt werden können. So blieb als einzige Möglichkeit der Straßentransport. Das Hauptproblem war die Höhe der Lokomotive, die aufrecht nicht unter den Autobahnbrücken hindurch gepasst hätte. Die „Qian Jin" wurde daher sozusagen „schlafend" auf der Seite liegend nach Speyer gebracht. Dort angekommen setzten zwei riesige Kräne die Lokomotive präzise auf den vorbereiteten Betonsockel (siehe folgende Seiten).

*The Technik Museum Speyer is not only an eldorado for aircraft fans, admirers of historic locomotives are also going to have a good time. About 20 of these giants of iron and steel can be viewed in the "Liller Halle" building and the open-air grounds. A very special attraction is the "Qian Jin", which means "Progress", the only Chinese railway engine in Europe. Complete with tender it has an overall length of 26.02 m, a height of 4.80 m and a width of 3.33 m. The unladen weight is 152 tons. The "Qian Jin" belongs to the largest production series ever launched in China. 5,048 units of this model left the factory in Datong (Northern China) between 1964 and 1988.*
*The gigantic dimensions as well as the enormous weight required a complicated special transport which started on 12 August 1996 in Lucerne. Up to that time the locomotive had been on exhibit in the local "Verkehrshaus". Although there is a railway line connecting Lucerne with Speyer and the gauge would also have been compatible, the wheel flanges were not in conformity with European standards, which could have led to damages of the switch points. Thus, the only possibility was road transport. The main problem was the height of the locomotive which, standing upright, would not have been able to clear the bridges spanning the Autobahn. As a consequence, the "Qian Jin" was brought to Speyer so to say "asleep" lying on its side. There two giant cranes lifted the locomotive from the low loader trailer, setting it precisely on the waiting concrete plinth (see the following pages).*

Oben: Chinesische Dampflok „Qian Jin" auf dem Freigelände.
Unten: Güterzuglok 55 3528 von Hanomag Baujahr 1915 in der Liller Halle.

*Top: Chinese steam locomotive "Qian Jin" in the open air grounds.*
*Bottom: Freight train locomotive 55 3528 built by Hanomag in 1915 on display in the Liller Halle.*

# Qian Jin - Auf dem Schlafwagen ins Museum
# Qian Jin — On a sleeping car to the museum

Eigentlich gehören Güter auf die Schiene. Beim Transport der riesigen chinesischen Dampflokomotive „Qian Jin“ ins Technik Museum Speyer musste allerdings eine Ausnahme gemacht werden. Da die Spurkränze nicht der europäischen Norm entsprachen, erschien eine Fahrt aus eigener Kraft zu riskant. Die Wahrscheinlichkeit einer Beschädigung der empfindlichen Weichenanlagen war zu groß. So musste die Lok die Fahrt ins Museum auf einem gigantischen Tieflader mit 96 gelenkten Rädern antreten.

Die „Qian Jin“, die einzige chinesische Dampflokomotive in ganz Europa, wurde im Frühjahr 1994 anlässlich der Ausstellung „China - Wiege des Wissens“ in das Verkehrshaus Luzern gebracht. Jetzt musste sie dort einer großen Ausstellung „150 Jahre Schweizer Bahnen“ Platz machen. Aufgrund der guten Kontakte des Museums zum Verkehrshaus Luzern gelang es, die Lokomotive als Dauerleihgabe für das Museum Speyer zu erhalten. Der Transport lag in den bewährten Händen der Spedition Kübler, die für die Bewältigung außergewöhnlicher Transportaufgaben bekannt ist.

Das Problem beim Transport der „Qian Jin“ war neben dem Gewicht von rund 152 Tonnen die enorme Höhe von 4,80 Meter. Ein „stehender“ Transport wäre bereits bei der ersten Autobahnbrücke hängen geblieben. Die rettende Idee war der liegende Transport. In Luzern hob ein gewaltiger Kran die Lokomotive an. Dann wurde sie sanft gedreht, und auf der Seite auf einen Tieflader abgesetzt.

Um den Verkehr möglichst wenig zu stören, setzte sich der Konvoi am 12. August 1996 erst abends um 21 Uhr in Bewegung. Hinter dem Tieflader war noch eine Zugmaschine gekoppelt, die mithalf, die schwere Lok über die Berge zu schieben.

Straßentunnels konnten nicht befahren werden. Gegen 5.30 Uhr am nächsten Morgen war die Grenzstation Stein am Rhein erreicht. Von dort ging es um 19 Uhr über Säckingen, Rheinfelden, Lörrach, Weil und die A6 weiter in Richtung Speyer. Am frühen Morgen des 14. August 1996 kam der Schwertransport endlich auf dem Museumsgelände an, und es konnte mit dem Entladen begonnen werden. Zwei riesige Kräne hoben zuerst den Tender und anschließend die Lok vorsichtig vom Tieflader und setzten sie vorsichtig auf den vorbereiteten Betonsockel. Danach wurde die Lok vom Rost der Jahre befreit und neu lackiert. Jetzt erstrahlt sie wieder im neuen Glanz und kann von den Museumsbesuchern auf dem Freigelände bewundert werden.

*In fact, goods ought to travel by rail. But an exception from this rule had to be made for the transport of the giant Chinese steam locomotive "Quian Jin" to the Technik Museum Speyer. Since the wheel flanges did not meet European specifications it appeared too risky to go under her own steam. The probability of damaging the sensitive switch points was too high. As a consequence, the locomotive had to make the trip to the museum on a huge low loader with 96 steered wheels.*
*"Quian Jin", the only Chinese steam locomotive in all of Europe, was brought to the Verkehrshaus Lucerne in spring of 1994 on occasion of the show "China - Cradle of Knowledge". Now she had to make room for a big exhibition "150 Years of Swiss Railways". Owing to the excellent contacts of the museum to the Verkehrshaus Lucerne it was possible to obtain the engine on permanent loan for the Museum Speyer. The transport was once more taken care of by the experts of Messrs. Kübler, hauling contractors, who are famous for their handling of exceptional transport tasks.*
*Besides the weight of 152 tons, the problem in transporting the "Quian Jin" was caused by its enormous height of 4,80 meters. An "upright" transport would have got stuck at the first bridge. The idea that saved the day was to transport the locomotive on its side. In Lucerne it was lifted by a huge crane. Then it was gently tilted and lowered onto a low loader on its side.*
*To reduce obstructions of traffic to a minimum the convoy did not begin its journey on 12 August 1996 until 9:00 p.m. An extra tractor was coupled to the rear end of the trailer to help pushing the heavy engine over the mountains. Passing through road tunnels was impossible. Next morning at about 5:30 a.m. the convoy reached the border at Stein am Rhein. From there the journey was continued at 7:00 p.m. via Säckingen, Rheinfelden, Lörrach, Weil and the A6 motorway on to Speyer. In the early morning of 14 August 1996 the heavy-load transport finally reached the museum grounds and unloading could be commenced. Two huge cranes carefully lifted first the tender and then the engine from the trailer and lowered them softly onto the waiting concrete plinth. Afterwards the locomotive was cleaned from years of rust and adorned with a new painting. Now it is sparkling again in new splendor and can be admired by the visitors in the open air grounds.*

## Güterzuglok Maschinenfabrik Esslingen

**Technische Daten**
Baujahr: 1944
Gattung: G56.17
Bauart: 1´Eh2
Länge: 23,00 m
Gewicht: 142 to
Leistung: 1.800 PS
Höchstgeschw.: 80 km/h

***Technical data***
*Year of construction: 1944*
*Series: G56.17*
*Model: 1´Eh2*
*Length: 23.00 m*
*Weight: 142 to*
*Performance: 1,800 hp*
*Maximum speed: 80 km/h*

Die gezeigte Lok der Baureihe 42 war eine der letzten, die 1944 in der Maschinenfabrik Esslingen gebaut wurden. Die ehemalige Kriegslokomotive, die von 1949 bis 1987 bei der polnischen Eisenbahn in Danzig eingesetzt wurde, kam 1992 nach fast 50 Jahren wieder zurück nach Deutschland. Im Verlauf einer zwölf Monate andauernden Restaurierung wurde sie weitestgehend in den Originalzustand zurückversetzt.

*The exhibit shown here, a locomotive of the 42 series, was one of the last units to be built at the Maschinenfabrik Esslingen in 1944. The former military locomotive, which was operated by the Polish railway in Danzig from 1949 through 1987, returned to Germany after almost 50 years in 1992. In the course of restorations lasting for a period of twelve months it was restored to an as good as original condition.*

## Faun-Zugmaschine

**Technische Daten**
Baujahr: 1940
Motor: 6-Zylinder-Deutz-Diesel
Hubraum: 13,5 l
Leistung: 150 PS

***Technical data***
*Year of construction: 1940*
*Engine: 6-cylinder-Deutz-diesel*
*Displacement: 13.5 l*
*Power: 150 hp*

Kombinierte Zugmaschine für Straße und Schiene. Zum Umbau mussten lediglich die Räder gewechselt werden. Die Schienenräder sind beim Fahrzeug ausgestellt. Diese Art von Zugmaschine wurde für die Deutsche Wehrmacht in unterschiedlichen Ausführungen unter Verwendung von Faun und anderen Lastwagen hergestellt. Sie wurden vornehmlich auf Nachschubstrecken eingesetzt, die einer Lokomotivbelastung nicht standhielten.

*Combined tractor for road and rail. For conversion only the wheels had to be exchanged. The railway wheels are shown next to the vehicle. This kind of tractor was produced for the German Wehrmacht in various versions, using Faun and other trucks as basis. It was mainly used on supply lines not sturdy enough to bear up the heavy load of locomotives.*

**Schnellzuglokomotive Baureihe 01 - Güterzuglokomotive Baureihe 50**

Die Schnellzuglokomotive der Baureihe 01 (oben) entstand aus der 01 208, die 1937 von der Lokomotivenfabrik Krupp in Essen gebaut wurde. Zwischen November 1961 und April 1965 hat die DDR Reichsbahn 35 dieser Lokomotiven mit neuen Kesseln versehen. Sie erhielten die Nummern 01 501 - 535. Der größte Teil der Maschinen wurde dabei auf Ölfeuerung umgestellt.

Die Güterzuglokomotive der Baureihe 50 (unten) wurde 1940 von der Wiener Lokomotivenfabrik gebaut und weist bereits kriegsbedingte Vereinfachungen auf. Ab 1942 wurde die Baureihe 50 zugunsten der noch einfacheren Baureihe 52 eingestellt.

*The fast train locomotive of the 01 series (top) originated from the model 01 208, which was built in 1937 by Krupp in Essen. Between November 1961 and April 1965, the GDR Reichsbahn equipped 35 of these locomotives with new boilers. They received the numbers 01 501 through 535. On this occasion most of the engines were converted to oil fired operation.*

*The locomotive of the 50 series (bottom) was built in 1940 by the Wiener Lokomotivenfabrik and already shows the simplifications of a war locomotive. In 1942 the 50 series was discontinued in favor of the even more simplified 52 series.*

## Schnellzuglok

**Technische Daten**
Baujahr: 1933
Hersteller: Borsig
Gattung: S36.17
Bauart: 1´C1´h2
Länge: 23,90 m
Leistung: 1980 PS
Höchstgeschw.: 130 km/h

***Technical data***
*Year of construction: 1933*
*Manufacturer: Borsig*
*Series: S36.17*
*Model: 1'C1'h2*
*Length: 23.90 m*
*Performance: 1,980 hp*
*Maximum speed: 130 km/h*

Fünf Jahre nach der ersten Schnellzug-Lokomotive aus dem Bauprogramm der Deutschen Reichsbahn entstand als leichteres Schwestermodell die Baureihe 03. Die Gewichtseinsparungen beim Kessel und beim Rahmen machten es möglich, diese Lokomotive auf Strecken, die noch nicht für eine Achslast von 20 Tonnen ausgebaut waren, einzusetzen. Das gezeigte Exemplar kam aus der ehemaligen DDR über Bebra und Frankfurt noch betriebswarm nach Speyer, und könnte jederzeit wieder einsatzfähig gemacht werden.

*Five years after the first railway engine for fast trains from the construction programme of the German Reichsbahn, the 03 series was created as a lighter sister model. The weight reductions on both boiler and frame allowed an operation of this locomotive on sections that had not yet been developed for an axle weight of 20 tons. Coming from the former GDR via Bebra and Frankfurt, the specimen on exhibit arrived in Speyer under steam and could be made ready for use again at any time.*

## Feldeisenbahn „Brigadelok“

**Technische Daten**
Baujahr: 1916
Hersteller: Borsig
Gattung: K44.3, Bauart: Dn2t
Länge: 5,89 m
Gewicht: 11,4 to
Leistung: 75 PS
Höchstgeschw.: 25 km/h

***Technical data***
*Year of construction: 1916*
*Manufacturer: Borsig*
*Series: K44.3, Model: Dn2t*
*Length: 5.89 m*
*Weight: 11.4 to*
*Performance: 75 hp*
*Maximum speed: 25 km/h*

Da der Erste Weltkrieg schnell zum Stellungskrieg erstarrte ergab sich das Problem, große Mengen an Nachschub an die Front zu transportieren. Zu diesem Zweck wurden mit Hilfe von vorgefertigten Schienenelementen Feldbahnstrecken eingerichtet. Die typischsten Lokomotiven der Feldeisenbahnen waren die „Brigadeloks“, von denen zwischen 1905 und 1918 über 2.500 Exemplare gebaut wurden. Nach Kriegsende wurden sie in vielen Ländern der Welt für zivile Zwecke weiter verwendet. Das Museumsstück wurde bis 1980 genutzt.

*Since the First World War soon set into static warfare, the problem encountered was to transport supplies to the front in great quantities. For this purpose, field railway lines were installed using prefabricated rail-segments. The most typical engine of field railways was the so-called "Brigadelok". More than 2,500 specimens of these engines were built between 1905 and 1918. After the war had ended they were used further on for civilian purposes in many countries throughout the world. The museum exhibit was used until 1980.*

## „Krokodil" Gebirgslokomotive aus der Schweiz

**Technische Daten**
Baujahr: 1920
Hersteller: SLM Winterthur
Bauart: (1´C)-(C1´)
Länge: 19,4 m
Gewicht: 128 to
Leistung: 1.650 KW
Höchstgeschw.: 65 km/h

***Technical data***
*Year of construction: 1920*
*Manufacturer: SLM Winterthur*
*Model: (1'C)-(C1')*
*Length: 19.4 m*
*Weight: 128 to*
*Performance: 1,650 KW*
*Maximum speed: 65 km/h*

Zwischen 1920 und 1922 wurden von der Schweizerischen Lokomotiv- und Maschinenfabrik Winterthur (SLM) und der Maschinenfabrik Oerlikon (MFO) 33 E-Loks mit den Betriebsnummern 14251 - 14283 für den schweren Güterzugdienst vor allem auf der Gotthardstrecke gebaut. Das in Speyer gezeigte Exponat befindet sich im Originalzustand mit der ursprünglichen rotbraunen Lackierung. Im Museum Sinsheim befindet sich eine weitere derartige Lokomotive mit grüner Lackierung.

*Between 1920 and 1922, 33 electric locomotives with the service numbers 14251 through 14283 were built in Switzerland by the "Schweizerische Lokomotiv- und Maschinenfabrik" (SLM) and by the Maschinenfabrik Oerlikon (MFO) for heavy freight train service, particularly on the Gotthard line. The specimen on exhibit in Speyer is in its original condition with the initial reddish brown paint. The Museum in Sinsheim has another locomotive of this kind on exhibit, this one painted green.*

## „Krokodil" Gebirgslokomotive aus Italien

**Technische Daten**
Baujahr: 1923
Hersteller: TIBB
Bauart: 1'D1'
Gewicht: 91 Tonnen
Leistung: 2.400 PS
Höchstgeschw.: 100 km/h

***Technical data***
*Year of construction: 1923*
*Manufacturer: TIBB*
*Series: 1'D1'*
*Weight: 91 tons*
*Performance: 2,400 hp*
*Maximum speed: 100 km/h*

Dieses „Krokodil" stammt aus dem Jahr 1923 und war bis 1974 im Einsatz. Es handelt sich um eine Lokomotive für den früher in Italien weit verbreiteten Drehstrombetrieb. Das Museum ist stolz darauf, dass es insgesamt zwei „Krokodile" aus der Schweiz (eines in rotbraun und eines in grün) und je eines aus Österreich und Italien besitzt. Das Exemplar aus Italien konnte 1990 vom freundschaftlich verbundenen Verkehrshaus e. V. in Luzern erworben werden.

*This "Crocodile" locomotive was built in 1923 and was used until 1974. It is a locomotive designed for three-phase-current operation which used to be wide-spread in Italy. The Museum takes pride in being the owner of altogether two "Crocodiles" from Switzerland (one painted reddish brown and one green), and one each from Austria and Italy. The specimen from Italy on display in Speyer was acquired in 1990 from our good friends at the Verkehrshaus e.V. in Lucerne.*

## Salonwagen des Reichsregierungszuges

Ein historisch besonders interessantes Stück der Eisenbahnausstellung ist dieser Salonwagen. Er wurde von Hitlers Reichsaußenminister Joachim von Ribbentrop in Auftrag gegeben, da er für seine Reisen einen besonders komfortablen Wagen haben wollte. Rund 390.000 Reichsmark ließ sich die Reichsregierung den 1937 fertig gestellten Salonwagen kosten. Ein Vermögen für die damalige Zeit, in der ein Einfamilienhaus für 20.000 Mark zu haben war. Der riesige Luxuswaggon mit schusssicheren Glasscheiben und Konferenzabteil ist 24 Meter lang und wiegt satte 63 Tonnen. Die Innenausstattung ist vollständig erhalten. Nach dem Krieg nutzte der amerikanische Hochkommissar für Deutschland den Wagen. Später fuhr Willy Brandt damit zu seinen Wahlkampfveranstaltungen. Nach 44 Jahren Laufzeit wurde der Wagen von der Deutschen Bundesbahn ausgemustert. Der Verein „Historische Eisenbahnen Frankfurt" hat wesentlich dazu beigetragen, dass der Waggon in Speyer gezeigt werden kann.

*This Pullman carriage is an interesting specimen of the railroad exhibition and of outstanding historical interest. It was commissioned by Hitler's Secretary of State, Joachim von Ribbentrop, who desired extraordinary comfort on his journeys. The government of the Reich was ready to cough up 390,000 Reichsmark for this Pullman carriage when it was completed in 1937. A fortune for these times when a family home could be had for 20,000 Marks. The huge luxury carriage with bullet-proof window panes and a conference compartment is 24 meters long and weighs a hefty 63 tons. The interior décor has been completely preserved. After the war the carriage was used by the US-High Commissioner for Germany. Later on, former German Chancellor Willy Brandt used it to go to election meetings. After 44 years of service the carriage was retired by the German Federal Railway. It is mainly due to the organization "Historical Railways Frankfurt" that this carriage can be shown in Speyer.*

## Deutsche Kriegslokomotive der Baureihe 52

Eine bewegte Vergangenheit hat diese ehemalige deutsche Kriegslokomotive der Baureihe 52, die 1944 von der Berliner Maschinenbau- und Bahnbedarfs AG (MBA; vormals Orenstein & Koppel) gebaut wurde. Bei Kriegsende befand sich die Lok in der Tschechoslowakei, von wo aus sie kurze Zeit später in die Sowjetunion transportiert wurde. Nach einer Anpassung der Spurweite war sie bis 1962 in der Ukraine in Dienst. Ein Gastwirt aus dem Sauerland erwarb die inzwischen wieder auf westeuropäische Spurweite umgerüstete und für einen etwaigen Kriegsfall eingemottete Lok im Jahr 1995, um mit ihr Werbefahrten zu veranstalten, sah dann aber von diesem Vorhaben ab. Jetzt hat das Museum den Schienenveteranen erworben und so hergerichtet, wie er in der Sowjetunion eingesetzt wurde.

**Technische Daten**
Baujahr: 1944
Hersteller: MBA
Bauart: 1'Eh2
Länge: 23 m
Höhe: 4,4 m
Gewicht: 130 Tonnen,
Leistung: 1,620 PS
Höchstgeschw.: 80 km/h

## *German war locomotive series 52*

*This former German war locomotive of the 52 series, built in 1944 by Berliner Maschinenbau- und Bahnbedarfs AG (MBA; formerly Orenstein & Koppel) in Berlin, had an eventful past. The end of the war found this engine in Czechoslovakia from where it was transported to the Soviet Union before long. Following an adjustment of its gauge it was serving in the Ukraine up to 1962. In 1995 a restaurant owner from the Sauerland bought the locomotive, which had meanwhile been reconverted to the Western European gauge and mothballed against the eventuality of a future war, to use it for publicity trips, but then discarded this plan. Now this veteran of the rail has been acquired by the museum and restored to the condition as it was when the engine was in service in the former Soviet Union.*

***Technical Data***
*Year of construction: 1944*
*Manufacturer: MBA*
*Series: 1'Eh2*
*Length: 23 m*
*Height: 4.4 m*
*Performance: 1,620 hp*
*Weight: 130 tons*
*Maximum speed: 80 km/h*

# Klassische Automobile - *Vintage cars*

Die Museumshallen im Technik Museum Speyer beherbergen nicht nur zahlreiche Flugzeuge und Lokomotiven, sondern auch eine außergewöhnliche Sammlung klassischer Automobile. Das Spektrum umfasst die gesamte Palette motorisierter Fahrzeuge und reicht vom Oldtimer aus der Frühzeit der Automobilgeschichte bis in die Jetztzeit. Edle Limousinen und Sportwagen sind genauso vertreten wie Nutz- und Spezialfahrzeuge, sowie zahlreiche Feuerwehrfahrzeuge.
Besonders reizvoll sind die zahlreichen Sonderausstellungen und Fahrzeugtreffen die gewährleisten, dass es im Museum immer wieder etwas Neues zu sehen gibt. Einige Beispiele hierfür zeigt die gegenüberliegende Seite. Ein ganz besonderes Spektakel ist das „Brazzeltag“ Wochenende jedes Jahr im Mai, bei dem die Besucher zwei Tage lang die unterschiedlichsten Fahrzeuge lautstark in Aktion erleben können. Informationen über die aktuellen Ausstellungen und Veranstaltungen können Sie bequem über unsere Homepage www.technik-museum.de abrufen.

*The museum halls at the Technik Museum Speyer not only house numerous airplanes and locomotives but also an extraordinary collection of vintage automobiles. The assortment is including the entire range of motor vehicles reaching from vintage cars from the early days of motorization to present time models. Noble sedans and sports cars are represented just like utility and special vehicles as well as numerous fire engines.*
*Of particular appeal are the numerous special exhibitions and vehicle meetings which ensure that there is always something new to discover. Some examples are shown on the opposite page. An especially spectacular event is the "Brazzeltag" weekend each year in May where the visitors can experience the most diverse vehicles in noisy action. For current information about exhibitions and events visit our homepage www.technik-museum.de.*

Bild ganz oben: Oldtimer in der Raumfahrthalle. Links ein 4,5 l Bentley von 1927 aus dem Vorbesitz von Prinz Edward, rechts ein Bentley 8 l Open Tourer von 1930. Das Bild darunter zeigt einige der Oldtimer in der Liller Halle. Im Vordergrund ein Daimler Omnibus von 1914.

*Topmost picture: Vintage cars in the space exhibition hall. At the left a 1927 Bentley 4.5 l previously owned by Prince Edward and at the right a 1930 Bentley 8 l Open Tourer. The picture beneath shows some of the vintage cars in the Liller Halle, in the foreground a Daimler bus built in 1914.*

Die Raumfahrthalle des Technik Museum Speyer beherbergt nicht nur die größte Raumfahrtausstellung Europas, sondern auch viele Automobile, Feuerwehrfahrzeuge, Motorräder, Flugzeuge und andere Ausstellungstücke. Dieses Bild gibt einen Eindruck von der riesigen Vielfalt der dort gezeigten Exponate.

*The space exhibition hall of the Technik Museum Speyer not only houses Europe's largest space exhibition but also many automobiles, fire engines, motorcycles, aircraft and other exhibit items. This picture gives an impression of the huge variety of the items presented there.*

JUNKERS
D-AQUI
aprilia
UNITED
STATES

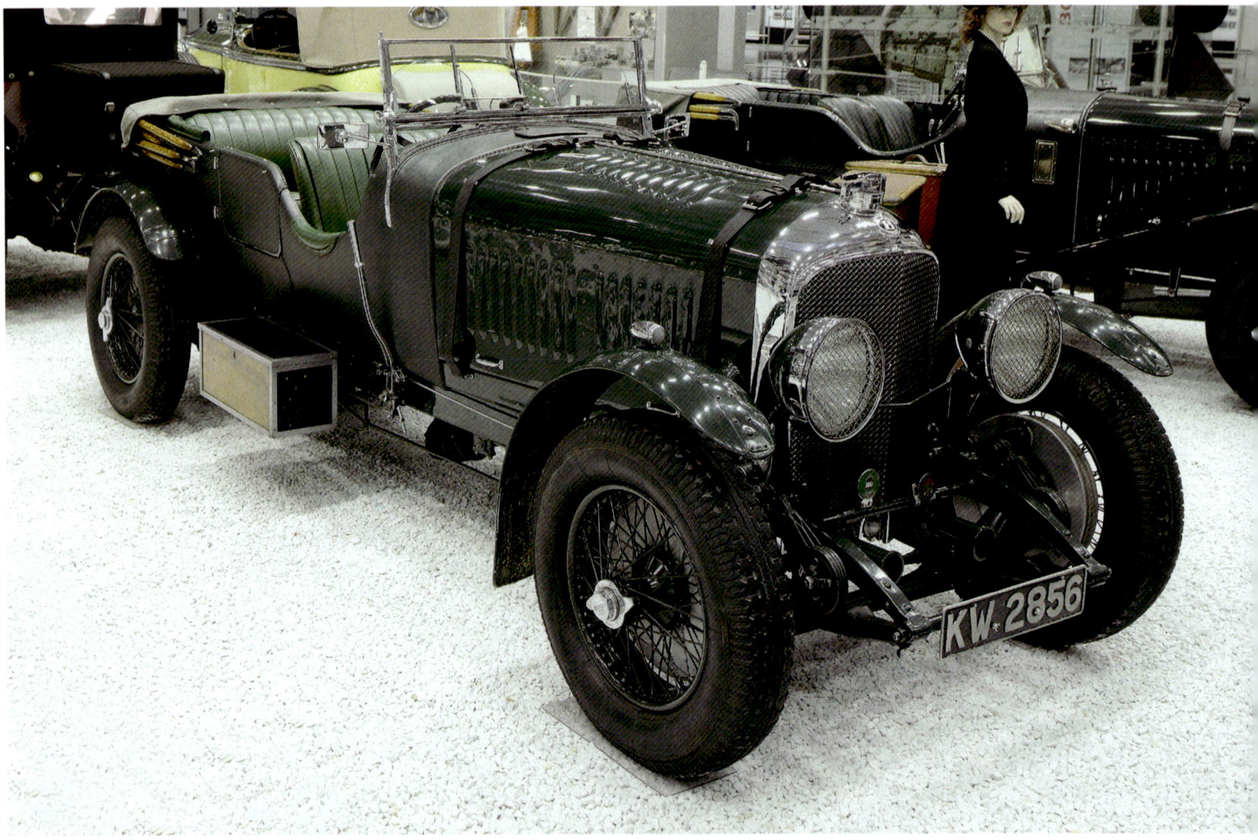


## Bentley 4,5 l van den Plas (oben / *top*)

Um der Herausforderung von Vauxhall zu begegnen, deren 30/98 der stärkste Konkurrent des 3l-Bentley war, begann Bentley 1927 mit der Entwicklung des 4,5l-Modells. Dieser Typ war wahrscheinlich der beste frühe Bentley-Straßenwagen. Das hier gezeigte Fahrzeug stammt von 1927 und trägt eine Originalkarosserie des belgischen Karosseriebauers van den Plas.

*To counter the challenge by Vauxhall, whose 30/98 was the major competitor of the 3l-Bentley, Bentley started the development of the 4.5 l model in 1927. This model was probably the best early street model by Bentley. The car shown here is from 1927 and is equipped with an original body by van den Plas / Belgium.*

## Bentley 4,5 l Le Mans (unten / *bottom*)

Mit dem 4,5l-Modell konnte Bentley zahllose Rennen für sich entscheiden, darunter 1926 das 24-Stunden-Rennen von Le Mans. Durch diese Siege konnte der Absatz der Straßenversionen wesentlich gesteigert werden. Dieser Bentley 4,5 l stammt von 1928. Als Antrieb dient wie beim oben gezeigten Wagen ein Bentley 4-Zylinder-Motor mit 4.398 ccm Hubraum und 100 PS.

*With the 4.5 l model Bentley won numerous races including the 24 hours of Le Mans of 1926. These victories greatly enhanced the sales numbers of the street versions. This Bentley 4.5 l was made in 1928. Like the car shown at top it is powered by a 100 hp Bentley 4,398 cc 4-cylinder engine.*

**Moon 6-28 Dual-Windshield Tourer (oben / *top*)**

Dieser Wagen aus dem Jahr 1920 sieht aus wie ein Rolls-Royce, stammt aber von der amerikanischen Firma Moon. Der 6-28 Dual-Windshield Tourer, bei dem die Passagiere nicht nur vorne, sondern auch auf der Rückbank durch eine Windschutzscheibe geschützt wurden, war das größte Modell von Moon. Nur zwei Fahrzeuge wurden hergestellt. Eines davon ist hier zu sehen. Als Antrieb dient ein 6-Zylinder-Motor mit 70 PS.

*This car from the year 1920 looks like a Rolls-Royce but in fact was made by the American car manufacturer Moon. The 6-28 Dual Windshield Tourer was the largest Moon model. Its name refers to the fact that not only the front but also the rear passengers were protected by a windshield. Only two specimens of this model were completed. One can be seen here. It is powered by a 70 hp 6-cylinder engine.*

**Rolls-Royce Phantom I (unten / *bottom*)**

Der Phantom I wurde von Rolls-Royce 1925 als Nachfolger des Modells Silver Ghost vorgestellt. Von 1925 bis 1931 entstanden in England und den USA rund 3.500 Exemplare, wobei Rolls-Royce nur das Fahrwerk mit dem Motor lieferte. Dieses wurde dann nach Kundenwunsch von einer der damals häufigen Karosseriebaufirmen mit einem Aufbau versehen. Das Museumsstück stammt von 1926 und verfügt über einen 7,7 l 6-Zylinder-Motor mit 108 PS.

*In 1925 the Phantom I was introduced by Rolls-Royce as successor of the model Silver Ghost. Between 1925 and 1931 about 3,500 specimens were produced in England and the USA. As was common at that time Rolls-Royce delivered only the chassis with engine which then was equipped with a body by one of the then numerous coach builders. The Phantom I shown here was made in 1926 and is powered by a 7.7 l 108 hp 6-cylinder engine.*

## Daimler Omnibus (oben / *top*)

Ein besonders schönes Exemplar der Automobil-Ausstellung im Technik Museum Speyer ist dieser „Aussichtswagen"-Omnibus von Daimler aus dem Jahr 1914. Er wurde einstmals in Speyer eingesetzt. Die Stadt Speyer war die zweite Stadt in Deutschland nach Netphen bei Siegen, die einen städtischen öffentlichen Nahverkehr mit Kraftomnibussen betrieben hat. Produziert wurde das noch heute voll fahrbereite Fahrzeug mit Platz für 30 Passagiere im Daimler-Werk Berlin-Marienfelde.

Der hervorragend restaurierte Wagen ist mit einer wunderschönen Vollgummibereifung versehen. Diese war unempfindlich gegen die damals noch häufigen Hufnägel auf den Straßen. Erst in den 1920er Jahren haben sich Luftreifen, die einen besseren Fahrkomfort bieten und eine höhere Geschwindigkeit erlauben, dafür aber empfindlicher und weniger haltbar sind, im Schwerverkehr durchgesetzt. Der vorne liegende Vierzylinder-Motor mit einem Hubraum von 5.699 ccm leistete 35 PS. Die Höchstgeschwindigkeit betrug ca. 28 km/h. Sehr viel bedeutender war jedoch die enorme Steigfähigkeit von gut 14%.

*A particularly beautiful item of the car exhibition is this "sightseeing" bus by Daimler from the year 1914. It was first used in Speyer. After Netphen near Siegen, the City of Speyer was the second town in Germany to operate bus routes for public transport with motor busses. The vehicle, which is fully roadworthy up to this day and can accommodate 30 passengers, was produced at the Daimler works in Berlin-Marienfelde.*

*The exquisitely restored bus is equipped with solid rubber tires. Pneumatic tires, which are more comfortable and also allow to drive at higher speed but are less durable and also more prone to blowouts, did not catch on in heavy load vehicle traffic until the 1920s. The four-cylinder front engine with a displacement of 5,699 ccm is generating 35 hp. Maximum speed was about 28 km/h; but much more important was its enormous climbing ability of a good 14%.*

## Gaggenau LKW (unten links / *bottom left*)

Ebenfalls ein wahres Schmuckstück ist dieser exzellent restaurierte, voll fahrbereite LKW der Firma Gaggenau aus dem Jahr 1909. Die Firma Gaggenau baute zunächst PKW, verlegte sich dann aber zunehmend auf die LKW-Fertigung. 1907 begann eine Kooperation mit Benz, die 1910 mit der Übernahme der Firma endete. In den folgenden Jahren entwickelte sich das ehemalige Gaggenau-Werk zu einer der Keimzellen der Nutzfahrzeugproduktion von Benz.

*This excellently restored, fully roadworthy truck from the year 1909 built by Gaggenau is also a veritable gem. The Gaggenau firm started out building passenger cars but then changed more and more to producing trucks. In 1909 began a cooperation with Benz, which ended in 1910 with the acquisition of the company. In the following years the former Gaggenau plant developed into a nucleus for the utility vehicle production of Benz.*

## Benz 14 / 35 (oben links / *top left*)

Dieses sehr schöne Fahrzeug stammt aus der Produktion der Traditionsfirma Benz. Gebaut wurde es im Jahr 1915 in Mannheim, also nur wenige Kilometer vom Museum entfernt. Interessant ist die Form des Kühlers. Der 14 / 35 ist eines der ersten Fahrzeuge mit Spitzkühler. Vorher wurden die Autos mit einem flachen Kühler gebaut. Der Wagen bietet Platz für sechs Personen. Als Antrieb dient ein 4-Zylinder-Motor mit 3,6 Liter Hubraum und einer Leistung von 35 PS. Die Spitzengeschwindigkeit liegt bei ca. 85 km/h. Auch heute ist eine Ausfahrt mit diesem Wagen noch immer ein Genuss.

*This most attractive vehicle was made by Benz, a firm rooted in tradition. It was produced in 1915 in Mannheim and thus only a few kilometres away from the museum. An interesting feature is the radiator design. The 14 / 35 is one of the first vehicles with V-shaped radiator. Before, cars were built with flat radiator designs. The car accommodates six passengers. It is powered by a 4-cylinder engine with 3.6 liters displacement and an output of 35 hp. The top speed is about 85 km/h. Even today, a ride in this car is still a real pleasure.*

## Mercedes Knight (oben rechts und unten / *top right and bottom*)

Die Mercedes „Knight“ Modelle besaßen Motoren mit einer speziellen Schiebersteuerung, die 1909 von der Daimler-Motoren-Gesellschaft von ihrem Erfinder, dem Amerikaner Charles Y. Knight, lizenziert wurde. Hieraus resultiert auch die Bezeichnung dieser Fahrzeugreihe. Der Verbrennungsprozess wird bei den Knight-Motoren nicht durch normale Ventile, sondern durch zwei röhrenförmige Schieber gesteuert, deren Auslässe sich zwischen Kolben und Zylinder bewegen. Von diesem Typ wurden in den Jahren 1910 bis 1923 insgesamt 5.350 Exemplare gefertigt. Die Motoren drehten nur relativ langsam (maximal 1.800 Upm), hatten aber ein enormes Drehmoment. Das Museumsstück stammt von 1919. Der 4-Zylinder-Motor hat einen Hubraum von 4 Liter und leistet zwischen 45 und 50 PS.

*The Mercedes "Knight" models were equipped with special sleeve-valve engines, which had been licensed by the Daimler Motor Corporation from its inventor, the American Charles Y. Knight, in 1909. That is what the model designation "Knight" means. In the Knight engines the combustion process is not controlled by normal valves, but by two tubular slide valves with ports that move between cylinder and piston. Between 1910 and 1923 about 5,350 units of this model were built. The engines rotated rather slowly (max. 1,800 rpm) but had an enormous torque. The museum exhibit was built in 1919. The 4 cylinder engine has a capacity of 4 liters and generates an output of 45 to 50 hp.*

**Peugeot „Torpedo" (oben / *top*)**

Peugeot gehört zu den Autofabriken der ersten Stunde. Bereits 1889 konstruierte Armand Peugeot ein von einer Dampfmaschine angetriebenes dreirädriges Gefährt, das er auf der Pariser Weltausstellung im gleichen Jahr präsentierte. Durch die Vermittlung von Emile Levassor kam Peugeot mit Gottlieb Daimler ins Geschäft und produzierte schon kurze Zeit später Automobile mit von Levassor in Lizenz gefertigten Daimler-Motoren. Der große Erfolg ermöglichte es ihm schon wenige Jahre später, eigene Motoren zu bauen. Der im Museum ausgestellte Peugeot Torpedo Doppelphäton Typ 143 stammt aus dem Jahr 1912. Als Antrieb dient ein 2.000 ccm Peugeot-Vierzylinder-Motor mit 23 PS Leistung. Das elegante Fahrzeug erreichte damals eine Spitzengeschwindigkeit von ca. 60 km/h.

*Peugeot was among the pioneers of car manufacturers. As early as 1889 Armand Peugeot designed a three-wheeled vehicle powered by a steam engine, which he presented the same year on occasion of the Paris World Fair. With Emile Levassor's assistance Peugeot established business connections with Gottlieb Daimler and soon thereafter began producing automobiles with Daimler engines that were built by Levassor under licence. Good sales figures enabled him to start building his own engines a few years later. The Peugeot Torpedo Doublephaeton Type 143 on display in the museum was built in 1912. It is powered by a 2,000 ccm Peugeot four-cylinder-engine with an output of 23 hp. The elegant vehicle reached at that time a maximum speed of about 60 km/h.*

**De Dion Bouton Limousine (Mitte / *middle*)**

Die französische Automobilfabrik De Dion Bouton existierte von 1883 bis 1932. Die hier gezeigte Limousine stammt aus dem Jahr 1922. Sie entspricht weitgehend den französischen Automodellen aus der Zeit vor 1914. Wie in anderen Ländern wurden auch in Frankreich nach Kriegsende zunächst die Vorkriegsmodelle weitergebaut. Auffällig ist die wunderschöne, teilweise aus Eschenholz gefertigte Karosserie. Die Fensterheber bestehen aus einem Textilband, mit dem die Fenster stufenweise geöffnet werden können. Als Antrieb dient ein 1,8 Liter 4-Zylinder-Motor mit 28 PS.

*The French car manufacturer De Dion Bouton existed from 1883 through 1932. The sedan shown here was built in 1922. It is similar to a great number of French automobiles from the period prior to 1914. As in other countries, the cars produced in France after the end of the war at first were pre-war models. A striking feature is the wonderful body, which is partly made of ash wood. The window lifters consist of a textile belt which allowed a gradual opening of the windows. The car is powered by a 1.8 liters 4-cylinder engine with an output of 28 hp.*

## Delahaye Fesselballonwagen

Französisches Spezialfahrzeug aus dem 1. Weltkrieg mit zwei Winden. Es diente zum Auflassen und Einholen von Fesselballonen, u. a. für die Artilleriebeobachtung. Die beiden Winden wurden benötigt, um die bananenförmigen Ballone ausrichten zu können. Zum blitzartigen Einholen eines Ballons, z. B. bei Beschuss, verfügt die Winde über einen speziellen Schnellgang. Der bullige Motor stammt aus dem Jahr 1907. Er war vorher als Rennmotor beim Rennen Paris - Madrid eingesetzt worden. Die Trittbretter sind abnehmbar und konnten als Überbrückung beim Überwinden von Gräben verwendet werden.

## *Delahaye captive balloon car*

*Special vehicle of French make from WW I, with two winches. It was used to launch and haul in captive balloons, e.g., for artillery observation. The two winches were necessary to orient the banana-shaped balloons. To permit hauling in of the balloon in a flash, for instance under fire, the winch was equipped with a special fast gear. The sturdy engine is from 1907. It had been used as a racing engine before on occasion of the Paris - Madrid race. The running boards are removable and could be used as a bridge to traverse ditches.*

## Opel 4/16 Limousine

Die 4 PS-Baureihe mit Preisen um 3.500 Reichsmark repräsentierte Ende der 1920er Jahre die „Brot- und Butterautos" von Opel. Der 4/16 war der Nachfolger des legendären 4/12 von 1924, mit dem Opel erfolgreich in den Massenmarkt für Automobile einstieg. Der gezeigte Wagen stammt aus dem Jahr 1928, dem Jahr, in dem Opel von General Motors übernommen wurde. Als Antrieb dient ein 4-Zylinder-Motor mit einem Liter Hubraum und 16 PS. Die Höchstgeschwindigkeit beträgt rund 70 km/h.

*With prices of about 3,500 Reichsmark the 4 hp-series represented the "bread- and butter cars" of Opel in the late 1920s. The 4/16 model was the successor of the legendary 4/12 from 1924, which had opened the way to Opel for a successful entry into mass production of automobiles. The car shown here is from 1928, the year Opel was taken over by General Motors. It is driven by a small 4 cylinder engine with one liter displacement and an output of 16 hp, enough for a maximum speed of about 70 km/h.*

## Maybach Zeppelin

Von den kaum mehr als 1.800 Automobilen, die zwischen 1921 und 1941 bei Maybach gefertigt wurden, waren die „Zeppelin"-Modelle die luxuriösesten und berühmtesten. Insgesamt wurden zwischen 1930 und 1938 maximal 200 Exemplare hergestellt. Drei davon befinden sich in den Museen in Speyer bzw. Sinsheim. Angetrieben wurde der Wagen von einem großvolumigen 12-Zylinder-Motor, der aus dem berühmten Luftschiffmotor abgeleitet war. Als weitere Besonderheiten verfügte dieses Modell über eine mittels Unterdruck gesteuerte Servobremsanlage und ein Fünfganggetriebe, ebenfalls mit einer unterdruckgesteuerten Vorwählschaltung. Der Gang wurde mit einem Hebel am Lenkrad ausgewählt, und ohne Kuppeln lediglich durch kurzes Gaswegnehmen eingeschaltet.

**Technische Daten**
Baujahr: 1930
Motor: 7 l / 12 Zyl. / 150 PS
Höchstgeschw.: 145 km/h
Preis: ca. 30.000 RM

*Of the hardly more than 1,800 automobiles which were produced by Maybach between 1921 and 1941, the "Zeppelin" models were the most luxurious and famous ones. Not more than maximally 200 specimens of this model were built between 1930 and 1938. Three of them are now at the museums in Sinsheim and Speyer, respectively. The car had a large-volume 12-cylinder engine derived from the famous airship engine. Further special features of this model were a vacuum controlled power-brake system as well as a five-speed gear shift, also with vacuum controlled preselection change. The speed was selected by means of a lever at the steering wheel and put into gear without clutching just by briefly easing off the accelerator.*

***Technical Data***
*Year of construction: 1930*
*Engine: 7 liter / 12-cylinder / 150 hp*
*Maximum speed: 145 km/h*
*Price: approx. 30,000 Reichsmarks*

Der Maybach Zeppelin: In jedem Detail ein perfektes Automobil. - *The Maybach Zeppelin: A perfect automobile in every detail.*

## Rolls-Royce 20/25 HP

Als Nachfolger des 20 HP im Jahr 1929 eingeführt, galt der 20/25 bald als einer der besten Rolls-Royce. Das Museumsstück entstand im Jahr 1930. Der 6-Zylinder-Motor hat einen Hubraum von 3.669 ccm. Die Höchstgeschwindigkeit lag bei ca. 110 km/h. Die siebensitzige Aluminium-Karosserie stammt vom berühmten englischen Karosseriebauer Hooper, der für Rolls-Royce zahllose Spezialaufbauten geliefert hat. Rolls-Royce fertigte zur damaligen Zeit nur die Fahrgestelle mit dem Motor. Die Karosserie wurde nach den Wünschen des Kunden individuell gefertigt.

*Introduced in 1929 as successor of the 20 HP, the 20/25 was soon regarded as one of the best Rolls-Royce models ever built. The museum's exhibit is from the year 1930. The 6-cylinder engine has a displacement of 3,669 ccm. Top speed was at about 110 km/h. The seven-seater aluminium body originated at the shop of the famous British coach builder Hooper who supplied Rolls-Royce with numerous special design car bodies. At that time Rolls-Royce only produced the chassis with the engine. The bodies were special designs made according to the customer's specifications.*

## Rolls-Royce Phantom III

Der Phantom III ist ein klassischer Rolls-Royce. Der 12-Zylinder-Motor garantiert einen seidenweichen Lauf und ein herrliches Dahingleiten. Dieses Exemplar wurde 1936 gebaut. Der Motor mit 7,3 Litern Hubraum leistet 165 PS.

*A classic Rolls-Royce. The 12-cylinder-engine guarantees a silky smooth run and luxurious gliding. This specimen was built in 1936. The 7.3 liter engine generates an output of 165 hp.*

Museum Sinsheim

### Mercedes 400 (linke Seite oben / *left page top*)

Der Mercedes 400 war eines der ersten Mercedes-Automobile mit Kompressormotor. Mitte der 1920er Jahre galt er als einer der zuverlässigsten und bequemsten Reisewagen, und wurde u.a. vom Reichspräsidenten Hindenburg als Dienstwagen benutzt. Durch Zuschalten des Kompressors konnte die Leistung des 4-Liter 6-Zylinder-Motors von 70 auf 100 PS gesteigert werden.

*The Mercedes 400 was one of the first Mercedes cars with supercharged engine. In the mid 1920s it was regarded as one of the most reliable and comfortable sedans and was used as his official car, among others, also by Hindenburg, President of the German Reich. The supercharger made it possible to boost the output of the 4-liter 6-cylinder-engine from 70 to 100 hp.*

### Mercedes 630 K (linke Seite unten / *left page bottom*)

Die ab 1926 gebaute, von Kompressormotoren angetriebene Typenreihe 630 hat entscheidend zum Ruhm von Mercedes beigetragen. Eine umfassende Darstellung der unterschiedlichen Modelle befindet sich im Automobil-Kapitel des Buchteils „Auto & Technik Museum Sinsheim". Die Motorleistung lag zunächst bei rund 100 PS ohne und 140 PS mit Kompressor, und wurde 1928 auf 110 bzw. 160 PS gesteigert. Der hier gezeigte Wagen entspricht der Sportversion des Typ 630 mit einem von 3.750 mm auf 3.400 mm verkürzten Radstand. Die Karosserie ist eine C-Cabriolet Werkskarosserie von Mercedes / Sindelfingen. Die Höchstgeschwindigkeit des 630 K liegt bei ca. 140 km/h, der Verbrauch bei ca. 25 Liter / 100 km. Der Motor leistet 100 PS ohne und 140 PS mit zugeschaltetem Kompressor.

*The model series 630, powered by supercharged engines, built from 1926 on has significantly contributed to the fame of the Mercedes brand. A comprehensive description of the different types can be found in the vintage car chapter of the "Auto & Technik Museum Sinsheim" section. The first 630 engine generated an output of 100 hp without and 140 hp with supercharger and was enhanced to 110 hp and 160 hp, respectively in 1928. The car shown here corresponds to the sports version of the Type 630 with shortened wheelbase (3,400 mm instead of 3,750 mm). The body is a C-convertible factory body made by Mercedes / Sindelfingen. The maximum speed of the 630 K is about 140 km/h, the gas mileage approximately 25 liters / 100 km. The engine has an output of 100 hp without and 140 hp with engaged supercharger.*

### Mercedes 380 K (oben / *top*)

Zur Berliner Automobilausstellung 1933 präsentierte Mercedes-Benz das neu entwickelte Modell 380 mit einem 3,8 Liter-Achtzylinder-Motor, der wahlweise auch mit Kompressor geliefert wurde. Der Wagen glänzte mit einer ganzen Reihe technischer Feinheiten wie dem modernen Motor mit hängenden statt stehenden Ventilen, einem Viergang-Getriebe inklusive Schnellgang, einzeln aufgehängten Vorderrädern und einer hydraulischen Bremsanlage. Der Motor leistete 90 PS ohne und 140 PS mit Kompressorunterstützung. Die Höchstgeschwindigkeit lag bei ca. 130 km/h.
Der Erstbesitzer des Museumsstücks Baujahr 1934 mit Kompressormotor war Konsul Willi Sachs, Inhaber von Fichtel & Sachs in Schweinfurt. Der Wagen ist eines der sehr eleganten C-Cabriolets mit 2 Türen und 4 Sitzplätzen.

*On occasion of the 1933 Berlin Auto Show Mercedes-Benz presented the newly developed model 380 with a 3.8 liter eight-cylinder engine that was also offered with a supercharger. The car stood out by a number of technical refinements like the modern engine with overhead- rather than vertical valves, a four-speed gearbox with an overdrive, front wheels with independent suspension and a hydraulic brake system. The engine generated an output of 90 hp without and 140 hp with supercharger support. Maximum speed was about 130 km/h.*
*The first owner of the specimen on exhibit in the museum, built in 1934, with supercharged engine was Consul Willi Sachs, owner of Fichtel & Sachs in Schweinfurt. The car is one of the highly elegant C-convertibles with two doors and four seats.*

# Erdmann & Rossi Mercedes 500 K

Es ist ein wahrlich außergewöhnliches Fahrzeug, das im Technik Museum Speyer direkt unterhalb des russischen Raumgleiters Buran steht. Der Entwurf für die auffällige, stromlinienförmige Karosserie des silberglänzenden Mercedes 500 K ist eine Schöpfung von Erdmann & Rossi, einem der bekanntesten Karosseriebauer der Vorkriegszeit. Wie viele andere Karosserie-Manufakturen schuf auch die damals in Berlin ansässige Firma Luxusaufbauten für die höchsten gesellschaftlichen Kreise, die so manches Fahrgestell von Rolls-Royce, Bentley oder, wie hier, Mercedes in eine neue Dimension hob.

Geboren wurde die Karosserie Mitte der 1930er Jahre im Windkanal. Mit der Steigerung der Geschwindigkeiten durch immer stärkere Motoren, und besonders durch den Bau der für den Schnellverkehr gedachten Autobahnen, rückte zu dieser Zeit die Aerodynamik bei den deutschen Karosseriebauern zunehmend in den Mittelpunkt. So stand auch die Automobilausstellung 1935 in Berlin ganz im Zeichen der Stromlinie. Zu den Gästen der Ausstellung gehörte der 23-jährige irakische König Ghazi I., der Gefallen an den Stromlinienwagen der edlen Berliner Karosseriebaufirma Erdmann & Rossi fand. Die ausgestellten Konzeptfahrzeuge, ein Mercedes-Benz 290 und ein Opel, waren allerdings nicht zum Verkauf bestimmt und aus technischer Sicht waren die beiden schwach motorisierten Wagen auch bei weitem nicht in der Lage, die hohen Erwartungen des Königs an die Fahrleistungen eines Repräsentationswagens zu erfüllen.

Die außergewöhnliche Form der Fahrzeuge hatte jedoch beim König einen dauerhaften Eindruck hinterlassen, und so erging fünf Monate nach dem Ende der Ausstellung aus dem irakischen Königshaus ein Auftrag an Mercedes-Benz und Erdmann & Rossi zum Bau eines Roadster-Stromlinienwagens, wie er auf dem Messestand präsentiert worden war. Das modernste und leistungsstärkste Mercedes-Benz Fahrgestell vom Typ 500 K wurde umgehend bereitgestellt und von Erdmann & Rossi mit einer fischsilbernen Karosserie, luftwaffenblauem Leder, irakischen Wappen und Fahnenhaltern versehen. Nach nur drei Monaten Bauzeit war der Wagen im Herbst 1935 fertiggestellt und wurde nach Bagdad verschifft.

Gut drei Jahre später, im Frühling 1939, fiel Ghazi I. seiner Leidenschaft für schnelle Autos zum Opfer. Bei einem Unfall mit einem anderen Wagen erlitt er tödliche Verletzungen und sein Sohn Faisal II. trat die Nachfolge auf dem irakischen Thron an. Da er zu dieser Zeit gerade vier Jahre alt war sind von ihm erst später in den 1950er Jahren Bilder mit dem Stromlinienwagen bekannt geworden. Seinem Geschmack entsprechend ließ er den Mercedes zweifarbig in gelb und dunkelblau neu lackieren. Aber auch Faisal II. hatte nicht lange Freude an dem Wagen. Bei einem Militärputsch wurde er 1958 im Alter von nur 23 Jahren ermordet.

Wie sich bei der Restaurierung im Jahr 1990 anhand der Gebrauchsspuren erkennen ließ, muss der Wagen in den folgenden 10 Jahren von der Militärregierung intensiv genutzt worden sein. 1968 übernahm die Ba'th-Partei mit Saddam Hussein die Macht und das Fahrzeug ging in den Besitz des berüchtigten Diktators über.

Kurz vor Ausbruch des ersten Golfkriegs im Jahr 1990 kam es zu einem Treffen zwischen dem irakischen Staatschef Saddam Hussein und seinem Nachbarn König Hussein von Jordanien. Auch König Hussein war ein begeisterter Sammler alter Autos und besaß unter anderem einen gepanzerten Mercedes-Benz 770, wie ihn schon Adolf Hitler seinerzeit gerne genutzt hatte. Aus diesem Grund wünschte sich Saddam den Mercedes-Benz 770 von König Hussein und schenkte ihm im Gegenzug den 500 K Stromlinienwagen. Da dieser schon recht mitgenommen war, schickte ihn König Hussein unmittelbar nach dem Erhalt nach Deutschland zur Firma Reifen-

Wagner in Landshut, die weltweit als Spezialist für die Restaurierung von Mercedes-Benz 500 K und 540 K Modellen bekannt ist, und die zuvor bereits zwei andere Fahrzeuge des Königs meisterhaft restauriert hatte. Drei Jahre dauerten die Arbeiten, dann ging der Wagen im perfekten Zustand und mit der originalen, silberfarbenen Lackierung wieder zurück nach Jordanien. Aus unbekannten Gründen entschloss sich König Hussein, den restaurierten Wagen 1998 wieder an Saddam Hussein zurück zu schenken. Möglicherweise wollte er damit seine Freundschaft bekunden oder aber die Öllieferungen aus dem Nachbarland aufrecht erhalten. Nach den Terroranschlägen von New York im Jahr 2001 rückte die Diktatur im Irak wieder stärker ins Blickfeld der internationalen Öffentlichkeit. Der Rest ist bekannt. Im Frühjahr 2003 rückten die USA mit ihren Verbündeten im Irak ein und setzten der Diktatur von Saddam Hussein ein Ende. Zum Glück hat der Wagen die Kriegsereignisse und die nachfolgenden Plünderungsaktionen in einer Tiefgarage heil überstanden.

*It is a truly exceptional vehicle that is on display in the Technik Museum Speyer directly below the Russian space shuttle Buran. The design for the spectacular, streamlined body of the silvery Mercedes 500 K is a creation of Erdmann & Rossi, one of the most prominent body makers of pre-war times. As many other body manufactures the company, then with seat in Berlin, was building luxury car bodies for the highest social circles which helped to lift many a chassis by Rolls-Royce, Bentley or, as here, Mercedes up into a new dimension.*

*The bodywork of this car was born in the mid-1930s in a wind-channel. With increasing speed brought about by more and more powerful engines and in particular by the construction of the Autobahn meant for fast moving traffic, German bodywork manufacturers of that time were progressively focussing on aerodynamics. Thus, the automobile show of 1935 in Berlin also took place absolutely under the sign of the streamline. Among the guests at the exhibition was the 23 year old King Ghazi I. of Iraq who took a fancy to the streamlined cars presented by the noble body manufacturer Erdmann & Rossi of Berlin. The concept vehicles on exhibition, a Mercedes-Benz 290 and an Opel, however, were not intended for sale and from a technological point of view these two rather low powered vehicles were far from fulfilling the high expectations the King was surely having with regard to the performance of a prestigious car.*

*But the exceptional shape of the cars had left a lasting impression on the King and thus five months after the end of the show the Royal House of Iraq placed an order with Mercedes-Benz and Erdmann & Rossi to build a roadster-streamliner as presented at the exhibition stand. The most modern and powerful chassis of the Mercedes-Benz Type 500 K was made available without delay and equipped by Erdmann & Rossi with a fish-silvery body, air force blue leather, Iraqi coat of arms and flag holders. After but three months of construction the car was completed in autumn of 1935 and shipped to Bagdad.*

*A good three years later, in spring of 1939, Ghazi I. fell victim to his passion for fast cars. In an accident he had with another car he suffered fatal injuries and his son Faisal II. succeeded him to the throne of Iraq. Since he was just four years old at that time pictures of him with the streamline car did not appear until later in the 1950s. According to his taste he had the Mercedes repainted in dual-colours yellow and dark blue.*

*But Feisal I. was not able to enjoy the car for long either. On occasion of a military revolt in 1958 he was assassinated at only 24 years of age. Traces of wear that were discovered in the process of restoration in 1990 indicated intensive use of the car by the military government in the following 10 years. In 1986 the Ba'th Party with Saddam Hussein came to power and the car changed into the possession of the notorious dictator.*

*Shortly before the beginning of the First Gulf War in 1990 there was a meeting of the Iraqi Head of State Saddam Hussein with his neighbour King Hussein of Jordan. King Hussein was also an enthusiastic collector of old cars and, among other vehicles, also had an armoured Mercedes-Benz 770 in his collection, the same model Adolf Hitler preferred to use at his time. From this reason it was Saddam's wish to have the Mercedes-Benz 770 from King Hussein and, to reciprocate, made him a gift of the 500 K streamline car. Since the car was already rather worse for wear at that time, immediately after receiving it King Hussein sent it to Germany to the company Reifen Wagner in Landshut who are famous worldwide as specialists in the restoration of Mercedes-Benz models 500 K and 540 K and had masterfully restored two other vehicles of the King before.*

*The task took three years to be completed, then the car went back to Jordan in perfect condition and with the original silvery paint. For unknown reasons King Hussein decided in 1998 to give the restored car back to Saddam Hussein. Possibly he may have wanted to demonstrate his friendship or to keep the oil from the neighbouring country flowing. After the terrorist attack in New York in 2001 the dictatorship in Iraq once more became the focus of international attention. The rest is common knowledge. Fortunately enough the car survived the war activities and following looting safe and sound in an underground car park.*

Text: Rolf Wagner / Fotos: Archiv, Technik Museum Speyer

Bilder gegenüberliegende Seite: Der Mercedes 500 K mit der berühmten Erdmann & Rossi Karosserie an seinem Standort unterhalb des BURAN Raumgleiters in der Raumfahrthalle des Technik Museum Speyer. Bilder diese Seite: Der Stand von Erdmann & Rossi mit den legendären Stromlinienfahrzeugen bei der IAA in Berlin 1935 (links) und König Faisal II. in den 1950er Jahren mit dem in dunkelblau und gelb lackierten Wagen.

*Pictures opposite page: The Mercedes 500 K with the famous bodywork by Erdmann & Rossi at its place beyond the BURAN space shuttle in the space exhibition hall of the Technik Museum Speyer. Pictures this page: The stand of Erdmann & Rossi with the legendary streamline cars at the IAA 1935 in Berlin (left) and King Faisal II. in the 1950s with the car repainted in the colours dark-blue and yellow (right).*

## Mercedes Geländewagen G 5 (oben / *top*)

Der im Technik Museum Speyer gezeigte leichte Geländewagen G 5 von Mercedes-Benz ist eine absolute Rarität und gleichzeitig ein Beispiel für nicht genutzten technischen Fortschritt. Bereits 1937 verfügte dieser Wagen über Allrad-Antrieb, Sperrdifferential, Allradlenkung, Schraubenfedern und Ponton-Karosserie (ohne Trittbretter). Durch die spektakuläre Lenkung der Hinterachse hatte der Wagen einen Wendekreis von nur 7 Meter. Mercedes war seiner Zeit um 40 Jahre voraus und merkte es nicht. Nur 180 Exemplare wurden zwischen 1937 und 1941 gebaut. Gleichzeitig zog man mit vielfach unbrauchbaren Fahrzeugen in den Krieg. Das im Museum ausgestellte Exemplar stammt aus dem Jahr 1938. Es besitzt einen Vierzylinder-Motor mit 2 Litern Hubraum und 45 PS.

*The light cross country vehicle G 5 by Mercedes Benz in the Technik Museum Speyer is an absolute rarity and also an example for unexploited technical progress. In 1937 this car was already equipped with all-wheel drive, limited slip differential, all-wheel steering, coil springs and pontoon body (without running boards). Thanks to its spectacular steering of the rear axle the car had a turning circle of 7 metres only. Mercedes was ahead of its time by forty years and did not know it. But 180 specimens of this model were built between 1937 and 1941. At the same time the German armed forces were sent to war equipped with mainly inadequate cars. The specimen in the Museum is from 1938. It has a four-cylinder 2 liter engine and an output of 45 hp.*

## Lancia Lambda (unten / *bottom*)

Bis zum zweiten Weltkrieg konstruierte Lancia eine Vielzahl von Modellen, die technisch ihrer Zeit weit voraus waren. Lancia Automobile waren für Kunden gedacht, die von der Technik begeistert waren. Ein Meilenstein in der langjährigen Geschichte des Unternehmens war der Lancia Lambda, dessen Serienproduktion im Jahr 1922 anlief. In ihm wurden alle technischen Errungenschaften, die damals verfügbar waren, vereint. Dieses bemerkenswerte Fahrzeug verfügte damals bereits über eine selbsttragende Karosserie, eine unabhängige Vorderradaufhängung mit Federbeinen und einen V4-Motor, bei dem die Zylinder in einem sehr spitzen Winkel angeordnet waren. Während der Produktionszeit von 1922 bis 1932 sind rund 13.000 Lambdas untergliedert in neun Serien produziert worden. Das Museumsstück stammt aus dem Jahr 1926. Der 4-Zylinder-Motor hat einen Hubraum von 2.370 ccm und leistet 59 PS. Die Spitzengeschwindigkeit liegt bei ca. 115 km/h.

*Up to WW II Lancia designed a great number of models the technology of which was far ahead of their time. Lancia automobiles were intended for customers who were veritable technology fans. A milestone in the company's long-standing history was the Lancia Lambda whose series production started in 1922. This car was built to combine all technological achievements available at that time. This remarkable vehicle then already had a self-supporting body, independent front suspension with struts and a V4-engine with a highly acute-angled cylinder arrangement. During the production period from 1922 through 1932 about 13,000 Lambdas, subdivided into nine series, were built. The museum's exhibit is from the year 1926. The 4-cylinder engine has a displacement of 2,370 cc and generates 59 hp. The top speed is about 115 km/h.*

## Motorräder - *Motorcycles*

Sowohl in der Liller Halle als auch in der Raumfahrthalle zeigt das Technik Museum Speyer eine umfangreiche Sammlung von Motorrädern, die sowohl eine Vielzahl von klassischen Zweirädern als auch modernere Rennmotorräder umfasst. Besondere Leckerbissen für Zweiradfans sind die Münch-Ausstellung mit 26 Exemplaren des legendären „Mammut" aus der Werkstatt des deutschen Motorradkonstrukteurs Friedel Münch und die von Moto Motion International präsentierte RaceBikeCollection mit Rennmaschinen aus der Zeit von den 1970er Jahren bis heute. Des Weiteren zeigt das Museum eine permanente Sonderausstellung mit NSU-Rekordmotorrädern, mit denen der unvergessene deutsche Renn- und Rekordfahrer Wilhelm Herz zahlreiche Geschwindigkeits-Weltrekorde aufgestellt hat. Ermöglicht wurde diese Ausstellung durch unser Vereinsmitglied Heinz Herz, den Sohn von Wilhelm Herz, der heute die Erinnerung an seinen im Jahr 1998 verstorbenen Vater wachhält.

*In the Liller Halle and in the space exhibition hall the Technik Museum Speyer presents a large motorcycle collection comprising many classic bikes as well as more recent racing bikes. Special highlights for motorcycle fans are the Münch exhibition showing 26 specimens of the legendary "Mammut" (mammoth) from the workshop of the German motorcycle constructor Friedel Münch and the RaceBikeCollection with racing bikes from the 1970s until today presented by Moto Motion International. The museum also shows a permanent special exhibition featuring NSU record motorcycles with which the German racing- and record rider Wilhelm Herz set many world speed records. This exhibition was made possible by our club member Heinz Herz, the son of Wilhelm Herz, who today keeps alive the memory of his father who died in 1998.*

Diese Seite zeigt eine Auswahl der im Technik Museum Speyer gezeigten klassischen Motorräder.

**Adler MB 201 von 1954 (oben links)** - Ein typisches Nachkriegsmotorrad, preiswert, anspruchslos und zuverlässig. Der 1-Zylinder-Motor mit 195 ccm Hubraum leistet 12 PS.
**Horex Regina von 1951 (oben rechts)** - Die deutsche Motorradfirma Horex erlebte ihre Blütezeit in den 1950er Jahren. 1953 war die 350 ccm Regina mit fast 19,000 gefertigten Exemplaren das erfolgreichste Motorrad der Welt. Das Museumsstück ist ein 250 ccm Modell mit 16 PS Leistung.
**Mars A20 mit Peka-Seitenwagen von 1921 (unten links)** - Die Nürnberger Firma Mars begründete ihr ursprüngliches Geschäft 1873 mit der Fertigung von gusseisernen Öfen und startete 1894 als zweite Zweiradfabrik auf dem Kontinent mit einer Fahrradproduktion. Jedoch erst 1920 machte die Firma mit der Produktion der legendären „Weißen Mars“ auf sich aufmerksam. Das außergewöhnliche Bauprinzip mit Kastenrahmen und dem längs eingebauten, teilgebläsegekühlten, von Hand anzukurbelnden 952 ccm Zweizylinder-Maybach-Boxermotor ließ die Mars zu einem der heute am meisten begehrten Sammlerstücke werden.
**Mauser Einspurauto (unten rechts)** - Da die Waffenfirma Mauser nach dem 1. Weltkrieg keine Rüstungsgüter mehr produzieren durfte, versuchte man sich u.a. im Fahrzeugbau. So entstand das hier gezeigte Einspurauto, das ab 1923 in Serie produziert wurde. Das Einspurauto ist in Wirklichkeit ein Motorrad mit zwei seitlichen Stützrädern. Beim Anfahren stand das Fahrzeug auf vier Rädern. Sobald eine ausreichende Geschwindigkeit erreicht war, konnten die Stützräder mit einem Hebel nach oben gezogen werden.

*This page shows a selection of classic motorcycles on display at the Technik Museum Speyer.*

***1954 Adler MB 201 (top left)*** *- A typical post-war motorbike, economically priced, robust and reliable. The 1-cylinder-engine has a displacement of 195 ccm and an output of 12 hp.*
***1951 Horex Regina (top right)*** *- The German motorbike manufacturer Horex had its heyday in the 1950s. In 1953 the 350 ccm Regina was the most successful motorbike of the world with 19,000 units built. The specimen in the museum is a 250 ccm Regina with an output of 16 hp.*
***1921 Mars A 20 with Peka sidecar (bottom left)*** *- The Mars Company of Nürnberg established its initial business in 1873 with cast iron stoves. In 1894, as the second manufacturer in Europe, the production of bicycles was started. In 1920 Mars arose attention with the production of the legendary „White Mars“. The unusual design with a box-section frame and a longitudinally installed and partially fan-cooled 952 ccm two-cylinder boxer engine made by Maybach, which had to be started by hand with a crank, made this vehicle into one of the most desired collector items of today.*
***Mauser monotrace car (bottom right)*** *- Since the weapons manufacturer Mauser was not allowed to produce military equipment after the end of World War I, they tried, among other things, building cars. One result was the monotrace car shown here. In reality this car is a motorbike with two lateral supporting wheels. When the vehicle was started it stood on four wheels. After attaining a sufficient speed, the supporting wheels could be moved up with the help of a lever.*

## RaceBikeCollection

**präsentiert von / *presented by* Moto Motion International**

Mit dem Thema Motorrad-Rennsport hat eine weitere Sonderausstellung im Technik Museum Speyer ihre Heimat gefunden. Gilt doch die Nachbarstadt Hockenheim mit dem Motodrom als Rennsport-Hochburg, die immer wieder namhafte Fahrer aus der Region hervorgebracht hat.
Auch Speyer kann auf eine lange Rennsporttradition zurückschauen. Auf dem nur wenige Meter vom Technik Museum entfernten Flugplatzgelände fanden von 1979 bis 1995 Motorradrennen statt, die jeweils im April den Auftakt zur deutschen Rennsaison einläuteten. Zahlreiche Spitzenfahrer aus dem In- und Ausland machten Bekanntschaft mit dem 2 Kilometer langen Flugplatzkurs, der den Fahrern alles abverlangte.
Unter dem Titel „RaceBikeCollection" hat eine Gruppe von Motorradsport-Fans auf Initiative von Franz Rau eine Sammlung von Rennmaschinen zusammengestellt. Franz Rau, in den 1970er Jahren selbst als Rennfahrer aktiv, ist der „Szene" als Geschäftsführer von Moto Motion International auch beruflich verbunden. Der Schwerpunkt der Exponate liegt auf der jüngeren Rennsport-Historie. Grand-Prix-Maschinen aus der Zweitakt-Ära der 1970er bis 1990er Jahre stehen neben den Viertakt-Superbikes, die sich ab den 1990er Jahren in der Rennsportgemeinde großer Beliebtheit erfreuten. Vor allem waren es die Produktions-Rennmaschinen von Yamaha, Suzuki und Honda, die in den klassischen Hubraumklassen 250 ccm, 350 ccm und 500 ccm in jenen Jahren die Rennen beherrschten. Viele der späteren Spitzenfahrer und Weltmeister begannen ihre Karriere auf den für Jedermann erschwinglichen Production Racern. Es war die Zeit, als der Rennsport noch weitgehend ohne die heutigen Sponsorengelder finanzierbar war.

Oben: Suzuki GSX-R 750 R. Während der PRO SUPERBIKE Serie 1994 errang Rainer Jänisch mit dieser Maschine beim 2. Lauf in Speyer den 1. Platz. Darunter: Kawasaki ZXR 750 R. Mit dieser Maschine gewann Jochen Schmid den Fahrertitel der PRO SUPERBIKE Serie 1995.

*Top: Suzuki GSX-R 750 R. During the PRO SUPERBIKE series 1994 Rainer Jänisch won the second race in Speyer with this bike. Below: Kawasaki ZXR 750 R. With this bike Jochen Schmid won the racer title of the PRO SUPERBIKE series 1995.*

Später wurden großvolumige Viertakt-Renner, die Superbikes, populär. Das Reglement schreibt in dieser Klasse seriennahe Motorräder vor, an denen nur bestimmte Modifikationen für Rennen vorgenommen werden dürfen. Das ergibt eine große Markenvielfalt.
Aber das ist nicht das einzige Highlight der Ausstellung. Die Besucher bekommen Informationen über den Motorrad-Rennsport ganz allgemein geboten, über Rennstrecken, Renntechnik der Ausrüster und Zubehörfirmen, Geschichte des Rennsports, namhafte Fahrer, Statistiken und vieles mehr.
Technikfans werden natürlich ganz besonders ihre Freude an den Exponaten haben. Können sie doch endlich in aller Ruhe und in direkter Nähe die technischen Details studieren und sich somit einen Einblick in das Schaffen der Techniker und Ingenieure verschaffen. Gerade die Renntechnik, die immer die Spitze der technisch machbaren Entwicklungen darstellt, gibt dem Betrachter einen tieferen Einblick in die Lösungswege, die die Ingenieure beschritten haben. Dabei muss es nicht immer das technisch Komplizierte sein. Oftmals waren es simple und einfache Lösungen, die zu guten Ergebnissen führten.
Durch die ständige Erweiterung mit neuen Rennmaschinen bleibt die Sammlung über einen langen Zeitraum interessant. Spezielle Themen werden in zeitlich begrenzten Sonderausstellungen über und mit dem Rennsport informieren und damit zusätzlich für neue Spannung bei den Besuchern sorgen.

*With the special exhibition devoted to motorbike racing a new subject has found its home in the Technik Museum Speyer. Both, Speyer and its neighboring city Hockenheim have a long-standing tradition in motor sport. Between 1979 and 1995 the German motorbike racing season started in April on the airfield just a few meters away from the Museum Speyer. Many German and foreign top riders competed on the 2 kilometers long airfield track which pushed them to their limits.*
*Initiated by Franz Rau, a group of motorbike racing enthusiasts has gathered a unique collection of race bikes under the title "RaceBikeCollection" with an emphasis on the more recent history of motorbike racing. During the 1970s Franz Rau was an active motorbike racer and still is professionally connected to the scene as managing director of Moto Motion International. Grand Prix bikes from the two-stroke era of the 1970s and 1980s are presented side by side with the four-stroke Superbikes of the 1990s. In these years it were mainly the production racers by Yamaha, Suzuki and Honda which dominated the race tracks in the traditional 250 cc, 350 cc and 500 cc classes. Many of the top riders started their careers with the affordable production racers. It was the time when motor sport was still possible without large sums of sponsoring money.*
*In the 1990s the powerful four-stroke racers known as Superbikes became more and more popular. According to the Superbike regulations the bikes had to be close-to-production with only certain modifications essential for racing being allowed. This resulted in a large variety of different manufacturers.*
*But this is not the only highlight of the exhibition. The visitors are informed about motorbike racing in general, about race tracks, race technology, the history of motor sport, famous bike racers etc. Technology fans will be particularly delighted by the exhibits. They can get in close contact with all the technical details and get an impression as to how the engineers designed the bikes. Motorsport technology always was at the edge of the technically feasible but often it were simple solutions which delivered good results.*
*The collection will be continuously extended and therefore will be interesting for a long time. In addition, temporary special exhibitions covering special subjects will provide even more excitement for the visitors.*

Oben: Mit diesem Motorrad wurde der bekannte deutsche Motorrad-Rennfahrer Manfred Herweh 1984 Vize-Weltmeister in der Fahrer- und Konstrukteurswertung der 250 ccm Klasse. Mitte: Yamaha TZ 350, Hubraum 349 ccm, 64 PS. Bei dieser Rennmaschine von 1974 handelt es sich um einen Production-Racer für Privatfahrer. Unten: Suzuki GSX-R1000. Mit diesem 160 PS starken Superbike fuhr der Österreicher Andreas Meklau 2004 in der Internationalen Deutschen Meisterschaft.

*Top: With this bike the famous German racer Manfred Herweh was runner-up in both the racer and constructor championship of the 250 cc Grand Prix class in 1984. Middle: Yamaha TZ 350, displacement 349 cc, 64 hp. This racing bike from 1974 is a production racer for private riders. Bottom: Suzuki GSX-R1000. With this Superbike powered by a 160 hp engine the Austrian racer Andreas Meklau competed in the 2004 International German Championship.*

Münch

## Münch-Sonderausstellung

Angetrieben von großvolumigen 4-Zylinder-Motoren, die ursprünglich auf dem PKW-Motor des NSU Prinz basierten, gehören die von Friedel Münch konstruierten Zweirad-Boliden zu den Legenden der Motorradgeschichte. Nur wenige hundert Münch-Motorräder sind gebaut worden, jedes ein nach Kundenwünschen gefertigtes Einzelstück. Die Entscheidung, einen 55 PS starken NSU-Vierzylinder-Automotor mit 1.000 ccm Hubraum in ein Motorrad einzubauen, machte Friedel Münch 1966 schlagartig zu einem Vorreiter im Motorradbau. Für spätere Ausbaustufen verwendete er NSU-Motoren bis 1.400 ccm und einer Leistung von über 100 PS. Das Bild auf der linken Seite zeigt einen Privatumbau einer 88 PS starken Münch 1200 TTS aus dem Jahr 1973.

Die Friedel-Münch-Ausstellung im Technik Museum Speyer, deren Geschichte auf den folgenden Seiten erzählt wird, gibt einen einzigartigen Einblick in die Motorrad-Konstruktionskunst von Friedel Münch. Zu sehen sind unter anderem 26 Münch-Motorräder aller Baureihen aus den Jahren 1967 bis 1999, ein Exemplar der Münch Mammut 2000 (Bild unten rechts), von der weltweit nur 15 Stück existieren, und der entsprechende Prototyp, ca. 30 Motorradtanks, die alle passgenau für Maschine und Fahrer angefertigt und individuell gestaltet wurden, zwei seltene Umbauten mit Beiwagen und ein Trike, in dem ebenfalls Münch-Teile verwendet wurden. Außerdem präsentiert das Museum die sogenannte Daytona-Bombe, ein Motorrad, das für den Stundenweltrekord auf dem Speedway von Daytona Beach / USA im Jahr 1970 entwickelt und gebaut wurde.

*Powered by large-volume 4-cylinder engines, which were originally based on the car engine of the German small car NSU "Prinz", the motorcycles designed by the German constructor Friedel Münch belong to the legends of motorcycle history. Only a few hundred Münch motorcycles were built, each of them a unique specimen designed according to the wishes of the customer. The decision to install a 55 hp strong NSU 4-cylinder car engine with 1,000 cc displacement in a motorcycle made Friedel Münch an instant leader in motorcycle engineering in 1966. For later evolutions he used NSU engines with displacements up to 1,400 cc and an output of far beyond 100 hp. The picture on the left hand page shows a 88 hp strong 1973 Münch 1200 TTS which was modified by its owner.*

*The Friedel Münch Exhibition at the Technik Museum Speyer, whose history is told on the following pages, gives an unique inside into the engineering ingenuity of Friedel Münch. It comprises, amongst others, 26 Münch motorcycles of all series from 1967 up to 1999, a specimen of the Münch Mammut 2000, of which only 15 specimens exist worldwide, together with the corresponding prototype, about 30 individually built motorcycle tanks exactly fitting the bike and its rider, two rare remodeled specimens with sidecar, and a trike including Münch parts. The museum also presents the so-called "Daytona Bomb", a motorcycle specially built for the one hour world speed record on the Daytona Beach Speedway in 1970.*

# Ein Mammut auf zwei Rädern

# *A mammoth on two wheels*

Ende der 1950er Jahre erlebte das Motorrad einen beispiellosen Niedergang. Für die meisten Motorradfahrer war ihr Zweirad in erster Linie ein preiswertes Fortbewegungsmittel, das mit dem steigenden Wohlstand immer mehr seine Berechtigung verlor, und einem Automobil weichen musste. Das Motorrad als Spaßfahrzeug war noch nicht erfunden und so gingen die Motorradhersteller reihenweise in Konkurs. Nur wenige Enthusiasten blieben in dieser Zeit dem Motorrad nicht nur treu, sondern suchten auch nach neuen Wegen, um dem motorisierten Zweirad neues Leben einzuhauchen. Einer davon war Friedel Münch, der mit seiner „Mammut" im Jahr 1966 das erste „Big Bike" auf die Straße brachte.

Motorradspezi Münch, immer auf der Suche nach neuen technischen Lösungen, war geprägt von der Lebenseinstellung: „geht nicht, gibt's nicht". So war es nur konsequent, dass er sich eines Tages die Frage stellte, ob man nicht einen Motorradrahmen mit einem Automotor verheiraten könnte. Auf der Suche nach einem geeigneten Aggregat wurde er beim damals brandneuen NSU Prinz fündig. Zur IFMA im Herbst 1966 war sie dann fertig, die Münch-4. Eigentlich hatte er sie „Mammut" taufen wollen, ein Name, der dem gewaltigen Motorrad mehr als angemessen war. Leider war die Bezeichnung aber bereits von einem anderen Hersteller geschützt worden, so dass er sie offiziell nicht verwenden durfte. Für alle Münch-Fans war seine Schöpfung aber immer nur das „Mammut".

Die Fachwelt war geplättet. Mit unvorstellbarem Pioniergeist, Erfindergabe, Ideenreichtum und handwerklichem Geschick hatte der hessische Kfz-Meister ein Traummotorrad auf die Räder gestellt, dass nicht nur das leistungsstärkste, sondern auch das schnellste seiner Zeit war. Mit Ausnahme des NSU-Rumpfmotors hatte er dabei fast alles selbst konstruieren und bauen müssen, unvorstellbar in der heutigen Zeit, in der vergleichbare Innovationen eine Angelegenheit von großen Ingenieurteams mit einem Millionenetat sind. Die Entscheidung, einen Automotor in ein Motorrad einzubauen, machte Friedel Münch schlagartig berühmt und zu einem Vorreiter im Motorradbau.

Die Münch-Motorräder erfreuten sich schnell großer Beliebtheit und viele berühmte Persönlichkeiten, darunter auch Gunter Sachs, waren begeisterte Münch-Fans. Der wirtschaftliche Erfolg indes blieb aus. Trotz des hohen Preises war aufgrund der aufwändigen, individuellen Fertigung der Maschinen immer wieder finanzielle Unterstützung von außen für den Betrieb notwendig. 1973 kam es schließlich zum Konkurs, wodurch die Markenrechte an den Lebensmittelgroßhändler Heinz W. Henke übergingen. Während Henke die Produktion im ursprünglichen Münch-Betrieb nach 478 gebauten Einheiten 1980 einstellte, setzte Friedel Münch sein Werk fort. Sein letztes großes Projekt stellte er gemeinsam mit dem Würzburger Unternehmer Thomas Petsch 2001 auf die Beine - die Kleinserienproduktion der Mammut 2000. Dieses Motorrad der Spitzenklasse ist mit 260 PS Leistung ein absolutes Kraftpaket, bei dem die Höchstgeschwindigkeit bei 250 km/h elektronisch abgeregelt wird. Leider konnten von den ursprünglich geplanten 250 Stück nur 15 Maschinen gebaut werden, da die Kosten für die Fertigung den geplanten Verkaufspreis bei weitem überstiegen.

Einer der größten Fans der Münch-Motorräder war Wilhelm Groh aus Walldorf bei Heidelberg. Seit er als Sechzehnjähriger am Hockenheimring zum ersten Mal mit großen Augen vor einer Münch-4 TTS 1200 stand, war er diesem Motorrad verfallen. Begeistert sammelte er alles, was er an Fotos und Zeitschriftenberichten über das Super-Motorrad finden konnte. Diese Leidenschaft wurde fast 20 Jahre lang gepflegt, jedoch ohne dass der Mammutfan je eine Münch-4 selbst besaß. Mitte der 1980er Jahre war es dann aber doch soweit. Erst war es eine Münch-4, bald folgte die zweite und dann eine dritte. Zu Friedel Münch entwickelte sich im Laufe der Zeit eine feste Freundschaft. Im Herbst 1994 hatte Wilhelm Groh schließlich so viele Münch-Motorräder und andere Exponate rund um die Firmengeschichte angesammelt, dass er ein erstes kleines Friedel-Münch-Museum eröffnen konnte. Da dieses aber schon bald aus allen Nähten platzte, zog die Sammlung 2002 in größere Räumlichkeiten im Walldorfer Industriegebiet um. Nur drei Jahre später ist Wilhelm Groh im Alter von nur 54 Jahren verstorben. Der Museumsverein ist glücklich und dankbar, dass diese einmalige Sammlung über eine der größten Legenden der deutschen Motorradgeschichte danach nicht aufgelöst, sondern dem Technik Museum Speyer im Sommer 2010 als Leihgabe überlassen wurde.

*In the late 1950s the motorbike suffered a dramatic decline. For most motorbike riders of that time their two-wheeled vehicles first of all were an inexpensive means of transportation that, with increasing prosperity, more and more lost its qualification as such and had to give way to an automobile. The motorbike as a fun vehicle had not yet been discovered and thus manufacturers of motorbikes went bankrupt by the dozen. Only a few enthusiasts not only remained loyal but were searching for new ways to reanimate the motorized two-wheeler. One of them was Friedel Münch who, with his "Mammoth", brought the first "Big Bike" on the road in 1966. Motorbike specialist Münch, always on the lookout for new technological solutions, can be characterized by the personal attitude "not possible is not in my vocabulary". So it was only logical that he was asking himself one day if it might not be possible to marry a motorbike-frame to the engine of a car. On his search for a suitable aggregate he found what he was looking for in the then brand new NSU Prinz. For the IFMA in autumn of 1966 it was ready then, the Münch-4. Actually, he had wanted to call it "Mammoth", a name that was more than befitting to the huge motorbike. Unfortunately, however, this name had already been claimed by another manufacturer meaning that he could not use it officially. But for all Münch fans his creation always remained to be the "Mammoth".*

*Expert circles were stunned. With inconceivable pioneering spirit, ingenuity, creativity and technical skill this motor vehicle mechanic from Hesse had set a dream-motorbike on its wheels which was not only the most powerful but also the fastest of its time. To achieve this, with the exception of the bare engine by NSU, he had to design and build almost everything on his own, inconceivable in our days when large teams of engineers with budgets of millions are involved in comparable innovations. The decision to fit a car engine into a motorbike made Friedel Münch famous in a flash and turned him into a trailblazer in the field of motorbike construction.*

*The Münch motorbikes soon became highly popular and a lot of prominent people, among them e.g. Gunter Sachs, were devoted Münch fans. Financial success, however, failed to materialize. As a consequence of the costly, individual production outside financial support for the business was required time and again in spite of the steep price. In 1973 finally the firm had to file for bankruptcy with the result that the trademark rights passed to the wholesale dealer of groceries Heinz W. Henke. While Henke discontinued production in the former Münch firm in 1980 after 478 completed units, Friedel Münch continued his work. Together with Thomas Petsch, a businessman from Würzburg, he launched his last great project in 2001 – the small series production of the Mammoth 2000. With a power of 260 hp this top-class motorbike is an absolute powerhouse. The top speed is limited by the motor electronics to a maximum of 250 km/h. Unfortunately, from an originally planned number of 250, only 15 specimens could be built since the production costs exceeded the intended sales price by far.*

*One of the greatest fans of the Münch motorbikes was Wilhelm Groh of Walldorf near Heidelberg. Since having first gazed with big eyes at a Münch-4 TTS 1200 at the Hockenheimring at age 16 he was addicted to this motorbike. Enthused he collected all photos and magazine articles*

Friedel Münch (links) mit Wilhelm Groh im Jahr 1995.

*Friedel Münch (left) with Wilhelm Groh in the year 1995.*

*about this superbike that he could find. This passion was cultivated over nearly 20 years by this mammoth fan without having ever had a Münch-4 of his own. But in the mid-1980s his time had come. At first it was a Münch-4 followed soon by a second and then a third. In the course of time a deep friendship was growing with Friedel Münch. In fall of 1994 finally Wilhelm Groh had collected so many Münch motorbikes and exhibits surrounding the firm's history that he was able to open his first, small Friedel-Münch-Museum. But since that was soon bursting at the seams the collection moved in 2002 to larger premises in the industrial area of Walldorf. A mere two years later Wilhelm Groh died at the age of only 54. The museum club is happy and grateful that this unique collection around one of the greatest legends of German motorbike history was not broken up thereafter but left to the Technik Museum Speyer on loan in summer of 2010.*

Text und Fotos: „Winni" Scheibe und Technik Museen Sinsheim und Speyer

Oben links: Die Münch-Ausstellung in Speyer umfasst 26 Münch-Motorräder aller Epochen sowie zahlreiche weitere Exponate. Oben rechts (v.l.): Ralf Ernst und Thomas Petsch (beide Münch Motorrad Technik GmbH), Friedel Münch (vorne im Rollstuhl), Karin Groh (Witwe von Wilhelm Groh), Ulrich Ciala (einer der besten Freunde von Wilhelm Groh), Museumsleiter Hermann Layher, Jan Schneider (2. Vorsitzender des Münch-4-Club e.V.), vorne rechts im Rollstuhl Lotti Münch, die Ehefrau von Friedel Münch, mit den beiden Söhnen Reiner und Manfred. Die Aufnahme entstand bei der Eröffnung der Ausstellung am 19. September 2010.

*Top left: The Münch collection in Speyer is consisting of 26 Münch motorbikes of all epochs as well as numerous further exhibits. Top right (from the left): Ralf Ernst and Thomas Petsch (both Münch Motorrad Technik GmbH), Friedel Münch (front in wheelchair), Karin Groh (widow of Wilhelm Groh), Ulrich Ciala (one of the best friends of Wilhelm Groh), Museum President Hermann Layher, Jan Schneider (2. Chair of the Münch-4-Club e.V.), front right in wheelchair: Lotti Münch, wife of Friedel Münch with the two sons Reiner and Manfred. The photo was taken on occasion of the grand opening of the exhibition on 19 September 2010.*

## Wilhelm-Herz-Sonderausstellung

Wie keine andere Persönlichkeit durchlebte und prägte Wilhelm Herz 60 Jahre Motorsport. Seinen internationalen Ruf errang er durch insgesamt 90 Weltrekorde auf zwei und vier Rädern. Die bedeutendsten Rekorde waren ohne Zweifel die „Absoluten Motorradweltrekorde“ von 1951 auf der Autobahn München–Ingolstadt und von 1956 auf den Bonneville Salt Flats in Utah, USA, wo Wilhelm Herz als erster Mensch auf einem Zweirad eine Spitzengeschwindigkeit von über 300 km/h erreichte. Initiiert wurde die Ausstellung von unserem Vereinsmitglied Heinz Herz, dem Sohn von Wilhelm Herz, der auf diese Weise die Erinnerung an die Leistungen seines Vaters wach halten möchte.

Schon der erste Start von Wilhelm Herz im Jahr 1932 auf dem damals neu gegründeten Hockenheimring sollte für sein weiteres Leben gleich in zweifacher Hinsicht von entscheidender Bedeutung sein. Zum einen gewann er nicht nur auf Anhieb sein erstes Rennen, sondern auch den Ehrenpreis der Stadt Hockenheim, und legte so den Grundstein für eine Beziehung zur Stadt Hockenheim und den Betreibern des Hockenheimrings, die sein ganzes Leben lang andauern sollte. Zum anderen wurde die Auto-Union durch diesen Sieg auf den jungen Rennfahrer aufmerksam und verpflichtet ihn schließlich 1937 als Werksfahrer in der 500 ccm Klasse für das DKW-Werksteam. Ein Jahr später wechselte er zu NSU nach Neckarsulm. Die folgenden Kriegsjahre unterbrachen seine Karriere für fast 10 Jahre. Aber 1948 gelang ihm das fast Unmögliche. Mit einer 350 ccm NSU mit Kompressormotor, die er als Privatmann aus zwei NSU Vorkriegsmaschinen selbst aufgebaut hatte, gewann er alle Rennen der Saison und wurde Deutscher Meister.

Im April 1951 gelang es Wilhelm Herz, inzwischen wieder Werksfahrer bei NSU, den bis dahin von Ernst Henne gehaltenen absoluten Geschwindigkeitsrekord für Motorräder auf 290 km/h zu verbessern. In den folgenden fünf Jahren errang er 25 Weltrekorde für Motorräder in der 350er und 500er Klasse. Für die Zweiradgilde war er das erste Mitglied im legendären „200-Meilen-Club“ von „Bonneville“. Nach dem Rückzug von NSU aus dem Rennsport ging er von 1965 bis 1972 als Privatmann weiter auf Rekordjagd. Auf den Salt-Flats in Utah sowie auf verschiedenen deutschen Autobahnen brach er u.a. 19 Automobilrekorde. Seinen letzten Motorradrekord fuhr er im Alter von 54 Jahren. Beim letzten Autorekord im Jahr 1972 war er bereits 60.

Aber auch außerhalb der Rennstrecke leistete er außergewöhnliches. 1954 wurde er Präsident des Badischen Motorsport Clubs und Geschäftsführer der Hockenheimring GmbH, eine Position, die er bis 1992 ausübte. Wilhelm Herz starb am 5. Januar 1998, kurz vor seinem 86. Geburtstag.

Das Bild oben zeigt eine Replik der legendären NSU „Delphin III“, mit der Wilhelm Herz 1956 auf den Bonneville Salt Flats in Utah / USA erstmals die „Schallmauer“ von 300 km/h für Motorräder durchbrach. Das Bild unten zeigt ihn mit dem Original auf dem Salzsee. Aus Anlass des 50. Jubiläums der Rekordfahrt ließ sein Sohn Heinz Herz das Rekordfahrzeug nach den original NSU-Plänen nachbauen und unternahm damit während der Speedweek am Originalschauplatz auf den „Salt Flats“ im Jahr 2006 eine Demonstrationsfahrt.

Das gelbe Fahrzeug im Hintergrund ist die weiterentwickelte „Del-

phin IV", mit der Wilhelm Herz Mitte der 1960er Jahre auf den Bonneville Salt-Flats nochmals schnellster Mann auf dem Motorrad werden wollte. Starke Regenfälle machten diesem Traum jedoch ein Ende. Das Bild oben zeigt einen Rekordwagen von 1965, der von einem mit Nitromethan betriebenen 500 ccm 2-Zylinder-Motor mit 120 PS Leistung angetrieben wird. Mit diesem Fahrzeug stellte Wilhelm Herz 32 Rekorde über Distanzen von einem Kilometer bis zu 100 Meilen auf. Die Spitzengeschwindigkeit lag bei ca. 300 km/h.

*Like no other person Wilhelm Herz lived and coined 60 years of motor sports. He gained his international reputation by setting 90 world records on two and four wheels. His most important records were, without doubt, the "absolute motorcycle world records" set in 1951 on the autobahn Munich-Ingolstadt and in 1956 on the Bonneville Salt Flats in Utah / USA where, for the first time in history, he reached a maximum speed of more than 300 km/h with a motorbike. The exhibition was initiated by our club member Heinz Herz who, in this way, wants to keep the memory of his father's achievements alive.*

*Already the first start of Wilhelm Herz in 1932 on the then newly founded Hockenheimring should prove to be decisive for his further live, and that in two ways. First, he not only won the race but also the honorary prize of the City of Hockenheim which laid the foundation for a lifelong relationship to the city and the management of the Hockenheimring. Second, the Auto-Union became aware of him and finally contracted him in 1937 as factory driver for the 500 cc DKW factory team. One year later he changed to NSU in Neckarsulm. The following war years interrupted his career for almost a decade. But in 1948 he achieved the almost impossible. With a 350 cc NSU bike with supercharged engine, which he had assembled from two NSU prewar racing bikes, he won all races of the season and became German champion.*

*In April 1952 Wilhelm Herz, now again NSU factory driver, succeeded in breaking the absolute speed record for motorcycles, until then held by Ernst Henne, with a top speed of 290 km/h. In the following five years he set 25 motorcycle world records in the 350 cc and 500 cc class. He was the first motorcycle rider to become a member of the "200 Miles Club" of Bonneville. After NSU retired from racing he continued chasing records on his own from 1965 until 1972. On the Salt Flats in Utah and on several German autobahn tracks he set, amongst others, 19 automobile records. He set his last motorbike world record at an age of 54 and at his last automobile record run in 1972 he was already 60.*

*But he was also successful outside from the race tracks. In 1954 he became president of the "Badischer Motorsport Club" and managing director of the Hockenheimring GmbH, a position which he held until 1992. Wilhelm Herz died on 5 January 1998, shortly before his 86th birthday.*

*The picture at the top of the opposite page shows at the right a replica of the legendary „Delphin III" with which Wilhelm Herz broke the "300 km/h sound barrier" for motorcycles on the Bonneville Salt Flats in Utah / USA in 1956. The picture at the bottom shows him with the original on the salt flats. On occasion of the 50th anniversary of the record run his son Heinz Herz had this bike rebuilt according to the original NSU blueprints and did a demonstration run at the original location during the Bonneville "Speedweek" in 2006.*

*The yellow vehicle left in the background is the further developed "Delphin IV" with which Wilhelm Herz wanted to become once more the fastest man on a motorbike on the Bonneville Salt Flats in the mid 1960s. However, heavy rain falls ended this dream. The picture at the top of this page shows a record car from 1965 powered by a nitromethane fuelled 500 cc two cylinder engine with an output of 120 hp. With this vehicle, Wilhelm Herz set 32 records over distances between one kilometer and 100 miles. The top speed was about 300 km/h.*

Heinz Herz (rechts im blauen Hemd) mit einer Gruppe von NSU-Pensionären in der Ausstellung.

*Heinz Herz (right with the blue shirt) with a group of NSU retirees in the exhibition.*

# Mein Vater, der schnellste Mann der Welt

## *My father, the fastest man on Earth*

Im Jahr 1956 sorgte der legendäre Motorradsportler Wilhelm Herz für Schlagzeilen, als er mit einem NSU Spezialmotorrad auf den Bonneville Salt Flats in Utah / USA die „Schallmauer" von 300 km/h für Motorräder durchbrach. In Erinnerung an den 1998 verstorbenen Rennfahrer ließ sein Sohn Heinz Herz das Rekordfahrzeug nach den original NSU-Plänen nachbauen, um 2006 bei einem „Run of Honour" am Originalschauplatz an die Rekordfahrt seines Vaters zu erinnern. Die Replika ist heute im Technik Museum Speyer ausgestellt. Hier beschreibt unser Vereinsmitglied Heinz Herz, wie er als 12-jähriger die Rekordjagd seines Vaters erlebte.

September 1955. Es war Besuchssonntag im Internat und wir saßen an jenem Spätsommertag im Café Meier. Während mein Bruder Dieter und ich unserer Mutter das Neueste aus dem Internatsleben berichteten, mischte sich mein Vater in die Unterhaltung ein. Er zögerte zunächst, uns seine Ideen zu offenbaren, doch dann gab es kein Halten mehr - Er wollte seinen vor Wochen verlorenen Weltrekord, den er vor vier Jahren auf der Autobahn München-Ingolstadt aufgestellt hatte, zurückerobern. Zu diesem Zweck würde er im Oktober mit zwei Herren von NSU in die USA reisen, um den Salzsee in Utah zu besichtigen.

Zuerst herrschte Stille, dann fing Mutter an zu weinen, dann mein Bruder und zuletzt ich. Mutter hatte natürlich immer Angst, wenn es um die Rennerei ging. Was sollte mit ihr, der Familie und der noch jungen Firma passieren, wenn ihm etwas zustoßen würde? Mein Vater kam langsam ins Schwitzen und redete auf uns ein, dass doch eine große weite Fläche ohne das geringste Hindernis keine Gefahr darstellen würde. Also, eine absolut sichere Angelegenheit. Langsam beruhigten wir uns. Wir Jungs jedenfalls waren begeistert von dem neuen Abenteuer unseres Vaters, einer Probefahrt auf dem Salzsee, und waren schnell getröstet, denn Vater versprach meinem Bruder und mir je eine Texashose, so hießen damals die Blue Jeans, und je eine Lumberjack-Jacke mitzubringen. Nach seiner Rückkehr genehmigte NSU die Rekordfahrten für das nächste Jahr auf den Bonneville Salt Flats.

April 1956. Mein Vater ließ sich auf der Altrheininsel bei Lampertheim ein Trainingscamp aufbauen, um sich körperlich „auf Vordermann" zu bringen. Ein Expander diente zum Muskelaufbau und die angrenzenden Obstwiesen waren ein ideales Terrain für Langläufe. Diese Vorbereitung sollte sich später lebensrettend auszahlen.

28. Juli. Mein Bruder war in den Sommerferien in einem Ferienlager in Frankreich und ich blieb bei meiner Mutter. Inzwischen wurde in den Tageszeitungen viel über die NSU-Expedition im Wilden Westen berichtet. Unser Telefon stand nicht still und Mutter musste alle möglichen Fragen beantworten. Am 28. Juli gegen 9:00 Uhr, wir lagen noch im Bett, wurden wir von Onkel Ludwig, dem Bruder meines Vaters, geweckt. Er informierte uns über ein Telefonat, das mein Vater in der Frühe mit ihm geführt hatte. Darin übermittelte er uns eine schlechte und eine gute Nachricht. Die schlechte war, dass er mit der „Baumm IV", dem so genannten fliegenden Liegestuhl, bei 320 km/h gestürzt war. Das Fahrzeug war so demoliert, dass es nicht mehr eingesetzt werden konnte. Den Sturz aber hatte er wie durch ein Wunder unbeschadet überstanden. Hier zahlte sich die Kondition aus seinen Trainingstagen aus. Das war die gute Nachricht.

4. August. Wieder ein Telefonat. Samstagabend, gegen 18 Uhr. Die Nachrichtenstelle der Post gab ein in englischer Sprache aufgegebenes Telegramm durch: "Wilhelm set new record with 211 mph. G. Germer." Gustav Germer war der NSU Rennleiter und versorgte uns mit den neuesten Nachrichten über die Rekordfahrten. Warum dieses Telegramm in Englisch aufgegeben wurde, blieb uns ein Rätsel. Wir konnten es soweit entziffern, nur die Umrechnung von Meilen in Kilometer war für uns ein Problem. Da half ein alter Weggefährte meines Vaters aus Kompressorzeiten aus. Unser Nachbar Max Eisenbraun, Kinobesitzer und Diplom-Ingenieur, wusste, wie man den Faktor zur Umrechnung einsetzen musste. Pustend kam ich an der Kinokasse an und hielt ihm mit der nötigen Erklärung die magische Zahl „211" hin. Er nahm einen Zettel, rechnete kurz und rief laut: „ 339 km/h!" Ich schnappte den Zettel, rannte wieder nach Hause und jeder konnte es jetzt lesen. Wilhelm Herz, mein Vater, war wieder schnellster Mann der Welt auf dem Motorrad.

12. August. Unsere Familie stand an der Gangway der KLM-Maschine, die einen Teil der NSU-Expedition nach Frankfurt zurück brachte. Blitzlichtgewitter, als mein Vater die Gangway betrat. Etliche Rundfunkreporter wollten ein Interview und die Bildreporter ihren Schnappschuss. Überglücklich schloss uns Vater in die Arme, wobei meine Mutter energisch verlauten ließ: "Das war aber jetzt das letzte Mal!" Ihr Mann lachte nur tiefgründig. Jemand brachte plötzlich ein Frachtfahrrad und setzte Werner Haas in den Gepäckkorb. Mein Vater am Lenker machte diesen Spaß gut gelaunt mit. Der schnellste Mann der Welt auf dem Motorrad und der dreifache Motorradweltmeister gemeinsam auf einem Drahtesel, ein Bild für Götter. Anschließend wurden wir mit einem 300er Mercedes von Daimler-Benz nebst Chauffeur nach Lampertheim gebracht. Mein Vater wurde vom Bürgermeister mit einem großen „Fresskorb" und der erfreulichen Nachricht empfangen, dass er nach einem einhelligen Beschluss des Gemeinderates zum Ehrenbürger seiner Heimatstadt ernannt worden war.

Acht Tage später saß die ganze Familie im Kino des bereits genannten Max Eisenbraun und sah sich die „Fox Tönende Wochenschau" mit einem Beitrag über die NSU-Weltrekorde an. Die Reportage endete mit dem Kommentar: „Wilhelm Herz,

16-facher Weltrekordinhaber, ist wieder der schnellste Mann der Welt auf dem Motorrad."

*In the year 1956 the legendary motorbike racer Wilhelm Herz made headlines when he broke the "sound barrier" of 300 km/h for motorbikes with an NSU special bike on the Bonneville Salt Flats in Utah/USA. In memory of the race driver, who died in 1998, and to remember of his record-breaking ride, his son Heinz Herz had the record vehicle reconstructed according to the original NSU blueprints for a "Run of Honour" at the original place in 2006. The replica is now on exhibit at the Technik Museum Speyer. The following is a report of our club member Heinz Herz reliving his father's hunt for the record as a 12 year old.*

*September 1955. It was Sunday, a visiting day at the boarding school, and we were sitting in the Café Meier on this late-summer day. While my brother Dieter and I were telling our mother the latest news from life at the boarding school my father also began to talk. At first he hesitated to reveal his ideas to us, but then there was no holding back – he wanted to win back his world record that he had lost some weeks ago and which he had set four years ago on the Autobahn München-Ingolstadt. To this end he was going to fly to the USA in October together with two gentlemen from NSU to visit the Bonneville Salt Flats in Utah. At first silence reigned, then mother began to cry, then my brother, and at last me, too. Mother was always afraid, of course, whenever racing was involved. What would become of her, the family and the fledgling firm if something were to happen to him?*

*My father was beginning to work up a sweat and tried to talk us into believing that there could not possibly be any danger lurking in a big, wide plane without any obstacles. In short, an absolutely safe affair. Slowly we calmed down. We boys, at any rate, were thrilled by the new adventure of our father, a trial run on the Salt Flats, and were soon consoled for father promised to bring each of us a pair of Texas pants, that's what blue jeans were called at that time in Germany, plus a lumberjack jacket each. Upon his return NSU okayed the record-attempt on the Bonneville Salt Flats for the next year.*

*April 1956. My father had himself a training camp installed on an island in a cut-off meander of the river Rhine near Lampertheim, to physically "whip into shape". An expander was used for muscle building and the adjacent orchards were an ideal terrain for long distance runs. This conditioning should later prove to have a life-saving effect.*

*28 July. My brother was in a holiday camp in France for the summer holidays while I stayed with my mother. Meanwhile the daily press reported a lot about the NSU expedition to the Wild West. Our telephone was ringing off the hook and mother had to answer all sorts of questions. On 28 July, at about 9:00 a.m., we were still in bed, uncle Ludwig, my father's brother, woke us. He informed us about a telephone conversation that he had with my father earlier this day. He said that he had bad and good news for us. The bad news was that he had crashed with the "Baumm IV", the so-called "flying deckchair", at a speed of 320 km/h. The vehicle had been destroyed to an extent that it could no longer be used. But, like a miracle, he had survived the crash unhurt. That's where the condition from his training days paid off. This then was the good news.*

*4 August. Another telephone call. Saturday night at about 6:00 p.m. The message centre of the post office relayed a telegram to us that had been sent in English: "Wilhelm set new record with 211 mph. G. Germer." Gustav Germer was the race organizer of NSU and provided us with the latest news about the record runs. Why the telegram was sent in English remained a mystery to us. We could decipher it, but the conversion from miles to kilometres was a problem for us. Help came from an old companion of my father. Our neighbor Max Eisenbraun, owner of a movie theatre and graduated engineer knew the factor to use for the conversion. Panting I arrived at the box-office, thrusting the magical number "211" at him with a few words of explanation. He took a piece of paper, made a brief calculation and shouted: "339 km/h!" I grabbed the note and ran back home and everyone could read it now. Wilhelm Herz, my father, was the fastest man on earth on a motorbike once more.*

*12 August. Our family was waiting at the gangway of the KLM plane which brought back part of the NSU expedition to Frankfurt. A flurry of flashbulbs when my father steps out on the gangway. Several radio reporters were asking for interviews and the photo reporters wanted their snapshots. Overjoyed our father hugged his family while my mother resolutely proclaimed: "But that was the last time now!" Her husband only laughed cryptically. All of a sudden someone brought a transport bicycle and sat Werner Haas into the carrier basket. My father at the handlebars joined in the fun in a jolly mood. The fastest man on a motorbike and the triple motorbike world champion Werner Haas together on a boneshaker, a sight for the gods. Afterwards we were brought to Lampertheim in a Mercedes-Benz 300 complete with chauffeur. My father was welcomed by the mayor with a big "food hamper" and the gratifying news that the city council had decided to make him an honorary citizen of his home town.*

*Eight days later the entire family was sitting in the movie theatre of the aforementioned Max Eisenbraun and watched "Fox Tönende Wochenschau" (a popular newsreel of that time in Germany) with a feature about the NSU world records. The coverage closed with the comment: "Wilhelm Herz, 16-time record holder, again is the fastest man on Earth on a motorbike."*

Text: Heinz Herz / Fotos: Heinz Herz und Technik Museen Sinsheim und Speyer

Bild linke Seite oben: Wilhelm Herz bei seiner Rekordfahrt am 4. August 1956. Das kleine Bild rechts unten zeigt seinen Sohn Heinz Herz beim „Run of Honour" mit der Replika an gleicher Stelle 50 Jahre später. Bild diese Seite: Wilhelm Herz am Lenker und ein übermütiger Werner Haas im Gepäckkorb. Der junge Mann im Hintergrund mit der KLM-Tasche ist der 12-jährige Heinz Herz.

*Picture left page top: Wilhelm Herz on his record run on 4 August 1956. The small photo shows his son Heinz Herz at the "Run of Honour" with the replica at the same place 50 years later. Picture this page: Wilhelm Herz at the handlebars and a cocky Werner Haas in the carrier basket. The young man with the KLM bag in the background is Heinz Herz, age 12.*

ROYAL CANA
SINKING SPRING · PA
LIBERTY
E.F.D.

# Feuerwehrfahrzeuge - *Fire engines*

Im Technik Museum Speyer kann eine der größten Sammlungen historischer Feuerwehrfahrzeuge Europas bewundert werden, die von den Anfängen der Löschfahrzeuge bis in die Jetztzeit reicht. Ganz besondere Raritäten sind die riesigen Fahrzeuge aus den USA, insbesondere von Ahrens-Fox, die zur Brandbekämpfung speziell auch für Hochhäuser konstruiert wurden. In den zahlreichen Vitrinen werden zusätzlich viele Ausrüstungsgegenstände von Feuerwehren aus der ganzen Welt gezeigt.
Die Zähmung des Feuers war einer der wichtigsten Schritte in der Kulturentwicklung des Menschen. Die älteste Darstellung einer Brandbekämpfung ist rund 5000 Jahre alt und stammt aus einem Palast bei Ninive im heutigen Irak. Im antiken Rom gab es um 300 v. Chr. schon einen Trupp von Gemeindesklaven zur Brandbekämpfung. Zu ihrer Ausrüstung gehörte bereits eine Feuerspritze. Die immer umfangreicher und schwerer werdende Ausrüstung musste natürlich möglichst schnell zum Brandort transportiert werden. Hierzu dienten spezielle Wagen, die zu Beginn meist von Pferden gezogen wurden. Mit der fortschreitenden Motorisierung entstanden dampfgetriebene Feuerwehrspritzen, die aber meist zu langsam und zu unhandlich waren. Im Jahr 1888 präsentierte Daimler schließlich die erste Feuerspritze, bei der eine Kolbenpumpe mit einem Benzinmotor angetrieben wurde. Kurze Zeit später wurde die neue Technik dann auch zum Antrieb der Wagen verwendet. Damit war der Grundstein für die moderne Feuerwehr gelegt.

*One of the largest collections of fire fighting engines in Europe, reaching from the beginnings up to present time models, can be admired at the Technik Museum Speyer. Rarities of the extra class are the huge vehicles from the USA, particularly by Ahrens-Fox, which were designed especially to also fight fires in high-rise buildings. In addition, a great number of items of equipment of fire fighters from all over the world are on exhibit in numerous show cases.*
*Taming the fire was one of the most important steps in man's cultural development. The oldest depiction of a fire fight is about 5000 years old and originated from a palace in Ninive in Iraq. For ancient Rome it has been described that they had a brigade of municipal slaves for fire fighting as early as 300 B. C. Their equipment already included a fire hose. Of course, the equipment, which kept becoming more bulky and heavier, had to be transported to the fire as fast as possible. In early times this first was achieved by special, mainly horse-drawn, wagons. Progressing motorization brought steam-powered fire engines which in most cases, however, were too slow and unwieldy. In 1888 finally Daimler presented the first fire hose with a piston pump powered by a gasoline engine. A short while later the new technique was also used to drive the wagons. With this development the foundations had thus been laid for modern fire fighting brigades.*

Metz-Leiter
BENZ

Brutus

**Benz Leiterwagen von 1926 (linke Seite oben)**
Nach der Übernahme der „Süddeutsche Automobilfabrik GmbH“ in Gaggenau im Jahr 1910 baute Benz in Mannheim und Gaggenau Omnibusse, Lieferwagen und Motorfeuerspritzen. Der ausgestellte Leiterwagen wurde 1926 gebaut, dem Jahr, in dem Daimler mit Benz fusionierte. Die einzelnen Teile des Fahrzeugs sind daher zum Teil noch mit „Benz“, zum Teil bereits mit „Mercedes-Benz“ beschriftet. Der Leiterwagen wurde nach Oslo in Norwegen geliefert und befand sich dort bis 1960 ununterbrochen im Einsatz.
**Technische Daten** Baujahr: 1926; Motor: 10,3 l / 4 Zyl. / 100 PS

**MAN Leiterwagen von 1920 (linke Seite unten)**
Dieser MAN-Leiterwagen wurde ursprünglich von der Schweizer Saurer AG entwickelt. Es handelt sich um eine Saurer-Arbon Konstruktion. Nur wenigen ist bekannt, dass die Schweiz früher im LKW-Bau eine Führungsposition eingenommen hat. 1916 wurden die Lizenzen für die LKW-Produktion von Saurer an MAN gegeben. Weltweit existieren nur noch zwei MAN-Feuerwehrfahrzeuge aus den 1920er Jahren. Eines steht im Werksmuseum der Firma MAN, das andere im Technik Museum Speyer.
**Technische Daten** Baujahr: 1920; Motor: 4,2 l / 4 Zyl. / 45 PS

**Magirus Drehleiterwagen K26 von 1921 (diese Seite)**
Der K26 von Magirus basiert auf einem sogenannten Subventionslastwagen, der nach dem Ende des 1. Weltkriegs zu einem Feuerwehrwagen umgebaut wurde. Außergewöhnlich ist die Leiter. Fünfzig Jahre nach der ersten Schiebeleiter entwickelte Magirus die erste Drehleiter für ein mit einem Benzinmotor angetriebenes Feuerwehrauto. Alle Leiterbewegungen erfolgen mit Hilfe des Fahrmotors. Das gezeigte Fahrzeug wurde am 21. August 1921 an die Feuerwehr der Stadt Göteborg in Schweden ausgeliefert.
**Technische Daten** Baujahr: 1921; Motor: 10,3 l / 4 Zyl. / 70 PS

***1926 Benz ladder fire engine (left page top)***
Starting with the takeover of the “Süddeutsche Automobilfabrik GmbH“ in Gaggenau in 1910, Benz produced buses, delivery vans and fire engines. The ladder fire engine on exhibit in the museum was built in 1926, the year of the merger of Daimler and Benz. Individual parts of the vehicle, therefore, are still bearing the trademark “Benz“, while others are already identified as products of “Mercedes-Benz“. This ladder car was delivered to Oslo in Norway where it was continuously in service until 1960.
***Technical Data*** *Year of const.: 1926; Engine: 10.3 l / 4 cyl. / 100 hp*

***1920 MAN ladder fire engine (left page bottom)***
*This MAN ladder fire engine was originally developed by the Swiss Saurer AG. It is a Saurer-Arbon construction. It is widely unknown that Switzerland at times used to hold a leading position as a manufacturer of trucks. In 1916 the licences for truck manufacturing were transferred by Saurer to MAN.*
*But two MAN fire engines from the 1920s still exist today. One of them is stationed at the company museum of the MAN factory, the other in the Technik Museum Speyer.*
***Technical Data*** *Year of const.: 1920; Engine: 4.2 l / 4 cyl. / 45 hp*

***1921 Magirus turntable ladder fire engine K26 (this page)***
*The K26 by Magirus is based on a so-called subsidy truck, which was refitted into a fire engine after the end of WW I. An unusual feature is the ladder. Fifty years after the first sliding ladder Magirus developed the first extension ladder for a fire engine powered by a gasoline engine. All ladder operations were performed by the truck's engine. The vehicle on exhibit was delivered to the fire brigade of the City of Göteborg, Sweden, on 21 August 1921.*
***Technical Data*** *Year of const.: 1921; Engine: 10.3 l / 4 cyl. / 70 hp*

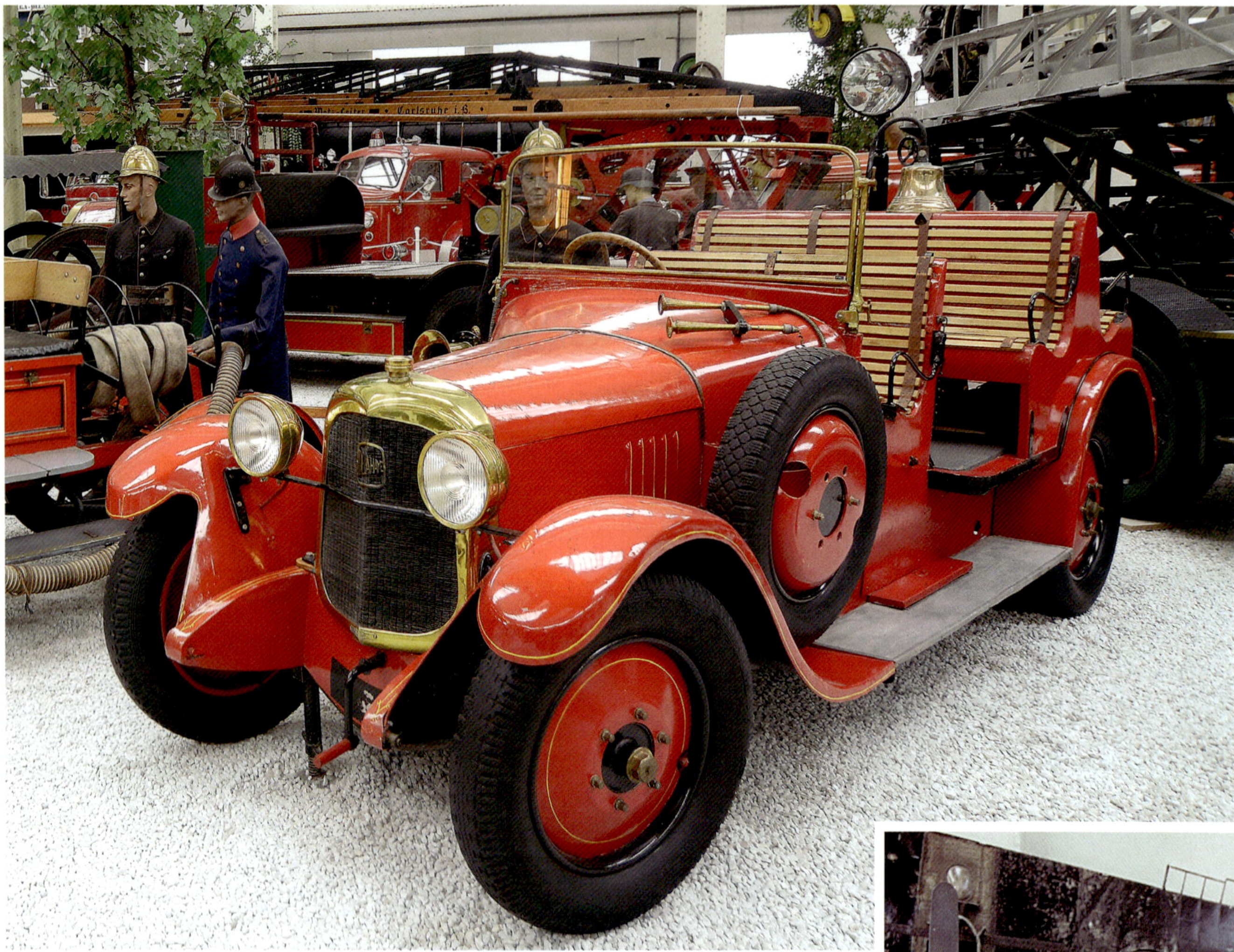

## DeLahaye Mannschaftstransporter

Feuerwehr-Mannschaftstransporter gebaut 1921 von DeLahaye / Frankreich. Bis zu sieben Feuerwehrleute konnten mit diesem Fahrzeug auf den hintereinander angeordneten Holzbänken zum Einsatzort transportiert werden.

*Up to seven fire fighters, seated on wooden benches which were positioned one behind the other, could be brought to their place of duty in this personnel carrier built by DeLahaye / France in 1921.*

Handbetriebene Löschwasser-Pumpe von 1865.

*Hand-operated fire water pump built in 1865.*

## Ford T-Modell

Das Ford Modell „T" wurde für alle Zwecke verwendet, so auch als Feuerwehrauto. Dieses Exemplar von 1923 hat einen Spezialaufbau mit seitlichen Sitzbänken, Materialkästen, Schlauchhaspel, Ansaugschlauch mit Metallkorb und zwei Wenderohren. Als Antrieb dient ein 2,9 l 4-Zylinder-Motor mit 20 PS. Die Höchstgeschwindigkeit betrug runde 70 km/h.

*The Ford Model „T" was used for all purposes, among them as car for fire-brigades. This specimen built in 1923 has a special superstructure equipped with side benches, tool and material boxes, suction hose with metal basket and two reversing pipes. It is powered by a 2.9 liters 4 cylinder engine with 20 hp. The maximum speed was around 70 km/h.*

## Opel 1,2 l

Im Jahr 1924 erschien der Opel 4/12 PS, auch bekannt als „Laubfrosch". Er gilt als der Vorläufer des Opel 1,2 l. Aufgrund seiner Zuverlässigkeit und des günstigen Preises wurde dieser 1,2 l von 1931 als Einsatzfahrzeug für einen Feuerwehr-Kommandanten genutzt.

*The Opel 4/12 hp, also known as "Tree Frog", originated in 1924. It is regarded as predecessor of the 1,2 l. Due to its reliability and reasonable price this 1,2 l built in 1931 was used as duty-car for the commander of a fire brigade.*

**Ahrens-Fox „H-T“**
Das Modell „H-T“ der Firma Ahrens-Fox war bis in die 1950er Jahre hinein das leistungsfähigste Feuerwehrfahrzeug der Welt. Die Ahrens-Fox-Fahrzeuge werden häufig auch als die Rolls-Royce der Löschfahrzeuge bezeichnet. Während man einen Rolls-Royce an seiner Kühlerfigur erkennt, ist das Charakteristische an einem Ahrens-Fox die überdimensionale silberne Kugel oberhalb der Löschwasserpumpe, die als Ausgleichsbehälter dient (Bild oben). Das Bild rechts zeigt die stationäre Löschwasserkanone.
**Technische Daten** Baujahr: 1948; Motor: 16 Liter / 6-Zylinder / 350 PS

*The model "H-T" by Ahrens-Fox was the most efficient fire engine of the world well into the 1950s. Ahrens-Fox vehicles are frequently called the Rolls-Royce of fire engines. While a Rolls-Royce can be recognized by its radiator mascot, the characteristic feature of an Ahrens-Fox is the huge silver ball above the water pump, which serves as a pressure equalizer (picture top). The picture at the right shows the stationary water cannon.*
***Technical Data*** *Year of construction: 1948; Engine: 16 liter / 6 cylinder / 350 hp*

## Ahrens-Fox MK-4

Ein ganz besonders interessantes Exemplar ist dieser Feuerwehr-Oldtimer von Ahrens-Fox aus dem Jahr 1916. Er verfügt bereits über die für Ahrens-Fox typische silberfarbene Metallkugel. Angetrieben wird das Löschfahrzeug von einem 6-Zylinder-Motor mit 12 Litern Hubraum und einer Leistung von 150 PS. Dieser Wagen ist das älteste noch voll funktionsfähige amerikanische Feuerlöschfahrzeug in ganz Europa. Einem Mitglied des Technik Museums gelang es, diese Rarität aus einer amerikanischen Privatsammlung aufzukaufen. In Speyer ist der MK-4 jetzt einer breiten Öffentlichkeit zugänglich.

*This vintage fire engine built in 1916 by Ahrens-Fox is a particularly interesting specimen. It already features the silver metal sphere typical for Ahrens-Fox. This fire engine is powered by a 6-cylinder engine with a displacement of 12 liter and an output of 150 hp. It is the oldest, fully functional American fire engine in all Europe. A member of the museum succeeded in acquiring this rarity from an American private collection. In Speyer the MK-4 can now be viewed by a wide public.*

MARY-D
FIRE CO.

Persil
ENGINE
1
Museum Speyer

**Seagraves Pumper (linke Seite oben)**
Ein klassisches Feuerwehrauto Baujahr 1929 aus den USA. Nicht nur zweckmäßig, sondern auch sehr schön, mit viel Chrom und einer effektvollen Lackierung, bei der die Signalfarbe Rot überwiegt. In seinen letzten aktiven Jahren wurde dieser Oldtimer nur noch bei Umzügen oder als Werbefahrzeug verwendet.
**Technische Daten** Baujahr: 1929; Motor: 6 Liter / 6 Zylinder / 90 PS

*The Seagraves Pumper (left page top) is a classic fire engine built in 1929 in the USA. Not only efficient but also beautiful with a lot of chrome and effective painting with fire engine red as predominant color. In its last active years this vintage fire engine was used exclusively for parades or publicity purposes.*
***Technical Data*** *Year of construction: 1929; Engine: 6 liter / 6 cylinder / 90 hp*

**American La France von 1937**
Dieses Löschfahrzeug von American La France aus dem Jahr 1937 wurde als erstes mit einem V-12-Benzinmotor ausgestattet. Es verfügt über einen Wassertank mit 1.200 Litern Fassungsvermögen und einer Pumpe mit einer Saugleistung von 3.000 Litern pro Minute. Das Fahrzeug ist umfassend restauriert und befindet sich in einem hervorragenden Zustand. Die komplette Ausrüstung ist noch voll funktionsfähig.
**Technische Daten** Baujahr: 1937; Motor: 9 l / 12 Zyl. / 130 PS

*This fire engine produced by American La France in 1937 shown at the bottom of the left page was the first to be equipped with a V-12 gasoline engine. It is fitted with a water tank holding 1,200 liters and a pump with a suction capacity of 3,000 litres per minute. This vehicle was thoroughly restored and is in first class condition. The entire equipment is still in absolute working order.*
***Technical Data*** *Year of const.: 1937; Engine: 9 l / 12 cyl. / 130 hp*

**Mack Pumper (Bild oben links)**
Der hier gezeigte 61er Mack Pumpenwagen aus den USA ist mit einem 2.000 Liter fassenden Wassertank und einer Hochdruckpumpe mit einem Fördervolumen von bis zu 3.000 Litern pro Minute ausgerüstet. Das Fahrzeug ist voll funktionsfähig und auch die Ausrüstung ist komplett vorhanden.
**Technische Daten** Baujahr: 1961; Motor: 5,4 l / 6 Zyl. / 180 PS

*The model 61 Mack Pumper shown at the top left is equipped with a water-tank taking 2,000 liters and a high-pressure pump with a discharge capacity of 3,000 litres per minute. The vehicle is in full working condition and fully equipped.*
***Technical Data*** *Year of const.: 1961; Engine: 5.4 l / 6 cyl. / 180 hp*

**American La France Pumper (oben rechts und unten)**
Bis weit nach dem 2. Weltkrieg wurden alle amerikanischen Feuerwehrfahrzeuge offen gebaut. Der American La France Pumper von 1955 war der erste mit geschlossener Kabine. Das Fahrzeug ist mit einem 1.500 Liter fassenden Wassertank ausgerüstet. Die Hochleistungspumpe fördert bis zu 3.500 Liter pro Minute.
**Technische Daten** Baujahr: 1955; Motor: 12 l / 12 Zyl. / 180 PS

*Until long after World War II all American fire engines were open constructions. The American La France pumper from 1955 was the first with a closed cabin. The car is equipped with a water tank holding 1,500 liters. The high performance pump can discharge up to 3,600 liters per minute.*
***Technical Data*** *Year of const.: 1955; Engine: 12 l / 12 cyl. / 180 hp*

## Seagraves Pumper (oben links / *top left*)

Der Wassertank des Seagraves Pumpenwagens fasst 2.000 Liter. Die Löschwasserpumpe fördert bis zu 3.000 Liter pro Minute. Das Fahrzeug befindet sich in einem originalgetreuen Zustand und ist voll fahrbereit.

**Technische Daten** Baujahr: 1958; Motor: 9 Liter / 12 Zyl. / 220 PS

*The water tank of the Seagraves Pumper has a capacity of 2,000 litres. The water pump can discharge up to 3,000 liters per minute. The vehicle is in a true-to-original condition and in absolute running order.*

***Technical data*** *Year of const.: 1958; Engine: 9 l / 12 cyl. / 220 hp*

## American La France Drehleiterwagen (oben rechts) / *turntable ladder fire engine (top right)*

Das Fahrzeug wurde 1949 von der Feuerwehr der Stadt Buffalo bei New York gekauft und eingesetzt. Bei der Anfahrt zu einem Brand im Jahr 1960 wurde es von einem Zug erfasst und der Aufbau völlig zerstört. Der neue Aufbau mit der 35 m langen Drehleiter macht dieses Löschfahrzeug zu einem der interessantesten der Sammlung. Zum Lenken waren zwei Fahrer erforderlich, einer für die Zugmaschine und einer für den Auflieger. Durch die separate Lenkung der Hinterachse war das extrem lange Fahrzeug auch auf engem Raum manövrierfähig.

**Technische Daten** Baujahr: 1949; Motor: 12 l / 12 Zyl. / 180 PS

*This fire engine was bought and put into service in 1949 by the fire fighters of the City of Buffalo near New York. In 1960 it was caught by a train on its way to a fire and the body was completely destroyed. The new superstructure with a periscope ladder of 35 m length makes this fire engine one of the most interesting specimens of the collection. Steering the vehicle required two drivers, one for the tractor and one for the trailer. Separate steering of the rear axle allowed for manoeuvrability of the extremely long vehicle even in a confined space.*

***Technical data*** *Year of const.: 1949; Engine: 12 l / 12 cyl. / 180 hp*

## Ford Alexis (unten links / *bottom left*)

Die Alexis Fire Equipment Company ist eine bekannte amerikanische Firma, die seit 1947 Feuerwehrfahrzeuge produziert. Der im Museum gezeigte Wagen von 1957 entstand auf der Basis eines LKWs von Ford. Die zur Brandbekämpfung erforderliche Ausrüstung stammt von Alexis.

**Technische Daten** Baujahr: 1957; Motor: 5,7 l / 125 PS

*The Alexis Fire Equipment Company is a well-known American company which produces fire engines since 1947. The vehicle shown in the museum is based on a Ford truck. The equipment required for fire fighting was built by Alexis.*

***Technical data*** *Year of const.: 1957; Engine: 5.7 l / 125 hp*

## Opel Blitz LF-8 (unten rechts / *bottom right*)

Das von Opel gebaute Löschgruppenfahrzeug der Klasse LF-8 war in den 1950er und 1960er Jahren eines der erfolgreichsten Feuerwehrautos. Der im Museum gezeigte Wagen war bis 1984 bei der BASF-Werksfeuerwehr in Besigheim im Einsatz.

**Technische Daten** Baujahr: 1959; Motor: 2,5 l / 6 Zyl. / 55 PS

*The Opel Blitz LF-8 was one of the most widely used fire engines of the 1950s and 1960s. The museum specimen was employed by the BASF company fire fighters in Besigheim until 1984.*

***Technical data*** *Year of const.: 1957; Engine: 5.7 l / 125 hp*

## Magirus KS 15 (oben links / *top left*)

Dieses hervorragend erhaltene Löschfahrzeug der Firma Magirus von 1937 war bis 1978 bei der Feuerwehr in Güglingen aktiv. Zeitweise war es während des 2. Weltkriegs auch in Mannheim im Einsatz. Nach mehr als 40 Jahren aktiver Tätigkeit hat es im Museum Speyer seinen verdienten Dauerparkplatz erhalten.
**Technische Daten** Baujahr: 1937; Motor: 4,5 Liter / 6 Zyl. / 70 PS

*This excellently preserved 1937 Magirus fire engine was serving with the fire brigade of Güglingen up to 1978. At times, during WW II, it was also in service in Mannheim. After more than 40 years of active use it has now found its well deserved permanent parking spot at the museum in Speyer.*
***Technical data** Year of const.: 1937; Engine: 4.5 liter / 6 cyl. / 70 hp*

## Mercedes-Benz LF-15 (oben rechts / *top right*)

Dieses LF-15 Löschgruppenfahrzeug von Mercedes-Benz wurde nach 50 Jahren Einsatz bei der Feuerwehr Speyer stillgelegt, und dem Museum als Dauerleihgabe überlassen. Das kleine Bild rechts zeigt (von links) Museumspräsident Hermann Layher, Frau Schineller, Peter Kaiser von der Speyerer Feuerwehr und den damaligen Oberbürgermeister der Stadt Speyer, Werner Schineller, bei der feierlichen Übergabe des Fahrzeugs.

*The LF-15 squad fire engine by Mercedes-Benz shown here was retired after 50 years of service with the fire brigade of Speyer and given to the museum as a permanent loan. The small picture at the right shows (from left) the President of the Museum, Hermann Layher, Mrs. Schineller, Peter Kaiser of the Speyer fire brigade, and the then Lord Mayor of the City of Speyer, Werner Schineller, on occasion of the handing over ceremony.*

## Magirus DL 30 (rechts unten / *bottom right*)

Als Fahrgestell für den Drehleiterwagen von Magirus wurde ein Mercur-Modell, erkennbar an der charakteristischen „Alligatorhaube", verwendet. Das gezeigte Fahrzeug stammt aus dem Jahr 1962. Es war bis 1988 bei der Feuerwehr Heilbronn in Gebrauch.
**Technische Daten** Baujahr: 1962; Motor: 5,1 Liter / 6 Zyl. / 168 PS

*The chassis used for the turntable ladder fire engine by Magirus was a Mercur model, to be recognized by its characteristic „alligator bonnet". The specimen on exhibit is from 1962. It was in service with the fire brigade of Heilbronn up to 1988.*
***Technical data** Year of const.: 1962; Engine: 5.1 liter / 6 cyl. / 168 hp*

Museum Sinsheim
Museum Sinsheim
Museum Sinsheim
Museum Sinsheim

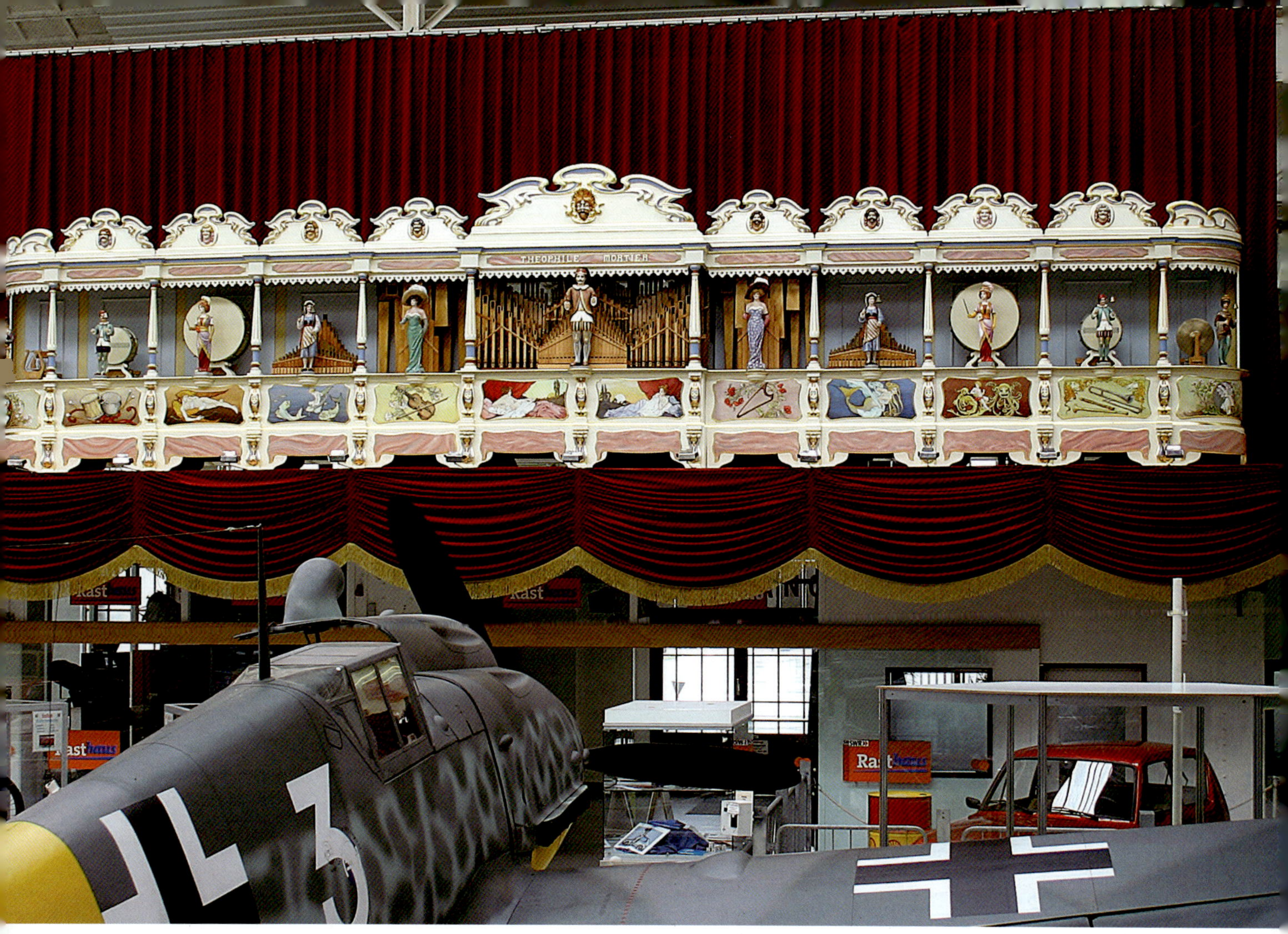


## Orgeln & Großorchestrien

Einige der prachtvollsten Großorgeln der Sammlung mechanischer Musikinstrumente sind in der Liller Halle ausgestellt. Die meisten der Instrumente spielen auf Wunsch populäre Melodien, ein Erlebnis, das Sie sich nicht entgehen lassen sollten.

Die beiden Bilder auf der linken Seite zeigen die Welte Philharmonie Orgel, eines der aufwändigsten mechanischen Musikinstrumente, das jemals gebaut wurde. Nur sechs dieser Orgeln wurden gefertigt. Das Museumsstück stammt von 1916 und ist das größte von allen. Es wurde damals als ein „wahrhaft ideales Hausinstrument für besitzende Kreise" beworben. Bei der Ankunft in Speyer im Jahr 1993 befand sich das einmalige Instrument mit 2.500 Pfeifen, das sowohl manuell als auch automatisch über eine Papierrollen-Steuerung gespielt werden kann, in einem erbarmungswürdigen Zustand. Nach der Restaurierung im Jahr 2002 durch die Firma Arnold / Bad Schönborn wurde die Orgel auf einer 12 x 16 Meter großen, beweglichen Plattform mit Beleuchtung in der Liller Halle aufgestellt, und wird dort regelmäßig bei Konzerten vorgeführt.

Die oben gezeigte Orgel wurde um 1922 von Mortier in Antwerpen / Belgien gebaut. Sie kam vermutlich zunächst in Belgien zum Einsatz. Später gelangte sie nach Paris, wo sie unfachmännisch umgebaut wurde. Die Orgel wurde vom Museum in einem äußerst schlechten Zustand erworben und von 2001 bis 2004 vom Orgelbaumeister Johann Gebert mit einem Zeitaufwand von rund 6.000 Stunden komplett erneuert. Mit einer Fassadenbreite von 12,5 Metern ist diese Orgel die breiteste Tanzorgel der Welt. Das Gewicht beträgt 2,8 Tonnen, die Höhe 2,90 Meter und die Tiefe 1,10 Meter. Große Teile der Fassade wurden mit Blattgold überzogen, die 11 Figuren sind mit einer Bewegungsmechanik versehen. Die Orgel hat 101 Tonstufen, 16 Register, 333 Pfeifen mit bis zu drei Metern Länge, 2 große Trommeln, 2 kleine Trommeln, einen Holzblock, Triangel und Becken.

## *Organs and large orchestrions*

*Some of the most magnificent large organs of the collection of automatic musical instruments are shown in the Liller Halle. On demand they play popular tunes, an experience you definitely should not miss.*

*The pictures on the left hand side show the Welte Philharmonic Organ, one of the most extravagant automatic musical instruments ever built. Only six of these organs were made altogether. The museum's exhibit originated in 1916 and is the largest of all. It was then promoted as a „truly ideal home-music instrument for the personage of means". At its arrival in Speyer in the year 1993, this unique instrument with 2,600 pipes, that may be played manually as well as automatically via paper-roll control, was in a very poor condition. Upon conclusion of the restoration in 2002 by Messrs. Arnold of Bad Schönborn, the organ was placed on a 12 x 16 m movable platform with illumination for exhibit in the Liller Halle and is regularly played at concert events.*

*The organ shown at the top was built around 1922 by Mortier in Antwerp / Belgium. It was probably first used in Belgium. It later came to Paris where it was remodeled in a non-professional way. The organ was acquired by the museum in a very poor condition. Between 2001 and 2004 it was completely renovated by the organ builder Johann Gebert with an effort of more than 6,000 working hours. With a front width of 12.5 meters it is the widest dance organ in the world. It weighs 2.8 tons and has a height of 2.90 meters and a depth of 1.10 meters. Large areas of the front were covered with gold leaf. The 11 figures are animated by a special mechanics. The organ has 101 keys, 16 registers, 333 pipes with a length of up to 3 meters, two large drums, 2 small drums, one wood block, triangle, and cymbals.*

Oben: Hervorragend erhaltenes historisches Etagenkarussell, gebaut um 1890, mit einer Höhe von 7 Metern und einem Durchmesser von 11 Metern, 20 geschnitzte Holzpferde in der unteren Etage, 4 Schiffe aus Metall mit Wippen in der oberen Etage, aufwändige Holzfassade mit einer fantastischen Beleuchtung. Für die richtige Musik sorgt eine ca. 150 Jahre alte Orgel der Fa. Bruder / Waldkirch im Schwarzwald mit Orgelpfeifen, Bassposaunen, Xylophon und Schlagzeug. Das Karussell, das viele Jahre von der Familie Otto Rosskopf aus Schifferstadt betrieben wurde, ist nicht nur ein musikalisches und nostalgisches Juwel, sondern auch ein technisches Glanzstück vergangener Zeiten. Unten: Tanzorgel, gebaut um 1960 von Decap in Antwerpen / Belgien. Maße (HxBxT): 2,60 Meter x 4,70 Meter x 1,70 Meter. Instrumente: Zwei spielende Akkordeons mit 41 Pianotasten und 120 Basstasten, ein Saxophon, eine Horntrompete, diverse Pfeifen, Schlagzeug und elektronische Klangerzeuger.

*Top: Historic two floor carousel built around 1890 in excellent condition with a height of 7 meters, a diameter of 11 meters, 20 carved wooden horses in the lower floor, 4 teeter totters with metal ships in the upper floor, sophisticated facade with a magnificent illumination. The fitting music is provided by a 150 years old organ made by Bruder / Waldkirch in the Black Forest equipped with pipes, bass trombones, xylophone, and percussion. The carousel, run for many years by Otto Rosskopf of Schifferstadt and his family, is not only a musical and nostalgic jewel but also a technical masterpiece of bygone times. Bottom: Dance organ, built around 1960 by Decap in Antwerp / Belgium. Dimensions (HxWxD): 2.60 Meter x 4.70 Meter x 1.70 Meter. Instruments: Two playing accordions with 41 piano keys and 120 bass keys, one saxophone, one horn trumpet, various pipes, percussion, and electronic sound producers.*

Oben: Tanzorgel, gebaut in den 1940er Jahren von Decap in Antwerpen / Belgien. Maße (HxBxT): 2,70 Meter x 4,35 Meter x 2,00 Meter. Neben dem Orgelteil verfügt das Instrument über zwei spielende Akkordeons, ein imitiertes Saxophon und ein Schlagzeug. Während des Spiels dreht sich das Instrument. Unten: Tanzorgel gebaut 1969 von Decap in Antwerpen / Belgien. Maße (HxBxT): 3,80 Meter x 6,60 Meter x 2,20 Meter. Instrumente: Zwei spielende Akkordeons mit 41 Pianotasten und 120 Basstasten, zwei Reihen Holzpfeifen, ein Saxophon, Schlagzeug und elektronische Klangerzeuger.

*Top: Dance organ built in the 1940s by Decap in Antwerp / Belgium. Dimensions (HxWxD): 2.70 meters x 4.35 meters x 2.00 meters. Besides the organ part the instrument is equipped with two playing accordions, an imitated saxophone, and percussion. The organ rotates while it is playing. Bottom: Dance organ built in 1969 by Decap in Antwerp / Belgium. Dimensions (HxWxD): 3.80 meters x 6.60 meters x 2.20 meters. Instruments: Two playing accordions with 41 piano keys and 120 bass keys, two sets of wooden pipes, one saxophone, percussion, and electronic sound producers.*

# Marineausstellung / *Maritime exhibition*

Auch die Seeschifffahrt ist im Technik Museum Speyer vertreten. Im Museum Wilhelmsbau, im Modellbau-Museum sowie im vom Freigelände aus zugänglichen Marinemuseum sind u.a. zahlreiche originalgetreue Schiffsmodelle ausgestellt (Bild unten links). Das Bild unten rechts zeigt ein Modell des Flugzeugträgers „Graf Zeppelin“, des ersten und einzigen Flugzeugträgers der deutschen Kriegsmarine im 2. Weltkrieg. Das Bild oben zeigt links ein schwedisches Original-Holzboot aus dem 19. Jahrhundert, dass vom Museum mit einem der ersten Bootsmotoren der Daimler-Motorengesellschaft ausgerüstet wurde. Der Motor mit der Seriennummer 722 stammt aus dem Jahr 1893 und leistet 6,5 PS bei 570 Upm. Seine Funktionsfähigkeit konnte das einzigartige Gespann bei einer Ausfahrt auf dem Rhein bei den Dreharbeiten zum Museumsfilm „Klassiker“ unter Beweis stellen (Bild gegenüberliegende Seite oben).

Ein weiteres außergewöhnliches Exponat ist das Modell der „Bremen IV“ (rechts im Bild oben). Das Original wurde 1929 in Dienst gestellt und war danach viele Jahre auf der Nordatlantikroute im Einsatz. Im Jahr 1941 ging das 51.735 BRT große und 286 m lange Schiff mit Platz für 2.231 Passagiere durch einen Brand verloren.

Das Modell ist eine detailgetreue Nachbildung im Maßstab 1:25. Über 15 Jahre, von 1947 bis 1962, arbeiteten die beiden Erbauer Günter Bos und Günter Buse an der Verwirklichung ihres Traumes. Das Werk, das Sie geschaffen haben, ist in jeder Beziehung bemerkenswert. Die voll fahrtüchtige kleine Schwester der „Bremen IV“ ist 12 m lang, 1,78 m breit, 3,53 m hoch und wiegt 10 Tonnen. Angetrieben wird sie von zwei Mercedes-Dieselmotoren mit je 38 PS. Im November 1997 wurde sie als größtes seetüchtiges Modellschiff in das Guinness Buch der Rekorde aufgenommen.

Während ihrer aktiven Zeit hat die kleine „Bremen IV“ die ganze Welt bereist. Bei der Ankunft in Speyer wurde sie für eine Ausfahrt auf dem Rhein nochmals zu Wasser gelassen (Bild gegenüberliegende Seite unten). Danach hat sie ihren vorläufig letzten Ankerplatz in der Marineausstellung gefunden.

*Seafaring is also represented at the Technik Museum Speyer. For instance, the Museum Wilhelmsbau, the model museum and the maritime museum, which is accessible from the open air grounds, show many true-to-the-original ship models (picture bottom left). The picture at the bottom right shows a model of*

the aircraft carrier "Graf Zeppelin", the only aircraft carrier of the German navy in WW II.

The top picture on the opposite shows at the left an original Swedish wooden boat from the 19th century which was equipped by the museum with one of the first boat engines of the Daimler Motor Company. The engine with the series number 722 is from the year 1893 and generates 6.5 hp at 570 rpm. This unique combination proved its working order on occasion of a voyage on the Rhine during the shooting of the museum movie "Klassiker" (picture top).

Another exceptional exhibit item is the model of the "Bremen IV" (top picture opposite page right). The original had its first voyage in 1929 and subsequently navigated the North-Atlantic-Route for many years. In 1941 the 51,735 gross ton ship with an overall length of 286 meters and room for 2,231 passengers was lost in a fire.

The exhibit is a true-to-detail 1:25 scale model. For more than 15 years, from 1947 through 1962, the two constructors Günter Bos and Günter Buse were labouring to turn their dream into reality. The work created by them is highly remarkable in every respect. The fully navigable little sister of the "Bremen IV" is 12 meters long, 1.78 meters wide, 3.53 meters high and weighs 10 tons. It is powered by two Mercedes diesel engines with 38 hp each. In November of 1997 it was included into the Guinness Book of Records as the biggest seaworthy model ship in the world.

In her active time, the little "Bremen IV" has travelled the whole world. On her arrival in Speyer she was launched one more time for a voyage on the Rhine (see picture bottom). Thereafter she found her last anchorage, for the time being, in the maritime exhibition of the museum.

## „The Tree" von Rüdiger Nehberg

Viele der Exponate in den Technik Museen Sinsheim und Speyer können bewegende Geschichten erzählen, aber nur wenige sind so fesselnd wie die des Einbaums „The Tree" unseres Vereinsmitglieds Rüdiger Nehberg im Technik Museum Speyer.

Das Fernweh scheint Rüdiger Nehberg in die Wiege gelegt worden zu sein. Schon mit vier Jahren riss er erstmals von zu Hause aus. Danach folgten Radtouren um die halbe Welt, Reisen in die entlegensten Regionen der Erde, endlose Fußmärsche durch den tropischen Regenwald.

Getreu seinem Motto „Lieber kurz und knackig leben als lang und langweilig", waren seine ersten Reisen noch von Neugier auf die Welt und Abenteuerlust geprägt. Das Abenteuer erhielt „Sinn", als er Augenzeuge des drohenden Völkermordes an den Yanomami-Indianern im Amazonasgebiet wurde. Horden von Goldsuchern und Bodenspekulanten waren in ihre Stammesgebiete eingefallen und Morde waren an der Tagesordnung. Um auf die verzweifelte Lage der Yanomami aufmerksam zu machen, überquerte er 1987 den Atlantik mit einem Tretboot und noch einmal 1992, gemeinsam mit der Menschenrechtsaktivistin Christina Haverkamp von der Gesellschaft für bedrohte Völker, auf einem Bambusfloß.

Am 21. Januar 2001 startete er ein drittes Mal, diesmal wieder allein mit dem im Museum Speyer ausgestellten Einbaum „The Tree". Mit seiner Aktion wollte er die Harmonie der Feierlichkeiten zum 500. Jahrestag der Landung portugiesischer Seefahrer im heutigen Brasilien stören. In großen Lettern prangerte er auf dem Segel seines Einbaums die fortgesetzten Menschenrechtsverletzungen in Brasilien an, wohl wissend, dass seine Botschaft von den Medien rund um die Welt verbreitet würde.

Das von Rüdiger Nehberg selbst entworfene Boot wurde aus dem Stamm einer 350 Jahre alten Schweizer Weißtanne angefertigt. Es ist 18 Meter lang und wiegt ca. 12 Tonnen. Um den Einbaum bestmöglich vor dem Kentern und Sinken zu bewahren, wurde der Stamm mit sechs ausgeschäumten Kammern und

zwei Auslegern versehen. Nach einer Fahrzeit von nur 43 Tagen (einschließlich 7 Tagen Flaute) erreichte „The Tree", nur durch ein Segel angetrieben, am 4. März 2001 die brasilianische Küste.
Diese Atlantiküberquerung war die letzte Aktion für das Überleben der Yanomami. Zwanzig Jahre lang dokumentierte Nehberg die schweren Menschenrechtsverletzungen und machte die Öffentlichkeit in Büchern, TV-Filmen und Vorträgen darauf aufmerksam. Langsam aber stetig wuchs die Unterstützung und schließlich gab die brasilianische Regierung dem öffentlichen Druck nach. Die Indianer erhielten einen akzeptablen Frieden. Es waren vor allem Nehbergs spektakuläre Aktionen, die die Voraussetzungen für den Wandel bewirkt haben. Die deutsche Bundesregierung verlieh ihm für seine Leistungen zwei Bundesverdienstkreuze.
Heute kämpfen Rüdiger Nehberg und seine Frau Annette mit ihrer eigenen Menschenrechtsorganisation TARGET (Ziel) gegen das 5.000 Jahre alte Verbrechen der weiblichen Genitalverstümmelung. Den Indianern sind sie treu geblieben und unterhalten Krankenstationen bei den Waiapì-Indianern im Amazonas-Regenwald. Informationen zu den Aktivitäten von TARGET finden Sie im Internet unter www.target-nehberg.de
Schon seit vielen Jahren berichtet Rüdiger Nehberg im Rahmen von Vorträgen in den Technik Museen Sinsheim und Speyer über sein abenteuerliches Leben. Als er im Juli 2002 vorschlug, „The Tree" dauerhaft in Speyer auszustellen, sagte das Museum sofort begeistert zu. Mit großem Aufwand wurde der Einbaum, der Geschichte geschrieben hat, von Hamburg nach Speyer transportiert und in der Liller Halle aufgebaut, wo er täglich besichtigt werden kann. Die Bilder auf der linken Seite zeigen oben den Einbaum nach seiner Ankunft im Museum und darunter mit Rüdiger Nehberg (mittleres Bild) an seinem Standort in der Liller Halle. Die Bilder auf dieser Seite entstanden während der Überfahrt 2001.

## Rüdiger Nehberg's "The Tree"

*Many of the exhibit items at the Museums Sinsheim and Speyer can tell captivating stories. But few are so compelling as the one about the dugout "The Tree" of our club member Rüdiger Nehberg at the Technik Museum Speyer. Nehberg seems to have inherited itchy feed in the cradle already. He was but four years old when he ran away from home for the first time. Thereafter came bicycle tours around half of the globe, journeys to the remotest regions of the world, endless marches on foot through the tropical rainforest.*
*True to his motto: "Rather live short and brisk than long and dull", his first journeys were still marked by curiosity for the world and a thirst for adventure. The adventure was given "meaning" when he became an eye-witness of the imminent genocide of the Yanomami Indians in the Amazon region. Hordes of gold hunters and real estate speculators had invaded their tribal homeland and homicide was the order of the day. To call attention to the distressed situation of the Yanomami he crossed the Atlantic on a pedal boat in 1972 and once more in 1992, together with the human rights activist Christina Haverkamp from the Society for Threatened Peoples, on a bamboo float.*
*On 21 January 2001 he started for a third time, this time alone again with the dugout "The Tree" that is now on exhibit in the Technik Museum Speyer. With this action he wanted to disrupt the harmony of the ceremony celebrating the 500th anniversary of the disembarkation of Portuguese seafarers in today's Brazil. In big letters on the sail of his dugout he denounced the constant violation of human rights in Brazil, aware of the fact that his message would be spread around the world by TV, newspapers and the other media.*
*The boat, designed by Rüdiger Nehberg himself, was made from the trunk of a 350 years old Swiss silver fir. It is 18 metres long and weighs about 12 tons. To keep the dugout canoe from capsizing and sinking as best as possible, the trunk was equipped with six foamed-up cells and two outriggers. After a voyage lasting but 43 days (including 7 days of calm) "The Tree", just propelled by a sail, reached the coast of Brazil on 4 March 2001, safe and sound.*
*This crossing of the Atlantic was the last campaign for the survival of the Yanomami. For twenty years Nehberg documented the severe violations of human rights drawing attention of the public to this wrongdoing with books, TV documentations and lectures. Support was growing slow but finally the government of Brazil gave in to the public pressure. The Indians were granted an acceptable peace. It was Nehberg's spectacular initiative, above all, that paved the way for this change. For his achievements he was decorated by the German Government twice with the Federal Cross of Merit.*
*Today Rüdiger Nehberg and his wife Annette are fighting with their own human rights organization TARGET against the 5,000 year old crime of genital mutilation of women and girls. They remained faithful to the Indians and are operating infirmaries with the tribe of the Waiapì Indians in the Amazon rain forest. For information about the activities of TARGET visit their homepage www.target-nehberg.de in the internet.*
*For many years already Rüder Nehberg has been talking about his adventurous life in lectures at the Museums Sinsheim and Speyer. When he suggested in July of 2002 that "The Tree" should be exhibited in Speyer on a permanent basis, the museum's enthusiastic acceptance followed at once. With a great deal of energy and effort the dugout that wrote history was transported from Hamburg to Speyer and positioned in the Liller Halle where it can now be visited each day.*
*The pictures on the left page show, at the top, the dugout after its arrival in the museum and below, together with Rüdiger Nehberg (middle picture), at its place in the Liller Halle. The pictures on this page were taken during the crossing in 2001.*
Text und Fotos: Rüdiger Nehberg und Technik Museen Sinsheim und Speyer

# Das Hausboot der Kelly Family

Die Kelly-Family - wer kennt sie nicht? Mit zahlreichen Hits führte die Gruppe in den 1990er Jahren die Hitparaden an. Für ihre

Joey Kelly (Mitte) mit Geschäftsführer Michael Walter (links) und unserem Vereinsmitglied und Fotografen Norbert Bach (rechts) bei der Ankunft des Hausboots in Speyer.

*Joey Kelly (middle) with manager Michael Walter (left) and the photographer and club member Norbert Bach (right) at the arrival of the house boat in Speyer.*

melodische, authentische Musik mit dem unverwechselbaren Kelly-Sound wurden die Band-Mitglieder mit 48 Platin- und Goldauszeichnungen, einem Echo für die Gruppe des Jahres 1996, sechs Bravo Ottos, einem Bambi, einer Goldenen Kamera und vielen weiteren Preisen ausgezeichnet.

Zahlreiche Hits der Gruppe sind auf ihrem Hausboot „Sean o'Kelley" entstanden, auf dem die Gruppenmitglieder im Hafen von Köln / Deutz sechs Jahre lang gelebt haben, und das ihnen nicht nur als schwimmende Wohnung, sondern auch als Tonstudio diente. Dass sie damals so lange in Köln geblieben sind, ist einem Zufall zu verdanken, wie sich Joey Kelly erinnert: „Mein Vater wollte immer mit dem Schiff bis nach Mainz oder noch weiter bis Karlsruhe oder Basel. Aber dann sind wir in Köln hängen geblieben, weil wir am Schiffsmotor etwas hätten machen müssen, und dann war es so gut in Köln, dass wir ganz lange dort geblieben sind." Damals hätte sich wohl kaum ein Mitglied der Großfamilie träumen lassen, dass sich der Wunsch des Vaters viele Jahre später zumindest teilweise doch noch erfüllen würde.

Mit dem größer werdenden Erfolg und dem Heranwachsen der Familienmitglieder wurde das Boot den Kellys schließlich zu klein. Die Familie beschloss, das Boot zu verlassen, und in größere Räumlichkeiten umzuziehen. Das Hausboot, noch immer mit defektem Motor, wurde von Köln in einen belgischen Hafen geschleppt und fiel dort in einen 12 Jahre währenden Dornröschenschlaf.

Sommer 2002. Der Megatransport des Jumbo Jet vom Flughafen Baden-Baden in das Technik Museum Speyer ist neben der Hitzewelle, die Deutschland in diesen Monaten heimsucht, eines der Medienereignisse, über das wochenlang in Presse, Radio und Fernsehen berichtet wird. Auch Joey Kelly verfolgt interessiert dieses Großereignis und erinnert sich an das Hausboot, das schon seit über 10 Jahren in Belgien vor Anker liegt: Wenn das Museum in der Lage ist, einen Jumbo Jet über Land zu transportieren, könnte es dann nicht

auch das Hausboot auf dem Museumsgelände aufstellen und es so wieder zu neuem Leben erwecken? Es folgt ein Anruf bei der Museumsleitung und eine Besichtigung des möglichen Aufstellungsortes auf dem Freigelände in Speyer. Danach steht fest: das Hausboot wird wieder von Belgien nach Köln geschleppt und von dort als neue Attraktion in das Technik Museum Speyer gebracht.
Am 9. Juni 2004 heißt es in Köln „Leinen los!". Ein Schlepper nimmt die „Sean o'Kelley" an den Haken und startet mit dem Hausboot rheinaufwärts Richtung Speyer, so wie es sich Vater Kelly einst gewünscht hatte. Drei Tage dauert die Fahrt, die im Hafen einer Schiffswerft in Speyer endet. Dort wird das 190 Tonnen schwere Boot aus dem Wasser gezogen und auf einen riesigen Tieflader mit 20 Achsen geladen. Fast einen ganzen Tag benötigt das eingespielte Team der Firmen Scholpp und Kübler, die 2002 den Jumbo Jet nach Speyer und ein Jahr später die Concorde nach Sinsheim transportierten, für diese Mammutaufgabe. Der Überlandtransport ist dann schon fast Routine. Zwei Stunden dauert die Fahrt von der Werft zum Museumsgelände, wo die „Sean o'Kelley" auf den vorbereiteten Betonfundamenten abgesenkt wird.
Was wünscht sich Joey Kelley von den Besuchern, die das Schiff besichtigen, mit dem die Familie so viele Erinnerungen verbindet? „Ich finde", antwortet er auf diese Frage, „es ist ein schönes Schiff, und jetzt lebt es wieder. Es ist eine Ehre für uns und unser Schiff, dass es im Museum sein darf neben Sachen wie dem Jumbo, dem U-Boot und der Antonov. Ich wünsche mir, dass die Besucher es genießen, dass sie das Schiff verstehen, mögen, und Freude daran haben."

# The house boat of the Kelly Family

*The Kelly-Family – who doesn't know them? In the 1990s the pop group was at the top of the charts with numerous hits. For their melodic, authentic music with the unmistakable Kelly-sound the members of the band have been honoured with 48 platinum- and gold awards, one Echo as group of the year 1996, six Bravo Ottos, one Bambi, one Golden Camera and many further prizes.*
*Numerous hits of the group had their origins on their house boat "Sean o'Kelley" where the members of the group used to live for years in the port of Cologne/Deutz and which served them not only as a swimming home but as a recording studio as well. That they were staying in Cologne so long at that time was accidentally as Joey Kelly remembers: "My father always wanted to take the ship up to Mainz or further yet, to Karlsruhe or even Basel. But then we got stuck in Cologne because we had to do something with the ship's engine, and then it was so nice in Cologne that we stayed there for a very long time." At that time hardly any member of the big family would have dreamt that many years later their father's wish, partly at least, would come true. With growing success and growing up of the family members the boat finally became to small for the Kellys. The family decided to leave the boat and move into larger premises. The house boat, still with broken engine, was towed from Cologne to a port in Belgium where it spent the next 12 years as a Sleeping Beauty.*
*Summer of 2002. Besides the heat-wave that is plaguing Germany these weeks, the mega transport of the Jumbo Jet from Baden-Baden airport to the Technik Museum Speyer is one of the media events that has been dealt with in press, radio and TV for weeks. Joey Kelly is also watching this mega event with interest and remembers the house boat that has been laying at anchor in Belgium for more than 10 years. If the Museum is in a position to transport a Jumbo Jet overland, could it not also place the house boat somewhere in the museum's grounds and thus restore it to life? What came next was a telephone call to the museum's management and an inspection of the possible installation site in the open air grounds in Speyer. Thereafter minds were made up: the house boat will be towed from Belgium to Cologne again and from there brought to the Technik Museum Speyer as a new attraction.*
*On 9 July 2004 the command in Cologne goes: "Ties off!" A towboat takes the "Sean o'Kelley on its hook, starting with the house boat upriver on the Rhine in the direction of Speyer, just as father Kelly had wished at that time. The journey takes three days and ends in a shipyard in Speyer where the boat with a weight of 190 tons is being dragged out of the water and loaded onto a huge low loader with 20 axles. It took the well attuned team of the companies Scholpp and Kübler, who brought the Jumbo Jet to Speyer in 2002 and one year later the Concorde to Sinsheim, almost a whole day to cope with this mammoth task. The following overland transport then is almost mere routine. It takes two hours to transport the boat from the shipyard to the museum's grounds where the "Sean o'Kelley" is lowered onto the prepared concrete base.*
*What does Joey Kelly wish from the visitors who are coming to look around the boat that is recalling so many memories for the family? "I think", he says, "it is a fine boat and now it is living again. It is an honour for us and our boat that it is now allowed to be at the museum together with exhibits like the Jumbo, the U-9 and the Antonov. It is my wish that the visitors may enjoy it, that they might understand the boat and take pleasure in seeing it."*
Text und Fotos: Technik Museen Sinsheim und Speyer

## Unterseeboot U-9 / *Submarine U-9*

Das Technik Museum Speyer ist wahrhaftig nicht arm an spektakulären Großexponaten. Aber was da groß, schwarz und schwer auf zwei massiven Sockeln auf dem Freigelände thront verschlägt auch sensationsverwöhnten Museumsgängern die Sprache: ein leibhaftiges U-Boot, 466 Tonnen schwer, 46 Meter lang, über 9 Meter hoch. Ein U-Boot auf dem Trockenen, hunderte Kilometer vom nächsten Meer entfernt. Wie ist dieser Koloss aus Stahl dorthin gelangt? Begeben wir uns auf Spurensuche.

Ein eindeutiger Hinweis auf die Herkunft des Bootes ist sein militärisch nüchterner Name: „U-9". Fünf Boote mit dieser Bezeichnung haben bis jetzt bei der deutschen Marine gedient, und eines gehörte einst zur K.u.K. Marine Österreichs. Die erste „deutsche" U-9 lief 1908 von Stapel und ist längst abgewrackt und Geschichte, genau wie die nächsten drei Nachfolger. Die letzte im Bunde dagegen, die gibt es noch, denn das ist die U-9 die im Museum Speyer steht.

Die Anfänge des Boots verliefen eher holprig. Nach der Gründung der Bundeswehr sollten möglichst schnell 12 neue U-Boote gebaut werden, darunter auch die U-9. Aufgrund ständig wechselnder Planungen und technischer Probleme dauerte es dann aber noch über 12 Jahre, bis das Boot 1967 endlich in Dienst gestellt werden konnte. Dafür hat es danach aber weitgehend störungsfrei über 25 Jahre lang die Meere der Welt bereist und dabei fast 320.000 km zurückgelegt, was immerhin acht Erdumrundungen auf Äquatorhöhe entspricht. Sie verbrachte rund zwei Jahre getaucht unter Wasser und verschoss 128, teilweise scharfe, Übungstorpedos. An kriegerischen Handlungen hat sie, im Gegensatz zu einigen ihrer Vorgänger, glücklicherweise nie teilgenommen.

1993 war dann das Pensionierungsalter erreicht. Zu jener Zeit suchte der Museumsverein nach einem spektakulären Großexponat für das neu gegründete Technik Museum Speyer, und so ergab es sich als glückliche Fügung, dass sich die Bundeswehr bereit fand, die ausgemusterte U-9 dem Museum als Leihgabe zur Verfügung zu stellen. Der Transport vom Marinestützpunkt Wilhelmshaven nach Speyer musste allerdings vom Museum selbst bewerkstelligt werden.

Doch das Museum wäre heute nicht das was es ist, wenn es diese Herausforderung nicht angenommen hätte. Die für den

Bilder oben: Die U-9 im Museum ist voll ausgestattet und kann komplett auch von innen besichtigt werden. Bild gegenüberliegende Seite oben: Die U-9 auf dem Freigelände eingebettet zwischen dem Seenotkreuzer John T. Essberger und dem Hausboot der Kelly-Family,

*Pictures top: The U-9 in the museum is fully equipped and can be visited also from the inside. Picture opposite page top: The U-9 on the open air grounds embedded between the rescue cruiser John T. Essberger and the house boat of the Kelly Family.*

Transport entwickelte Strategie war so einfach wie wirkungsvoll: Das demilitarisierte Boot wurde von Wilhelmshaven nach Rotterdam geschleppt, auf einen Lastenponton mit niedrigem Tiefgang verladen, auf dem sich bereits ein geeigneter Tieflader befand, den Rhein hochgefahren, in einem Naturhafen in der Nähe von Speyer angelandet und von dort mit dem Tieflader auf das Museumsgelände gezogen (siehe die folgende Seite).
Seit ihrer Ankunft in Speyer im Jahr 1993 ist die U-9 von Millionen von Besuchern besichtigt worden, was sie aufgrund ihrer stabilen Bauweise erstaunlich gut weggesteckt hat. Das Boot ist voll ausgestattet, und da es seit seinem Stapellauf nur geringfügig umgerüstet wurde, vermittelt es ein authentisches Bild der U-Boot-Technik der 1960er Jahre. Es ist ein eindrucksvolles Erlebnis bei einem Rundgang die Enge des Bootes zu spüren, in dem einst 22 Mann Besatzung ihren Dienst verrichtet haben, die sich sogar die Kajüten teilen mussten.
Die U-9 im Museum Speyer ist ein absolut außergewöhnliches Exponat und so verwundert es nicht, dass sie über die Jahrzehnte eine eigene Fan-Gemeinde um sich versammelt hat. Sogar ein Hochzeitspaar hat sich einmal in ihrem stählernen Rumpf trauen lassen und jedes Jahr senden Amateurfunker Grüße aus der U-9 hinaus in die Welt.

*The Technik Museum Speyer does really not have a shortage of spectacular giant-sized exhibits. But this thing, big, black and heavy, that is enthroned upon two massive plinths in the open-air grounds is leaving even visitors of the museum used to thrills and sensations speechless: A veritable submarine, weighing 466 tons with a length of 46 meters and more than 9 meters tall. A submarine high and dry hundreds of kilometres away from the next ocean. How did this steel colossus get there? Let's look for traces.*
*A definite indication of the boat's origins is its military rational name: "U-9". Five boats by that name have served with the German navy, so far, and one used to belong to the Austrian navy. The first "German" U-9 was launched in 1908 and has long since been scrapped and is history, just as the next three successors. But the last in the row is still existing, for it is the U-9 at the Museum Speyer.*
*The beginnings of the boat went off rather bumpy. Upon the formation of the German Bundeswehr it was the intention to build 12 new submarines as soon as possible, among them also the U-9. Due to constantly changing plans and technological problems it took more than 12 years then until the boat could finally be brought into service in 1967. But, anyway, it did travel the oceans of the world for more than 25 years widely trouble-free, covering nearly 320,000 km, the noteworthy equivalent of eight circumnavigations of the Earth at equator level. It spent roughly two years submerged and test-fired altogether 128 torpedoes, some of them armed. Contrary to some of its predecessors it was fortunate enough to be spared fighting.*
*In 1993 then retirement age had been reached. At that time the museum club was looking for a spectacular giant-sized exhibit for the newly founded Technik Museum Speyer and thus it proved to be a lucky coincidence that the Bundeswehr was ready to make a loan of the decommissioned U-9 to the museum. The transport from the naval base Wilhelmshaven to Speyer, however, had to be managed by the museum on its own.*
*But the museum would not be what it is today had they not accepted this challenge. The strategy developed for the transport was as simple as it was effective. The decommissioned boat was towed on sea from Wilhelmshaven to Rotterdam, loaded onto a heavy-goods pontoon with shallow draft on which a suitable low loader had already been stationed, ferried upriver on the Rhine, disembarked at a natural harbour near Speyer and towed to the museum's grounds from there over land on the low loader (see next page). Since its arrival in Speyer in the year 1993 the U-9 has been viewed and toured by millions of visitors and, owing to its sturdy construction, coped with this attention amazingly well. The boat is fully equipped and as it has only been minimally modified since its launching it is conveying an authentic picture of submarine technology of the 1960s. It is an impressive experience on a tour to feel the confinement of the boat where 22 crew members, who even had to share cabins, once did their duty.*
*The U-9 at the Museum Speyer is an absolutely extraordinary exhibit and it is no wonder thus that it has assembled its own fan-community over the decades. It even happened once that a bridal pair got married in its hull of steel and amateur radio enthusiasts are sending greetings from within the U-9 to the world outside each year.*

technik-museum.de/video/u9

Der Transport der U-9 in das Technik Museum Speyer geschah in mehreren Etappen. Zunächst wurde das Boot mit einem Hochseeschlepper vom Marinearsenal Wilhelmshaven nach Rotterdam gezogen. Dort war bereits ein Lastenponton mit einem speziell angefertigten Aufbau in ein Dock geschleppt und abgesenkt worden. Nachdem die U-9 in das Dock gezogen und exakt über dem Ponton platziert war, wurde mit Hilfe von Hochleistungspumpen das Wasser wieder aus dem Ponton gepumpt, und die U-9 so aus dem Wasser gehoben.

Unter die jetzt auf dem Lastenponton fixierte U-9 wurde ein gewaltiger Tieflader mit 160 Rädern geschoben, der für den späteren Landtransport benötigt wurde. Damit war die erste Phase beendet und die U-9 konnte ihre mehrtägige Reise rheinabwärts antreten. Nach der Ankunft im Naturhafen Speyer wurde die U-9 dann mit dem Tieflader vom Ponton gezogen und zum Museumsgelände gefahren.

*The transport of the U-9 to the Technik Museum Speyer was accomplished in several stages. To begin with, a deep-sea tug was employed to tow the boat from the naval arsenal in Wilhelmshaven to Rotterdam where a heavy-load pontoon had been navigated into a dock and submerged. After the U-9 had been towed into the dock and positioned precisely above the pontoon, the water was pumped out of the pontoon by heavy-duty pumps and the U 9 thus lifted out of the water. Then a huge flat bed trailer with 160 wheels, which was to be used for the subsequent over-land transport, was eased under the U-9 that was now fixed to the heavy-load pontoon. This completed the first stage and the U-9 could begin her voyage of several days on the Rhine. After arrival at the natural harbour Speyer the U-9 was towed with the low loader from the pontoon and transported to the premises of the museum.*

## Kleinst-U-Boote „Biber", „Seehund" und „Marder"

Neben der U-9 zeigt das Museum noch drei äußerst seltene Kleinst-Unterseeboote aus der Zeit des 2. Weltkriegs. Das Kleinst-Unterseeboot „Biber" (Bild rechts oben) wurde 1944 in nur sechs Wochen konstruiert, gebaut und an die Truppe ausgeliefert. Das Mini-U-Boot wurde von einem Benzin- und einem E-Motor angetrieben. Die Geschwindigkeit betrug über Wasser 5,8 km/h und unter Wasser 4,7 km/h. Der erste Einsatz erfolgte in der Nacht vom 29. auf den 30. August 1944. Aufgrund technischer Probleme konnte das Boot die Erwartungen aber nicht erfüllen. Von den insgesamt 325 gebauten Einheiten sind nur wenige erhalten geblieben. Das Museumsexemplar wurde 1976 beim Freibaggern einer Fahrrinne bei Rotterdam in Holland entdeckt.

Der ebenfalls 1944 erstmals eingesetzte „Seehund" (Bild rechts Mitte) erwies sich im Gegensatz zum „Biber" als durchaus leistungsfähiges Waffensystem. Er besaß ebenfalls einen Dieselmotor für die Überwasser- und einen E-Motor für die Unterwasserfahrt. Der Fahrbereich betrug ca. 300 Seemeilen bei einer Geschwindigkeit von sieben Knoten / Stunde. Die Tauchtiefe lag bei maximal 70 Metern. Ein Problem war die Navigation. Die Orientierung erfolgte getaucht entweder mit Hilfe der Horcheinrichtung oder durch das Seerohr, das jedoch nur eine Länge von drei Metern hatte. Ab Ende 1944 kamen bis zum Kriegsende ca. 70 „Seehund" U-Boote an die Front. Ihre Einsatzgebiete waren die Deutsche Bucht sowie der Ärmelkanal. Das Museumsstück wurde beim Ausbaggern einer Fahrrinne entdeckt und 1984 von einem Vereinsmitglied erworben.

Der ebenfalls in den letzten Kriegsjahren entstandene „1-Mann-Torpedo Marder" (Bild rechts unten) ist ein typisches Beispiel für die Improvisationen, zu denen die deutsche Rüstungsindustrie im 2. Weltkrieg mit zunehmender Kriegsdauer gezwungen wurde. Für die Soldaten war jeder Einsatz ein „Himmelfahrtskommando". Gefahren wurde nur bei Nacht. Nur wenige Besatzungen überlebten. Der Bootsführer saß unter einer Plexiglashaube, die ihm relativ gute Sichtmöglichkeiten nach allen Seiten gab. Das Boot war mit Ausnahme des Torpedos unbewaffnet und nicht tauchfähig. Der Fahrer schoss den Torpedo über ein einfaches Kimme-Korn-Visier ab. Insgesamt wurden ab 1943 etwa 200 Boote dieses Typs gebaut. Die militärischen Erfolge waren allerdings gering.

## *Midget submarines "Beaver", "Seal" and "Marden"*

*Besides the U-9 the museum also shows three very rare midget submarines from WW II. The midget submarine "Beaver" (picture top right) was designed, built and handed over to the troops in six weeks' time only in 1944. The first time she went into action was in the night of 29 to 30 August 1944. The mini-submarine was propelled by one gasoline- and one electric engine. The speed when surfaced was 5.8 km/h, and 4.7 km/h submerged. Technical problems prevented the "Beaver" from meeting the expectations that had been placed in her. But few of the totally 325 units built have been preserved. The specimen on exhibit in the museum was discovered in 1976 when a shipping channel was dredged out near Rotterdam in the Netherlands.*

*In contrary to the "Beaver", the "Seal" (picture middle right), also first deployed in 1944, proved to be a relatively efficient weapon system. She also had a diesel engine for above surface and an electric motor for underwater operation. The operating range was about 300 nautical miles at a speed of seven knots an hour. Her depth was at maximally 70 metres. When submerged, orientation was either accomplished by sonar device or by means of a periscope, but this was only three meters long. Starting in late 1944 up to the end of the war approximately 70 "Seal" submarines were deployed in action. The exhibit shown in the museum was discovered when a shipping channel was dredged and acquired in 1984 by a member of the museum club.*

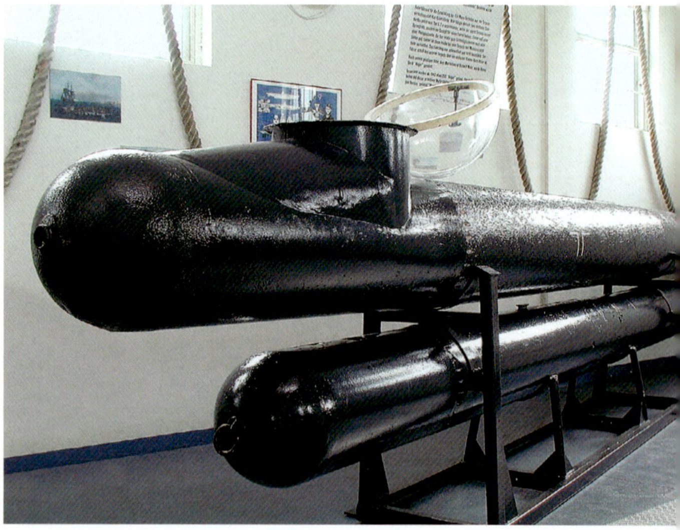

*The "1-man-torpedo Marden" (picture right bottom) also originated from the last war years. It is a typical example for the improvisations which the German armaments industry had to come up with as WW II dragged out. For the soldiers each undertaking was a "suicide mission". Operations were only conducted at night. Only few crew members survived. The driver was sitting under a dome of acrylic glass which afforded relatively good visibility at all sides. The craft was unarmed, apart from the torpedo, and not submersible. The driver aimed the torpedo via a simple back-front-sight device. Starting in 1943, about 200 units of this boat were built, but military successes were minimal.*

DGzRS
MUSEUM

**Seenotkreuzer JOHN T. ESSBERGER**

Im Mai 2011 konnte das Technik Museum Speyer ein einzigartiges neues Exponat begrüßen – den Seenotkreuzer JOHN T. ESSBERGER der Deutschen Gesellschaft zur Rettung Schiffbrüchiger (DGzRS). Der Seenotkreuzer wurde 1975 als erstes Schiff der großen 44-Meter-Klasse der DGzRS bei der Schweers-Werft in Bardenfleth an der Unterweser gebaut. Ihre drei Maschinen leisten zusammen 7.200 PS und beschleunigen sie auf 26 Knoten (ca. 48 km/h) Geschwindigkeit. Wie alle Seenotkreuzer der DGzRS ist die JOHN T. ESSBERGER vollständig aus seewasserbeständigem Leichtmetall gebaut. Sie verfügt über ein Tochterboot, ein Bordhospital, eine leistungsstarke Feuerlösch- und Fremdlenzanlage, ein Hubschrauber-Arbeitsdeck, ein zusätzliches schnelles Festrumpfschlauchboot sowie umfangreiche Kommunikations-, Navigations- und rettungsdienstliche Einrichtungen. Bei einem eventuell anfallenden Großschadensfall auf See können die Seenotkreuzer dieser Größe über 300 Schiffbrüchige unter Deck aufnehmen.

In 36 Einsatzjahren hat die JOHN T. ESSBERGER bei über 2.000 Einsätzen rund 1.100 Menschen aus Seenot gerettet oder aus kritischen Gefahrensituationen auf See befreit. Auf über 4.500 Kontrollfahrten sicherte der Seenotkreuzer das Revier um Fehmarn. Doch die harten Einsatzbedingungen hinterließen ihre Spuren. Im Jahr 2000 wurde das Schiff nochmals komplett überholt. Dann fällt 2009 die Entscheidung, die JOHN T. ESSBERGER durch einen Neubau zu ersetzen und nach ihrer Außerdienststellung als Museumsschiff zu erhalten.

Bereits seit den 1990er Jahren gibt es enge Kontakte zwischen dem Technik Museum Speyer und den Seenotrettern. So entstand die Idee, Speyer als letzten Liegeplatz für die JOHN T. ESSBERGER zu wählen. Ursprünglich sollte das 44-Meter-Schiff im Mai 2011 auf eigenem Kiel nach Speyer fahren. Doch extremes Niedrigwasser des Rheins machte den Planern einen Strich durch die Rechnung und die Reise nach Speyer wurde zu einem noch spektakuläreren Ereignis.

***Rescue cruiser JOHN T. ESSBERGER***

*In May 2011 the Technik Museum Speyer could welcome a new unique exhibit item – the rescue cruiser JOHN T. ESSBERGER from the German Maritime Search and Rescue Service (DGzRS). In 1975 the rescue cruiser was the first of the large 44-meter-class of DGzRS ships built at the Schweers shipyard in Bardenfleth at the Lower Weser. Its three engines generate a combined output of 7,200 hp, enough for a top speed of 26 knots (ca. 48 km/h). Like all DGzRS rescue cruisers the JOHN T. ESSBERGER is made completely of sea water resistant light metal. It is equipped with a daughter ship, an onboard hospital, a high-performance fire-extinguishing system and external bailing equipment, a helicopter working deck, an auxiliary fast RIB as well as with extensive communication-, navigation- and rescue devices. In case of a large accident the rescue cruisers of this size can provide room under deck for more than 300 shipwrecked people.*

*In more than 2,000 operations conducted during 36 years of service the JOHN T. ESSBERGER has rescued some 1,100 persons in distress or life-threatening hazard at sea and in more than 4,500 patrol missions she safeguarded the area around Fehmarn. But the rough working conditions left their marks. In 2000 the ship was completely overhauled once more. But then, in 2009, the decision is finally made to replace the JOHN T. ESSBERGER by a newly built ship and to preserve her as a museum ship after retirement.*

*Since the 1990s there have been close contacts between the Technik Museum Speyer and the rescue people. Thus, the idea developed to chose Speyer as the final anchorage for the JOHN T. ESSBERGER. Originally it was planned that the 44-meters-ship would travel to Speyer on her own keel in May 2011. However, the extremely low water of the Rhine at that time thwarted this plan and the voyage turned into an even more spectacular event.*

technik-museum.de/video/essberger

SAR
TECHNIK MUSEUM SPEYER
6 5 1 5

DGzRS
SAR
KUBLER SPEDITION
KUBLER SPEDITION

Die erste Etappe von Großenbrode an der Ostsee über den Rhein bis nach Duisburg konnte das Schiff noch mit eigener Kraft zurücklegen. Dort erfolgte dann die Umladung auf einen gewaltigen Tieflader, der vorher auf einem 65 Meter langen Lastenponton mit besonders geringem Tiefgang platziert wurde. Fünf Tage benötigten das Schubschiff „Geertruida van der Wees" (22 Meter) und der historische deutsche Schlepper „Rheinland" (31 Meter) um die riesige Fracht stromaufwärts zum Naturhafen Speyer zu bringen. Die Bilder auf der linken Seite zeigen den Schubverstand bei der Passage von Köln (oben) und bei der Ankunft in Speyer (unten). In Speyer wurde der Tieflader mit dem Schiff vom Ponton gezogen und auf dem Landweg zum Museumsgelände gebracht (Bild oben).
Die Geschichte des Seenotkreuzers und der Transport nach Speyer sind ausführlich in der Broschüre „Seenotkreuzer auf seiner letzten Reise" und auf der DVD „Leinen Los - Kurs Speyer" (auch als 2D / 3D Blu-ray erhältlich) dokumentiert, die im Online-Museumsshop www.technik-museum.de/shop erhältlich sind.
Das Boot wurde nach dem Transport wieder vollständig ausgestattet und kann komplett auch von innen besichtigt werden (siehe das Bild rechts unten). Das Museum möchte sich an dieser Stelle nochmals ganz herzlich bei der Deutschen Gesellschaft zur Rettung Schiffbrüchiger für die Überlassung dieses einmaligen Zeugen der Seefahrtgeschichte bedanken.

*The first leg from Großenbrode at the Baltic Sea up the Rhine to Duisburg could be covered by the ship on its own. There she was loaded on a gigantic low loader placed on a 65 meters long heavy-load pontoon with very low draught. It took five days for the push boat "Geertruida van der Wees" (22 meters) and the historic German tug boat "Rheinland" (31 meters) to bring the huge freight on the pontoon upstream to the natural harbour Speyer. The pictures on the left hand page show the convoy passing Cologne (top) and upon arrival in Speyer (bottom). In Speyer the low loader with the ship was pulled from the pontoon and transported overland to the premises of the museum (picture top).*
*The history of the rescue cruiser and its transport to Speyer are comprehensively documented in the brochure "Rescue Cruiser on Her last Voyage" (bilingual text German / English) and on the DVD „Leinen Los - Kurs Speyer" (German language only; also available on 2D / 3D Blu-ray disk) which can both be ordered from our online shop www.technik-museum.de/shop.*
*After its arrival in Speyer the ship was fully re-equipped and can be completely visited also from the inside (see picture at the bottom right). We would like to thank the German Maritime Search and Rescue Service once again for giving this unique witness of seafaring history to the Technik Museum Speyer.*

## Modellbaumuseum - *Model Museum*

Bei einem Rundgang über das Museumsgelände sollten Sie es auf keinen Fall versäumen, unserem Modellbaumuseum einen Besuch abzustatten. Hier erwarten Sie Tausende naturgetreue Modelle von Flugzeugen, Schiffen, Raumfahrzeugen, Automobilen und vieles mehr. Die Bilder auf dieser Seite geben einen Eindruck von der Vielfalt, die Sie erwartet. Alle Ausstellungsstücke sind Leihgaben von Modellbauenthusiasten, die oft Hunderte von Arbeitsstunden in ihre kleinen Meisterwerke investiert haben.

*On your tour of the museum's ground you should be sure to also visit our model museum where thousands of true to life models of airplanes, ships, spacecraft, automobiles and many other exhibits are waiting for you. The pictures on this page are conveying an impression of the variety awaiting you. All of the exhibits are on loan from scale-down-model enthusiasts who often invested hundreds of hours into making their small masterpieces.*

# Museum Wilhelmsbau

Nur wenige Schritte vom Museumseingang entfernt befindet sich das Museum Wilhelmsbau. Sein Wahrzeichen ist die vom Speyerer Bildhauer Wolf Spitzer aus Edelstahl geformte, 15 Meter hohe Großplastik „Orpheus“. Das Museum Wilhelmsbau ist ein faszinierendes Raritätenkabinett mit Tausenden Erinnerungsstücken aus dem 19. und 20. Jahrhundert, die den Zeitgeist längst vergangen geglaubter Tage wieder lebendig werden lassen. Der Jugendstil und die wilden Zwanziger Jahre sind hier genauso vertreten wie die Rock`n Roll Ära. Auf vier Stockwerken erwarten Sie u.a.:

- Eine einzigartige Sammlung mechanischer Musikinstrumente mit vier selbstspielenden Geigen, automatischen Klavieren und Orgeln, Orchestrien, Flötenuhren, Spieldosen und zahlreichen weiteren Raritäten
- Historische Moden, Accessoires und Juwelen
- Puppen und Spielzeug
- Uniformen, Pickelhauben, Orden und historische Waffen
- Ein Jagdzimmer mit Trophäen aus der ganzen Welt

Im Museumsbuch kann aus Platzgründen leider nur ein kleiner Teil der Exponate kurz vorgestellt werden. Eine umfassende Darstellung einschließlich einer Musik-CD finden Sie in unserem Buch „Musikautomaten, Moden und Uniformen im Technik Museum Speyer“, das in den Museumsshops und im Internet-Shop www.technik-museum.de/shop erhältlich ist.

*Just a few steps away from the entrance of the museum is the Museum Wilhelmsbau. Its hallmark is the towering sculpture "Orpheus" with a height of 15 m, created from stainless steel by the local sculptor Wolf Spitzer. The Museum Wilhelmsbau is a fascinating collection of rare objects from the 19th and 20th century, bringing alive the spirit of bygone times. Art Nouveau and the Roaring Twenties are represented here just like the era of Rock'n Roll. Among the exhibits awaiting you on four levels are:*

- *A unique collection of automatic musical instruments with four self-playing violins, automatic pianos and organs, orchestrions, flute clocks, musical boxes and numerous further rarities*
- *Historical fashion, accessories and jewels*
- *Dolls and toys*
- *Uniforms, medals and historical weapons*
- *A hunting room with trophies from all over the world*

*Unfortunately, due to the limited space only a small portion of the collection can be briefly described in this book. A comprehensive documentation with a lot of background information and a music CD can be found in our book "Automatic Musical Instruments, Fashion, and Uniforms in the Technik Museum Speyer" which is available in the museum shop and in our internet-shop www.technik-museum.de/shop. The book is bilingual German / English.*

## Mechanische Musikinstrumente

Das Museum Wilhelmsbau beherbergt eine der größten Sammlungen mechanischer Musikinstrumente, von der winzigen Spieldose bis zum schrankgroßen Orchestrion. Das Spektrum der Instrumente reicht von den Anfängen der Musikautomaten, wie den Serinetten und Flötenuhren des ausgehenden 18. Jahrhunderts, bis zu den perfektionierten Reproduktionsklavieren und automatischen Geigen des frühen 20. Jahrhunderts.

## *Automatic musical instruments*

*The Museum Wilhelmsbau is housing one of the largest collections of automatic musical instruments, from tiny music boxes up to wardrobe-sized orchestrions. The range of instruments on exhibit is unique and reaches from the beginning of music boxes, like the serinettes and flute-playing clocks of the late 18th century up to the perfected player pianos and automatic violins of the early 20th century.*

Die wichtigste Eigenschaft der mechanischen Musikinstrumente, auch als Musikautomaten bezeichnet, ist, dass sie Musikstücke selbsttätig spielen können. Vor der Elektrifizierung erfolgte der Antrieb durch Gewichte, Federwerke oder von Hand. Ab 1890 setzte sich der Elektromotor durch.
Alle Musikautomaten verfügen über drei entscheidende Bauelemente, nämlich einen Tonträger, einen Antrieb und einen oder mehrere Klangerzeuger. Automaten, die viele unterschiedliche Klangerzeuger beinhalten, werden als Orchestrien bezeichnet. Üblicherweise unterscheidet man die Musikautomaten anhand des Tonträgers. Die wichtigsten Tonträger sind Stiftwalzen, gelochte Metallscheiben und perforierte Papierrollen bzw. Kartonbänder.
Alle frühen Musikautomaten verwendeten Stiftwalzen als Tonträger. Diese Doppelseite zeigt ein herrliches Pfeifenorchestrion von Imhof & Mukle. Es entstand 1861, als die Walzensteuerung bereits weit entwickelt war. Neben dem Instrument ist der Schrank mit den Ersatzwalzen aufgestellt, ein ungeheurer musikhistorischer Schatz. Die verwendete Technik ist typisch für diese Instrumentenbauart. Als Antrieb dient ein Gewicht, das von Hand nach oben gekurbelt werden muss. Dieses treibt sowohl die Stiftwalze als auch eine Pumpe im unteren Geräteteil an, das die Luft für die Pfeifen liefert. Die Stifte werden durch Hebel abgetastet, die direkt oder indirekt die Klangerzeuger bzw. die Pfeifenventile betätigen.

*The most characteristic feature of automatic musical instruments is that they can play pieces of music on their own. Before electrification they were driven by weights, spring-wound clockworks or by hand. After 1890 the electric motor became dominant.*
*All automatic musical instruments contain three crucial parts: a drive, a sound carrier and one or more sound sources. Automatic instruments with many different sound sources are also referred to as orchestrions. Automatic musical instruments are usually distinguished by the type of sound carrier. The most widely used sound carriers are pinned barrels, punched metal disks, and perforated cardboard or paper bands.*
*All early automatic musical instruments used pinned barrels as sound carriers. This double page shows a beautiful pipe orchestrion made by Imhof & Mukle. It was built in 1861 when barrel technology was already quite advanced. It is driven by a weight that had to be wound up by hand and drives both the pinned barrel and a pump in the lower part of the instrument that delivers the compressed air for the pipes. The pins are sensed by levers which either directly or indirectly activate the sound sources or the pipe valves, respectively.*

Die Steuerung des Imhof & Mukle Pfeifenorchestrion ist typisch für ein Walzenorchestrion. Das Gewicht ist an einem Seil (1) aufgehängt, und treibt beim Herabsinken die Stiftwalze (2) an. Über Hebelstößel (3) wird das Schöpfwerk im unteren Geräteteil betätigt, das Luft in eine Windlade einbläst. Ein Fliehkraftregler (4) regelt die Umdrehungsgeschwindigkeit. Die Abtastung der Stiftwalze erfolgt durch Hebel (5). Bei Orchestrien ohne Pfeifen entfällt das Schöpfwerk.

*The controls of the Imhof & Mukle pipe orchestrion are typical for a barrel orchestrion. The pinned barrel (2) is driven by a weight that is attached to a rope (1). Via tappets (3) it also drives the pump in the lower part of the instrument that blows air into a reservoir. A centrifugal force regulator (4) controls the speed of rotation. The pinned barrel is sensed by levers (5). Orchestrions without pipes lack the pump.*

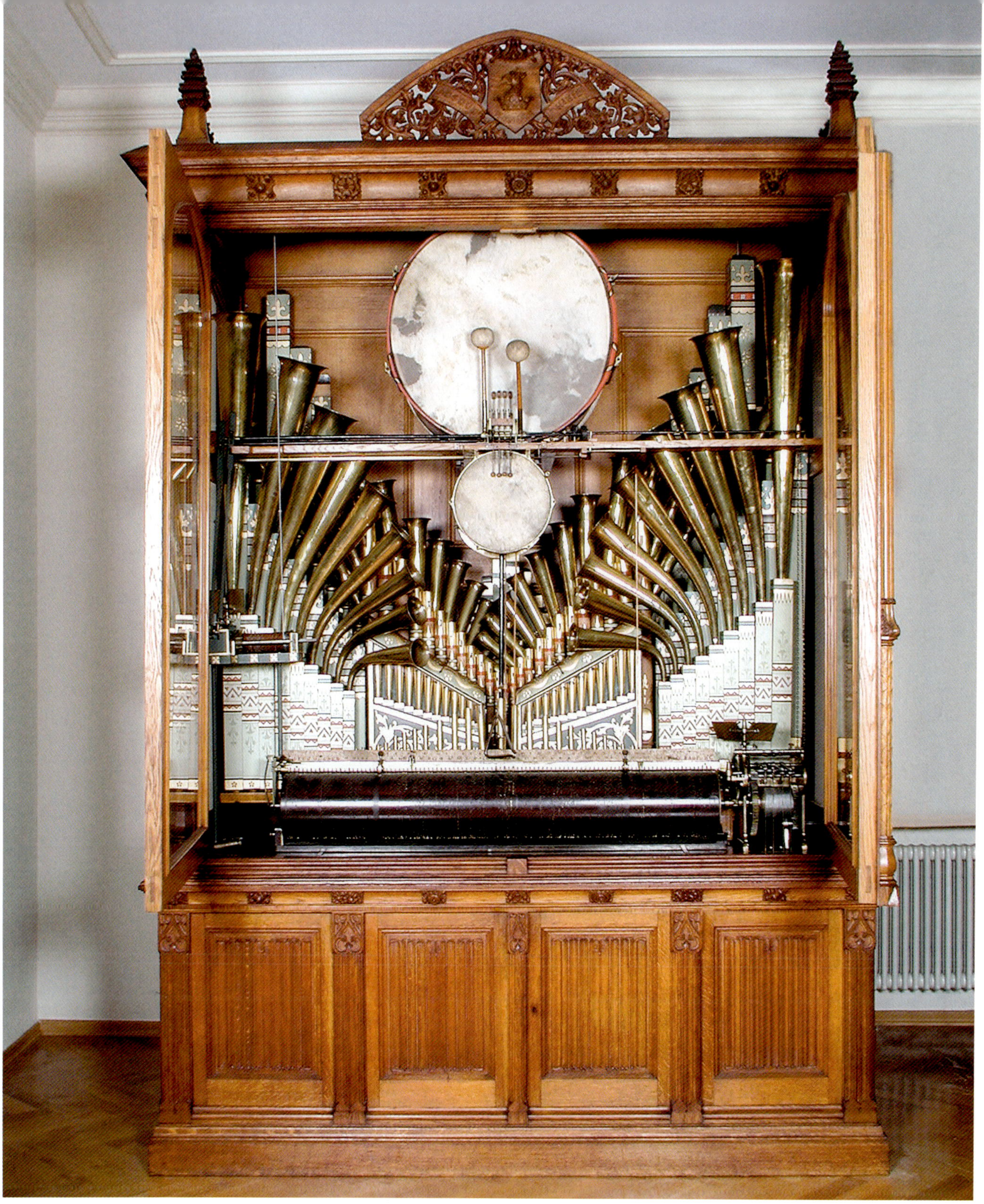

## Imhof und Mukle Orchestrion von 1861

- Gebaut 1861 von Imhof & Mukle in Vöhrenbach/Schwarzwald
- Walzengesteuertes Pfeifenorchestrion mit Gewichtsantrieb
- Maße (HxBxT): 360 cm x 240 cm x 160 cm
- Instrumente: 260 Pfeifen mit 98 Tonstufen, drei Trommeln und einer Triangel
- Edles Saloninstrument aus der Frühzeit der Orchestrien. Bemerkenswert ist die Bemalung der Pfeifen, die bei den meisten Instrumenten später entfernt wurde.
- Der Walzenschrank im gleichen Gehäusestil birgt einen unvorstellbaren, musikhistorischer Schatz: 27 spiralförmig bestiftete Walzen mit Musik aus der Zeit von 1890 bis 1914 mit einer Spielzeit von jeweils ca. sechs bis acht Minuten

## *Imhof and Mukle orchestrion from 1861*

- *Built in 1861 by Imhof & Mukle in Vöhrenbach/Black Forest*
- *Barrel orchestrion with pipes and weight drive*
- *Dimensions (HxWxD): 360 cm x 240 cm x 160 cm*
- *Instruments: 260 pipes with 98 degrees, three drums, one triangle*
- *Exquisite salon instrument from the early times of orchestrions. The painting of the pipes is a remarkable feature since it was removed from most instruments at a later point in time.*
- *The barrel closet built in the same design contains an incredible treasure of musical history: 27 spiral pinned barrels with music from the era between 1890 and 1914 with a playing time of six to eight minutes each*

Im Laufe des 19. Jahrhunderts wurden die mit Stiftwalzen gesteuerten Musikautomaten ständig weiterentwickelt. So entstanden schließlich schrankgroße Geräte, die mehrere Instrumente gleichzeitig spielen konnten. Die meisten Geräte kamen aus Deutschland, das sich zum weltweit größten Produzenten für mechanische Musikinstrumente entwickelte.

Oben links: Walzengesteuertes Großorchestrion von der Firma Gebr. Ellenrieder aus Tuttlingen. Oben rechts: Imhof & Mukle Orchestrion No. 2385 in einem wunderschönen Schrank aus Nussbaum Wurzelfurnier gebaut um 1892 in Vöhrenbach / Schwarzwald. Für dieses Instrument sind 17 Stiftwalzen mit Musik der deutschen Romantik vorhanden. Unten links: Orchestrion von Lösche aus dem Jahr 1912. Ein typisches Gaststätteninstrument mit Münzeinwurf. Es spielt Klavier, Mandoline, Becken, Triangel und Schlagzeug.

*The development of barrel-controlled automatic musical instruments kept steadily progressing during the 19th century, until cupboard-sized gadgets were built that could play several instruments simultaneously. Most of them originated from Germany which developed into the greatest producer of automatic musical instruments worldwide.*

*Top left: Barrel orchestrion by Ellenrieder Bros. of Tuttlingen. Top right: Imhof & Mukle orchestrion No. 2385 in an impressive cupboard made of walnut root veneer built around 1892 in Vöhrenbach / Black Forest. For this instrument there are 17 barrels with music from the time of German Romanticism available. Bottom left: Orchestrion from the year 1890 built by Lösche. A typical coin-operated orchestrion for pubs and guesthouses. It plays Piano, mandoline, cymbal, triangle, and drums.*

Zur vollen Blüte gelangten die Musikautomaten durch die Verbesserung der Pneumatik zu Beginn des 20. Jahrhunderts. Das Prinzip ist einfach. In einem meist elektrisch angetriebenen Schöpfwerk wird je nach Steuerungstechnik ein Unterdruck, ein Überdruck oder beides erzeugt. Als Tonträger dient ein auf einer Rolle aufgewickeltes perforiertes Papierband oder ein gefaltetes perforiertes Kartonband. Das Papier- oder Kartonband wird über einen sogenannten Spieltisch geführt, in dem die Steuerleitungen der Pneumatikventile enden. In dem Moment, in dem eine Öffnung im Papierband den Lesekopf überquert, strömt Luft von außen ein und ändert dadurch die Druckverhältnisse im System. Hierdurch werden Steuerventile ausgelöst, die über einen pneumatischen Mechanismus die Klangerzeuger betätigen.

Nicht alle Instrumente, die perforierte Kartonbänder als Tonträger verwenden, werden pneumatisch gesteuert. Es wurden auch einfache Musikautomaten gebaut, bei denen die Kartonbänder, ähnlich wie bei den Plattenautomaten, mechanisch abgetastet wurden.

*Automatic musical instruments reached their peak towards the beginning of the 20th century due to improved pneumatic controls. The principle is simple. Positive or negative pressure, or both, depending on the type of control mechanism, are generated in a pump driven by an electric motor. A perforated paper band wound on a roll or a perforated cardboard folded zig-zag fashion into a compact pile is used as sound carriers. The paper or cardboard band is guided over a tracker bar where the control lines of the pneumatic valves end. When a perforation in the paper or cardboard band crosses one of the openings in the tracker bar, outside air streams into the system and changes the pressure ratios. As a result, the attached valves are switched and the sound sources are activated.*

*Not all instruments which use perforated cardboard bands as sound carrier have a pneumatic control system. There are also simple instruments which, like disc music boxes, sense the perforation mechanically.*

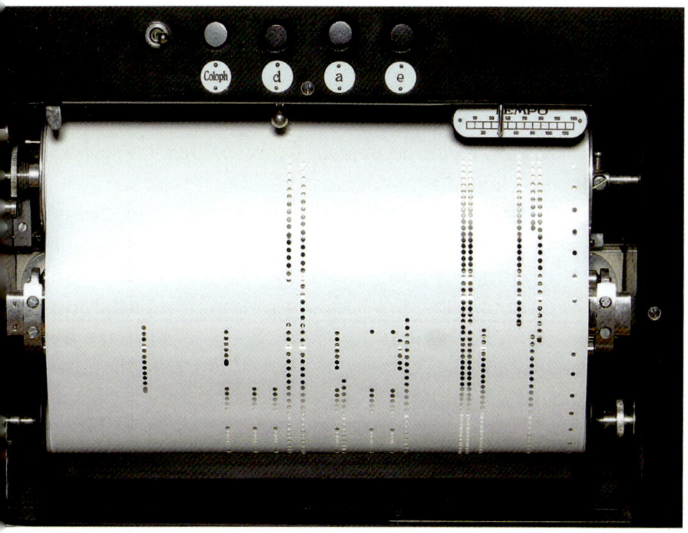


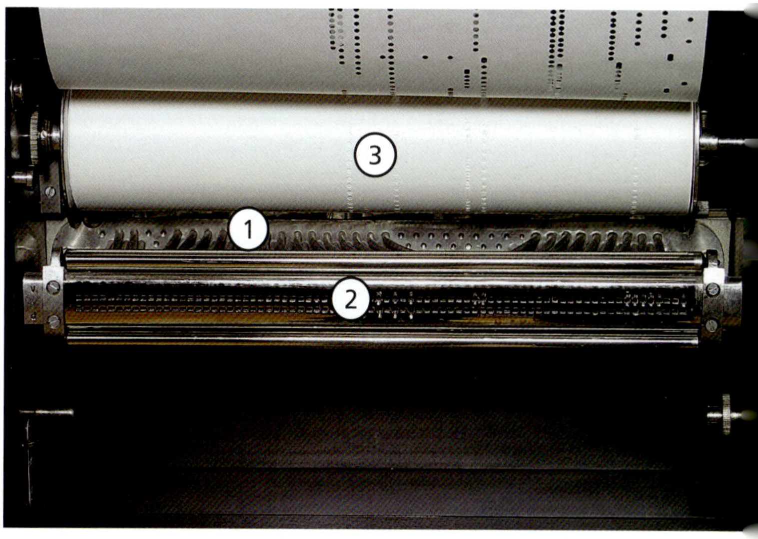


Bilder oben: Ein typischer Spieltisch mit und ohne Papierrolle. Die Steuerleitungen der Pneumatikventile (1), deren Öffnungen im Spieltisch enden (2), sind deutlich zu erkennen. Der Luftdruck in den Leitungen wird durch die Perforation in der Papierrolle (3) geregelt. Die Klangerzeuger werden pneumatisch über Ventile betätigt, die durch die Druckänderungen geschaltet werden.

*Pictures top: A typical tracker bar with and without the paper roll. The control lines of the pneumatic valves (1) which end in the tracker bar (2) are clearly visible. The pressure in the lines is controlled by the perforation in the paper roll (3). The sound sources are activated via pneumatic valves that are switched by the pressure changes.*

Im Museum Wilhelmsbau kann eine der weltweit größten Sammlungen selbstspielender echter Geigen bewundert werden. Die Ausstellung umfasst drei Hupfeld Phonoliszt-Violina (Modell A, Modell B und Doppelgeige) und eine Mills Violano-Virtuoso. In allen vier Instrumenten wird ein Klavierteil mit bis zu sechs Geigen kombiniert. Des weiteren ist im Museum Wilhelmsbau eine sogenannte Pfeifengeige von Hupfeld zu sehen, bei der der Geigenton durch spezielle Pfeifen nachgeahmt wird. Als Tonträger dient bei allen Automaten ein perforiertes Papierband.

Selbstspielende Geigen gehören zu den faszinierendsten Musikautomaten, da ein natürliches Geigenspiel technisch außerordentlich schwer reproduziert werden kann. Der Durchbruch auf diesem Gebiet gelang der Firma Hupfeld mit der Phonoliszt-Violina im Jahr 1908. In diesem Instrument wurde ein Klavierteil mit drei Geigen kombiniert, bei denen jeweils eine der vier Saiten von einem kreisförmigen Bogen angestrichen wird. Die Tonhöhe wird mit 10 pneumatisch gesteuerten Greifern festgelegt. Das Geigenspiel ist so lebensecht, dass die Phonoliszt-Violina selbst von Konzertgeigern als achtes Weltwunder bezeichnet wurde. Die Bilder auf dieser Seite zeigen die original Hupfeld Phonolizt Violina Ausführung „A" mit einem klassischen Gehäuse, ähnlich einem Orchestrion. Die Hupfeld Geigeninstrumente gehören heute zu den seltensten und kostbarsten Musikautomaten. Das Instrument im Museum gehört zu den ganz wenigen authentischen Hupfeld-Geigen, die noch voll spielfähig sind.

*In the Museum Wilhelmsbau, one of the world's largest collections of self-playing real violins can be admired. The exhibition includes three Hupfeld Phonoliszt-Violina (model A, model B, and double violin) and a Mills Violano-Virtuoso. In all four instruments, a piano part is combined with up to six violins. In addition, a so called pipe violin by Hupfeld is presented in the Museum Wilhelmsbau which imitates the sound of violins by special pipes. All these instruments use perforated paper rolls as sound carrier.*

*Self-playing violins are among the most fascinating automatic musical instruments since the reproduction of a natural violin sound is extremely difficult. The breakthrough in this field was the Phonoliszt-Violina introduced by Hupfeld in 1908, which combined three violins with a piano part. On each violin one of the four strings is played by a circular bow. The pitch is controlled by 10 pneumatic grips. The violin play is so lifelike that even professional violin players described the Phonoliszt-Violina as the eighth Wonder of the World. The pictures on this page show the genuine Hupfeld Phonoliszt Violina model "A" with a classic cabinet similar to an orchestrion. Today the Hupfeld violins belong to the rarest and most valuable automatic musical instruments. The specimen on display in the museum belongs to the very few authentic Hupfeld violins that are still fully operational.*

technik-museum.de/video/hupfeld

Im Museum Wilhelmsbau können die Besucher eine einzigartige Sammlung von seltenen Orchestrien erleben, von denen weltweit oft nur noch wenige Exemplare existieren. Einen Eindruck von der grandiosen Technik, die diese Instrumente beinhalten, gibt das links gezeigte, geöffnete „Luna" Orchestrion von Popper aus dem Jahr 1914.

*In the Museum Wilhelmsbau the visitors can experience an outstanding collection of rare orchestrions. The opened "Luna" orchestrion built by Popper in 1914 shown at the left gives an impression of the sophisticated technology which is contained in these instruments.*

Alle frühen Orchestrien wurden durch Stiftwalzen gesteuert, die teuer und schwer zu wechseln waren. Die Papierrollen-Steuerung war wesentlich flexibler, konnte aber, von wenigen Ausnahmen abgesehen, nur für die sehr teuren, pneumatisch gesteuerten Automaten verwendet werden. Eine Alternative für preiswerte Geräte erfand Paul Lochmann Ende des 19. Jahrhunderts. Im Jahr 1885 erhielt er ein Patent für Musikautomaten, die eine Lochplatte aus Metall als Tonträger verwendeten. Solche Platten konnten fabrikmäßig in großen Stückzahlen zu geringen Kosten angefertigt werden. Sie bildeten die Grundlage für die Massenproduktion verhältnismäßig billiger Musikautomaten der unterschiedlichsten Größen, sowohl für die gewerbliche Nutzung, z.B. in Gaststätten, als auch für den Heimgebrauch. Die Instrumentierung der Geräte war bewusst einfach gehalten und bestand häufig nur aus Metallkämmen. Sie werden daher auch als Polyphone bezeichnet.
Obwohl die meisten plattengesteuerten Geräte klanglich weniger boten als die Orchestrien setzten sie sich aufgrund des niedrigen Preises und des großen Musikprogramms schnell durch. Das Zentrum der Produktion war Leipzig, wo Lochmann unmittelbar nach der Patenterteilung begann, unter dem Markennamen „Symphonion“ plattengesteuerte Musikautomaten zu bauen. Aufgrund des großen Erfolges gründeten zwei seiner Mitarbeiter 1890 die Polyphon Musikwerke, ebenfalls in Leipzig. In den folgenden Jahren entstanden mehrere hunderttausend Geräte, die in die ganze Welt exportiert wurden. Der kometenhafte Aufstieg dieses Industriezweigs endete abrupt nach dem 1. Weltkrieg, als die Grammophone den Markt zu erobern begannen.
Im Museum Wilhelmsbau sind zahlreiche Musikautomaten mit Plattensteuerung der unterschiedlichsten Bauweisen ausgestellt. Das Bild rechts oben zeigt ein Gerät der Luxusklasse, ein Lochmann 300 „Concert Original“, mit zwei doppelten Metallkämmen, 12 Röhrenglocken, Mandolineneffekt und Schlaginstrumenten. Im Bild darunter ein Polyphon „Mikado“ mit einem Doppelkamm.

*All early orchestrions used pinned barrels as sound carriers, which were expensive and hard to change. Paper roll control was much more flexible but was mostly limited to expensive pneumatically controlled instruments. An alternative for easy to produce automates was invented by Paul Lochmann at the end of the 19th century. In 1885, he was granted a patent for automatic musical instruments that used punched metal discs as sound carriers. Such discs could be produced at low cost in large quantities. They provided the basis for the mass production of relatively cheap automatic musical instruments of different sizes for both commercial use, e.g. in pubs and restaurants, or for home use. The instruments, mostly called disc music boxes, were intentionally equipped with a very few sound sources only. Many of them only contained metal combs. For this reason they are also referred to as polyphones.*
*Although most disc music boxes offered a much lower sound quality than the orchestrions they soon became very successful due to their low price and the wide choice of music. The centre of production was Leipzig, were Lochmann started the production of disc music boxes under the trade name “Symphonion” immediately after he had been granted the patent. Due to the large success, two of his employees founded the “Polyphon Musikwerke”, also in Leipzig, in 1890. In the following years several hundreds of thousands instruments were made and exported to the whole world. The meteoric rise of this branch of industry abruptly ended after WW I when the gramophones started to conquer the markets.*
*In the Museum Wilhelmsbau numerous disc music boxes of different types are shown. The top picture at the right shows a model of the luxury class, a Lochmann 300 “Concert Original” with two double combs, 12 tubular chimes, mandoline effect and percussion. The picture below shows a Polyphon “Mikado” with one double comb.*

Nach 1930 wurden die kleinen Musikautomaten zunehmend durch Radios und Plattenspieler ersetzt. Die großen Instrumente, wie z.B. die Tanzorgeln, die überwiegend in Tanzsälen oder auf Jahrmärkten für Unterhaltung sorgten, wurden dagegen noch viele Jahre weitergebaut. Das Museum verfügt über zahlreiche dieser Großinstrumente, die sowohl im Museum Wilhelmsbau als auch in den Museumshallen in Sinsheim und Speyer gezeigt werden.

Einer der größten Namen im Großorgelbau war die in Antwerpen / Belgien ansässige Firma Mortier. Neben vielen mächtigen Hallen- und Kirmesorgeln entstanden bei Mortier auch eine kleine Anzahl edler „Kaffeehaus-Orgeln". Das Museum ist stolz darauf, seinen Besuchern ein besonders hochwertiges Exemplar dieser speziell für große, feine Kaffeehäuser gefertigten Instrumente präsentieren zu können.

Die im Bild rechts gezeigte, wie ein Monument gebaute Tanzorgel ist mit einer aufwändig verzierten Fassade versehen und befindet sich in einem absolut spielfähigen Zustand. Gesteuert wird das Gerät durch Lochkartonbänder, die wie ein Buch gefaltet werden. Das Museum besitzt über 1.200 solcher Mortier-Bücher, die das gesamte Repertoire der Unterhaltungsmusik der damaligen Zeit umfassen.

Das untere Bild zeigt eine Kinoorgel mit Papierrollen-Steuerung von Morton / USA aus dem Jahr 1925 zur akustischen Untermalung von Stummfilmen. Die zweimanualige Orgel mit 88 Tonstufen kann sowohl von Hand als auch automatisch gespielt werden. Die Orgel hat zwei Rollen, die wechselseitig genutzt werden, und so ein unterbrechungsfreies Spiel ermöglichen. Sie hat 12 Tasten für Toneffekte wie Kanonendonner, Vogelgezwitscher, Gewitter etc.

*After 1930 the small automatic musical instruments were replaced more and more by radios and record-players, while the big instruments, like the calliopes, for instance, which used to provide entertainment mainly in dance halls and fun fairs, continued to be built for many years yet. The museum possesses many of these large instruments which are shown in the Museum Wilhelmsbau and the museum's halls in Sinsheim and Speyer.*

*One of the most renowned builders of large organs were Messrs. Mortier of Antwerp / Belgium. Besides calliopes for use in halls and fair-grounds, Mortier did also produce a small number of noble "Coffee House Organs". The museum proudly presents an exceptionally precious specimen of these instruments which were designed and made especially for large, high-class coffee houses.*

*The calliope built like a monument, shown in the picture on the top, is equipped with an elaborately adorned facade and in an absolutely playworthy condition. The instrument is being controlled by perforated carton-strips which are folded like a book. In the museum's possession are more than 1,200 of such Mortier-books comprising the entire light music-repertory of those times.*

*The picture at the bottom shows a cinema organ by Morton / USA with paper roll control from 1925 intended for playing accompanying music for silent movies. The Organ with two manuals and 88 keys can be played either automatically or by hand. The organ is equipped with two rolls that are used alternately and thus allow a continuous play without interruption. It has 12 keys for sound effects like canon thunder, bird chirping, thunderstorm etc.*

## Das „Lindenstraße" Zimmer

Für die Freunde der beliebten Fernsehserie „Lindenstraße" hält das Museum Wilhelmsbau eine ganz besondere Überraschung bereit: In einem speziell eingerichteten Raum präsentiert sich die erste deutsche Dauerserie, die bereits seit 1985 auf Sendung ist, mit einer kleinen Sonderausstellung. Im Zentrum der Ausstellung steht die Wohnküche der „Else Kling", die von der im Jahr 2006 verstorbenen Schauspielerin Annemarie Wendl verkörpert wurde. Im Sommer 2013 wurden die Möbel, alle Hängeschränke und sogar ganze Wände nach Speyer transportiert. Allein die Kleinutensilien füllten etliche Umzugskartons.

Zur Eröffnung des Else-Kling-Zimmers reisten gleich mehrere „Lindensträßler" zu einer Autogrammstunde nach Speyer. Dabei besichtigten sie auch den Seenotkreuzer John T. Essberger. Das Bild unten zeigt (von links): Hüseyin Ekici („Orkan Kortuglu"), Daniela Bette („Angelina Buchstab"), Museumsleiter Hermann Layher, Produzent Hans W. Geißendörfer, Marie-Luise Marjan („Helga Beimer"), Clara Dolny („Josi Stadler") und Andreas Hemmer, Leiter der Verwaltung des Technik Museum Speyer.

Mit dem „Lindenstraße" Zimmer im Museum Wilhelmsbau präsentiert sich die Serie zum ersten Mal außerhalb ihres Produktionsortes in Köln. Produzent Hans W. Geißendörfer zur Ausstellung: „Dass die ‚Lindenstraße' jetzt museal wird heißt nicht, dass sie an Lebendigkeit und Lebenslust verloren hat – davon kann man sich Sonntag für Sonntag um 18.50 Uhr im Ersten überzeugen! Möge die kleine Dauerausstellung zur Anlaufstelle für die jetzigen ‚Lindenstraße'-Zuschauer werden und dazu beitragen, dass auch Menschen die ‚Lindenstraße' einschalten, die sie noch nicht kennen, aber hier im Museum auf sie aufmerksam geworden sind!"

*For all friends of the German telecast "Lindenstraße" the Museum Wilhelmsbau presents a small special exhibition with many memorabilia from this first German soap opera broadcasted since 1985.*

## Historische Moden und Uniformen

Ein weiterer Höhepunkt im Museum Wilhelmsbau ist die Sammlung historischer Moden. Sie reicht von der Gründerzeit der zweiten Hälfte des 19. Jahrhunderts über die sich daran anschließende Epoche des Jugendstils bis in die 1950er Jahre. Zum Teil wurden die Kleidungsstücke auf Flohmärkten aufgefunden, teils auf Auktionen ersteigert. Da charakteristische Erkennungsmerkmale wie die Etiketten häufig im Laufe der Jahrzehnte verlorengegangen sind, lassen sich die Herkunft und die Entstehungszeit der meisten Kleidungsstücke nicht exakt bestimmen, sondern nur aufgrund des Materials und des Stils näherungsweise eingrenzen.

Viele der Ausstellungsstücke waren beim Erwerb in einem problematischen Zustand und mußten aufwändig restauriert werden. Hier hat Frau Henriette Irle aus Eschenbach hervorragende Arbeit geleistet. Gefährdete Stoffpartien, Löcher und Risse wurden mit einem stützenden Gewebe unterlegt und das meist aus reiner Seide bestehende Innenfutter, das für Alterungsprozesse besonders anfällig ist, ersetzt. Schwierig war dabei die Beschaffung geeigneter Ersatzmaterialien, da diese den Originalstoffen so nah wie möglich kommen sollten.

Bild links: Kinderkleid aus Seide mit aufgestickten Blumen. Es entstand um 1860 und ist eines der ältesten und wertvollsten Stücke der Sammlung.

Bild oben links: Balltoillette um 1893. Das zweiteilige Kleid aus schwerer Atlas-Seide ist mit Perlen und Metallfäden bestickt und mit hellgrünem Samt eingefasst. Die Taillenweite beträgt nur 46 cm mit einschnürendem Korsett. Aufgrund des eingeengten Brustkorbs kam es beim Tanzen vielfach zu Ohnmachten bei den Damen.

Bild oben rechts: Offiziersuniform und repräsentatives Kleid aus der Zeit gegen Ende des 19. Jahrhunderts.

## *Historic fashion and uniforms*

*Ein Another highlight in the Museum Wilhelmsbau ist the historic fashion collection. It is spanning a wide arc from the days of industrial expansion in the second half of the 19th century, over the following Art Nouveau period, up to the 1950s. Some of the garments were found in flea markets, others were bought at auctions. Since characteristic identifications like labels were often lost in the course of decades, time and place of origin of most garments cannot be exactly determined but only roughly defined based on material and style.*

*A great number of the exhibits were in problematic condition when acquired and required painstaking restoration. In this respect extraordinary results were accomplished with her efforts by Ms. Henriette Irle of Eschenbach. Critical parts of fabric, holes and tears were lined with supporting material and the lining on the inside, mainly made of pure silk which is particularly subject to ageing, was replaced. Obtaining adequate substitute materials was often problematic to achieve in this connection since the replacement fabrics were to match the originals as closely as possible.*

*Picture left: Child dress made of silk with flower embroidery. It was made in or about 1860 and is one of the oldest and most valuable items of the collection.*

*Picture top left: Full ball dress from around 1893. The two-piece gown of heavy satin is adorned with embroidery of pearls and metallic threads and trimmed with light green velvet. Laced in, it was made to fit a waistline of merely 46 centimeters. As a consequence of the thus constricted chest and breathing capacity it was quite common for ladies to faint during dancing.*

*Picture top right: Officers uniform and formal dress from the time at the end of the 19th century.*

Die meisten der Moden sind auf Künstlerpuppen dekoriert die so lebensecht wirken, dass man meint, sie müssten sich jeden Moment durch den Raum bewegen.
Die Bilder auf dieser Doppelseite zeigen die ganze Bandbreite der Modenausstellung, die von der Gründerzeit bis in die 1950er Jahre reicht, als Elvis die Hüften schwang.

*Most of the fashion garments are modeled on mannequin dolls, so life-like that you would expect to see them move around at any moment.*
*The pictures on these two pages show the whole range of the fashion exhibition which reaches from the middle of the 19th century to the 1950s when Elvis used to gyrate his hips.*

Einer der größten Schätze, der im Museum Wilhelmsbau bewundert werden kann, ist die Sammlung Winkler. Sie umfasst eine einzigartige Kollektion von historischen Uniformen und Uniformteilen, Rangabzeichen, Orden, Helmen, alten Waffen und zahlreiche weitere Exponate, die schwerpunktmäßig im Umfeld der ehemaligen württembergischen und preußischen Armee angesiedelt sind. Begründet wurde die Sammlung vom Fabrikantenehepaar Erwin und Frida Winkler aus Cleebronn in Baden-Württemberg. In über 30-jähriger leidenschaftlicher Sammlertätigkeit wurde sie stetig ergänzt, wobei größter Wert darauf gelegt wurde, alles so originalgetreu wie möglich zu gestalten. So entstand schließlich eine einmalige und historisch wertvolle Dokumentation der Militärgeschichte, die in Fachkreisen höchste Anerkennung gefunden hat. Herr Winkler ist im Jahr 1993 an den Folgen einer schweren Krankheit verstorben. Wir sind glücklich und dankbar, dass die Sammlung nicht aufgelöst, sondern in ihrer Gesamtheit dem Museum schenkungsweise überlassen wurde, wo sie jetzt in ihrer ganzen Schönheit einer breiten Öffentlichkeit zugänglich ist und auf Dauer an die Stifter erinnert.

*One of the greatest treasures to be admired in the Museum Wilhelmsbau is the Winkler Collection. It comprises a unique collection of historic uniforms and uniform parts, badges and insignia, medals, helmets, old weapons and numerous further exhibits with main emphasis on objects associated with the former Armies of Württemberg and Prussia. The collection was founded by the industrialist Erwin Winkler and his wife Frida of Cleebronn in Baden-Württemberg. In more than 30 years of ardent collecting it was constantly added to with great efforts to keep as true to the originals as possible. In the course of decades these efforts thus resulted in an unique and historically valuable documentation of military history highly acclaimed among experts. Mr. Winkler died in 1993 from a serious illness. We are happy and grateful that the collection was not dissolved but donated to the museum where it is now accessible to a wide public as a permanent memento of the donors.*

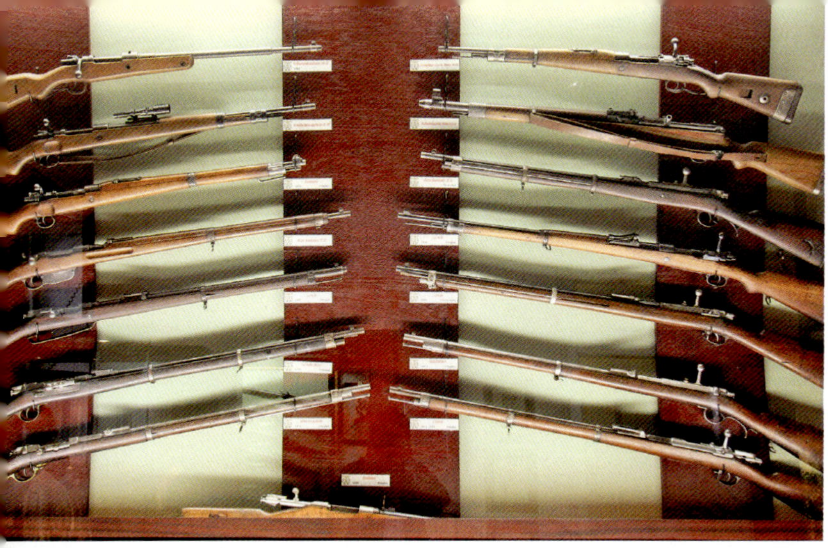

Die Vitrinen mit Uniformen und historischen Waffen auf diesen beiden Seiten zeigen eine kleine Auswahl der in der Sammlung Winkler enthaltenen Exponate.

*The showcases with uniforms and historical weapons on these two pages show a small selection of the exhibits contained in the Winkler collection.*

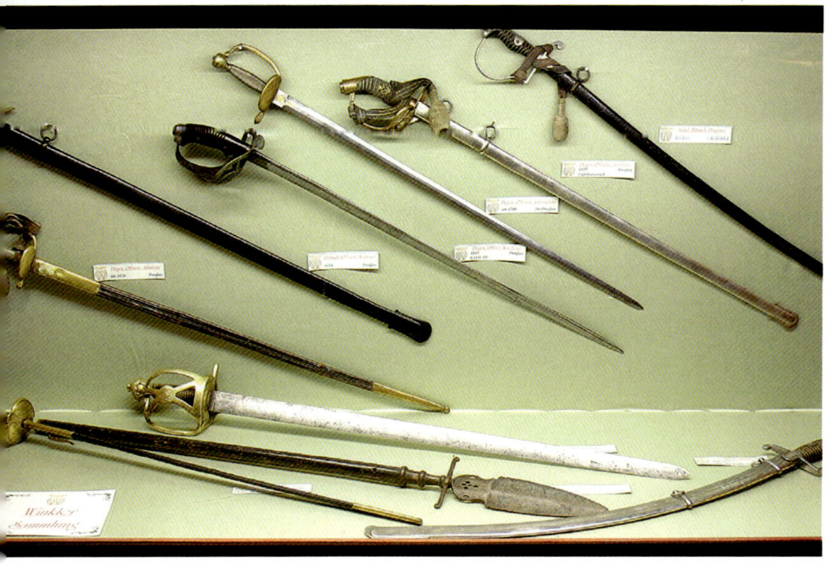

## Jagdausstellung - *Hunting exhibition*

Bild oben: Jäger mit Ausrüstung für die Winterfütterung. An der Wand Abwürfe von Hirschen. Hirsche werfen jedes Jahr das Geweih ab. Im Jagdzimmer werden alle Abwürfe vom ersten bis zum 13. Jahr gezeigt. Im letzten Lebensjahr, wenn die Kraft zu Ende geht, wird der Hirsch erlegt. Ein Rothirsch erzeugt in 13 Jahren eine Geweihmasse von bis zu 90 kg. Bild links unten: Gebirgshirsch aus dem Karwendel-Gebirge, 24-Ender, 217 internationale Punkte. An der Wand Abwürfe eines anderen Hirsches. Bild rechte Seite oben: Preußischer Revierförster in Gala-Uniform (Forstoberamtmann). Im Vordergrund Ganzpräparation eines alten Steinbocks aus dem Karwendel-Gebirge, erlegt 2.300 Meter über dem Achensee. Bild rechte Seite unten links: Vitrine mit Präparaten von heimischen Wildvögeln. Bild rechte Seite unten rechts: Europäischer Braunbär, 13 Jahre alt, 490 internationale Punkte, erlegt in Rumänien (Rumänien hat heute eine Bären-Überpopulation mit ca. 6.000 Braunbären).

*Picture on top: Hunter equipped for winter feeding. Mounted on the wall are stag castings. Stags are casting their antlers annually. All castings from the 1st through the 13th year are on exhibit in the hunting room. In the last year of his life, when his strength fails, the stag is being bagged. In the course of 13 years a stag generates an antler-mass of up to 90 kg. Picture bottom left: A mountain stag from the Karwendel Mountains, 24-pointer, 217 international points. Mounted on the wall are castings of another stag. Picture right page top: Prussian game warden in ceremonial uniform (official title in the rank of a senior civil servant was "Forstoberamtmann"). At the front full-size preparation of an old ibex from the Karwendel*

*Mountains, shot 2,300 m above Lake Achensee. Picture right page bottom left: Showcase with stuffed domestic wild birds. Picture right page bottom right: European brown bear, 13 years old, 490 international points, from Romania (with an approximate number of 6,000 animals Romania, these days, is overpopulated with brown bears).*

## Puppen und Spielzeug - *Dolls and toys*

Das Museum Wilhelmsbau ist eine schier unerschöpfliche Fundgrube für alle Liebhaber historischer Spielsachen. Eine Augenweide nicht nur für Puppenmuttis ist die riesige Puppensammlung mit mehreren tausend Puppen der unterschiedlichsten Stilrichtungen. Besonders faszinierend sind auch die zahlreichen Dampfmaschinen- und Eisenbahn-Modelle. Viele der schönsten Objekte wurden dem Museum von der Familie Schütt als Leihgabe zur Verfügung gestellt. Eines der ältesten Objekte ist das oben gezeigte Karussell, das in den 1930er Jahren entstanden ist. Wir würden uns freuen, wenn diese Kabinettstücke der Modellbaukunst den einen oder anderen Besucher dazu motivieren könnten, in der heimischen Werkstatt ähnliche Schmuckstücke zu schaffen.

*The Museum Wilhelmsbau is a nearly inexhaustible treasure trove for all fans of historical toys. A treat for the eyes not only of doll's mammies is the huge collection of dolls with several thousand specimens of various styles. Also of particular fascination are the numerous steam engines and railway models. Many of the most beautiful objects were given to the museum on loan by the Schütt Family. One of the oldest objects is the merry-go-round shown above that originates from the 1930s. We would be pleased if these showpieces of model building were to induce one visitor or the other to create similar gems in his own workshop at home.*

# So finden Sie uns - *How to find us*

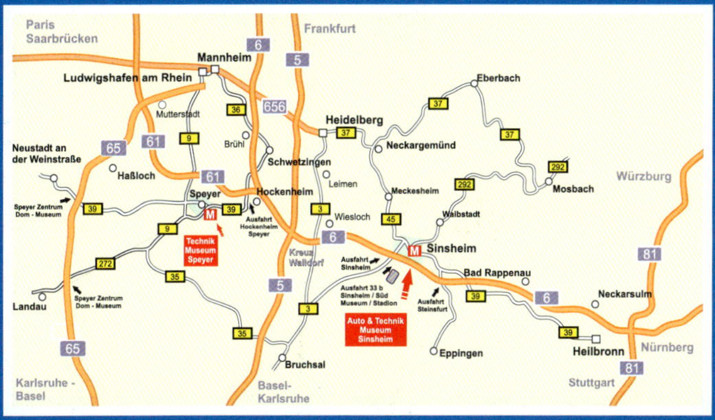


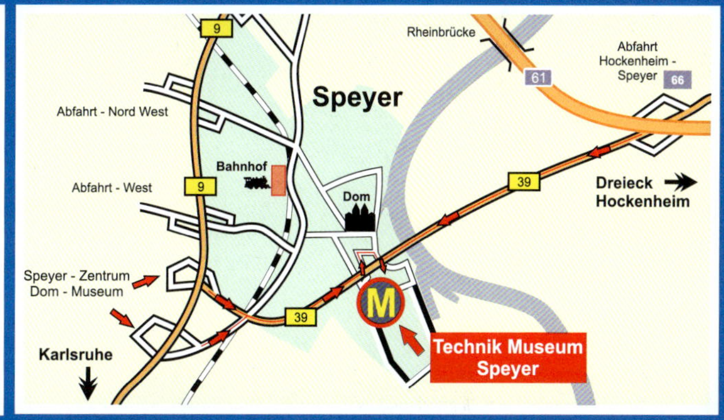


## Lageplan des Technik Museum Speyer - *Ground plan of the Technik Museum Speyer*

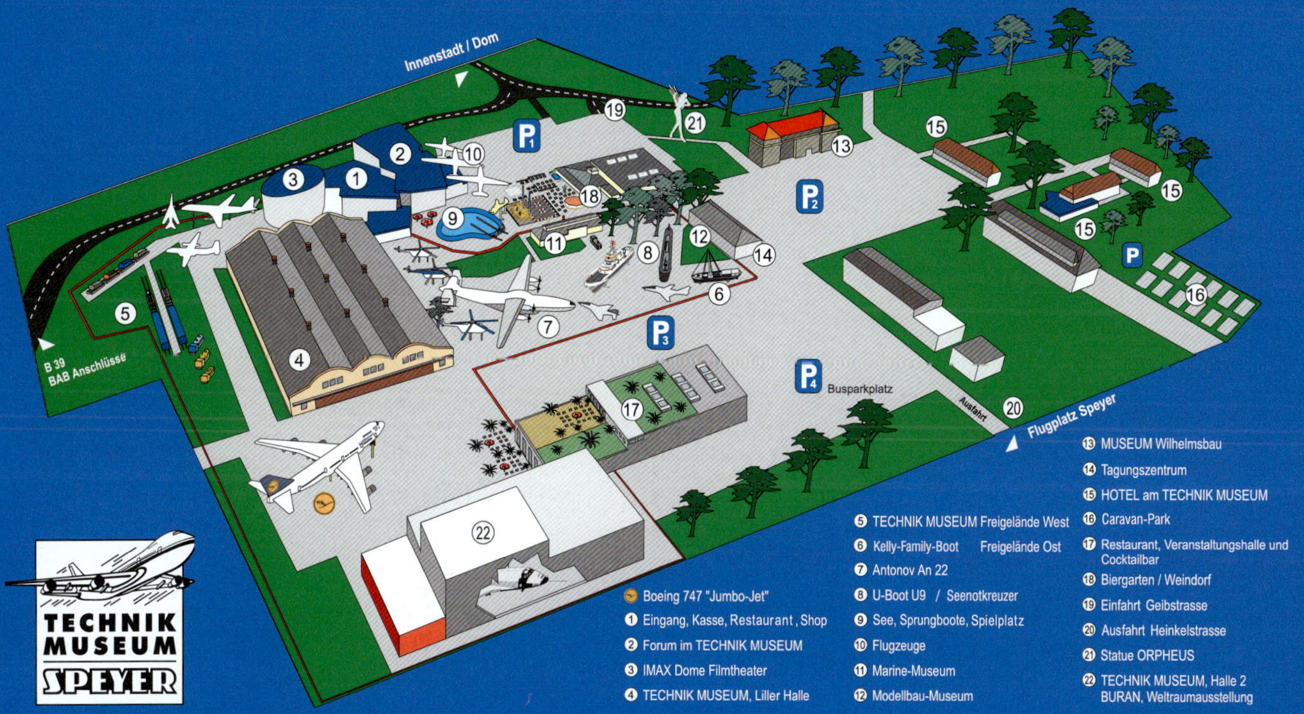


Das Technik Museum Speyer ist ganzjährig täglich von 9:00 bis 18:00 Uhr geöffnet, an Sonn- und Feiertagen von 9:00 bis 19:00 Uhr (am 24.12. und 31.12. verkürzte Öffnungszeiten). Das Museum befindet sich im Zentrum von Speyer, nur 5 Minuten von der Autobahn A61 (Koblenz-Speyer) entfernt. Von den Autobahnausfahrten „Speyer" sowie „Speyer/Hockenheim" führt Sie die Beschilderung Richtung Speyer bzw. „Dom/Museen" direkt auf unseren großen PKW- und Busparkplatz. Vom Hauptbahnhof Speyer bringt Sie ein Shuttle-Bus direkt zum Museum.

*The Technik Museum Speyer is open 365 days a year from 9:00 a.m. to 6:00 p.m., on Sundays and bank holidays until 7:00 p.m. (on 24 and 31 December shortened opening hours). The Museum is located in the center of Speyer only five minutes away from the autobahn A 61 (Koblenz – Speyer). Leave the autobahn at the exit "Speyer" or "Speyer / Hockenheim" and follow the signs "Speyer" and "Dom / Museen", respectively, which will guide you directly to our large bus and car parking lots. From the main station a shuttle bus takes you directly to the premises of the museum.*

MUSEUM SINSHEIM
IMAX 3D
IMAX 3D
OK

**Impressum**


**Konzeption, Texte und Layout**
Dr. Hans-Jürgen Schlicht Multimedia & Print Sinsheim und
Auto & Technik Museen Sinsheim und Speyer e.V.

**Druck**
Vogel Druck, Höchberg

Unser herzlicher Dank gilt den Vereinsmitgliedern und allen Freunden des
Museums, die zum Gelingen dieses Werkes beigetragen haben.



**Wir bedanken uns bei allen Unternehmen und Institutionen, die diese Ausgabe unseres Museumsbuchs unterstützt haben:**

Alfred Kärcher Vertriebs-GmbH
AUDI AG
Autohaus Kobia GmbH
Baden-Württembergische Bank
Bernard & Graefe Verlag
Chem-Tools GmbH
Deutsche Lufthansa AG
Druckerei Ziegler GmbH & Co. KG
E.L. Immobilien GmbH
E+H Versicherungsmakler GmbH
EWR AG
Fachstätte historischer Musikautomaten
FESTO AG & Co. KG
FIBRO GmbH
Frech GmbH
GIN TONIC SPECIAL Mode GmbH
GROB GmbH Antriebstechnik
Helmut Schön Baugesellschaft mbH
KoMota Solutions GmbH
Löser GmbH
Lutz Rogalla GmbH
Mercedes-Benz Museum
Messe Sinsheim GmbH
Metallbau Emmeln GmbH & Co. KG
Paul Pietsch Verlage GmbH & Co. KG
Radeberger Gruppe KG
Robert Bosch GmbH
ROBIN RUTH Germany
RPR 1 - Radio Rheinland Pfalz
Schäfer & Unger GbR
SCHOLPP AG
Spedition Kübler GmbH
Stadt Sinsheim
Stadt Speyer
Sunline Deckenstrahlungs-heizungen GmbH
Verlagsgruppe Koehler / Mittler
Wilhelm Hönig & Sohn GmbH
Wilhelm Layher GmbH & Co. KG

# Inhalt

SINSHEIM

# Liebe Museumsbesucher,

unsere Museen in Sinsheim und Speyer bieten Sensationen, die Sie in dieser Vielfalt nirgendwo sonst erleben können. **Vom Traktor bis zur Concorde und dem Space Shuttle BURAN ist alles bei uns vertreten.** Die Geschichte der Museen begann im Spätjahr 1980. Bei einem Treffen begeisterter Technik-Liebhaber wurde ein Museumsverein gegründet, und kurz danach öffneten sich am 6. Mai 1981 in Sinsheim erstmals die Tore zu einer damals 5 000 m² großen Ausstellungsfläche. 1991 erfolgte die Gründung des Technik Museum Speyer. **Gemeinsam verfügen die Museen derzeit über 63.000 m² Hallenfläche und über 120.000 m² Freigelände und ziehen über eine Millionen Besucher im Jahr an.**

Das Museum wird vom gemeinnützigen **Auto & Technik Museum e.V.** getragen, dem über **2.500 Mitglieder aus der ganzen Welt** angehören. Die Finanzierung erfolgt allein aus Mitgliedsbeiträgen, Spenden und den Eintrittsgeldern. Alle Überschüsse werden zum Ausbau der Museen verwendet. **Mitglied kann bei uns jeder werden** der sich für Technik interessiert und Freude an dem hat, was wir tun. Auch **Firmen** und **Institutionen** sind in unserem Verein **willkommen**.

**Eine Mitgliedschaft hat viele Vorteile:**

- **Unbeschränkt kostenloser Eintritt in die Museen Sinsheim und Speyer**
- **Ermäßigungen beim Besuch der IMAX Filmtheater und beim Kauf von Geschenk-Eintrittskarten für Freunde und Bekannte**
- **Sonderpreise im Hotel Sinsheim und im Hotel Speyer**
- **Ermäßigungen beim Besuch unserer Gastronomie und beim Einkauf in unseren Shops (ausgenommen Eis, Süßigkeiten und Bücher)**
- **Sie werden Mitglied einer riesigen Sammlerfamilie**

Interessiert? Dann füllen Sie die Beitrittserklärung aus und schicken Sie diese an: Förderverein Auto & Technik Museum Sinsheim e.V., Frau Deusch, Museumsplatz, 74889 Sinsheim. Fragen zur Mitgliedschaft beantwortet Ihnen ebenfalls Frau Deusch unter der Rufnummer 07261 / 9299-10. Bei ihr können Sie auch schriftliches Informationsmaterial erhalten.

Zum riesigen Erfolg unseres Museums haben die Vereinsmitglieder entscheidend beigetragen. Auch das Museumskonzept, das sich ganz an den Bedürfnissen der Besucher orientiert, ist im ständigen Dialog mit den Vereinsmitgliedern entstanden. Im Gegensatz zu anderen Museen sind die Ausstellungen bei uns nicht nach wissenschaftlichen Kriterien gegliedert, sondern möglichst abwechslungsreich gestaltet. Auf diese Weise erleben die Besucher beim Rundgang durch die Museumshallen ständig etwas Neues. **Zahlreiche Sonderausstellungen** und der häufige Austausch von Exponaten, die zumeist **Leihgaben von privaten Eigentümern** sind, sorgen dafür, dass es bei uns nie langweilig wird.

**Familienfreundlichkeit** wird bei uns groß geschrieben. Auf unserem Freigelände bieten wir **Spielmöglichkeiten für Kinder** und in unseren **Restaurants** können Sie bei einem guten Essen das Gesehene nochmals Revue passieren lassen, oder sich für einen weiteren Rundgang stärken. Eine Weltsensation sind die beiden **IMAX Filmtheater**, in denen Sie auf einer gigantischen Leinwand einmalige Filme erleben können. Doch damit genug der Vorrede. Jetzt wünschen wir Ihnen viel Spaß beim Lesen unseres Museumsbuchs, in dem wir die schönsten Exponate aus den Museen Sinsheim und Speyer in Wort und Bild für Sie zusammengestellt haben.

Hermann Layher
Präsident der Technik Museen
Sinsheim und Speyer

Michael Walter
Geschäftsleitung

# *Dear Visitors,*

*our museums in Sinsheim and Speyer are offering a variety of exhibits which you cannot experience anywhere else.* ***Here you can find everything from tractors up to the Concorde and the Space Shuttle BURAN.*** *The history of the museums started in late 1980. On occasion of a meeting of ardent technology fans a museum club was founded and but few months later the doors to an exhibition area of then 5,000 m² opened for the first time on 6 May 1981. In 1991 the Technik Museum Speyer was founded.* ***Today, the museums comprise indoor areas of more than 63,000 m² and open air grounds of more than 120,000 m² and are visited by more than one million people each year.***

*The Museum is sponsored by the Auto & Technik Museum e.V., a non-profit-making club that today has more than 2,500 members from all over the world. Financing of the museum is based exclusively on membership subscriptions, donations and the admission charges. All surplus funds are applied to the advancement of the museums.* ***Everyone*** *who is interested in technology and enjoys what we are doing* ***can become a member. Companies and institutions are also welcome as members of our club.***

***A membership has many advantages:***

- ***Members can unlimitedly visit the museums in Sinsheim and Speyer for free***
- ***Members receive discounts in the IMAX movie theaters and can buy tickets for friends at reduced prices***
- ***Discounts at the Hotel Sinsheim and the Hotel Speyer***
- ***Discounts in our restaurants and shops (except ice, sweets and books)***
- ***You become a member of a huge family of collectors***

*Interested? Then fill out the application form and send it to: Förderverein Auto & Technik Museum Sinsheim e.V., Frau Deusch, Museumsplatz, 74889 Sinsheim. For further information call Mrs. Deusch +49 (0) 7261 / 9299-10.*

*Our club members played a decisive role in creating the huge success of our museums. Even the museum's concept, which is orientating closely to the requirements of our visitors, was created in constant dialogue with the club members. Contrary to the concepts of other museums, our exhibitions are arranged to offer a wide variety, rather than adhering to academic criteria. This way, when touring the halls of our museum, you are constantly experiencing something new.* ***Numerous special exhibitions*** *as well as a frequent exchange of exhibits, mostly on* ***loan from private owners****, take care of diversion and entertainment on each and every new visit to our museum.*

***Family orientated features are important to us.*** *In our open air grounds we offer* ***playgrounds for children*** *and in our restaurants you have the possibility to relive the highlights of your visit while enjoying a meal, or to recharge your batteries for a further tour. True world sensations are the* ***IMAX movie theaters****, where you can enjoy spectacular movies on giant screens. But let's be done with introductions now. Have fun reading the museum's book, in which we have compiled the most beautiful exhibits of the Technology Museums Sinsheim and Speyer.*

| | |
|---|---|
| *Hermann Layher* | *Michael Walter* |
| *President of the Museums* | *Management* |

## Beitrittserklärung

Förderverein des Auto & Technik MUSEUM SINSHEIM e.V.

| | Einzelmitglied | Familienmitglied | Firmenmitglied | Dauermitglied |
|---|---|---|---|---|
| Mitgliedsbeitrag | € 50.- | € 75.- | € 250.- | € 1.500.- |
| Freiwilliger Beitrag | € | € | € | € |
| Jährlich zu zahlender Beitrag | € | € | € | € (einmalig) |

Name / Firma ............................................

Straße ............................................

PLZ / Wohnort ............................................

geb. am ............................................

Telefon .................... Fax ....................

E-Mail ............................................

Datum .................... Unterschrift ....................

**Einzugsermächtigung**

Bank ............................................

Konto Nr. (IBAN) ............................................

BLZ (BIC) ............................................

Mittels Lastschrift abzubuchen

Datum ............................................

Unterschrift ............................................

Weitere Infos erhalten Sie direkt vom Auto & Technik MUSEUM SINSHEIM, Museumsplatz, 74889 Sinsheim, Tel. 07261 / 92 99–0, Fax 92 99–45 oder vom Technik MUSEUM SPEYER, Am Technik Museum 1, 67346 Speyer, Tel. 06232/6708–0, Fax 6708 –20.

# Ein Gespräch mit Museumspräsident Dipl. Ing. Hermann Layher

Hermann Layher, Diplom-Ingenieur und Gründungsmitglied des Museumsvereins, hat die Entwicklung der Museen in Sinsheim und Speyer, denen er seit 2013 als Präsident vorsteht, entscheidend geprägt. In diesem Interview gibt er einen Einblick in die Organisation der Museen und erzählt über seine Erlebnisse als Museumsleiter, Museumspräsident und leidenschaftlicher Oldtimer-Fan.

**Herr Layher, jedes Jahr kommen über eine Million Besucher in das Auto & Technik Museum Sinsheim und das Technik Museum Speyer. Was ist Ihr Erfolgsrezept?**
Wir haben so viele Besucher, weil wir für jeden etwas bieten, und weil es bei uns nie langweilig wird. Das Museum zeigt nicht nur Autos, sondern auch Flugzeuge, Motorräder, Lokomotiven, Rennwagen, Militärfahrzeuge, Landmaschinen, LKWs, historische Moden, Musikautomaten und etliches mehr. In Speyer haben wir außerdem eine Raumfahrtausstellung, die größte außerhalb von Russland und den USA. Viele der Exponate werden immer wieder ausgetauscht, so dass es ständig etwas Neues zu entdecken gibt. Außerdem sind die Ausstellungen so gestaltet, dass nicht nur Technik-Fans Freude daran haben. Bei uns können Familien einen tollen Tag verbringen. Technik aus allen Bereichen unterhaltsam und erlebnisreich präsentiert, das ist es, was unsere Museen von anderen unterscheidet.

**Die Technik Museen in Sinsheim und Speyer sind private Museen. Lässt sich mit den Museen Geld verdienen?**
Privat bedeutet nicht, dass mit den Museen Geld verdient wird, ganz im Gegenteil. Privat bedeutet, dass wir keine staatlichen Zuschüsse erhalten. Die Museen wurden von 12 Privatpersonen gegründet, die sich 1981 im gemeinnützigen Auto & Technik Museum e.V. organisiert haben. Ich gehörte damals zu den Gründungsmitgliedern. Der Verein finanziert alle Kosten ausschließlich aus den Eintrittsgeldern, den Mitgliedsbeiträgen und aus Spenden. Wenn am Ende des Jahres etwas übrig bleibt, fließt dieses Geld in den Ausbau der Museen.

**Wer kann im Museumsverein Mitglied werden?**
Im Förderverein ist jeder herzlich willkommen, der sich für Technik interessiert und Freude hat an dem, was wir tun. Im Moment haben wir über 2.300 Mitglieder aus der ganzen Welt. Für einen geringen Mitgliedsbeitrag kann man unbegrenzt kostenlos die Museen besuchen und erhält auch sonst viele Vergünstigungen. Die exklusivste Mitgliedschaft ist die Dauermitgliedschaft. Man bezahlt einmalig 1.500 Euro und ist dafür auf Lebenszeit Museumsmitglied. Wenn man noch 500 Euro drauflegt, kann man die Dauermitgliedschaft auch bei mir persönlich abschließen.

**Wie wichtig sind die Vereinsmitglieder für die Museen?**
Was wir mit den Museen seit 1981 erreicht haben, wäre ohne die Vereinsmitglieder nicht möglich gewesen. Viele Mitglieder haben für uns interessante Exponate auf der ganzen Welt entdeckt, auch den russischen Raumgleiter Buran, der jetzt in Speyer steht, und uns geholfen, diese in die Museen zu bringen. Die meisten Exponate in den Museen sind Leihgaben unserer Vereinsmitglieder, daher auch der häufige Austausch. Fast alle Fahrzeuge, die man bei uns sehen kann, sind voll fahrbereit, und werden von ihren Besitzern auch regelmäßig bewegt. Wenn einer ein Fahrzeug wieder abholt, stellt ein anderer ein neues hinein. Das sorgt für ständige Abwechslung. Auch bei den Veranstaltungen im Museum sind viele Mitglieder aktiv dabei. Jedes Jahr gibt es bei uns neben Dauerbrennern wie dem Lanz-Bulldog-Treffen und der Heidelberg Historic Rallye im Sommer und dem Motorradtreffen am ersten Oktoberwochenende die unterschiedlichsten Aktivitäten. An einem Wochenende versammeln sich bei uns die Schwimmwagenfreunde, am nächsten kommt dann vielleicht ein Ferrari-, Bugatti-, Opel- oder Porsche-Club. Wir hatten bei uns auch schon historische Sägemaschinen und Stationärmotoren, die man auf dem Freigelände in Aktion bewundern konnte. Daneben gibt es im Museum auch ständig Sonderausstellungen zu den unterschiedlichsten Themen, die von den Vereinsmitgliedern organisiert werden. Ein großer Vorteil bei der Durchführung der Museumsveranstaltungen sind

das Hotel Sinsheim direkt neben dem Auto & Technik Museum und das Hotel auf dem Gelände des Technik Museum Speyer, wo die Teilnehmer direkt bei den Museen bequem übernachten können. Auch wenn Gäste das Museum oder mich besuchen, können sie dort adäquat unterkommen.

**Herr Layher, sie sammeln selbst Fahrzeuge. Was für ein Sammlertyp sind sie?**

Es gibt Sammler, die kaufen sich schöne alte Autos oder Motorräder und stellen diese in eine Garage. So etwas finde ich langweilig. Ich möchte Fahrzeuge nicht nur besitzen, sondern auch etwas damit erleben. Mein Vater hat mich früh für Technik begeistert. Eines meiner ersten Fahrzeuge war ein Lanz Bulldog. Mit 15 Jahren habe ich ihn selbst restauriert und bin damit herum gefahren. Noch heute nehme ich mit dem Bulldog an Lanz-Treffen teil, zum Beispiel auch an unserem Treffen im Technik Museum Speyer. Ich bin mit meinen Autos bei vielen Rallyes wie der Rallye Peking-Paris oder der Tour Auto de France dabei gewesen und mehrmals bei der Mille Miglia mitgefahren. Mein Vater und ich haben die unterschiedlichsten Fahrzeuge gesammelt, die wir später ins Museum gestellt haben. In seiner Eigenschaft als Präsident des Museumsvereins und Vereinsvorstand hat mein 2013 verstorbener Vater unendlich viel für die Museen getan. Ohne ihn wären die Museen heute nicht das, was sie sind. Ich bin glücklich, dass ich etwas dazu beitragen konnte. Vieles von dem, was man heute in Sinsheim und Speyer sehen kann, haben wir uns gemeinsam ausgedacht und umgesetzt.

**Wie wichtig ist Ihnen das Gemeinschaftserlebnis im Museumsverein?**

Neben meiner Familie sind Freunde für mich das Wichtigste im Leben. Durch das Museum kommt man mit vielen Menschen in Kontakt, die man sonst nie treffen würde. Das ist ein großes Privileg. Oft entwickeln sich aus kurzen Begegnungen Freundschaften, die Dinge möglich machen, die man für alles Geld der Welt nicht kaufen kann. Das Projekt Brutus zum Beispiel, bei dem wir einen riesigen BMW V12-Flugmotor auf ein altes Fahrgestell gesetzt haben, war eine Gemeinschaftsproduktion, bei der viele Freunde und Vereinsmitglieder mitgewirkt haben. Die Bauzeit hat sich über Jahre hingezogen, weil sich viele vor dem Wagen fürchteten, noch bevor er überhaupt gelaufen ist. Zur Einweihung haben wir an der Auspuff-Flamme Würstchen gegrillt, wie man auf YouTube unter Brutus nachschauen kann.

**Welches Fahrzeug ist Ihr Lieblingsfahrzeug?**

Mein Lieblingsfahrzeug ist ein Mercedes SSK von 1928. Ich besitze diesen Wagen schon seit vielen Jahren und mit jedem Jahr wird er spannender. Wegen des SSK bin ich auch Mitglied im Mercedes Kompressor Club, sozusagen als Bekenntnis zur fantastischen Technik und Geschichte dieses Autos. Mit dem SSK habe ich an vielen Rallyes teilgenommen, und sogar beim Goodwood Festival of Speed in der Vorkriegsklasse gewonnen. Einen wesentlichen Anteil an diesem Erfolg hatte mein Mitstreiter Ben Collings, der die Strecke hervorragend kannte. Des Weiteren bin ich im Sommer viel mit dem Motorrad unterwegs, insbesondere mit einem alten Militärgespann.

**Was interessiert Sie noch außer historischen Automobilen und Motorrädern?**

Ich bin an jeder Art von Technik interessiert. In den Museen ist deshalb auch Platz für jedes Exponat, das mit Technikgeschichte zu tun hat, und für die Museumsbesucher interessant ist. Unsere Museen ziehen so viele Besucher an, weil wir für jeden etwas

Unterwegs zu Lande, zu Wasser und in der Luft. Hermann Layher in seinem ersten Gokart (oben links), bei einem Ausflug mit einem alten VW-Schwimmwagen mit dem Dauermitglied Rolf Wagner (oben rechts), im Cockpit mit dem Kunstflieger und Vereinsmitglied Thomas Neudel (unten links) und im Freudentaumel nach der Landung der Museums-Concorde auf dem Flugplatz Baden-Baden (unten rechts).

*On the way by land, water and air. Hermann Layher in his first go-cart (top left), on an outing with an old VW amphibious car with the permanent club member Rolf Wagner (top right), in the cockpit with stunt pilot and club member Thomas Neudel (bottom left) and in ecstasy of joy after the touch down of the museum's Concorde at Baden-Baden airport (bottom right).*

Hermann Layher mit seiner 2009 verstorbenen Mutter Margot bei einem Motorrad-Treffen im Museum Sinsheim. - *Hermann Layher with his mother Margot, deceived in 2009, at a motorbike meeting at the Museum Sinsheim.*

flach auf dem Boden. Den Jumbo Jet in Speyer haben wir auf einem 16 Meter hohen Stahlgerüst in Flugposition aufgebaut und sogar einen Flügel begehbar gemacht. Das gibt es sonst nirgendwo auf der Welt. Der Jumbo in Speyer war übrigens ganz wichtig dafür, dass wir von Air France die Concorde bekommen haben. Zunächst war man dort skeptisch, ob wir das Flugzeug ins Museum transportieren und dort standesgemäß präsentieren können. Ich bin dann mit den Leuten von Air France nach Speyer gefahren und als die dort den Jumbo gesehen haben war die Entscheidung für uns gefallen. Jetzt können wir in Sinsheim als weltweit einziges Museum neben der Tupolev 144 auch eine Concorde zeigen, ebenfalls auf Stelzen in Startposition. Ich bin jeden Tag aufs Neue glücklich und empfinde es als ein Wunder, dass wir diese einzigartige Flugzeuglegende bei uns haben.

bieten. Ganz besonders freut es mich, dass so viele Familien mit Kindern zu uns kommen, denn es ist den Museen ein besonderes Anliegen, Kinder für Technik zu begeistern. Familien können bei uns einen kurzweiligen Tag verbringen. In den Hallen sehen sie nicht nur Autos sondern alles vom Düsentriebwerk bis zur Dampflok. Die meisten der Flugzeuge kann man auch von innen besichtigen. In den IMAX Großbild-Filmtheatern gibt es im Stundentakt einzigartige Filme über Weltraumfahrt und Naturwunder zu sehen, und während sich die Eltern im Museumsrestaurant erholen, können sich die Kinder auf unserem Spielplatz austoben.

**Etwas Außergewöhnliches in den Museen sind die mechanischen Musikinstrumente.**

Auch dies ist aus der Idee heraus entstanden, möglichst viel Abwechslung zu haben. Einige Vereinsmitglieder hatten darüber geklagt, dass die Museen zu wenig für ihre Frauen bieten würden. Daraufhin haben wir in Speyer das Museum Wilhelmsbau eingerichtet, in dem wir historische Musikautomaten, Moden, Künstlerpuppen und viele andere Dinge zeigen, die besonders Frauen interessieren. Ich spiele selbst leidenschaftlich gern Drehorgel und bin begeistert von den alten mechanischen Musikinstrumenten. Mein Lieblingsinstrument ist die riesige Mortier Tanzorgel, die wir hier in Sinsheim haben.

**In den letzten Jahren haben die Museen insbesondere mit spektakulären Flugzeugtransporten für Aufsehen gesorgt.**

Flugzeuge hatten wir schon ganz zu Beginn. Da haben wir uns Schritt für Schritt gesteigert. Ein erster Höhepunkt war im Jahr 2000 die Ankunft der Tupolev 144 in Sinsheim, die wir auf dem Museumsdach in Startposition auf Stelzen gesetzt haben. Das außergewöhnlichste Projekt, was Flugzeuge angeht, war der Transport des Jumbo Jet in das Technik Museum Speyer. Bis heute sind wir die einzigen, die einen solchen Riesenvogel zerlegt und außerhalb eines Flugplatzes wieder zusammengebaut haben. Auch die Präsentation ist einzigartig. Alle anderen Jumbo Jets, die in Museen oder auf Flugplätzen ausgestellt sind, stehen

**Wie ist eigentlich die Idee entstanden, die Flugzeuge in den Museen auf Stelzen zu setzen?**

Als das Museum in Sinsheim eingerichtet wurde wusste niemand wie man die Flugzeuge, für die in den Hallen kein Platz war, ordentlich aufbauen könnte, und hat sie zum Teil ganz einfach auf die Parkflächen gestellt, wo sie aber zu viel Platz weggenommen haben. Dann hat man sie horizontal auf Stützen gesetzt, wodurch sie aber überhaupt nicht zur Geltung kamen. Bei einem Spaziergang durch Heilbronn habe ich dann in einem Spielwarengeschäft Flugzeugmodelle gesehen, die auf Ständern in allen möglichen Fluglagen befestigt waren. Das hat mich auf die Idee gebracht, dass wir dies auch mit den Originalen so machen könnten, und so haben wir das dann auch umgesetzt. Jedes Gerüst im Museum, auf dem wir Flugzeuge in Flugposition zeigen, wurde von mir maßgeblich mitgestaltet. Über die Jahre sind die Konstruktionen immer gewagter geworden und ich habe in mancher stürmischen Nacht schlecht geschlafen, weil ich ja die Verantwortung trage und mich darauf verlassen muss, dass unser Statiker alles richtig berechnet hat. Aber bis heute hat es nie Probleme gegeben.

**Seit 2008 zeigt das Technik Museum Speyer eine große Raumfahrtausstellung mit einem russischen Buran Raumgleiter als Highlight. Wie ist es dazu gekommen?**

Wir haben nach einer Möglichkeit gesucht, den Besuchern in Speyer etwas ganz Besonderes zu bieten. Nach Speyer kommen viele Touristen wegen des Doms und der historischen Altstadt, die bei dieser Gelegenheit auch unser Museum besuchen. Für diese traditionellen Speyer-Touristen ist Raumfahrt immer ein Thema. Ein Vereinsmitglied hat uns darauf aufmerksam gemacht, dass in Bahrain ein russischer Raumgleiter aus dem Buran-Programm lagert, den wir haben könnten. Vier lange Jahre hat es dann aber noch gedauert, bis im Frühjahr 2008 endlich alles in trockenen Tüchern und der Raumgleiter auf dem Weg nach Speyer war. Das Museumsteam hat dabei einen fantastischen Job gemacht und ich bin stolz, dass ich zu diesem Erfolg etwas beitragen konnte. Den

Transport nach Speyer hat unser Firmenmitglied Spedition Kübler durchgeführt. Die Fahrt mit der Buran auf dem Rhein war für mich schöner als der schönste Urlaub. In Speyer haben wir für die Buran extra eine neue Halle gebaut und dort gemeinsam mit unserem Dauermitglied Gerhard Daum vom Space Expo e.V. eine Raumfahrtausstellung mit einzigartigen Exponaten rund um das Thema Raumfahrt eingerichtet, mit dem Raumgleiter als Mittelpunkt. Gerhard Daum hat hierfür seine Ausstellung „Apollo and Beyond" mit vielen erstklassigen Exponaten und dutzenden Schautafeln, die die gesamte Geschichte der bemannten Raumfahrt dokumentieren, zur Verfügung gestellt. 2010 haben wir auch noch die original Sojus Kapsel erhalten, mit der Ulf Merbold 1994 von der russischen Raumstation Mir zurück zur Erde geflogen ist, und 2013 ist sogar noch ein echtes Stück Mondgestein dazu gekommen, das wir gemeinsam mit Nachbildungen der Mondfähre und des Mondautos in einer Spezialausstellung zeigen. Außerhalb von Russland und den USA gibt es nichts Vergleichbares, und deshalb ist die Raumfahrtausstellung in Speyer inzwischen auch zu einer der ersten Adressen für Raumfahrt-Events geworden. Wir haben dort bereits gemeinsam mit dem Space Expo e.V., der NASA und der DLR Veranstaltungen durchgeführt und hatten dank der Kontakte von Herrn Daum Besuch von etlichen Astronauten und Kosmonauten, darunter drei Astronauten, die während des Apollo-Programms auf dem Mond gelandet sind. Auch für Firmen und Privatpersonen ist es übrigens möglich, ein Event in der Raumfahrthalle zu veranstalten. Bei der Eröffnung 2008 haben uns die Astronauten der Internationalen Raumstation ISS per Live-Call zu unserer Raumfahrtausstellung gratuliert. Das war ein magischer Moment, den ich nie vergessen werde.

## *A chat with the President of the Museums Hermann Layher, MSc.*

*Hermann Layher, MSc., founding member of the museum club, had a formative influence on the developments of the museums in Sinsheim and Speyer, which he heads as President since 2013. In this interview he is giving an insight into the organization of the museums and talks about his experience as Head and President of the Museums and fan of veteran cars.*

***Mr. Layher, more than a million visitors are coming to the Auto & Technik Museum Sinsheim and to the Technik Museum Speyer each year. What is your recipe for success?***

*We have so many visitors because we are offering something for everyone and because the exhibitions never become boring. The museums not only show cars but aircraft, motorbikes, locomotives, racing cars, military vehicles, agricultural machines, historical fashion, automatic musical instruments and many more items. Besides, in Speyer we also have a space exhibition, the largest outside of Russia and the USA. Many of the exhibits are exchanged on a regular basis so that it is possible to constantly discover new things. Apart from that the exhibitions are designed in a way that they do not give pleasure to fans of technology only. Families can spend a great day in the museums. Technology from all fields displayed in an entertaining and eventful fashion makes the difference between us and other museums.*

***The museums in Sinsheim and Speyer are privately held. Is it possible to make money with them?***

*Private does not mean that we are making money with the museums. The opposite is true. "Private", in our case, means that we are not receiving any subsidies from the state. The museums were initiated by 12 individuals who founded a non-profit-making club in 1981. I was among the founding members at that time. The club is financing all costs from admission fees, membership subscriptions and donations exclusively. Everything that is left over at the end of the year is used for the advancement of the museums.*

***Who can become a member of the museum club?***

*Everyone who is interested in technology and enjoys what we are doing is highly welcome in the supporter club. At the moment we have more than 2,300 members from all over the world. A small membership fee will allow you limitless visits to the museums and also grant you many benefits besides. The most exclusive membership is the permanent membership. You pay a single contribution of 1,500 Euros and in return will be a member of the museum for life. For 500 Euros more a permanent membership can be arranged directly with me.*

***How important are the club members for the museums?***

*What we have been able to achieve with the museums since 1981 would not have been possible without the club members. Many of them discovered exciting exhibits for us all over the world and helped us to bring them to the museums; this also goes for the Russian space shuttle Buran which is now on display in Speyer. Most of the exhibits in our museums are on loan from club members which is resulting in the frequent exchange. Almost all vehicles on exhibit are fully functional and roadworthy and are being driven by their owners on a regular basis. Whenever one of them is coming to fetch a vehicle, someone else is bringing another one. This takes care of*

Oldtimer müssen Spaß machen - Hermann Layher beim Barbecue mit dem Experimentalauto Brutus.

*Veteran cars must be fun – Hermann Layher at the barbecue with the experimental vehicle Brutus.*

Hermann Layher in Aktion mit seinem Lieblings-Oldtimer, einem Mercedes SSK, beim Goodwood Festival of Speed (Bild links) und mit seinem 2013 verstorbenen Vater Eberhard Layher (rechts) bei der Übergabe der Tupolev 144 im Jahr 2001.

*Hermann Layher in action with his favorite veteran-car, a Mercedes SSK, on occasion of the Goodwood Festival of Speed (picture left) and with his father Eberhard Layher (right; deceived in 2013) at the handing over of the Tupolev 144 in 2001.*

*a constant diversion. Also, as far as events in the museums are concerned, many members are actively participating. Besides the long runners such as the Lanz Bulldog Meeting and the Heidelberg Historic Rally in summer and the motorbike meeting at the first weekend in October there are many different activities each year. At one weekend we are hosting a meeting of amphibious car enthusiasts, on the next one a Ferrari-, Bugatti-, Opel, or Porsche-Club may be visiting us. We also had historic saw mills and stationary engines already which could be admired in action in the open-air grounds. Besides we have regular special exhibitions in the museum featuring many different subjects which are organized by club members. A great advantage for the organization of the museum events are the Hotel Sinsheim directly adjacent to the Auto & Technik Museum and the hotel on the site of the Technik Museum Speyer, both offering comfortable accommodation to participants close to the museums. Guests who are visiting the museum or me personally can also be adequately accommodated there.*

***Mr. Layher you are collecting vehicles yourself. What kind of collector type are you?***

*There are collectors who are acquiring beautiful old cars or motorbikes and put them in the garage. Myself, I find that boring. I not only want to own those vehicles but I also want to have fun with them. My father inspired me with enthusiasm for technology early on. One of my first vehicles was a Lanz Bulldog. At age 15 I restored it myself and drove around with it. Up to this day I am participating with this Bulldog in Lanz meetings, so for instance also in our meeting at the Technik Museum Speyer. With my cars I participated in many rallies, like the Rally Peking-Paris or the Tour Auto de France and several times in the Mille Miglia. My father and I collected various types of vehicles which were later on placed by us into the museum. In his capacity as President and Head of the Museum Club my father, who died in 2013, did no end of things for the museums. Without him the museums would not be today what they are now. I am happy that I was able to contribute something to this end. Many things that can now be seen in Sinsheim and Speyer were devised and carried out by us together.*

***How important is the sense of community in the museum club for you?***

*Besides my family, friends are the most important people in my life. By way of the museum you are coming together with many people who, otherwise, you would never have met. This is a great privilege. Quite often brief encounters will develop into friendships which are making things possible that you cannot buy for all the money in the world. For instance, the project Brutus, where we installed a huge BMW V12 aircraft engine upon an old undercarriage, was a joint production in which many friends and club members were involved. Building this vehicle took many years because a lot of people were afraid of it even before it had been running. On occasion of the grand opening we made a barbecue of sausages with the exhaust flame; you can look it up on YouTube under Brutus.*

***Which vehicle is your favorite car?***

*My favorite car is a Mercedes SSK of 1928. I have owned this car for many years already and with each year it is becoming more fascinating for me. Because of this SSK I am also a member of the Mercedes Kompressor Club, so to say as a tribute to the fantastic technology and history of this automobile. I participated in many rallies with it, and even was the winner in the pre-war class at the Goodwood Festival of Speed. Considerable credit for this success is due my fellow combatant Ben Collings who was thoroughly familiar with the track. Apart from that, in summer I am often en route with a motorbike, particularly with an old military bike with sidecar.*

***What type of technology is of interest for you, besides veteran cars and motorbikes?***

*I am interested in any kind of technology. In the museums, therefore, there is room for any exhibit connected with technological history which may be interesting for the visitors. Our museums are attracting so many people because they are offering something for everyone. I am particularly happy about the fact that so many families are coming to us with their children for it is a special aim of the museums to inspire children with enthusiasm for technology. Families can spend an entertaining day here with us. In the halls they will not only see cars but everything, from jet-plane to steam engine. Most of the aircraft can be entered for a view inside. At the IMAX large-screen movie theatres we are showing unique films about space travel and natural wonders in hourly intervals, and while the parents are relaxing in the museum's restaurant the children can romp about in our playground.*

***The most singular objects in the museum are the automatic musical instruments.***

*This also resulted from the idea to have as much variety as possible. Some club members complained about the fact that the museums were not offering enough for their wives. To remedy this situation we created the Museum Wilhelmsbau in Speyer, where we are showing historical juke-boxes, fashion, artistic dolls and many other objects of interest especially for the ladies. I am an ardent player of the barrel-organ myself and I am fascinated by the old automatic musical instruments. My favorite instrument is the huge Mortier dance organ, also known as calliope, which we have here in Sinsheim.*

**In the course of the last years the museums caused particular stir with their spectacular aircraft transports.**

*We have had aircraft from the beginning already. Then, gradually, we became more ambitious. A first highlight was the arrival of the Tupolev 144 in Sinsheim in 2000. This aircraft was placed by us in take-off position on pillars on the museum's roof. The most unusual project where aircraft are concerned was the transport of the Jumbo Jet to the Technik Museum Speyer. Up to this day we are the only ones to disassemble a giant bird of this kind and to reassemble it again outside of an airport. The presentation is unique as well. All other Jumbo Jets on exhibition in museums or airports are standing flat on the ground. The Jumbo Jet in Speyer was installed by us in flight position on a 16 meters high steel scaffold, and we even made one of the wings accessible for the visitors. This can be found nowhere else in the world.*

*The Jumbo Jet in Speyer also was very important for the decision that we received a Concorde from Air France. At first they were sceptical whether we would be able to transport the aircraft to the museum and present it there in an adequate form and manner. I then took the people from Air France to Speyer and when they saw the Jumbo Jet there the decision had been made in our favour. As only museum worldwide we are now in a position to show the only two supersonic passenger aircraft ever built, the Concorde and the Tupolev 144, side by side both on pillars in take-off position. Each and every day I am filled with renewed happiness and a feeling of wonder that we are having these two unique legends of aviation here with us.*

**How did the idea to place the aeroplanes at the museum on pillars emerge in the first place?**

*When the museum in Sinsheim was started nobody knew how to properly set up those planes which could not find room in the halls and some of them were simply placed on the parking areas where they took up too much space, however. Then they were placed upon supports in horizontal position which did not help at all to show them off to advantage. In the course of a walk in Heilbronn I then saw model planes on columns in various flight positions displayed in a toy store. This brought me to the idea that we could do this with the originals as well and this was then done by us accordingly.*

*I played a decisive part in the design of each and any support construction on which we are exhibiting planes in flight-position in our museum. Over the years these constructions became more and more daring and there was many a stormy night when I spent unruly hours since I was responsible and had to rely on our structural engineer for a correct calculation. But there have never been any problems up to this day.*

**Since 2008 the Technik Museum Speyer shows a large space exhibition with a Russian Buran space shuttle as a highlight. How did this come about?**

*We had been searching for a possibility to offer a very special treat to the visitors in Speyer. Speyer is the destination of many tourists because of the Cathedral and the Old Town, and they are taking this opportunity to visit our museum as well. For those traditional Speyer tourists space travel is always a favorite subject. A club member told us that a space glider from the Russian Buran programme which we could have was in store in Bahrain. But it took another four long years until everything was finally wound up and the space glider was on its way to Speyer. The museum's team made a fantastic job with this enterprise and I am proud of the contribution I have been able to make to this success. The transport to Speyer was performed by the haulage contractor and company club member Kübler. For me, the journey with the Buran on the river Rhine was more enjoyable than the most beautiful vacation. In Speyer we built a special new hall for the Buran where, together with our permanent member Gerhard Daum of the Space Expo e.V., we installed a space flight exhibition with unique exhibits covering the subject of manned space flight with the Russian shuttle as focal point. To this end Gerhard Daum contributed his exhibition "Apollo and Beyond" with many first-class exhibits and dozens of information boards documenting the entire history of manned space flight.*

*In 2010 we also received the original Soyuz Capsule which brought the German astronaut Ulf Merbold from the Russian space station Mir back to earth in 1994 and since 2013 we even have an original moon rock on display together with replicas of the moon landing module and the lunar roving vehicle. Nothing comparable is existing outside of Russia and the USA and the space exhibition in Speyer, therefore, has meanwhile become one of the first places for space flight events. Together with the Space Expo e.V., the NASA and the DLR we have already organized a number of events there and, owing to the good contacts of Mr. Daum, could welcome many astronauts and cosmonauts, among them three astronauts who landed on the moon in the Apollo programme, in our museum. Companies and private persons also have the possibility, by the way, to hold an event in the space flight hall. On occasion of the grand opening in 2008 the astronauts of the international space station ISS congratulated us to our space exhibition by a live-call. This was a magical moment which I will never forget.*

Der Transport des russischen Buran-Raumgleiters in das Technik Museum Speyer war für Hermann Layher ein ganz besonderes Erlebnis.

*The transport of the Russian Buran space shuttle to the Technik Museum Speyer was a very special experience for Hermann Layher.*

SINSHEIM

# Das Auto & Technik Museum Sinsheim

Im Auto & Technik Museum Sinsheim können Sie Glanzstücke der Technikgeschichte in einer Vielfalt erleben, die absolut einzigartig ist. Neben zahllosen anderen Exponaten präsentiert das Museum:

- die Überschallflugzeuge Concorde und Tupolev 144 Seite an Seite und komplett begehbar
- einen begehbaren Dachbereich mit vielen weiteren Flugzeugen
- mehr als 300 Oldtimer aller Epochen, darunter
- die größte private Sammlung historischer Mercedes-Automobile mit Kompressormotor und
- die größte Bugatti-Sammlung in Deutschland
- mehr als 200 Motorräder
- 50 Renn- und Sportwagen mit der größten permanenten Formel-1-Ausstellung Europas
- 30 American Dream Cars
- Dragster, Fun-Cars und Rekordfahrzeuge
- eine einzigartige militärhistorische Ausstellung
- Lokomotiven, Dampfmaschinen & Motoren
- Nutzfahrzeuge & Landmaschinen
- wechselnde Sonderausstellungen zu den unterschiedlichsten Themen

# *The Auto & Technik Museum Sinsheim*

*At the Auto & Technik Museum Sinsheim you can enjoy highlights of technological history in an absolutely unique variety. Besides countless other exhibit items the museum presents:*

- *the supersonic aircraft Concorde and Tupolev 144 side by side and fully accessible*
- *an accessible roof area with many more aircraft*
- *more than 300 vintage cars of all eras, amongst them*
- *the largest private collection of Mercedes cars powered by supercharged engines*
- *the largest Bugatti collection in Germany*
- *more than 200 motorcycles*
- *50 racing- and sports cars including the largest permanent Formula 1 exhibition in Germany*
- *30 American Dream Cars*
- *dragster, fun-cars and record vehicles*
- *a unique exhibition of military history*
- *locomotives, steam- and other engines*
- *utility- and agricultural vehicles*
- *changing special exhibitions covering the most diverse subjects*

technik-museum.de/video/sinsheim

## Das Freigelände

Bei einem Streifzug durch das kostenlos zugängliche Freigelände des Museums begegnen Sie nicht nur beeindruckender alter Technik, sondern auch vielfältigen Möglichkeiten für Spiel, Spaß und Erholung. Neben mehreren Karussells erwarten die Besucher eine Sesselbahn, eine Bootsprunganlage, eine Elektro-Cart-Rennstrecke, eine Riesenrutschbahn und vieles mehr. Auf dem großen Spielplatz können sich Kinder nach Herzenslust austoben. Zum Verweilen laden die Museumsrestaurants ein. Im Museums-Foyer befindet sich unser Shop mit Museumsartikeln wie der Museums-CD-ROM, Geschenk- und Ansichtskarten, Videos, Büchern, Modellen und vielem mehr. Computergesteuerte Fahr- und Abenteuersimulatoren ermöglichen rasante Fahrten durch faszinierende Fantasiewelten. Und, nicht zuletzt, wartet im Foyer eine der ganz großen Attraktionen des Museums auf Sie: Das IMAX 3D Filmtheater, das im stündlichen Wechsel dreidimensionale Filme auf einer gigantischen 20 x 27 m großen Leinwand präsentiert.

## *The open-air ground*

*In our large open-air grounds, which can be visited free of charge, we offer many possibilities for fun and recreation. Our large playground presents a unique variety of carousels and play equipment. In our restaurants you can relish the fantastic scenery of the museum while enjoying a meal. In the lobby you can find our souvenir shop, driving- and adventure simulators and another true world sensation: the IMAX 3D movie theater, where you can enjoy the experience of three-dimensional movies on a giant 20 x 27 m screen.*

## Restaurants

Unsere Restaurants verwöhnen Sie 365 Tage im Jahr mit warmen Speisen sowie Kaffee und Kuchen. Das Museumsrestaurant bietet deutsche Küche, das Restaurant „Airport" hält in den Sommermonaten zusätzlich vorwiegend italienische Spezialitäten für Sie bereit. Ideal für den kleinen Hunger ist das Bistro im Museums-Foyer. Bei gutem Wetter sind die Terrassen im Freibereich geöffnet. Für Feiern und Veranstaltungen bieten die Restaurants vielfältige Angebote für jeden Geschmack und jedes Budget. Die Restaurants und das Bistro können selbstverständlich auch unabhängig von einem Museumsbesuch genutzt werden.

*In our restaurants you can enjoy warm meals or coffee and cake 365 days a year. The Museum Restaurant serves German cuisine while our "Airport" restaurant, opened during the summer months, mainly serves Italian cuisine. Ideal for a snack is our bistro in the lobby. In good weather, outside tables are available. For celebrations and events we offer special arrangements for every taste and budget. Our restaurants can be visited independently from the museum.*

## Gruppenangebote - *Group arrangements*

Das Auto & Technik Museum Sinsheim ist ein ideales Reiseziel für Vereine, Busgruppen, Betriebsausflüge und Schulklassen. Für Besuchergruppen ab 20 Personen bieten wir daher preiswerte Pauschalangebote. Unsere Spezialbroschüre für Gruppen können Sie telefonisch anfordern (☎ +49 (0)7261 9299-24) oder von unserer Webseite laden (www.technik-museum.de/gruppen).

*The Auto & Technik Museum Sinsheim is an ideal destination for clubs, bus groups, works outings, and field trips. For groups (20 persons and more) we therefore offer economically priced packages. Our special brochure for groups can be ordered by phone (☎ +49 (0)7261 9299-24) or downloaded from our website* (www.technik-museum.de/groups).

## Treffen & Veranstaltungen - *Meetings & Events*

Jedes Jahr bildet das Auto & Technik Museum Sinsheim einen stimmungsvollen Rahmen für die unterschiedlichsten Veranstaltungen und Treffen. Feste Größen im jährlichen Veranstaltungskalender sind u.a. das internationale Spur-1-Treffen im Juni, das US-Car-Treffen im August und das Motorrad-Klassiker-Treffen am ersten Oktoberwochenende. Des Weiteren organisieren bei uns Vereine und Clubs aus der Oldtimer-Szene die unterschiedlichsten Events, die von Ausflugsfahrten oder Mitgliederversammlungen über Siegerehrungen und Teilemärkten bis zu Großveranstaltungen mit mehreren Hundert Teilnehmern reichen. Informationen zum aktuellen Programm finden Sie auf unserer Homepage www.technik-museum.de.

Suchen auch Sie ein interessantes Ziel für eine Ausfahrt oder ein Treffen? Planen Sie eine Großveranstaltung? Die Technik Museen in Sinsheim und Speyer bieten allen Oldtimerfreunden ideale Voraussetzungen für Events jeder Art vom Kurztrip bis zu mehrtägigen Veranstaltungen! Rufen Sie uns an und schildern Sie uns Ihre Wünsche. Wir freuen uns auf Ihren Besuch!

*Every year the Auto & Technik Museum Sinsheim provides a perfect background for numerous meetings and events. Constants in our event diary are, e.g., the International Gauge-1 Model Railway Meeting in June, the US-Car Meeting in August and the Motorcycle Classics Meeting on the first weekend of October. Moreover, many vintage car and motorcycle clubs make use of our museum for club meetings and events. Up-to-date information about what is planned can be found on our homepage* www.technik-museum.de.

*If you are interested in organizing a meeting in our museum just give us a call. The museums in Sinsheim and Speyer provide excellent possibilities for events of any kind and size. We are looking forward to your visit!*

## Die Museen im Internet

**Museumswebsite www.technik-museum.de**
Auf der Website des Museums informieren wir über die Ausstellungsschwerpunkte der Museen, stellen ausgewählte Exponate vor und informieren über Veranstaltungen sowie Sonderausstellungen. Alles Wissenswerte zum Museumsbesuch, wie beispielsweise Öffnungszeiten, Anfahrt und der jeweils aktuelle IMAX-Spielplan, sind hier ebenfalls zu finden. Aufgrund der internationalen Bekanntheit des Museums präsentiert sich die Website auf Deutsch, Englisch, Französisch, Niederländisch und weiteren Sprachen.

**Die Museen auf Facebook www.facebook.com/technikmuseum**
Ergänzend zu den Informationen auf unserer Museumswebsite finden Fans und Museumsinteressierte auf unserer Facebook-Seite tagesaktuell Neuigkeiten aus den Museen, Bildgalerien und Videoreportagen. Besonders stolz sind wir auf die rege Nutzerbeteiligung – viele Bildgalerien entstehen mit aktiver Hilfe der Veranstaltungsteilnehmer und Museumsbesucher. Als weitere Informationsquelle sei der Twitter-Kanal der Museen www.twitter.com/museumtechnik erwähnt, der tagesaktuell aus den Museen „twitschert".

**YouTube-Kanal www.youtube.com/technikmuseum2010**
Eine große Sammlung von Videofilmen aus den Technik Museen Sinsheim und Speyer kann mittlerweile auf unserem YouTube-Kanal angesehen werden. Neben Einblicken in die Museen und Kurzfilmen zu einigen Exponaten sind auch Kurzversionen der Videos über die spektakulärsten Museumstransporte zu erleben. Besonders die Videoreportagen über vergangene Veranstaltungen und Fahrzeugtreffen erfreuen sich größter Beliebtheit.

**Online-Shop www.technik-museum.de/shop**
Im Webshop der Technik Museen bieten wir neben Büchern, Museums-DVDs und Fanartikeln auch preiswerte Pauschalpakete an, die beispielsweise einen Museumsbesuch mit einer Hotelübernachtung kombinieren. Auch Eintrittskarten für die Museen können dort bestellt werden. Hierbei besteht die Möglichkeit, die Karten als sogenannte e-Tickets zu erwerben, die man selbst ausdrucken und danach im Museum ohne Wartezeit an der Kasse einlösen kann.

## *The museums on the internet*

***Homepage www.technik-museum.de***
*On the homepage of the museums we inform you about the major exhibitions of the museums, present selected exhibit items, and give information about upcoming events and special exhibitions. Here you will also find everything you need to know for planning a museum visit like the opening hours, how to get here and the current IMAX program. Because we have many international fans the website is available not only in German but also in English, French, Dutch and other languages.*

***The museums on Facebook www.facebook.com/technikmuseum***
*In addition to the information presented on our homepage, on our Facebook site fans and everyone interested about our museums will find up-to-date news about the museums as well as picture galleries and video reports. We are especially proud of the many visitors and participants of the events who send us their pictures for the galleries. Another source of information is the Twitter channel of the museums www.twitter.com/museumtechnik with daily news about the museums.*

***YouTube channel www.youtube.com/technikmuseum2010***
*On our YouTube channel you can watch a large collection of videos from the Museums Sinsheim & Speyer. The videos not only give background information about the museums and selected exhibit items but also comprise short versions of the videos covering the most spectacular large transports of the museums. In particular the videos about past events and vehicle meetings are quite popular amongst our fans.*

***Online-Shop www.technik-museum.de/shop***
*The webshop of the museums not only allows the convenient ordering of books, museum DVDs and memorabilia but also offers many economically priced packages, e.g. combining a visit to the museums with accommodation. You can also order museum tickets. You even have the possibility to purchase an e-ticket which you can print yourself and redeem at the ticket counter of the museum without waiting time.*

# IMAX 3D – Das gigantische Filmerlebnis

Im IMAX 3D-Filmtheater im Auto & Technik Museum Sinsheim können die Besucher eine absolute Weltsensation erleben: dreidimensionale Filme, die so realistisch wirken, dass man glaubt, sich inmitten der Filmhandlung zu befinden. Bilder, die sich über eine Fläche von mehreren Stockwerken erstrecken, von grandioser Brillanz und Klarheit.

- Einzigartige 3D-Filme auf einer gigantischen Leinwand mit einer Größe von 22 x 27 Meter (so groß wie ein 5-stöckiges Haus).
- Realistisches 6-Kanal-Tonsystem mit 22.000 Watt Leistung.
- Der Film spielt sich im ganzen Kinosaal ab, nicht nur auf der Leinwand. Die Zuschauer befinden sich mitten in der Filmhandlung.
- Stündlich wechselndes Programm mit Filmen für die ganze Familie, die nur im IMAX 3D gezeigt werden. Die Filme entführen die Besucher an Orte, die sie sonst nicht oder nur schwer erreichen könnten, und zeigen in faszinierenden Bildern die Schönheit der Natur, spannende Abenteuerreisen und bezaubernde Animationen.
- Durch die riesige Leinwand, das gewaltige Tonsystem und die exklusiven Filme ist das IMAX 3D mit keinem anderen 3D-Kino vergleichbar. Außer dem IMAX 3D in Sinsheim gibt es in Deutschland kein weiteres Filmtheater dieser Art.

*With crystal clear images, ten times larger than the traditional cinema format the IMAX 3D at the Auto & Technik Museum Sinsheim draws you in with pictures so real you want to touch them, so powerful you can feel them. The giant film frames offer far greater resolution than 35 mm film and all existing digital cinema projection systems. A completely unique way to watch a movie.*

- *Unique 3D-movies shown on a gigantic screen with a size of 22 x 27 meters (as tall as a 5-story-building).*
- *Realistic 6-channel sound system with 22,000 Watt power.*
- *The movie not only plays on the screen but in the whole theater putting the visitors into the middle of the action.*
- *Exclusive program for the whole family changing on the hour presenting movies which can only be watched in an IMAX 3D cinema. IMAX 3D movies take the visitors to places which otherwise would be difficult or impossible to reach and show the beauty of nature, thrilling expeditions and enchanting animations in fascinating pictures.*
- *Due to the gigantic screen, the overwhelming sound system and the exclusive movies the IMAX 3D cannot be compared to any other 3D movie theater. Besides the IMAX 3D in Sinsheim there is no other movie theater of this kind in Germany.*

## Infos: www.technik-museum.de/imax3d

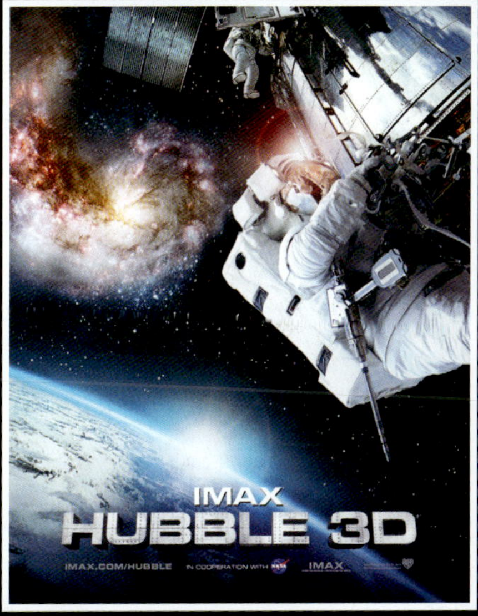

## Events im Museum

Das Auto & Technik MUSEUM SINSHEIM bietet Ihnen außergewöhnliche Möglichkeiten zur Durchführung von Veranstaltungen. Ob ein Sektempfang in der American Dream Car Ausstellung oder Produktpräsentationen und Tagungen in der Veranstaltungshalle „Terminal" - Wir bieten für jede Art und Größe von Event die passenden Räumlichkeiten in einmaligem Ambiente. Feiern Sie inmitten zahlreicher Raritäten der Technikgeschichte und besichtigen Sie das Museum mit der Concorde exklusiv. Wir machen es möglich!

- Erleben Sie außergewöhnliche Tagungen und Events in einer einzigartigen Umgebung
- Großes Freigelände und Veranstaltungshalle „Terminal"
- Filmvorstellungen und / oder Vorträge im IMAX 3D Filmtheater
- Hochwertiges Catering-Angebot
- Tagungs- und Übernachtungsmöglichkeiten im benachbarten ****Hotel Sinsheim

**Weitere Infos: ☎ +49 (0)7261 / 9299-75 oder im Internet unter www.technik-museum.de/events**

## *Events at the museum*

*The Auto & Technik MUSEUM SINSHEIM is offering you exceptional possibilities for organizing your events. Be it a champagne reception in the American Dream Car Exhibition or product presentations and conventions in our event hall "Terminal" – In our museum you will find the right location for every kind and size of event in a truly unique ambience. Celebrate surrounded by numerous rarities of technological history and enjoy an exclusive tour of the museum with the Concorde. We make it possible for you!*

- *Experience exceptional conventions and events in an unique ambience*
- *Large open air ground and event hall "Terminal"*
- *Movie shows and / or presentations at the IMAX 3D cinema*
- *High quality catering*
- *Accommodations and further conference facilities at the neighbouring ****Hotel Sinsheim*

***More information: ☎ +49 (0)7261 / 9299-75 or in the internet at www.technik-museum.de/events***

## Bequem übernachten im ****Hotel Sinsheim

Unser direkt neben dem Auto & Technik MUSEUM SINSHEIM gelegenes ****Hotel Sinsheim vereint komfortable Übernachtungsmöglichkeiten mit einem modernen, stilvollen Ambiente.

- 110 komfortabel eingerichtete, voll klimatisierte Zimmer mit Dusche, Haartrockner, SAT-TV, Radio, Telefon, Minibar und kostenlosem W-LAN
- Frühstück vom Buffet im Übernachtungspreis enthalten
- Restaurant „Fandango" mit regionalen und mediterranen Spezialitäten, Bar-Lounge „Arantas" mit australischem Flair in der Hotellobby, „Haifischbar" auf der Terrasse, Relax-Oase
- Vielfältige Event- und Tagungsmöglichkeiten
- Ausreichend kostenlose Parkplätze direkt am Hotel
- Pauschalangebote für Gruppen und Einzelreisende, die den Museumsbesuch inkl. Übernachtung beinhalten. Die aktuellen Angebote finden Sie auf der Internetseite des Hotels.

**Infos und Buchungen: ☎ +49 (0)7261 / 4064-0 oder www.hotel-sinsheim.de**

## *Stay overnight at the ****Hotel Sinsheim*

*Our ****Hotel Sinsheim, located directly next to the Auto & Technik MUSEUM SINSHEIM, combines comfortable accommodations with a modern, stylish ambience.*

- *110 comfortably equipped rooms, all with air conditioning, shower, hair dryer, SAT-TV, radio, telephone, minibar and free W-LAN connection*
- *Buffet breakfast included in the room rate*
- *Restaurant "Fandango" offering regional and Mediterranean specialities, bar-lounge "Fandango" with Australian flair in the hotel lobby, "Shark Bar" on the terrace, relax oasis*
- *Multiple event and conference facilities*
- *Sufficient free parking places directly at the hotel*
- *Packages for groups and single tourists including a visit to the museum and accommodation. Visit the homepage of the hotel for current offers.*

***Information and bookings: ☎ +49 (0)7261 / 4064-0 or www.hotel-sinsheim.de***

# Klassische Automobile / *Vintage cars*

Rettungsdienststiftun
Björn Steiger e.V.
Deutsche
Rettungsflugwacht
Notarzt
D-53
HD I 28H
HN HO 853A

Im Auto & Technik Museum Sinsheim werden ständig über 300 Oldtimer aller Epochen gezeigt. Von der Motorkutsche des ausgehenden 19. Jahrhunderts bis zu den Luxusautomobilen von Maybach, Mercedes und Rolls-Royce ist nahezu alles vertreten, was jemals auf Rädern die Straßen der Welt befahren hat. Die meisten Ausstellungsstücke sind voll fahrbereite Leihgaben von Mitgliedern unseres Museumsvereins, die häufig gefahren und daher oft ausgetauscht werden. Die Ausstellung ist deshalb ständig in Bewegung. Eine weitere Abwechslung bieten die zahlreichen Sonderausstellungen sowie die Oldtimer-Ausfahrten, die von unseren Vereinsmitgliedern organisiert werden. Seit Jahren ein fester Bestandteil des Veranstaltungskalenders ist zum Beispiel die Heidelberg Historic Rallye, die jedes Jahr im Juli ausgetragen wird.
Für unsere Besucher bietet dieses Museumskonzept den Vorteil, dass es bei uns immer wieder etwas Neues zu entdecken gibt, und dass viele Exponate auch in Aktion bewundert werden können. Aktuelle Informationen über Sonderausstellungen und andere Veranstaltungen finden Sie auf unserer Homepage www.technik-museum.de.

*In the Auto & Technik Museum Sinsheim more than 300 vintage cars from all epochs are constantly presented. From the motor-carriage from the end of the 19th century up to the luxury cars of Maybach, Mercedes and Rolls-Royce almost every type of vehicle is present that ever set wheels on the roads of this world. Most of the exhibits are roadworthy specimens on loan from members of our museum's club which are driven by their owners on a regular basis and are frequently exchanged. The exhibition, therefore, is constantly in motion in the true sense of the word. Further diversions are offered by numerous special exhibitions as well as vintage car rallies organized by our club. For instance, the Heidelberg Historic Rally taking place every July is a constant in our event diary.*
*For our visitors this museum concept has the advantage that there is always something new that can be discovered and that many of the exhibits can even be admired in action. For current information about special exhibitions and other events, please visit our homepage www.technik-museum.de.*

## Benz Dreirad - Das erste Automobil

Trotz zahlloser Rückschläge hat Carl Benz über viele Jahre unbeirrt am Bau eines Motorwagens festgehalten. Dabei stand seine kleine Gasmotorenfabrik in Mannheim mehr als einmal am Rande des Konkurses.

Das erste Ergebnis seiner Bemühungen war das Benz-Dreirad, das erste Automobil der Welt. Als Antrieb diente ein liegender 1-Zylinder 4-Takt-Motor mit 0,9 PS Leistung bei 400 Upm. Wirtschaftlich war das „Motorenveloziped“ jedoch ein Fehlschlag, genauso wie das Nachfolgemodell „Victoria“. Erst das dritte Modell, das „Velo“, brachte Benz den erhofften Durchbruch. Das Museumsstück ist ein originalgetreuer, voll funktionsfähiger Nachbau des berühmten Benz-Dreirads von 1886.

## *Benz three wheeler - The first automobile*

*In spite of many set backs the goal of building a motor vehicle was persistently pursued by Carl Benz over a period of many years, during which time his small gas engine factory in Mannheim was threatened by bankruptcy more than once.*

*The first result of his efforts was the Benz three wheeler, the first automobile in the world. It was powered by a lying 1-cylinder engine with an output of 0.9 hp at 400 rpm. Economically, however, the "Motorenveloziped" and its successor, the "Victoria", were both failures. The breakthrough Benz had hoped for was finally accomplished with the third model, the "Velo". The specimen in the museum is a fully functional true-to-the-original replica of the famous Benz three wheeler from 1886.*

## Peugeot „Vis-à-vis" von 1892

Bei der Weltausstellung in Paris im Jahr 1889 gelang es Gottlieb Daimler mit den französischen Industriellen Panhard und Levassor ins Geschäft zu kommen. Diese fertigten von nun an Daimler-Motoren in Lizenz, die sowohl in die Motorwagen von Panhard & Levassor als auch in Fahrzeuge von anderen französischen Automobilherstellern der ersten Stunde wie Peugeot eingebaut wurden.

Der Peugeot „vis-à-vis" von 1892 ist eines der ersten französischen Automobile überhaupt. Die Bezeichnung „vis-à-vis" leitet sich aus der Sitzposition ab, bei der sich die Passagiere von Angesicht zu Angesicht („vis-à-vis") gegenübersaßen. Als Antrieb dient ein 1.026 ccm V2-Zylinder Daimler Motor mit 2,5 PS.

*At the World Trade Fair of Paris in 1889 Gottlieb Daimler was successful in establishing business connections with the French industrialists Panhard & Levassor. This was the beginning of their licensed production of Daimler engines which were used not only for Panhard & Levassor vehicles but also in cars of other French automobile pioneers like Peugeot.*

*The 1892 Peugeot "vis-à-vis" was one of the very first French automobiles. The name "vis-à-vis" describes the seat position, where the passengers were sitting facing each other, i.e. face to face, which is the actual meaning of "vis-à-vis". The vehicle is powered by a 1,026 ccm V2-cylinder Daimler engine with 2.5 hp.*

## Columbia Elektroauto von 1904

Als gegen Ende des 19. Jahrhunderts immer mehr Automobile die Städte und Landstraßen zu bevölkern begannen war keineswegs klar, ob der Verbrennungsmotor das Rennen machen würde. Schon damals störten sich viele Zeitgenossen an dem Lärm der Motoren und den stinkenden Abgasen. Eine Lösung schien der Elektroantrieb zu sein. Einer der Vorreiter beim Bau der ersten Elektroautos war die amerikanische Firma Columbia. Dieser Wagen mit Elektroantrieb stammt von 1904 und gehörte einst der Millionärsfamilie Rockefeller. Angetrieben wird er von einem einzelnen Elektromotor, der bei einer Spannung von 60 Volt drei Kilowatt Leistung (ca. 4 PS) abgibt. Der Fahrer kann zwischen zwei Vorwärtsgeschwindigkeiten und einem Rückwärtsgang wählen. Bereits vor über 100 Jahren wurden bei diesem Modell die Vorderräder mit pneumatischen Stoßdämpfern versehen. Bei einem Testlauf im Jahr 2009 kam der Wagen mit modernen Bleigel-Batterien bei einer Durchschnittsgeschwindigkeit von ca. 25 km/h auf eine Reichweite von ca. 54 Kilometern.

*When towards the end of the 19th century more and more automobiles were beginning to populate the cities and roads it was absolutely not clear whether the combustion engine was going to come out on top. Back at that time already many contemporaries were feeling bothered by the engine noise and the stink of exhaust fumes. The electric drive appeared to be a solution. One of the forerunners building the first electric cars was the American company Columbia. This car with electric drive is from 1904. It once belonged to the Rockefeller family of millionaires. It is driven by a single electric motor which generates an output of three kilowatt (approx. 4 hp) at a potential of 60 Volts. The driver has a choice between two forward speeds and one reverse. More than 100 years ago already the front wheels were furnished with pneumatic shock absorbers. During a test run in 2009 the car, equipped with modern lead-gel batteries, was able to cover a distance of 54 kilometers at an average speed of about 25 km/h.*

## Brasier Stadtcoupé (links / *left*)

Das ab 1904 gebaute „Stadtcoupé" des heute weitgehend vergessenen französischen Herstellers Brasier ist ein historisch bedeutsames Fahrzeug, da es eines der ersten Automobile in Limousinenform war. Bei dieser früher auch als „Innenlenker" bezeichneten Bauart sitzt der Fahrer in einer geschlossenen Kabine hinter Glas und ist so vor der Witterung geschützt. Erstaunlicherweise setzte sich diese Bauart erst nach dem Ersten Weltkrieg durch. Das Museumsstück stammt von 1908. Es wird von einem 4-Zylinder-Motor mit 1,7 Litern Hubraum und 11 PS Leistung angetrieben.

*The "City Coupé", built from 1904 on by the now almost forgotten French manufacturer Brasier, is a vehicle of historical significance since it was one of the first automobiles built as a sedan. This model was formerly known in Germany also as "Innenlenker", which literally says that the driver was now sitting "within", i.e. in a closed cabin behind glass and thus protected from weather. Amazingly enough this design did not assert itself until after WW I. The museum exhibit is from 1908. It is powered by a 4-cylinder-engine with 1.7 liters displacement and an output of 11 hp.*

## Columbia Elektroauto von 1900 (rechts / *right*)

Noch vier Jahre älter als das vorher gezeigte Modell ist dieses Elektroauto ebenfalls von Columbia. Es wird durch einen von Ferdinand Porsche entwickelten, direkt wirkenden Radnabenmotor ohne Kette und Differential angetrieben. Die geringe Reichweite begrenzte jedoch die Einsatzmöglichkeiten. Ein Problem, das bis heute bei den Elektrofahrzeugen nicht gelöst ist.
Das kleine Bild zeigt das Columbia Elektroauto in Aktion beim Treffen von Fahrzeugen mit alternativem Antrieb, das jedes Frühjahr im Auto & Technik Museum Sinsheim veranstaltet wird.

*Even four years older than the previously shown model is this electric car also built by Columbia. It is driven by a direct-acting wheel-hub motor without chain or differential, developed by Ferdinand Porsche. However, its short range limited its usefulness. A problem, which remains unsolved for vehicles with electric drive until today.*
*The small picture shows the Columbia car with electric drive in action at the Meeting for Vehicles with Alternative Drive which takes place every year in spring at the Auto & Technik Museum Sinsheim.*

technik-museum.de/video/columbia

## Mors Kettenwagen (oben links / *top left*)

Selbst in ihrem Heimatland Frankreich ist die Marke Mors nur noch wenigen Experten bekannt. Gegründet wurde die Firma im Jahr 1889 von Emile Mors in Paris, wo er nach einigen Experimenten mit dampfgetriebenen Fahrzeugen 1895 mit dem Automobilbau begann. Der gezeigte Kettenwagen stammt von 1898. Es handelt sich um ein sehr fortschrittliches Fahrzeug mit einem Zweizylinder-Motor mit 850 ccm Hubraum und 4 PS Leistung. Die Karosserie wurde von der Firma Rothschild in Paris gefertigt. Die Kraftübertragung erfolgt wie damals üblich über eine Kette. An den Oberseiten der Vorderräder befinden sich kleine Fangketten zum Abstreifen von Hufnägeln. Die Höchstgeschwindigkeit lag bei ca. 25 km/h.

*Even in its home country France the name of Mors is known to a few experts only. It was founded in 1889 by Emile Mors in Paris, where he started building automobiles in 1895, after a view experiments with steam driven vehicles. The chain car on exhibit is from 1898. It was a very modern vehicle equipped with a two-cylinder engine with 850 ccm displacement and an output of 4 hp. The body was made by Rothschild of Paris. As was customary at that time, a chain was used for power transmission. Small guard chains were mounted on top of the wheels to remove horseshoe nails. The maximum speed was about 25 km/h.*

## Grout Dampfwagen (rechts / *right*)

Dieses Fahrzeug von Grout Brothers stellt eine besondere Kuriosität dar. Obwohl es im Jahre 1899 gebaut wurde, also zu einer Zeit, als der Benzinmotor bereits allgemein in Gebrauch war, wurde es von einer kleinen zweizylindrigen Dampfmaschine angetrieben. Diese gab bei einem Betriebsdruck von maximal 20 atü gut 8 PS Leistung ab. Je nach Stellung des Dampfhebels konnte das Fahrzeug stufenlos vor- bzw. rückwärts bewegt werden. Die Maximalgeschwindigkeit betrug ungefähr 50 km/h, die Reichweite ca. 70 km. Wäre da nicht der große Wasserverbrauch, vielleicht wären auch heute noch Autos mit einer Dampfmaschine ausgerüstet.

*This vehicle by Grout Brothers is a special curiosity. Although built in 1899, and hence at a time when gasoline engines were already in general use, it was driven by a small, two-cylinder steam engine. At an operating pressure of maximally 20 atmospheres above atmospheric pressure this engine had an output of about 8 hp. Depending on the position of the steam lever the vehicle could be moved variably forward or in reverse, respectively. The maximum speed was about 50 km/h, the radius of operation about 70 km. Had it not been notorious for the enormous quantities of water required, who knows, cars might be equipped with steam engines up to these days.*

## Opel 24/50

Mit Preisen zwischen 14.000 und 16.500 Reichsmark gehörte der Opel 24/50 zu seiner Zeit zur automobilen Oberklasse. Die Bezeichnung „24/50" leitet sich von der damals üblichen Unterscheidung zwischen der für die Höhe der Kfz-Steuer entscheidenden und der realen Motorleistung in PS ab. Diese PS-Zahlen wurden nach unterschiedlichen Verfahren errechnet. Der Motor des 24/50 gibt eine tatsächliche Leistung von 50 PS ab, die Steuer-PS betrugen jedoch nur 24 PS. Eine solche Typenbezeichnung war damals weit verbreitet. Das Fahrzeug war in Australien zugelassen. Das dortige Wüstenklima hat entscheidend zu seinem hervorragenden Erhaltungszustand beigetragen. Sogar das Holz und die Lederpolsterung befinden sich noch im Originalzustand. Im Jahr 1980 wurde der 24/50 in einen mit Schafswolle gepolsterten Container verpackt und zurück in sein Heimatland Deutschland transportiert.

**Technische Daten** Baujahr: 1912; Motor: 6,2 Liter / 4- Zylinder / 50 PS; Höchstgeschwindigkeit: 85 km/h

*With prices between 14,000 and 16,500 Reichsmark the Opel 24/50 belonged to the top class of automobiles in its time. The term "24/50" derives from the then customary distinction between the value used as a basis for the computation of the tax and the real output of the engine in hp. Different methods were used for the computation of these hp-values. The actual power produced by the engine of the 24/50 equals 50 hp, while the hp-value used for tax computation purposes was 24 only. This type of model identification was quite common at that time. The vehicle had been registered in Australia, and the desert climate in this area contributed considerably to its first class maintenance. Even the wooden parts and the leather upholstery are still in their original condition. In 1980 the 24/50 was packed in a sheep's wool lined container and brought back to its home country Germany.*

***Technical data** Year of construction: 1912; Engine: 6.2 litres / 4-cyl. / 50 hp; Maximum speed: 85 km/h*

## Opel 25/55

Der Opel 25/55 ist ein großräumiger, sechssitziger Tourenwagen aus dem Jahr 1914. Sein Preis lag damals zwischen 15.200 und 18.250 Mark. Während des 1. Weltkriegs war der Wagen einem deutschen General zugeteilt. Später gelangte er dann nach Schottland. Auf dem Umweg über ein holländisches Museum kam er schließlich in das Museum Sinsheim. Das imposante Äußere und der perfekte Erhaltungszustand geben diesem repräsentativen Fahrzeug einen besonderen Reiz.
**Technische Daten** Baujahr: 1914; Motor: 6,5 Liter / 4-Zylinder / 62,5 PS; Höchstgeschwindigkeit: 90 km/h

*The Opel 25/55 is a spacious, six-seater touring car built in 1914, at which time it cost between 15,200 and 18,250 Mark. During WW I the car had been allocated to a German general. Later on it came to Scotland, and by way of a detour via a Dutch museum finally to the museum in Sinsheim. The imposing outer appearance and perfect maintenance lend a special appeal to this prestigious automobile.*
***Technical data*** *Year of construction: 1914; Engine: 6.5 litres / 4 cyl. / 62.5 hp; Maximum speed: 90 km/h*

## Opel Super 6

Gemeinsam mit dem Opel Admiral wurde der Super 6 erstmals 1937 der Öffentlichkeit vorgestellt. Es war eine konventionelle Konstruktion mit einem Rahmen, der unterschiedliche Karosserie-Aufbauten ermöglichte. Nach knapp zwei Jahren und ca. 46.000 gebauten Exemplaren wurde er vom Opel Kapitän abgelöst, der erstmals eine selbsttragende Karosserie besaß. Der 6-Zylinder-Motor hat 2,5 Liter Hubraum und leistet 55 PS.

*In 1937 the Opel Super 6 was first presented to the public together with the Opel Admiral. It was a conventional design with a frame body which allowed variable coachworks. After just under two years and ca. 46,000 completed units it was replaced by the Opel Captain which, for the first time, had a self-supporting body. The car is powered by a 2.5 liter 6-cylinder engine with 55 hp.*

## Audi E Typ 22/55

Im Jahr 1909 verließ der deutsche Automobil-Pionier August Horch nach einem Streit mit dem Vorstand die nach ihm benannten Horch-Autowerke in Zwickau und gründete in unmittelbarer Nachbarschaft eine neue Firma. Da er diese nicht erneut „Horch" nennen durfte gab er ihr den Namen „Audi", was dem lateinischen Wort für „Horch!" entspricht.
Von den frühen Audis sind nur ganz wenige erhalten geblieben. Der erste Prototyp des im Museum gezeigten Audi-Wagens mit 22 Steuer-PS und 55 Motor-PS wurde 1911 auf die Räder gestellt. In die Serienfertigung ging das als Typ E bezeichnete Fahrzeug ab 1913. Mit einem Hubraum von 5,7 Litern besaß es den größten Motor, der in der Zwickauer Audi Ära je gebaut wurde. Da die Audiwerke keinen eigenen Karosseriebau besaßen, wurden sämtliche Aufbauten von speziellen Karosseriebaufirmen angefertigt. Der Vierzylinder-Reihenmotor verhilft dem Audi zu einer Höchstgeschwindigkeit von 90-100 km/h bei einem Verbrauch von 20-22 Litern / 100 km. Der Preis für das Fahrgestell mit Motor lag bei 14.500 Mark. Zwischen 1913 und 1924 wurden nur 301 Wagen dieses Typs produziert.

*Following disagreements with the board of directors, the German automobile pioneer August Horch left the Horch-Autowerke in Zwickau, which was named after him, in 1909 and founded a new firm in the immediate vicinity. Since he was not allowed to use the name "Horch" again he named his new company "Audi" which is Latin for "Horch!" meaning "Listen!" in English.*
*Only very few of the early Audi cars have survived. The first prototype of the vintage Audi on display in the museum was completed in 1911. Series production of the model referred to as Type E commenced in 1913. With a displacement of 5.7 liters it was equipped with the largest engine ever built during the Audi era at Zwickau. Since the Audi factories had no facilities for building car bodies all bodies were supplied by specialized coach builders. The 4-cylinder in-line engine enabled the car to reach a maximum speed of 90-100 km/h at a fuel consumption of 20-22 liters / 100 km. The price for the chassis with engine was 14,500 Marks. Between 1913 and 1924 only 301 specimens of this model were built.*

**Presto 9/30 (oben links und unten)**
Ab 1909 wurden in den Presto-Werken in Chemnitz Automobile gebaut. Sie galten als solide Mittelklassefahrzeuge. Nach dem Ersten Weltkrieg konzentrierte sich die Firma erfolgreich auf die Massenfertigung. Die Wirtschaftskrise Mitte der 1920er Jahre sowie die Übernahme des Dux-Automobilwerks im Jahr 1926 verschlechterten die Marktsituation von Presto jedoch so entscheidend, dass beide Fabriken 1927 von der NAG übernommen wurden.
**Technische Daten** Baujahr: 1924; Motor: 2,3 l / 4 Zyl. / 30 PS

***Presto 9/30 (top left and bottom)***
*The Presto factory in Chemnitz started their automobile production in 1909. The vehicles were regarded to be solid midrange cars. Following WW1 the company concentrated successfully on mass production. But the economical crisis in the mid-twenties as well as the take over of the Dux automobile factory in the year 1926 impaired Presto's market situation to an extent that both factories were taken over by NAG in 1927.*
***Technical data** Year of const.: 1924; Engine: 2.3 l / 4-cyl. / 30 hp*

**Fiat 510 Spider (oben rechts)**
Die Markenbezeichnung „Fiat" steht für „Fabrik italienischer Automobile in Turin". Gegründet wurde die Firma bereits 1899. Mit ihr begann der Siegeszug des Automobils in Italien. Der offene zweisitzige Spider mit Dreiganggetriebe ist äußerst selten und einer der wenigen schönen Wagen von Fiat mit Spitzkühler.
**Technische Daten** Baujahr: 1919; Motor: 3,5 l / 6 Zyl. / 45 PS; Höchstgeschw.: 90 km/h

***Fiat 510 Spider (top right)***
*The brand name "Fiat" is an abbreviation of "Factory of Italian Automobiles in Torino". The firm, which was founded back in 1899 already, started the triumphal success of automobiles in Italy. The open, double-seater Spider with three-speed gear is extremely rare and one of the few attractive cars by Fiat with a pointed radiator.*
***Technical data** Year of construction: 1919; Engine: 3.5 l / 6-cyl. / 45 hp; Maximum speed: 90 km/h*

## American La France „Simplex“

Die geniale Konzeption des Mercedes Simplex übte auch in Amerika einen großen Einfluss auf den Automobilbau aus. Dies ging so weit, dass eine ganze Reihe von kleineren Firmen, u. a. auch American La France, dieses revolutionäre Fahrzeug praktisch identisch nachbauten und eigene „Simplex“-Modelle auf den Markt brachten. Die Technik wurde exakt kopiert. Lediglich die Ausgestaltung der Fahrgestelle fiel etwas gröber aus. Die Wagen wurden zu etwa 60 % als Feuerwehrfahrzeuge und zu etwa 40 % als Renn- und Sportwagen verkauft. Das Museumsstück stammt von 1912 und wird von einem 9,5 Liter 4-Zylinder-Motor mit 98 PS angetrieben.

*The innovative concept of the Mercedes Simplex also had a considerable influence on American automobile production. This went so far that quite a number of smaller firms, among them American La France, practically copied this revolutionary car, introducing their own “Simplex“ models into the market. Every technical part was copied down to detail. Only the finish of the chassis turned out somewhat clumsier. About 60 % of the vehicles were sold as fire engines and about 40 % as racing- and sports cars. The museum exhibit was built in 1912 and is powered by a 9.5 liters 4-cylinder engine with 98 hp.*

## Hanomag „Kommißbrot“

Mit dem wegen seiner Karosserieform im Volksmund als „Kommißbrot” bezeichneten Fahrzeug unternahm Hanomag in den 1920er Jahren den Versuch, einen preiswerten Kleinwagen auf den Markt zu bringen. Das minimal ausgestattete Wägelchen mit dem einzelnen Mittelscheinwerfer wurde zwar schnell populär, die Verkaufszahlen blieben aber hinter den Erwartungen zurück. Wer etwas mehr Geld übrig hatte kaufte sich doch lieber ein weniger spartanisches Fahrzeug wie den Opel 4 PS. Insgesamt wurden zwischen 1925 und 1928 15.775 Exemplare gebaut.

**Technische Daten** Baujahr: 1926; Motor: 0,5 l / 1 Zyl. / 10 PS

*With this car, popularly nicknamed „Kommißbrot“ (army bread) on account of its form, Hanomag made an attempt to introduce an inexpensive small car on the market in the 1920s. Although this little car with a minimum of equipment and its single headlight at the center quickly gained popularity, its sales numbers did not come up to expectations. Those who were able to spend a bit more ultimately preferred to buy a car of less scanty comforts, like the Opel 4 PS. Altogether 15,775 units of this car were built between 1925 and 1928.*

***Technical data** Year of construction: 1926; Engine: 0.5 l / 1-cyl. / 10 hp*

## American La France Funkenblitz

Der American La France „Funkenblitz" stammt von 1907. In Aussehen und Technik ist er typisch für die Fahrzeuge jener Zeit. Der großvolumige Motor mit 9,5 Litern Hubraum leistet 95 PS. Die Kraftübertragung erfolgt mittels zweier Ketten auf die hintere Starrachse. Der Wagen hat vorne keine Bremsen, dafür aber hinten eine Außenbandhandbremse sowie eine Innenbackenfußbremse. Von einem hinterher fahrenden PKW wurde er mit einer Spitzengeschwindigkeit von 145 km/h gestoppt.

Dieses interessante Fahrzeug hat eine bewegte Vergangenheit. Nach vielen Sporteinsätzen diente der Wagen in einer amerikanischen Kleinstadt als Feuerwehrfahrzeug und fiel dann in einen Dornröschenschlaf, aus dem er erst Jahre später wieder erweckt wurde. Seine größte Bewährungsprobe bestand er 1997 bei der Veteranen-Rallye von Peking nach Paris. Die aufregende Geschichte dieser einzigartigen Rallye erzählt der nachfolgende Artikel.

*The Amercian La France "Funkenblitz" (spark lightning) originated in 1907. Both, its outward appearance and technology are typical for vehicles of that time. The large-volume engine with 9.5 liters displacement has an output of 95 hp. Transmission is brought of by chain drive to the rigid rear axle. The vehicle has no front wheel brakes, but instead a rear external band brake as well as an internal expanding foot brake. A car following behind timed its top speed at 145 km/h.*

*This interesting vehicle has an eventful past. Subsequent to running at many sports events it served as a fire engine in a small American town and then lapsed into oblivion to be brought back to life after many years. But it passed its greatest test in 1997 on occasion of the Peking to Paris Rally. The exciting story of this unique rally is told by the following article.*

# Rallye Peking - Paris

## China-Wochen mit dem ‚Funkenblitz'

## *China weeks with the 'Funkenblitz'*

„Als ich gehört habe, dass eine Neuauflage der Rallye geplant wird, war's um mich geschehen", erinnert sich der unerschrockene Hermann „The German". Da fahre ich mit, beschließt Layher und wählt auch gleich das adäquate Auto aus seiner Kollektion: den American La France „Funkenblitz". „Ich wollt' nicht mit irgendeinem Töfftöff da herumfahren, sondern mit 'nem richtigen Hammer!"
Eine exzellente Vorbereitung sowie gutes Training, soviel weiß Layher von Graf Borghese, Sieger der Rallye 1907, ist durch nichts zu ersetzen. Zur körperlichen Ertüchtigung montiert sich der 41-jährige alsbald eine Reckstange ins eheliche Schlafzimmer. „Waldlauf ist nicht mein Ding", entscheidet er und übt fortan eifrig Klimmzüge. Klimmzüge üben auch Layhers Mechaniker, um den Hubraumriesen für derlei Strapazen rechtzeitig zu präparieren. Und damit Mensch und Maschine den Katzensprung von Peking nach Paris ganz sicher überstehen, ordnet der wackere Museumsdirektor vier Wochen vor dem Verschiffungstermin des Autos noch schnell die Proberallye Sinsheim - Paris mit Beifahrer Jörg Holzwarth an. Der Testritt ohne Werkzeugkiste in die französische Landeshauptstadt verläuft dann auch ohne größere Zwischenfälle – bis auf sieben Reifenschäden, diverse ausgebrochene Stirnradzähne, einen defekten Kühler und zerstörte Kolbenbolzen- und Pleuellager. „Da war wohl das falsche Öl drin", diagnostiziert Diplomingenieur Layher und wird langsam hektisch.
Zahlreiche Freunde helfen. Ein gutes Dutzend haltbarer Drahtreifen fliegen aus Amerika ein, ersetzen die detonierten Wulstpneus; Kolbenringe und Pleuellager liegen noch in England rum, und in Holland findet sich sogar ein neuer Kühler. Trotzdem: Als endlich jedes Teil wieder dort sitzt, wo sein Konstrukteur es vorgesehen hat, war der Peking-Frachter bereits in See gestochen. Für den wiedererstarkten Funkenblitz blieb also nur der Flugweg nach China.
Szenenwechsel. Es ist Samstag, der 6. September 1997. Wir stehen jetzt am Start in Peking zwischen 94 meilenhungrigen Oldtimercrews und blicken der Funkenblitz-Besatzung über die Schultern. Dann endlich poltern sie unter unzähligen Augenpaaren staunender, winkender Chinesen los, beginnen ihren „fairly short first day": 230 Kilometer mit Stipvisite an der Chinesischen Mauer durch low mountains von Peking nach Zhang Jiakou. Die low mountains lassen den American La France kalt, nicht einmal seine neuen Reifen werden besonders warm. Kein einziges Mal wird heute der große Werkzeugkasten aufgemacht. Aber auch das sollte sich wenige Tage später ändern.
Am dritten Tag macht es dann, irgendwo am Yellow River, ein hässliches Geräusch - ein Auslassventil ist gebrochen. Ersatz gibt's frühestens in Lanzhou – und das soll noch zwei Tage dauern! Zu allem Überfluss steht beim Abendessen auch noch Hühnerfuß auf dem Speiseplan. „Jörg hat's nicht so gemocht, aber mir hat's ganz gut geschmeckt". Tja, ein Unglück kommt selten allein.
Das Unglück des Funkenblitz besteht nun darin, dass er die nächsten 500 Kilometer mit drei Zylindern, also mit nur 7125 aktiven Kubik, zurechtkommen muss. In Lanzhou ist per Luftfracht erste Hilfe für den American La France eingetroffen. Nicht nur ein neues Ventil, sondern gleich einen ganzen Zylinder beinhaltet das ersehnte Rettungspaket – falls noch mehr kaputtgeht...
„Es war ein schöner Morgen, als wir in Lanzhou aufbrachen", erinnert sich Hermann Layher. „Alles optimal, so um die 25 Grad". Viel zu warm für dicke Pullover und gefütterte Thermojacken, befinden Layher und Holzwarth und verzichten auf die schützende Winterkluft. Dabei steht heute dünne Höhenluft auf dem Programm – übers tibetanische Hochplateau zum Koko-Nor-Camp. 475 Kilometer Himalaja für Fortgeschrittene. Die beiden Gipfelstürmer beginnen langsam zu frieren. Mit peitschendem Regen und eisigem Wind macht der Himalaja deutlich, dass er heute keine Lust auf Besuch hat. Und das respektiert sogar der Funkenblitz, der auf 4.500 Höhenmetern per Reizhusten seinen Dienst quittiert. Auch mit Hermann Layher und Jörg Holzwarth ist nicht mehr viel los. Layher zittert so heftig, dass er das Lenkrad kaum noch halten kann; Holzwarths Gesichtsfarbe schimmert allmählich wachsweiß, wechselt dann zu Aubergine-metallic. Ein kleines weißes Zelt am Wegesrand ist das letzte, was der Oldie-Besatzung von diesem Höllentrip in Erinnerung bleibt. Dann frieren sämtliche Gedanken ein.
Als Hermann Layher erwacht, fühlt er sich irgendwie eingeengt, aber nicht mehr ganz so kalt. Während er überlegt, ob er schon im Himmel ist, scheint Leben in seine struppige Nachbarschaft zu kehren: zwei besorgte Schafhirten, die den tiefgefrorenen Autofahrer kurzerhand zwischen sich eingebettet haben. Holzwarth hat's nicht ganz so schlimm erwischt, ein Begleitfahrzeug sammelte den erschöpften Mann ein und transportierte ihn talwärts. Dort findet sich auch bald Hermann Layher ein – unter den kritischen Augen des Rennarztes. „Extrem starke Unterkühlung", lautet sein Befund. Für den Museumsmann bedeutet das die schwarze Flagge.
Während der illustre Oldtimertross am achten Tag früh morgens in Golmund auf den Start wartet, warten Hermann Layher und Jörg Holzwarth am Bahnhof auf die Eisenbahn. Von hier geht's zurück nach Xining zum Flugplatz. Doch sehr weit haben die beiden Kältegebeutelten die Flinte nicht ins Korn geworfen. „Nach ein paar Genesungstagen sind wir wieder fit", beschließen sie. „Dann wird die letzte Etappe nach Paris unter die Räder genommen!"
In der Tat: Zwei Wochen später traut sich Layher ohne Wolljacke, Mantel und Schaffell im sommerlichen Sinsheim vor die Tür – und

reist mit Holzwarth und Funkenblitz erneut an, um die letzten Rallyetage zu genießen. „Was wir angefangen haben, das wird auch zu Ende gebracht!".

„Unverständlicherweise sind wir wohl aus der Wertung gefallen", scherzt Hermann Layher, „dennoch – als wir in Paris ankamen, floss der Schampus in Strömen." Das war bei Borghese übrigens nicht anders. Und der Funkenblitz? Der steht seither im Museum, so wie er in Sinsheim ankam, eingerahmt von zwei Vitrinen, die an den wilden Ritt des Jahres 1997 erinnern.

*"As soon as I heard that it was planned to organize a revival of this rally I hopelessly fell for this idea", the undaunted Hermann "The German" remembers. I'll join that, Layher decides, and promptly picks the adequate car from his collection: the American La France "Funkenblitz". "I didn't want to ride around there in just any old car, but in a real hammer!"*

*An excellent preparation as well as good training, that much Layher knows from Earl Borghese, winner of the 1907 rally, cannot be replaced by anything else. To get in good shape the 41-year old went ahead and installed a horizontal bar in the master bedroom. "Cross country running is not my thing", he decides and therefore starts to practise chin-ups. Chinning-up is also practised by Layher's mechanics to be able to timely prepare the car with its giant engine for the exertions to come. And to convince himself that men and machine are fit enough to endure the short hop from Peking to Paris, the brave director of the museum is quickly organizing a test rally Sinsheim - Paris with his co-driver Jörg Holzwarth four weeks before the planned shipping date of the car. The test ride, without toolbox, to the French capital is absolved without any significant incidents, apart from seven punctures, several cracked spur gear sprockets, a damaged radiator and busted piston pin- and connecting rod bearings. "There seems to have been the wrong oil in there", Layher is diagnosing and slowly becomes hectic.*

*Numerous friends are helping. A good dozen of durable steel belt tires are being flown in from America to replace the exploded clincher tires. Piston rings and connecting rod bearings are still lying around in England, and in Holland even a new radiator can be found. But at the time each part had finally found its designated place, the freight ship to Peking had long since put out to sea. Thus, the only way to China for the invigorated Funkenblitz was by air.*

*Next change of scenes. It is Saturday, 6 September 1997. We are standing now at the start in Peking between 95 mile-hungry veteran car crews and are looking over the shoulders of the Funkenblitz crew. Then, finally, they are charging off watched by a large crowd of wide eyed, clapping Chinese, starting on their fairly short first day: 230 kilometres with a side trip to the Chinese Wall through the low mountains of Peking to Zhang Jiakou. The low mountains do not faze the American La France, not even its new tires are getting excessively warm. But this, too, should change in a few days.*

*On the third day, somewhere at the Yellow River, there is an ugly noise – one of the outlet valves has broken. A replacement can be had in Lanzhou at the earliest – and that is said to take two more days. And as if that were not enough, chicken feet are on the menu for dinner. "Jörg didn't really like it but I thought it tasted fine." Yes well, it never rains but it pours.*

*The misfortune of the Funkenblitz now is that it has to manage the next 500 kilometres on but three cylinders and thus with 7,125 active cubics only. In Lanzhou first aid for the Amercan La France has arrived by airfreight. The eagerly awaited rescue package does not only contain a new valve but a complete cylinder too – in the event that further items may break down...*

*"It was a fine morning when we started off in Lanzhou", Hermann Layher recalls. "Everything optimal, just around 25 degrees." Much too warm for thick pullovers and padded thermo jackets, Layher and Holzwarth decide and continue the ride without protective winter wear although today thin mountain air is on the programme – over the Tibetan high plateau to the Koko Nor camp. 475 kilometers of the Himalayans for the advanced. Slowly both conquerors of the peaks are beginning to freeze. With pelting rain and an icy wind the Himalayans are indicating that they don't feel like greeting visitors today. And even the Funkenblitz is accepting this denial and quits the service with several dry coughs at an altitude of 4,500 meters. Layher is shaking so much that he is hardly able to hold on to the wheel. The color of Holzwarth's face is slowly turning waxen and then changes to aubergine metallic. A small white tent is the last thing the veteran car crew is recalling from this trip to hell. Then all thoughts freeze up. When Hermann Layher awakes he is feeling sort of confined but no longer that cold. While he reflects whether he might already be in heaven his fuzzy neighborhood seems to come to life: Two worried shepherds who went ahead and simply bedded the frozen motorist down in their middle. Holzwarth had been a bit more fortunate. An escort vehicle collected the exhausted fellow and transported him down to the valley. This is where Hermann Layher also turned up before long – under the critical eyes of the racing doctor. "Highly serious hypothermia", he diagnoses. For the man from the museum this means the black flag.*

*On the eighth day, early in the morning, while the illustrious field of veteran cars is waiting for the take off sign at Golmund, Hermann Layher and Jörg Holzwarth are waiting at the station for the train. From here they journey back to the airport in Xining. But the two victims of the cold were not throwing in the sponge too far. "After a few days of recovery we are going to be fit again", they decide. "Then we'll take the last leg to Paris under the wheels!"*

*And indeed! Two weeks later Layher dared to leave the house in summery Sinsheim, without cardigan, coat and sheepskin – and arrives again, complete with Holzwarth and Funkenblitz, to enjoy the last days of the rally. "What we began we also brought to an end!". "For some inexplicable reason we seem to have fallen off the score board", Hermann Layher is joking. "But all the same – when we arrived in Paris champagne was flowing freely." This was the same with Borghese, by the way. And the Funkenblitz? It has been standing in the museum ever since, just the way it arrived in Sinsheim, flanked by two show cases remembering the wild ride of the year 1997.*

Text: Martin Brüggemann / Fotos: Archiv
Mit freundlicher Genehmigung von Oldtimer-Markt

## Laurin & Klement Doppelphaeton (oben / *top*)

Dieser imposante Wagen wurde 1916, also mitten während des Ersten Weltkriegs, von der Firma Laurin & Klement in Prag in der damaligen Tschechoslowakei gebaut. Als Antrieb dient ein 4-Zylinder-Motor mit 4,7 l Hubraum und einer Leistung von 50 PS. Laurin & Klement wurde 1895 zunächst als Fahrradfirma gegründet. Später baute die Firma neben Automobilen auch Motorräder, Stationärmotoren, Nutzfahrzeuge, Omnibusse, landwirtschaftliche Maschinen und Straßenwalzen. 1925 wurde die Firma an Škoda verkauft. Noch heute bezeichnet Škoda die Spitzen-Ausstattungslinien einiger Modelle zur Erinnerung an seine Ursprünge mit Laurin & Klement (L&K-Modelle).

*This imposing car was built in 1916, that is in the middle of World War I, by Laurin & Klement in Prague / Czechoslovakia. It is powered by a 4-cylinder engine with a displacement of 4.7 liters and an output of 50 hp. Besides cars Laurin & Klement also built bicycles, motorcycles, stationary engines, utility cars, busses, agricultural machines and street rollers. In 1925 the company was sold to Škoda. Until today Škoda designates the top configurations of some of its models with the affix Laurin & Klement to remember of its roots (L&K configurations).*

## NSU 8/40 (unten / *bottom*)

Bevor NSU zum weltgrößten Motorradproduzenten wurde, hatte die Firma bis 1929 Autos produziert. Die frühen NSU-Fahrzeuge, die bis heute erhalten geblieben sind, kann man an den Fingern einer Hand abzählen. Dieser 8/40 von 1914 mit einem 30 PS 2,1 Liter 4-Zylinder Motor wurde von Hugo Müller aus Eibensbach restauriert und dem Museum als Leihgabe überlassen.

*Before NSU became the largest motorbike producer worldwide it built cars until 1929. Only very few of the early NSU-vehicles still exist these days. The model 8/40 of 1914 with a 30 hp 2.1 liter 4-cylinder engine was restored by Hugo Müller of Eibensbach and most kindly given to the museum as a loan.*

## Ford T-Modell

Bis weit in die 1920er Jahre hinein waren Automobile in Europa den wohlhabenden Bevölkerungsschichten vorbehalten. Dies lag zum einen an der aufwändigen Fertigung und dem dadurch von vornherein hohen Preis. Zum anderen wurde das Auto aber auch in vielen Ländern lange Zeit als nicht wirklich notwendig angesehen und daher zusätzlich mit hohen Luxussteuern belegt. Ganz anders entwickelte sich die Situation in Amerika, wo Henry Ford mit seinem T-Modell das Automobil zu einem Massenverkehrsmittel machte, das für fast jedermann erschwinglich war.

Henry Ford wurde 1863 als Sohn eines Farmers geboren. Schon als Kind fasste der technisch begabte Ford den Entschluss, ein Fahrzeug zu konstruieren, das das beschwerliche Landleben erleichtern sollte. Nach einer mehrjährigen Tätigkeit in der Firma von Thomas A. Edison in Detroit begann er, seine Vision in die Tat umzusetzen und einfache Fahrzeuge für die Massen herzustellen. Schon seine ersten Produkte verkauften sich sehr gut, den endgültigen Durchbruch brachte aber erst das ab 1908 produzierte T-Modell.

Ford verzichtete bei diesem legendären Fahrzeug ganz bewusst auf alle nicht absolut notwendigen Teile wie Tachometer oder Benzinuhr und führte zusätzlich mit äußerster Konsequenz die Fließbandfertigung ein. Hierdurch wurde das Auto äußerst billig. So kostete ein Standardmodell 1914 knapp $ 500.-, was rund vier Monatslöhnen eines Industriearbeiters entsprach. Pro Wagen verdiente die Firma aber trotzdem noch $ 50.-, was Ford bald zu einem steinreichen Mann machte. Neunzehn Jahre lang war das T-Modell das meistgebaute Auto der Welt. Insgesamt wurden über 15 Millionen Stück produziert. Erst 1972 konnte VW mit seinem Käfer diesen Rekord brechen.

Der Wagen oben ist ein typisches Ford T Serienmodell von 1917 mit einem 2,9 l-Motor mit 20 PS. Einer der berühmtesten Aussprüche von Henry Ford war: „Sie können meine Autos in allen Farben haben, vorausgesetzt sie ist schwarz".

*Until well into the 1920s automobiles in Europe were a privilege of the well-to-do classes. This was partly due to the costly production and the consequently high price. Another reason was that for a long time the automobile was not regarded as a real necessity in many countries and thus burdened additionally with high luxury taxes. In America, on the other hand, the situation took an entirely different turn with Henry Ford's Model T which made the automobile into a means of transportation for the masses that almost everyone was able to afford.*

*Henry Ford was born in 1863 as the son of a farmer. Already as a child the technically gifted Ford was planning to design a vehicle that was to lighten the burden of country life. After working for several years in the firm of Thomas A. Edison in Detroit he started to transform his vision into reality by building an uncomplicated vehicle for the masses. While even his first products sold really well, the final breakthrough was achieved with the Model T which he started to produce in 1908.*

*In the production of this legendary car Ford deliberately did without all parts that were not absolutely necessary, such as speedometer and fuel gauge, and additionally was absolutely consequent in introducing highly efficient methods of production. In 1914 the price for a standard model was just under $500.00 the equivalent of about four monthly wages of an industrial worker. In spite of this the firm still made a profit of $50.00 per car, which before long made Ford into a man rolling in money. For nineteen years the Model T remained the car with the largest production numbers of the world. A total of more than 15 million units were produced altogether, and it was not before 1972 until Volkswagen succeeded in breaking this record with the Beetle.*

*The car shown at the top is a typical series model of 1917 with a 2.9 l engine with 20 hp. A famous quote by Henry Ford was: "You can have my cars in any color, provided it is black".*

## Mercedes Simplex 40/45 von 1905

Der Mercedes Simplex war für die Entwicklung des Automobils, wie wir es heute kennen, von ganz entscheidender Bedeutung. Er war der erste Wagen mit vorne liegendem Motor und Hinterradantrieb, Kühler, Pedalen und Lenkrad. Wilhelm Maybach hat entscheidend am Entwurf dieses Autos mitgewirkt. Sein Preis betrug damals ungeheure 40.000 Goldmark. In Relation hierzu musste ein Mercedes der Oberklasse heute zwei Millionen Euro kosten.

Die Simplex-Baureihe wurde aus dem Mercedes 35 PS entwickelt, dem ersten Mercedes überhaupt. Der Name „Mercedes“ wurde 1901 vom damaligen französischen Daimler-Generalimporteur Emile Jellinek geprägt. Da die Markenbezeichnung „Daimler“ in der französischen Aussprache unschön klang, änderte er sie in „Mercedes“, den Namen seiner Tochter. Später wurde der Markenname von Daimler übernommen.

Der im Museum gezeigte Simplex von 1905 wird von einem 6,8 Liter 4-Zylinder-Motor mit 45 PS angetrieben. Er wurde ursprünglich aus erster Hand vom Fahrer der Familie Anhäusser-Busch, der bekanntesten Brauerei-Dynastie Amerikas, erworben. Die Familie hatte das Fahrzeug dem Fahrer nach der Pensionierung überlassen.

*The Mercedes Simplex was of decisive significance for the automobile as we know it today. It was the first car with front engine and rear wheel drive, radiator, pedals and steering wheel. Substantial contributions to the development of this car were made by Wilhelm Maybach. Its price was immense, 40,000 goldmarks. In relation to this, a Mercedes of the top class would have to cost two million Euros these days.*

*The Simplex-series was developed from the Mercedes 35 hp, the very first Mercedes. The name "Mercedes" was coined in 1901 by Emile Jellinek, who was the French general importer of Daimler at that time. Since the trade name "Daimler" sounded unpleasant when pronounced in French he changed it to "Mercedes", the name of his daughter. Later on, this trade name was adopted by Daimler.*

*The Simplex from 1905 on exhibit in the museum is powered by a 6.8 liter 4-cylinder engine with 45 hp. It was primarily acquired first hand from the chauffeur of the Anhäusser-Busch family, the most famous brewery dynasty of America. The family had donated the car to their chauffeur after retirement.*

Mercedes
Museum Sinsheim

## Mercedes Simplex von 1906

Der Mercedes Simplex konnte bei Daimler entweder nur als Fahrgestell oder mit unterschiedlichen Karosserien bestellt werden. Dieser Simplex von 1906 besitzt eine zweisitzige Rennkarosserie. Der 4-Zylinder-Motor hat einen Hubraum von 5,3 Liter und leistet ca. 35 PS. Die Höchstgeschwindigkeit liegt bei ca. 80 km/h. Wie die Bilder zeigen, ist der Wagen auch nach über 100 Jahren noch immer voll fahrbereit.

*The Simplex could be ordered from Daimler either as chassis only or with different bodies. This Simplex built in 1906 has a racing body with two seats. The 4-cylinder-engine has a displacement of 5.3 liters and an output of approx. 35 hp. It reaches a maximum speed of 80 km/h. As these pictures show, even after more than 100 years it is still in a fully roadworthy condition.*

## Mercedes 22/50 Phaeton

Das Fahrgestell dieses, bereits mit einem Kardanantrieb ausgestatteten Fahrzeugs wurde 1912 von Daimler / Stuttgart nach England geliefert und dort mit einer passenden Karosserie versehen. Der 4-Zylinder-Motor mit 5,6 Liter Hubraum leistet 50 PS. Der Wagen befindet sich in einem fast neuwertigen Originalzustand. Die Karbidlampen, Claxton- und Kautschukballhupen sowie die anderen Zubehörteile sind vollständig erhalten. Modelle dieses Typs in einem derart guten Erhaltungszustand sind äußerst selten und erzielen bei Auktionen höchste Preise.

*The chassis of this car, which was already equipped with cardan drive, was delivered by Daimler / Stuttgart in 1912 to England where it was completed with a matching body. The 4-cylinder-engine with 5.6 liter displacement generates an output of 50 hp. The car is in a like-new, original condition. Acetylene lamps, claxton- and rubberball-horns as well as the other accessories are original parts. Specimens of this model in excellent condition such as this are very rare and will get top prices in auction sales.*

technik-museum.de/video/phaeton

## Mercedes 22/50

Der 22/50 war einer der ersten Serienwagen von Mercedes mit einem Spitzkühler. Er trägt bereits den berühmten dreizackigen Stern, der erstmals 1911 als Markenzeichen für die Mercedes-Automobile geschützt wurde. Die Kühlerform des 22/50 galt damals als hochmodern und blieb jahrelang ein typisches Merkmal der Mercedes-Wagen. Auch die bootsförmige Karosserie war in der Zeit kurz vor dem 1. Weltkrieg modisch der letzte Schrei. Der Wagen im Museum stammt aus dem Jahr 1914. Angetrieben wird er von einem Vierzylinder-Motor mit 5,7 Liter Hubraum und einer Leistung von 50 PS.

*The 22/50 was one of the first series cars by Mercedes with a v-shaped radiator. It already features the famous three-pointed star which was first protected in 1911 as a trademark for Mercedes cars. The radiator design of the 22/50 was regarded as ultra-modern at its time and remained a typical feature of Mercedes cars for many years. The boatlike form of the body was also regarded as stylish in this period shortly before WW1. The car in the museum was built in 1914. It is powered by a 4-cylinder engine with 5.7 liters displacement and an output of 50 hp.*

## Mercedes 630, S, SS und SSK

Die von großvolumigen, besonders leistungsstarken Kompressormotoren angetriebene Mercedes-Typenreihe 630, S, SS und SSK gehörte sowohl bei den Sport- als auch bei den Luxuswagen zum Besten und zum Teuersten, was man an Automobilen zwischen 1927 und 1934 für Geld kaufen konnte. Die Technik Museen in Sinsheim und Speyer beherbergen eine faszinierende Sammlung von Mercedes-Automobilen jener Epoche, die heute zu den begehrtesten Oldtimern überhaupt gehören, und bei Auktionen Millionensummen erzielen.

Die Geschichte der Mercedes-Kompressorwagen reicht zurück bis zum Ersten Weltkrieg und hat ihre Wurzeln im Flugmotorenbau. Um dem Leistungsabfall der Flugmotoren in größeren Höhen zu begegnen, verwendete die Daimler-Motoren-Gesellschaft erstmals mechanische Verdichter, die komprimierte Luft in die Zylinder pressten um so den geringeren Luftdruck auszugleichen. Schon kurz nach Kriegsende begann Paul Daimler, Sohn von Gottlieb Daimler und damals Technischer Leiter der Daimler-Motoren-Gesellschaft, den Kompressor zur Leistungssteigerung auch im Automobilbau zu verwenden. Den ersten in einem Automobilmotor getesteten Kompressor installierte Daimler 1919 in einem 10/30 PS Knight.

Auch Ferdinand Porsche, der Daimler 1923 ablöste, verfolgte dieses Konzept weiter, sah jedoch ein, dass der Einsatz von Kompressormotoren nur bei Rennwagen und großen Luxuswagen sinnvoll sein konnte. So präsentierte Daimler 1924 den mit sechs verschiedenen Karosserien aus Sindelfinger Fertigung erhältlichen Luxuswagen 24/100/140 mit Kompressormotor. Die drei Zahlen stehen für die Steuer-PS, die Leistung ohne und die Leistung mit Kompressor. Nach der Fusion mit Benz im Jahr 1926 wurde dieses Modell, entsprechend des Hubraums des Motors von ca. 6,3 Liter, in Typ 630 umbenannt. Im gleichen Jahr erschien auch die Sportversion 630 K mit verkürztem Radstand. Dieses Modell bekam als erstes die drei legendären, silberglänzenden Auspuffrohre, die auf der rechten Seite der Motorhaube herausgeführt wurden. Später wurde dieses Designmerkmal auch auf andere Mercedes-Modelle übertragen. Der Kompressor steigerte die Motorleistung auf bis zu 140 PS. Aber das war den Machern des Mercedes 630 noch nicht genug. 1928 bekam das Modell K zusätzliche Kraft: 110 PS ohne und 160 PS mit Kompressor. Die zwei Tonnen Gewicht konnten jetzt auf 145 km/h beschleunigt werden. Der Verbrauch lag bei 25 Litern / 100 km. Ab 1928 konnte auch die Langversion wahlweise mit dem stärkeren Motor bestellt werden (bezeichnet als Mercedes 630 mit K-Motor). In der Spätphase der Produktion waren alle 630 nur noch mit dem K-Motor erhältlich.

Ende 1927 entstand auf Basis des Mercedes 630 K der Typ S mit 6,8 Liter Hubraum und einer Leistung von 120 PS ohne und 180 PS mit Kompressor. Dieses Modell markierte den Beginn einer Modellreihe, die schnell Weltruhm erlangen sollte: die Sportwagentypen S (für Sport), SS (Super-Sport), SSK (Super-Sport-Kurz) und SSKL (Super-Sport-Kurz-Leicht).

Der Typ S war eigentlich als Rennsportwagen vorgesehen, wurde aber von vielen Käufern als normaler Straßenwagen genutzt. Mit dem SS ging Mercedes auf dieses Kundenverhalten ein. Mit höherer Gürtellinie und mehr Raum für das Cockpit war der SS nicht mehr ein reinrassiger Sportwagen und konnte schon ab Werk nicht nur als offene Ausführung sondern auch als Limousine oder Coupé gekauft werden.

Kurze Zeit nach der Vorstellung des Typ SS wurde 1928 der SSK mit verkürztem Radstand präsentiert, der sich schnell zum spektakulärsten Rennwagen seiner Zeit entwickelte. Den glanzvollen Höhepunkt der legendären S-Reihe, die das Image der Marke Mercedes-Benz entscheidend prägte, markierte schließlich der SSKL. Hierbei handelt es sich in erster Linie um eine Spezialversion des SSK, bei dem das Gewicht soweit wie möglich reduziert wurde, um die Fahrleistung noch weiter zu steigern. Aufgrund des hohen Preises blieben die Stückzahlen insbesondere der S-Modelle gering. Die Gesamtanzahl der Wagen belief sich auf ca. 146 S, 111 SS und 33 SSK (davon 4 SSKL).

*Concerning both, sports cars and luxury cars the Mercedes models 630, S, SS and SSK equipped with particularly powerful large-volume supercharged engines were amongst the best, but also the most expensive, cars which could be bought for money between 1927 and 1934. The technology museums in Sinsheim and Speyer comprise a fascinating collection of Mercedes automobiles of this epoch which nowadays belong to the most desired vintage cars reaching prices of millions of Euros at auctions.*

*The history of Mercedes cars with supercharged engines dates back until World War I and has its roots in the production of aircraft engines. To counter the drop of output at higher altitudes the Daimler Motor Company was the first to use mechanical superchargers pressing compressed air into the cylinders to compensate for the reduced air pressure. Briefly after the end of the war Paul Daimler, Gottlieb Daimler's son and then technical director of the Daimler Motor Company, began to use the supercharger also for enhancing the output of car engines. The first supercharger designed for a car engine was installed by Daimler in a 10/30 hp Mercedes Knight in 1919.*

*Ferdinand Porsche, who replaced Daimler in 1923, also followed this concept but realized that supercharged engines only made sense for large luxury cars or racing cars. In 1924 Daimler presented the luxury car 24/100/140 with supercharged engine which was available with six different bodies all manufactured by the Mercedes factory Sindelfingen. The three figures stand for the tax hp, the output without and the output with supercharger. After the fusion with Benz in 1926 this model, in accordance with the engine displacement of about 6.3 liters, was renamed Type 630. In addition, in the same year a sports version with shortened wheelbase, referred to as 630 K, was also introduced (the suffix "K" stands for "kurz", the German word for "short"). A particular feature of this model were the three exhaust pipes shimmering like silver fed through the right hand side of the engine hood. Later this design feature was applied also to other Mercedes models. The supercharger raised the engine output up to 140 hp, still not enough for the makers of the 630. In 1928 the model K was given additional power: 110 hp without and 160 hp with supercharger. Its weight of two tons could now be accelerated to 145 km/h. The fuel consumption was about 25 liters / 100 km. From 1928 on the long sedan version could also optionally be had with the stronger engine (referred to as Mercedes 630 with K-engine). In the late phase of production all Mercedes 630 were only available with the stronger K-engine.*

*At the end of 1927, the Type S with 6.8 liters engine and an output of 120 hp without and 180 hp with supercharger was developed on the basis of the Mercedes 630. This model marks the beginning of a model series which became world famous in no time: the sports car models S (sport), SS (super sport), SSK (super sport short) and SSKL (super sport short light).*

*The Type S was originally intended as a racing car but many wealthy and prominent people throughout the world also used it as a normal street car. With the SS Mercedes considered this behavior of its customers. Equipped with a higher body and a more spacious cockpit the SS was no longer a pure sports car and could be purchased not only as an open roadster but also as sedan or coupé directly from Mercedes.*

*Briefly after the introduction of the SS the SSK, a special version of the SS with shortened wheelbase, was presented in 1928. Instantaneously it became the most spectacular racing car of its time. The summit of the legendary S model series, which was decisive for the image of the Mercedes brand, was finally reached with the SSKL, a special weight-reduced version of the SSK with an even further enhanced driving performance.*

*Because of the high price the production numbers especially of the S models were low. The total production numbers were about 146 S models, 111 SS models, and 33 SSK models (four of them SSKL versions).*

## Mercedes 630

Bei diesem 630 hat Mercedes nur die Technik geliefert. Der Aufbau stammt von Park Ward, London. Es handelt sich um ein sogenanntes Transformations-Cabriolet, bei dem wahlweise vorne oder hinten offen gefahren werden konnte. Natürlich war es auch möglich, das gesamte Verdeck abzunehmen. Wurde der Wagen zur Repräsentation genutzt, saßen die Fahrgäste unter dem zugeklapptem Verdeck, während der Fahrer im Freien saß. Dies galt in den 1920er Jahren als chic. Für Ausflüge bei gutem Wetter wurde das gesamte Verdeck geöffnet, wodurch sich der Wagen in ein großes Cabriolet verwandelte.

**Technische Daten** Baujahr: 1928; Motor: 6,3 l / 6 Zyl. / 100-140 PS

*To this 630 only the chassis with engine was supplied by Mercedes whereas the bodywork was provided by Park Ward, London. It is a so-called transformation convertible which could be opened alternately in front or at the back. Of course, it was also possible to remove the soft top altogether. For show purposes the passengers rode under a closed top while the driver's seat was in the open air. In the 1920s this was regarded as "all the rage", or what we now would call "cool". For outings in good weather the whole top was removed which turned the car into a big convertible.*

***Technical data*** *Year of construction: 1928; Engine: 6.3 liters / 6-cylinder / 100-140 hp*

## Mercedes 630 mit K-Motor

Auch bei diesem 630 mit K-Motor stammen nur das Fahrgestell und der Motor von Mercedes. Diese gingen 1928 nach Frankreich. Der Empfänger, ein Monsieur Fagan aus Paris, ließ das Fahrzeug von der Pariser Spezialfirma Saoutchik mit einem extravaganten Aufbau versehen. Die als „Sedanca de Ville" bezeichnete Karosserie ist ein Scheincabriolet mit im Verdeck eingebauten Glasscheiben. Anstelle des Mercedes-Sterns schmückt ein kunstvoll aus Glas gefertigter stolzer Gallischer Hahn von Lalique den Kühlergrill. Auch die Scheinwerfer sind eine Spezialanfertigung, und zwar von Marchal, einem bedeutenden Hersteller von elektrischen Ausrüstungen für Automobile.

Das großartig restaurierte Fahrzeug mit der auffälligen Lackierung fasziniert auch heute noch jeden Oldtimer-Liebhaber. Es ist voll fahrbereit und wird regelmäßig benutzt.

**Technische Daten** Baujahr: 1928; Motor: 6,3 l / 6 Zyl. / 110-160 PS

*Also for this 630 K with K-engine Mercedes supplied only the engine and the chassis. These were shipped to France in 1928. The recipient, a Monsieur Fagan of Paris, ordered the Paris coach builder Saoutchik to finish the car with an extravagant body. The bodywork known as "Sedanca de Ville" is a transformable limousine broom with glass windows built into a soft top. Instead of a Mercedes star the mascot adorning the radiator grill is a proud French cockerel made of glass by Lalique. The headlights, also a special design, were made by Marchal, a renowned producer of electrical automobile equipment.*

*This magnificently restored car with its striking paintwork still fascinates every vintage car fan up to this day. It is in absolute running order and is regularly used.*

**Technical data** *Year of construction: 1928; Engine: 6.3 liters / 6-cylinder / 110-160 hp*

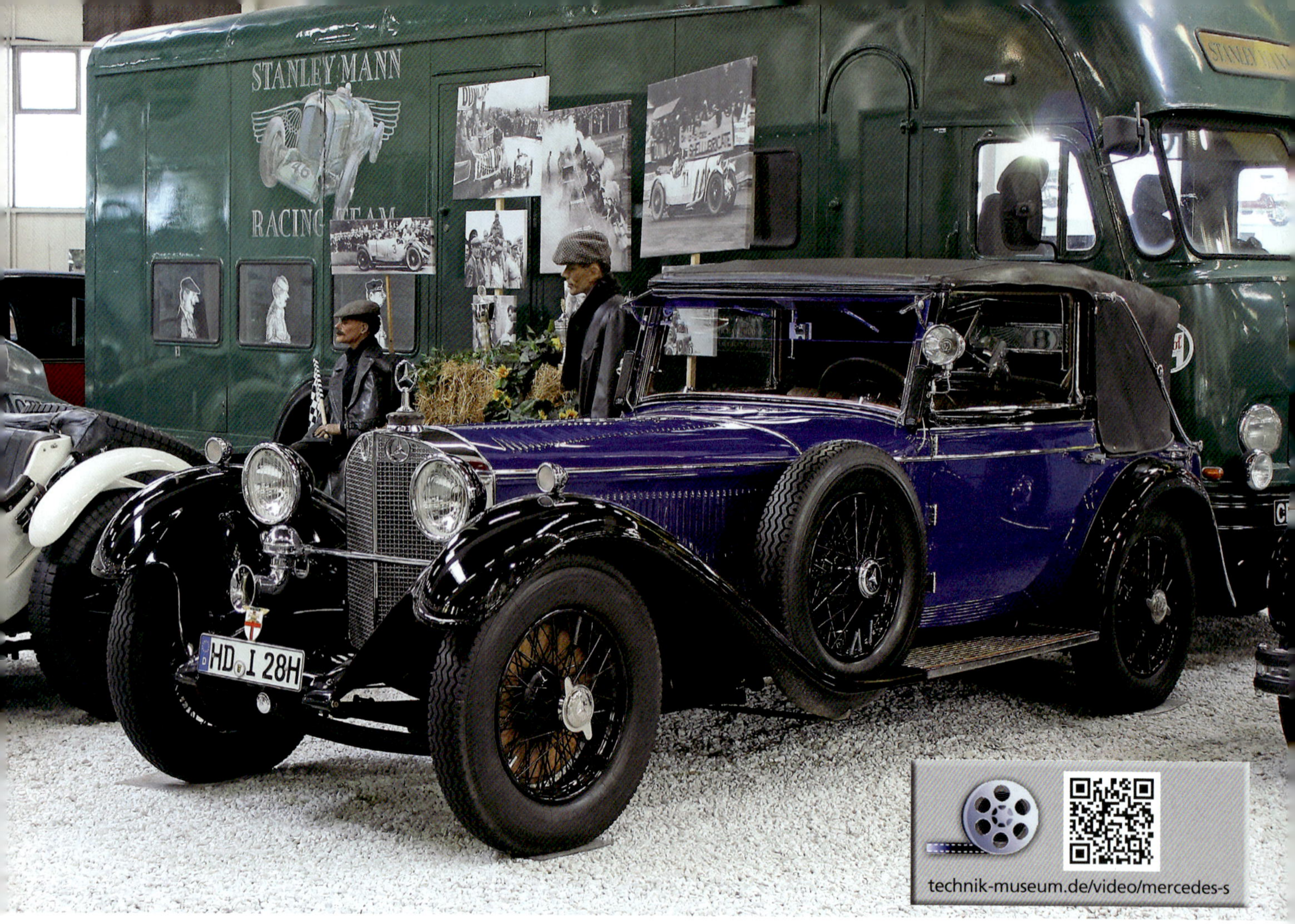


## Mercedes S

Nur wenige Monate nach dem Typ 630 präsentierte Mercedes 1927 den Typ S, einen äußerst leistungsfähigen, ursprünglich für den Renneinsatz vorgesehenen Sportwagen mit einem gewaltigen 6,8 Liter 6-Zylinder-Kompressormotor mit einer Leistung von 120 PS ohne und 180 PS mit Kompressor. Insgesamt wurden nur 146 Mercedes S hergestellt. Viele hiervon wurden später von Mercedes zu SS- und SSK-Modellen umgebaut.

Der hier gezeigte Mercedes S aus dem Jahr 1929 hat eine Karosserie von Erdmann & Rossi. Das Bild rechts unten zeigt den Wagen beim Concours d'Elegance auf dem Gelände des Pebble Beach Golf Club bei Monterey (Kalifornien, USA), dem weltweit berühmtesten Schönheitswettbewerb für klassische Automobile, bei dem das Fahrzeug als eines der schönsten seiner Klasse prämiert wurde.

*In 1927, that is but a few months after the model 630, Mercedes presented the model S, a very powerful sports car originally intended for racing with a large 6.8 liter 6-cylinder supercharged engine with an output of 120 hp without and 180 hp with supercharger. Altogether only 146 Mercedes S were built. Many of them were later converted into SS or SSK models by Mercedes.*

*The Mercedes S shown here is from the year 1929. It has a body built by Erdmann & Rossi. The picture at the bottom right shows the car at the Concours d'Elegance on the premises of the Pebble Beach Golf Club near Monterey (California, USA), the most famous and prestigious pageant for vintage cars world wide, where the car received an award as one of the most beautiful of its class.*

## Mercedes 710 SS

Die ersten Exemplare des SS gab es bereits Ende 1927 als Modell 700 (27/140/200), jedoch verließen bis März 1928 nur 13 der insgesamt 111 gebauten Fahrzeuge die Werkshallen. Alle nachfolgenden Modelle erschienen als 710 SS. Im Gegensatz zum S war der SS nicht primär als Rennfahrzeug, sondern als sportliches Alltagsfahrzeug konzipiert. Die Leistungsdaten waren dennoch enorm. In der stärksten Ausführung (W06 S) leistete der 6-Zylinder-Aluminiummotor 180 PS ohne und 250 PS mit Kompressor. Laut dem „Motor" Magazin war der 710 SS W06 S im Jahr 1931 mit einer Spitzengeschwindigkeit von 166 km/h der schnellste, von der Zeitschrift auf der Rennstrecke von Brooklands getestete Sportwagen.

Der im Museum gezeigte 710 SS Ausführung W06 S aus dem Jahr 1930 ist einer der seltenen und besonders begehrten Sports Tourer aus dem Mercedes-Werk Sindelfingen. Erstbesitzer war Captain J.F. Kruse, damals Direktor der Paris Daily Mail. 1952 wurde der Wagen von Peter Pauling, Sohn des berühmten zweifachen Nobelpreisträgers Linus Pauling, in England erworben. Nach seiner Rückkehr in die USA im Jahr 1956 verblieb der Wagen im Haus seiner Mutter in Pasadena, wo er schließlich 1964 von dem bekannten Sammler William Tishman aus Los Angeles entdeckt wurde. Tishman gelang es die Pauling Familie zu überreden, sich von dem Fahrzeug zu trennen, und führte danach eine umfangreiche Restaurierung durch. In seinen alten Glanz zurückversetzt wurde der Wagen schnell zu einer Berühmtheit in der Concours d'Elégance Welt. Nach dem Erwerb durch einen europäischen Sammler ist der Wagen jetzt wieder in sein Heimatland zurückgekehrt.

*The first specimens of the SS were already available at the end of 1927 as model 700 (27/140/200). However, until March 1928 only 13 of the altogether 111 SS cars were completed. All following models were offered as 710 SS. Contrary to the S, the SS was not primarily conceived for racing but as a sporty car for daily use. Its performance was nonetheless impressive. The strongest version (W06 S) of the 6-cylinder aluminium engine generated an output of 180 hp without and 250 hp with supercharger. With a top speed of 166 km/h it was claimed to be the fastest sports car tested by "Motor" magazine in 1931 on the Brooklands circuit.*

*The Mercedes 710 SS version W06 S from 1930 on display in the museum is one of the rare and highly sought-after sports tourer by Sindelfingen. Originally delivered to Captain J.F. Kruse (then director of the Paris Daily Mail) it was purchased in 1952 by Peter Pauling, son of the distinguished double Noble Prize Winner Linus Pauling, during a stay in England. Stored at the house of his mother in Pasadena after his return to the U.S. in 1956, the 710 SS was eventually discovered by well-known Los Angeles collector William Tishman in 1964, who persuaded the Pauling family to part from the car. William Tishman undertook a comprehensive restoration and in its carefully rebuilt form the car became well known in the Concours d'Elégance world. After purchase by a European collector the car has finally returned to its home country.*

## Mercedes SS „Schwarzer Prinz"

Dieser Mercedes SS stammt aus dem Jahr 1928. Ursprünglich handelte es sich um einen Mercedes S, der in die Tschechoslowakei geliefert wurde. 1934 wurde der Wagen umfassend modernisiert, was in der damaligen Zeit sehr häufig vorkam. Neben dem leistungsstärkeren 7,1 Liter Kompressormotor des SS (Version W06; Leistung 170 PS ohne und 225 PS mit Kompressor), erhielt der Wagen zusätzlich eine aufregende Roadster-Sportkarosserie von der Firma Ulec, dem damals renommiertesten Karosseriebauer von Prag.

Besonders auffällig an diesem Spezialaufbau sind die langen Kotflügel und ganz besonders die lange Motorhaube, die wohl von keinem Mercedes übertroffen wurden. Auch heute erreicht der Wagen noch eine Höchstgeschwindigkeit von rund 200 km/h.

## *Mercedes SS "Black Prince"*

*This Mercedes SS was built in 1928. Originally, it was a model S which was delivered to Czechoslovakia. In 1934 the car was completely modernized, which was done quite frequently at that time. Besides the more powerful supercharged 7.1 liter six-cylinder-engine of the SS (version W06; output 170 hp without and 225 hp with supercharger) it additionally received an exciting roadster sports body designed by Ulec, at that time the most renowned coach builder of Prague.*

*The particularly striking features of this special body are the long fenders and especially the stretched engine hood which probably remain unsurpassed by any other Mercedes up to these days. Even today the car can still reach a speed of about 200 km/h.*

## Mercedes SSK

Kurz nach der Vorstellung des SS wurde der staunenden Öffentlichkeit im Jahr 1928 ein reinrassiger neuer Mercedes Rennwagen präsentiert: der SSK. Das Fahrwerk des zweisitzigen Fahrzeugs wies starke Ähnlichkeiten zum Modell S auf, dagegen entsprach der Motor des ersten SSK im Wesentlichen dem des SS. Da der Wagen zunächst für Einsätze bei Bergrennen gedacht war, wurde der Radstand von 3.400 mm auf nur 2.950 mm verkürzt. Das „K" in „SSK" steht somit für „kurz".

Schon bei den ersten Einsätzen brach der Wagen zahlreiche Rekorde. Der überdurchschnittlich belastbare 6-Zylinder-Kompressormotor mit 7,1 Litern Hubraum leistete bei einer Verdichtung von 5,75:1 satte 170 PS ohne und 225 PS mit zugeschaltetem Kompressor. In funktioneller wie auch in ästhetischer Hinsicht kann der SSK als der perfekte Wettbewerbswagen seiner Zeit bezeichnet werden.

Der „SSK" war zwischen 1928 und 1931 der erfolgreichste deutsche Rennwagen und einer der weltweit besten Sportwagen überhaupt. Der bis heute legendäre Rudolf Caracciola feierte mit diesem Modell zahllose Triumphe. 1931 konnte Caracciola als erster deutscher Fahrer, und als erster nicht-Italiener überhaupt, mit einem Mercedes SSKL die Mille Miglia gewinnen. Im gleichen Jahr zog sich Mercedes aus dem Rennsport zurück und kehrte erst 1934 mit neuen Grand-Prix-Rennwagen wieder zurück.

Der im Museum gezeigte „SSK" von 1929 ist auch heute noch voll renntauglich. 1988, 1992, 1994 und 1996 nahm der Wagen u.a. an der historischen Mille Miglia teil. In zwei Tagen und einer Nacht wurden dabei auf der Strecke von Brescia über Rimini nach Rom und wieder zurück über 1.600 km zurückgelegt. Die Spitzengeschwindigkeit liegt noch immer bei über 200 km/h.

*In 1928, only a short period of time after the introduction of the SS a new true Mercedes racing car was presented to the stunned public: the SSK. The chassis of the two seated vehicle was similar to the model S, the engine, on the other hand, was more or less identical with the SS engine. Since the car was first intended for hill race competitions the wheelbase was shortened from 3,400 mm to 2,950 mm. Thus, the "K" in "SSK" stands for "kurz" (short). Already during its first appearances the car set several new records. At a compression ratio of 5.75:1 the robust six-cylinder supercharged engine with 7.1 liters displacement generated an output of 170 hp without and 225 hp with activated supercharger. With respect to both, aesthetics and functionality the SSK can be considered the perfect car for racing competitions of its time.*

*Between 1928 and 1931 the "SSK" was the most successful German racing car and one of the best sports cars worldwide. The unforgotten Rudolf Caracciola achieved innumerable triumphs with this model. In 1931, with a Mercedes SSKL he was the first German driver, and the first non-Italian at all, to win the Mille Miglia. That same year Mercedes retired from racing and did not return until 1934, then with new grand prix cars.*
*The "SSK" from 1929 on exhibit in the museum is still absolutely fit for use in racing competitions. In 1988, 1992, 1994 and 1996 it participated in the classic Mille Miglia competition. In two days and one night a distance of more than 1,600 kilometers was covered on the route from Brescia via Rimini to Rome and back. The top speed is still beyond 200 km/h.*

Oben: Der SSK aus dem Museum mit Museumspräsident Hermann Layher am Steuer bei der Heidelberg Historic Rallye. Neben ihm unser Vereinsmitglied Kuno Hug, der Organisator der Rallye.
Links: Ein Mercedes SSK bei einer Rennveranstaltung in Monaco im Jahr 1929.

*Top: The SSK from the museum with Museum President Hermann Layher at the wheel at the Heidelberg Historic Rally. Besides him our club member Kuno Hug, the organizer of the rally.*
*Left: A Mercedes SSK at a racing event in Monaco in 1929.*

# Ein Tag im Cockpit des Mercedes SSKL

# *A day in the cockpit of the Mercedes SSKL*

„Wollen Sie eine Ausfahrt mit Thomas Kern im Mercedes-Benz SSKL wagen, damit sie quasi aus dem Cockpit über unser diesjähriges Kompressor-Treffen berichten können?", fragte mich Ernst-Dieter Beeh, Präsident des Mercedes-Benz Kompressor-Clubs am Telefon. Solche Angebote sind in der Tat fast sittenwidrig: Man kann sie nicht ablehnen – denn die Chance, einen Tag im Cockpit des Traums aller Mercedes-Fans zu verbringen, die hat man nicht alle Tage.

Um neun Uhr war der Start am Wald & Schlosshotel Friedrichsruhe bei Heilbronn angesagt. Thomas Kern, Dauermitglied im Förderverein des Auto & Technik Museum Sinsheim und Spross einer Mercedes-Sammlerfamilie, in deren Besitz sich mehrere Kompressor-Sechszylinder befinden, bittet mich einzusteigen – und meint das „Steigen" dabei wörtlich: Das Cockpit des SSKL zu erklimmen erfordert fast akrobatisches Geschick. Es gibt keine Türen, ich muss zunächst mein linkes Bein hochgrätschen, um über die Seitenwand zu kommen. Am Fensterrahmen halte ich mich fest, klettere hoch und lasse mich auf den Beifahrer-Sitz gleiten. Nicht einmal unbequem. Doch als Thomas, ein 1,95-Meter-Hüne, den Fahrersitz entert, wird's eng: Die beiden Sitze sind relativ schmal.

„Der Beifahrersitz ist etwas zurückversetzt, denn ich muss mit abgewinkelten Armen fahren, um die nötige Kraft zum Lenken aufzubringen", erklärt Thomas. „Hinter meinem Sitz ist ein Haltegriff – wenn Du Deinen linken Arm hinter meiner Schulter führst, kannst Du dich an dem Griff festhalten." Ich mich festhalten – an einem Angstgriff? Jawoll: So wie es der Maschinenbau-Ingenieur mit dem rund 300 PS starken Boliden auf den holprigen hohenlohischen Landstraßen brennen lässt, bin ich froh, dass es diesen Griff gibt – womöglich wäre ich sonst aus dem Cockpit geflogen.

Bei Drehzahlen ab 500/min legt der weiße Wagen bereits nachdrücklich zu, sobald Thomas etwas Gas gibt. Ja: Das ist kein Druckfehler, da fehlt keine Null. Der Hubraumriese mit Königswellen-angetriebener Nockenwelle und mit einem Bohrung-Hub-Verhältnis von 100 zu 150 Millimeter (!) holt die Kraft aus dem Drehzahlkeller, röchelt und brummelt dabei ebenso imposant wie friedlich vor sich hin und zieht den rund 1.650 Kilogramm schweren Wagen kraftvoll, fast spielerisch voran und wirkt dabei völlig unangestrengt.

Eine lange Gerade nutzt Thomas zum Überholen: Als er das Gaspedal über den Druckpunkt zum Einschalten des Kompressors durchtritt, legt der SSKL richtig los. Von vorne höre ich ein hysterisches Kreischen – mit gellendem Geschrei pustet das Roots-Gebläse das zündfähige Gemisch durch den Steigstromvergaser in die Brennräume. Das Bollern des Motors wird zu einem bassigen Röhren. Das nervenzerfetzende Kompressor-Gejaule und das tiefstimmige Röhren des Motors stimmen ein Blaskonzert für sechs Zylinder an, das von unbedarften Mitmenschen vermutlich als furchteinflößend Kakophonie empfunden wird.

Ich schaue zur Seite auf meinen Piloten: Mit einem glücklichen Grinsen sitzt er aufrecht und entspannt im Cockpit. Seine Körperhaltung erinnert mich an den wohl schnellsten Vorkriegs-Werksrennfahrer von Mercedes-Benz, Hermann Lang. Thomas lenkt mit einer raschen Bewegung am riesigen Lenkrad in die Kurve. Den leicht über die Vorderräder schiebenden SSKL fängt er mit einem dosierten Gasstoß ein, lässt das Wagenheck kontrolliert nach außen schlenzen und im leichten Drift bollern wir aus der Kehre heraus.

Thomas muss jedoch kämpfen: Die Straßen sind uneben geworden, die vorderen und hinteren Starrachsen mit ihren Blattfedern können nur einen dürftigen Geradeauslauf bieten. Wie ein angetrunkener Elefant tänzelt der SSKL auf die nächste Kehre zu. Der Fahrer gibt mir ein Zeichen, mich gut festzuhalten – und wenige Sekunden später weiß ich warum: Thomas lenkt den Zweisitzer etwas nachdrücklicher in die Kurve ein und gibt bereits lang vor dem Scheitelpunkt kräftig Gas. Mit einem kreischenden „MÖÖÖÖÖH" meldet sich der Kompressor, der SSKL-Hintern schwenkt nachdrücklich aus – und ich sehe den Dreher kommen. Doch mit stoischer Ruhe lenkt der SKKL-Bändiger gegen – fast bis zum Gegenanschlag. Die schmalen Diagonalreifen wimmern gequält auf, in bilderbuchmäßiger Querfahrt stürmen wir aus der Kurve heraus. Mein Chauffeur ist sehr konzentriert bei der Sache – später wird er mir erklären, dass er mit dem Vorkriegs-Boliden wegen der im Verhältnis zur Beschleunigung völlig unterdimensionierten Bremsen viel vorausschauender fahren muss als mit modernen Autos. Selbst wenn Thomas Kern spielerisch zu fahren scheint: Er weiß nur zu gut, dass ein solcher 300 PS Bolide kein Spielzeug ist.

Als krönenden Abschluss machen wir einen kleinen Abstecher auf die Autobahn: Thomas will mir außerhalb der 100 km/h-Beschränkung auf Landstraßen zeigen, was in seinem Lieblingsauto steckt – und ich erlebe ein kontrolliertes Inferno. Die Beschleunigungsspur nimmt er im Zweiten, lässt den Kompressor kreischen und dreht, und dreht und dreht. Als der Drehzahlmesser bei gut 3.000/min angelangt ist, lässt der Pilot den Schalthebel vom Zweiten in den Dritten flutschen – der Tacho zeigt knapp 120 km/h an. Ohne Temperamentsverlust braust der Roadster über die Autobahn, der Vierte ist eingelegt, der Drehzahlmesser steht bei gut 2.500/min. Auf der Fahrbahn sind wassergefüllte Spurrillen, der SSKL-Bändiger geht nicht ans Limit. Zudem wirken die ins Gesicht prasselnden Regentropfen bei 170 km/h wie Hagelkörner und Nadelstiche im Duett. „Kraft und Gefühl", sagt mir Thomas am Ende der Fahrt, „braucht man, um zügig mit dem SSKL zu fahren. Wer sich überschätzt, dem zeigt der Wagen seine giftige Seite." Kraft und Gefühl habe ich auch heute erlebt – es ist das Gefühl vom purem Auto fahren, bei dem sich der Fahrer mit dem Auto auseinandersetzen muss, das Auto bändigen muss, mit ihm kämpfen. Das erlebt man selbst auf dem Beifahrersitz hautnah.

*"Do you dare to take a ride with Thomas Kern in a Mercedes-Benz SSKL, so you will be able to report about our Mercedes-Benz compressor meeting of this year so-to-say from the cockpit?", I was asked on the telephone by Ernst-Dieter Beeh, President of the Mercedes-Benz Compressor Club. Propositions like that are, in fact, almost indecent: You cannot decline – for the chance to spend one day in the cockpit of the dream of all Mercedes fans doesn't come every day.*
*Start was scheduled for 9:00 a.m. at the Wald & Schlosshotel Friedrichsruhe near Heilbronn. Thomas Kern, permanent member of the museum club and offspring of a family of Mercedes collectors owning several supercharged six-cylinders, invites me to climb in – and literally means "climb": To climb into the cockpit of the SSK requires an almost acrobatic agility. There are no doors, I first have to heave my left leg up to get over the side panel. I am taking a hold of the window frame, climb up and let myself glide into the co-driver's seat. Not uncomfortable at all. But when Thomas, a hulk of 1.95 meters, enters the driver's seat it is getting tight. Both seats are relatively narrow.*
*"The co-driver's seat is set back a bit since I have to drive with bent arms to generate the strength required to steer", explains Thomas. "There is a grab handle behind my seat – when you stick your left arm behind my shoulder you can get a hold of this handle." Me, holding on to a sissy handle? Yes sir: The way Thomas, a mechanical engineer, is burning rubber with the 300 hp car on the bumpy roads of the Hohenlohe countryside I am glad that this handle is available – otherwise I might have been catapulted out of the cockpit.*
*Already from a mere 500 rpm the white car is speeding up quite impressively as soon as Thomas pushes the accelerator pedal. Yes: That's no misprint, there is no "0" missing. The displacement giant with upright shaft drive to the overhead camshaft and a bore / stroke ratio of 100:150 millimetres (!) hauls the power up from the vault of the revs. Peacefully and powerfully rattling and grumbling to itself the gigantic engine drags the car with a weight of around 1.650 kilograms forward, apparently without effort.*
*Thomas is using a long straight for overtaking. To spur the SSKL he pushes the accelerator pedal down beyond the pressure point which engages the supercharger. From the front I can hear a hysterical screaming – with yelling shrieks the Roots supercharger pushes the combustion mixture through the carburettors into the cylinders. The grumbling of the engine becomes a bass roar. The nerve-wracking howling of the supercharger and the deep voice of the engine are intoning a brass band concert for six cylinders that inexperienced people might take for a scary cacophony.*
*I look to the side at my pilot: With a happy grin on his face he is sitting upright and laid-back in the cockpit. His bearing reminds me of the probably fastest pre-war Mercedes-Benz factory racing driver, Hermann Lang. With a quick movement of the giant wheel Thomas steers into a bend. The SSKL slides slightly over its front wheels but is caught by him with a well dosed jab on the accelerator pedal. With a controlled outside scoop of the vehicle's rear and a slight drift we thunder out of the bend. But Thomas has to fight: The streets have become uneven, the rigid axles, front and rear, with their leaf-springs can only offer a poor direction stability. Like a tipsy elephant the SSKL is nearing the next bend. The driver signals to me to get a good grip on – and a few seconds later I also know why: This time Thomas is steering the two-seater into the bend with a bit more intent and strongly accelerates again long before the apex. With a screeching sound the supercharger comes to life. The SSKL's behind is swivelling out emphatically – and I can see the turn around coming. But with stoic composure the tamer of SKKLs is correcting – almost up to the backstop. The narrow cross-ply tires are emitting a tortured whining sound and with a perfect sideways movement we are storming out of the bend. My chauffeur is concentrating on his task – later on he will explain to me that, due to the fact that the brakes of this pre-war sports car are totally undersized in relation to the acceleration, he has to drive much more anticipatory than he can with modern cars. Even though Thomas Kern seems to be driving in a playful manner: He knows well enough that a 300 hp machine like that is no toy.*
*As culmination we make a quick side-trip on the Autobahn: Freed from the 100 km/h speed limit, Thomas wants to show me what his favorite care has really in it – and I live through a controlled inferno. He takes the acceleration lane in second gear, lets the supercharger shriek and revs, and revs, and revs. When the revolution counter has arrived at a good 3,000 rpm, the pilot lets the gear shift glide from second into third – the tachometer is indicating just short of 120 km/h. Without losing any of its temperament the roadster is racing along the Autobahn, the fourth is engaged, the revolution counter is at a good 2,500 rpm. There are water-filled grooves on the road surface, therefore the tamer of SSKLs does not go to the limit. Apart from that, at a speed of 170 km/h the raindrops that are pelting in our faces are feeling like hailstones and pinpricks.*
*"Strength and feeling", Thomas says to me at the end of the ride, "that's what you need to drive an SSKL efficiently. To someone who is overestimating himself the car will show its venomous side." Strength and feeling, that was also my experience today – it is a feeling of pure driving where the driver has to get to grips with the car, tame the car, fight with it. You can participate in this vivid experience even in the co-driver's seat.*

Text: Hermann Ries / Fotos: Marcus Dreher, Hermann Ries
Mit freundlicher Genehmigung von Oldtimer & Youngtimer Magazin

## Mercedes 500 K (unten) und 540 K (oben)

Die legendären Kompressorwagen wurden von Mercedes in den 1930er Jahren kontinuierlich weiterentwickelt. Im Jahr 1933 erschien der Typ 380 K, der bereits ein Jahr später vom leistungsstärkeren Typ 500 K abgelöst wurde. Nachfolger des 500 K wurde schließlich der im Herbst 1936 vorgestellte 540 K. Beide Modelle wurden in vielen unterschiedlichen Karosserievarianten zu Preisen zwischen 22.000 und 24.000 Reichsmark angeboten. Vom 540 K konnte auch nur der Motor mit Fahrgestell für 15.500 Reichsmark erworben werden. Die meisten Kunden entschieden sich jedoch für ein komplettes Fahrzeug, was zeigt, wie gut die Mercedes-Karosserien auch bei der sehr anspruchsvollen Kundschaft ankamen.
Der 500 K im Museum (Bild unten) stammt aus dem Jahr 1934. Er war serienmäßig mit einem 5 Liter 8-Zylinder-Reihenmotor ausgestattet, der ohne Kompressor 100 PS und mit Kompressor 160 PS leistete, was für eine Spitzengeschwindigkeit von 140 km/h ausreichte. Das Getriebe besaß vier Gänge, wobei der vierte Gang als Schnellgang ausgelegt war. Der 8-Zylinder-Reihenmotor des im Bild oben gezeigten 540 K von 1938 hat einen Hubraum von 5,4 Litern und eine Leistung von 115 PS ohne und 180 PS mit Kompressor. Dadurch konnten Geschwindigkeiten von über 150 km/h erreicht werden. Bis 1938 besaß das Getriebe vier, danach fünf Gänge.

*During the 1930s the legendary supercharged cars were continuously improved by Mercedes. In 1933 the model 380 K appeared which was replaced by the more powerful 500 K only a year later. The successor of the 500 K was the 540 K which was introduced in 1936. Both models were offered in various body versions at prices between 22,000 and 24,000 Reichsmark. The model 540 K could also be had as engine and chassis unit only, and then for a price of 15,000 Reichsmark. Most customers, however, decided in favor of a complete automobile which goes to show the popularity of Mercedes car bodies also in the classes of a more ambitious clientele.*
*The 500 K model at the museum (picture bottom) was built in 1934. It is equipped with a standard 5 liter eight-cylinder in-line engine with an output of 100 hp without supercharger and 160 hp with supercharger, which was adequate for a maximum speed of 140 km/h. The gear-box has four forward speeds with the fourth functioning as an overdrive.*
*The 8-cylinder in-line engine of the 1938 540 K shown at the top has a displacement of 5.4 liters and an output of 115 hp without and 180 hp with supercharger. This was sufficient to reach speeds of over 150 km/h. Up to 1938 the gear-box was equipped with four, and thereafter with five forward speeds.*

Erhalten Sie Ihren Klassiker für die Nachwelt.
Am besten mit Original-Teilen von Bosch.
Besuchen Sie die Ausstellungsfläche von Bosch hier im Museum!
Original-Teile von Bosch sind durch nichts zu ersetzen. Sie gewährleisten die Langlebigkeit und den Werterhalt Ihres Klassikers. Welches Original von Bosch Ihrem historischen „Liebling“ auch fehlt, wir unterstützen Sie bei der Suche. Oder reparieren es in original Bosch-Qualität. Damit Sie an Ihrem Klassiker noch lange Ihre Freude haben werden.
Bosch Automotive Tradition. Teile, Wissen, Service, Emotionen.
BOSCH
Technik fürs Leben
www.automotive-tradition.com

## Mercedes 320 Cabrio (ganz links)

Autobahnbau und Stromlinienform beeinflussten in den 1930er Jahren den Automobilbau. Der Gebrauchs- und Reisewagen erlangte eine immer größer werdende Bedeutung. Daimler-Benz brachte mit dem Typ 320 einen komfortablen Wagen mit einem laufruhigen 6-Zylinder-Motor auf den Markt, der diesen Ansprüchen voll entsprach und zu einem beliebten Fahrzeug des gehobenen Mittelstands wurde.
**Technische Daten** Baujahr: 1938; Motor: 3,2 l / 6 Zyl. / 78 PS

## Mercedes 540 K (2. von links)

Der Mercedes 540 K, Nachfolger des Typs 500 K, wurde auf dem Pariser Autosalon im Oktober 1936 erstmals vorgestellt. Bei ansonsten gleicher technischer Ausstattung verfügt der Typ 540 K über einen stärkeren Achtzylinder-OHV-Reihenmotor mit einem zuschaltbaren Roots-Kompressor. Die Höchstgeschwindigkeit stieg auf 170 km/h. Vom Modell 540 K wurden ca. 419 Stück in verschiedenen Ausführungen gefertigt, davon aber nur ca. 25 Stück als 2-türige Limousine. Das Fahrzeug im Museum befindet sich in einem unrestaurierten Originalzustand.
**Technische Daten** Baujahr: 1936; Motor: 5,4 l / 8 Zyl. / 115 PS ohne und 180 PS mit Kompressor

## Mercedes 540 K (3. von links)

Mit Ausnahme der auffälligen, in rot und grau gehaltenen zweifarbigen Lackierung und einiger Zubehörteile ist dieser perfekt erhaltene Mercedes 540 K identisch mit dem zuvor beschriebenen Fahrzeug. Somit können im Auto & Technik Museum Sinsheim gleich zwei der seltenen 2-türigen 540 K Limousinen besichtigt werden.
**Technische Daten** Baujahr: 1937; Motor: 5,4 l / 8 Zyl. / 115 PS ohne und 180 PS mit Kompressor

## Mercedes 220 B (4. von links)

Die Mercedes Baureihe W111, zu der dieser Wagen gehört, war die erste Oberklassen-Modellreihe der Heckflossen-Serie von Mercedes-Benz. Die konservativen Mercedes-Käufer lehnten die für die amerikanischen Straßenkreuzer typischen Heckflossen zunächst als überflüssige Modeerscheinung ab. In der Oldtimer-Szene sind diese Fahrzeuge aus dem gleichen Grund heute sehr gefragt. Zu den stilistischen Charaktermerkmalen zählen weiterhin die markanten Hochkant-Scheinwerfer und der aufrecht stehende Balkentacho im Armaturenbrett.
**Technische Daten** Baujahr: 1964; Motor: 2,2 l / 6 Zyl. / 95 PS

## Mercedes 170 V (rechts hinten)

Der Mercedes 170 V (das „V" steht für Motor vorn) wurde von 1936 bis 1951 fast unverändert gebaut. Es war das einzige Mercedes PKW-Modell, dessen Produktion nach dem Ende des 2. Weltkriegs fortgeführt wurde. Insgesamt wurden von 1936 bis zum Ende der Serienproduktion fast 140.000 Mercedes 170 V gebaut. Dazu kommen noch knapp 34.000 Exemplare des 170 D, des ersten Diesel-Pkw der Nachkriegszeit.
**Technische Daten** Baujahr: 1948; Motor: 1,8 l / 4 Zyl. / 38 PS

### *Mercedes 320 convertible (far left)*

*Motorways and streamline design had a major influence on automobile production in the 1930s. The utility- and traveling car became more and more important. With their model 320 Daimler-Benz placed a comfortable car with a quiet 6-cylinder engine into the market which absolutely met these requirements and became a car favored by the upper middle-class.*
***Technical data*** *Year of construction: 1938; Engine: 3.2 liters / 6 cylinders / 78 hp*

### *Mercedes 540 K (second from left)*

*The Mercedes 540 K, the successor of the 500 K, was first presented at the Paris Motor Show in October 1936. Technically it was identical to its predecessor but featured a more powerful 8-cylinder OHV inline-engine with switchable Roots supercharger. The maximum speed now was 170 km/h. About 419 units of the 540 K were produced in different versions, but only about 25 of them were two-door sedans. The car shown here is in an original, unrestored state.*
***Technical data*** *Year of construction: 1936; Engine: 5.4 liters / 8 cylinders / 115 hp without and 180 hp with supercharger*

### *Mercedes 540 K (third from left)*

*With the exception of the eye-catching bicolor paint in red and gray and some extra parts this perfectly preserved Mercedes 540 K is identical with the previously described car. Thus, of the only about 25 two-door sedans ever built two can be visited in the Auto & Technik Museum Sinsheim.*
***Technical data*** *Year of construction: 1937; Engine: 5.4 liters / 8 cylinders / 115 hp without and 180 hp with supercharger*

### *Mercedes 220 B (fourth from left)*

*The Mercedes-Benz series W111, to which this car belongs, was the first Mercedes car series with fins. Conservative Mercedes customers at first rejected the fins for being too stylish. But today, for the same reason, these cars are very much sought after. Other characteristic design features are the up end positioned head lamps and the upright standing speed indicator in the dashboard.*
***Technical data*** *Year of construction: 1964; Engine: 2.2 liters / 6 cylinders / 95 hp*

### *Mercedes 170 V (far right in the back)*

*The Mercedes 170 V (the "V" stands for front engine) was built practically unchanged from 1936 until 1951. It was the only Mercedes passenger car model whose production was continued after the end of World War II. In total, from 1936 until the end of series production, almost 140,000 units were completed. In addition 34,000 units of the 170 D, the first diesel car of the post-war era, were produced.*
***Technical data*** *Year of construction: 1948; Engine: 1.8 liters / 4 cylinders / 38 hp*

## Mercedes 770

Vom Mercedes 770, auch als „großer Mercedes" bezeichnet, wurden zwischen 1930 und 1943 nur 205 Exemplare gebaut. Drei davon befinden sich im Auto & Technik Museum Sinsheim. Der mit oder ohne Kompressor lieferbare Wagen war zu seiner Zeit der teuerste PKW, den Daimler-Benz herstellte. Der Preis nur für das Fahrgestell mit Motor, also ohne Karosserie, lag anfangs bei 29.500 Reichsmark. Die Pullman-Limousine kostete 38.000 Reichsmark, die Cabriolets waren nochmals bis zu 6.500 Reichsmark teurer. Sonderausstattungen wie eine Panzerung wurden zusätzlich berechnet.

Aufgrund seines hohen Preises diente der 770 in erster Linie als Repräsentationswagen. Reichspräsident Paul von Hindenburg, Adolf Hitler, aber auch der japanische Kaiser Hirohito und Papst Pius XI., sowie sein Nachfolger Pius XII., nutzten solch ein Fahrzeug.

Die erste, bis 1938 gebaute Serie umfasste 117 Fahrzeuge. Danach erfolgte eine grundlegende Überarbeitung des 770. Die Wagenlänge wurde um 40 Zentimeter auf 6 Meter vergrößert und der Radstand um 13 Zentimeter auf 3,88 Meter verlängert. Die Motorleistung der Kompressor-Ausführung stieg um 30 PS auf 230 PS. Nur wenige Wagen gingen an Privatleute oder ins Ausland, der Großteil wurde an Dienststellen des Deutschen Reichs geliefert, wie z. B. die Reichskanzlei.

Der oben links gezeigte Wagen Baujahr 1943 ist eine schwer gepanzerte Limousinen-Ausführung, von der nur zehn Exemplare gebaut wurden. Drei davon sind noch erhalten. Gepanzerte Fahrzeuge, die den Insassen Schutz vor Sprengsätzen oder Schusswaffen bieten, sind somit keine moderne Erfindung. Schon Ende der 1920er Jahre baute Mercedes die ersten gepanzerten PKW für besonders gefährdete Personen. Zu den Kunden gehörten Politiker, Diktatoren und gekrönte Häupter, aber auch mehr oder weniger seriöse Unternehmer mit riskanten Geschäftsmodellen. Das Museumsstück wurde 1943 an die Präsidialkanzlei ausgeliefert und diente u. a. Heinrich Himmler als Dienstfahrzeug. Nach dem Kriegsende blieb er am Obersalzberg stehen.

Gemäß seinem Einsatzzweck erhielt das durch die Panzerung gut 4,5 Tonnen schwere Fahrzeug eine spezielle Ausstattung. Hierzu gehört u. a. eine zentrale Notverriegelung, die ein Öffnen der Türen von außen verhindert. Um die dicke Frontscheibe aus Panzerglas beschlagfrei zu halten, wird Luft über die Krümmerrohre geleitet und von außen auf die Scheibe geblasen. Der starke 8-Zylinder-Kompressor-Motor mit 7,7 Litern Hubraum und einer Maximalleistung mit zugeschaltetem Kompressor von 230 PS verhalf dem Wagen trotz des hohen Gewichts zu einer Höchstgeschwindigkeit von 140 km/h. Aufgrund der enormen Reifenbeanspruchung war die Geschwindigkeit auf längeren Strecken aber auf 80 km/h beschränkt. Der auf der rechten Seite oben gezeigte 770 stammt aus dem Jahr 1940 und gehört somit ebenfalls zu den nur 88 gebauten Wagen der zweiten Serie.

*Of the Mercedes 770, also called the "Big Mercedes", only 205 units were built between 1930 and 1943. Three of them are on display at the Auto & Technik Museum Sinsheim. At its time the car, which could be ordered with or without supercharger, was the most expensive passenger car built by Daimler-Benz. The price for the chassis with engine, that is without body, started at 29,500 Reichsmark. The Pullman sedan cost 38,000 Reichsmark and the convertibles were even up to 6,500 Reichsmark more expensive. Extras like plating were charged in addition.*

*Due to its enormous price the 770 was mainly used as states car. The President of the German Reich, Paul von Hindenburg, Adolf Hitler, but also the Japanese emperor Hirohito, Pope Pius XI., and his successor Pius XII., used such a car.*

*The first series, built until 1938, comprised 117 vehicles. Afterwards the design of the 770 was significantly reworked. The length of the car was raised by 40 centimeters to 6 meters and the wheelbase lengthened by 13 centimeters to 3.88 meters. The engine output of the supercharged version was enhanced by 30 hp to 230 hp. Only very few cars went to private individuals or to foreign countries, most were delivered to the offices of the German Reich, for instance the chancellery.*

*The car at the left in the picture on the opposite page, built in 1943, is a heavily armored sedan. Only ten specimens of this model were built altogether, three of them are still existing. Thus, armored cars which protect the passengers from explosives or gun shots are not a modern invention. In fact, Mercedes built the first armored cars for persons particularly at risk in the late 1920s already. The customers were mostly politicians, dictators and crowned heads but also more or less respectable business persons with risky business plans. The car shown in the museum was delivered to the German presidential chancellery in 1943 where it served as a staff car for the high brass, among them also Heinrich Himmler. After the end of the war it was left behind at the Obersalzberg.*

*According to its intended purpose the vehicle, weighing a good 4.5 tons as a result of its extensive plating, was equipped with a number of special features; among them emergency power-locks to prevent the doors from being opened from the outside. To keep the thick bullet-proof front window from fogging up, fresh air was conducted over the exhaust pipes and blown onto the window from the outside. The powerful 8-cylinder supercharged engine with 7.7 liters displacement and 230 hp output enabled the car to reach a maximum speed of 140 km/h in spite of its heavy weight. However, due to the enormous strain on the tires, for longer distances the speed was limited to 80 km/h. The 770 shown at the top was built in 1940 and thus also belongs to the only 88 cars of the second series.*

Die drei Mercedes 770 aus dem Museum auf der Autobahn (siehe auch das Video).

*The three Mercedes 770 from the museum on the autobahn (also watch the video).*

technik-museum.de/video/770k

MERCEDES-BENZ
1998
36
VETERANENTREFFEN

Dieses im Museum gezeigte Mercedes 770 Cabriolet wurde im Jahr 1938 als Repräsentationsfahrzeug an die deutsche Reichskanzlei ausgeliefert. Technisch befand sich der mächtige, bei vielen Paraden verwendete Wagen damals auf dem neuesten Stand der Automobiltechnik. So wurden z. B. bei der Konstruktion des Fahrwerks viele Erkenntnisse aus dem Rennwagenbau verwertet. Um die Fahrgäste vor Attentaten zu schützen, hat der Wagen einen minensicher gepanzerten Boden. Zusätzlich verfügt er über Scheiben aus mehrere Zentimeter dickem Panzerglas (siehe das Bild rechts unten), gepanzerte Türen sowie eine ausfahrbare Panzerplatte hinter den Rücksitzen. Das Cabriodach hat dagegen naturgemäß keinerlei Panzerung. Dieser Umstand sowie die Tatsache, dass z. B. Hitler bei den Paraden meist mit offenem Verdeck fuhr und zudem aufrecht im Wagen stand, lassen den Sinn der Schutzeinrichtungen, die in diesem Fall ja nur unterhalb der Gürtellinie wirksam waren, jedoch fragwürdig erscheinen.
Angetrieben wird das Fahrzeug von einem gewaltigen 8-Zylinder-Kompressor-Reihenmotor mit 7,7 Litern Hubraum, der bei nur 3.200 Upm bereits eine Leistung von gut 230 PS abgibt. Trotz des durch die massive Panzerung bedingten enormen Gewichts erreichte der Wagen dadurch eine Höchstgeschwindigkeit von beachtlichen 140 km/h.

*This Mercedes 770 convertible on exhibit in the museum was delivered to the German "Reichskanzlei" in 1938 to serve for representation purposes. Technologically, the massive automobile that was employed for many parades of the time was absolutely state-of-the-art. So did the design of the chassis e.g. employ various developments derived from the construction of racing cars. To protect the passengers from assassination attempts the car had a mine-proof armor clad floor. In addition, it was equipped with windowpanes composed of several centimeters of bullet-proof glass (see picture bottom right), armored doors as well as a retractable armor plate behind the rear seats. However, the convertible soft-top, in the nature of things, does not have any possibilities to be armor clad. This predicament as well as the fact that Hitler used to ride in parades with the top down, and in addition to that liked to stand in an upright position, seem to render these precautions more than dubious considering that they would have offered any protection below the waistline only.*
*The car was powered by a colossal 8-cylinder supercharged in-line engine with a displacement of 7.7 liters which produced an output of 230 hp already at a mere 3,200 rpm. In spite of the enormous weight due to the massive plating this enabled the car to reach a maximum speed of 140 km/h.*

## Mercedes G4

Vom Mercedes G4 wurden zwischen 1933 und 1939 ca. 72 Stück gebaut, von denen nur noch vier existieren. Der dreiachsige Wagen mit mittlerer Geländegängigkeit wird über die beiden hinteren Achsen angetrieben. Er besitzt zwei Getriebe: ein Fünfgang-Getriebe für den Straßenverkehr sowie ein Untersetzungsgetriebe für Geländefahrt. Als Antrieb dient ein 8-Zylinder Mercedes 540 Motor ohne Kompressor mit 115 PS. Ursprünglich war dieser Fahrzeugtyp als Militärfahrzeug für die Generalstäbe gedacht. Der Großteil der Fahrzeuge wurde jedoch von den Führern des Dritten Reiches verwendet.
Das historisch wertvolle Museumsstück wurde bei der Besetzung Österreichs und danach in Osteuropa eingesetzt. Nach dem Krieg diente es als Feuerwehrfahrzeug. Einem Gönner des Museums ist es zu verdanken, dass das Fahrzeug in den Originalzustand zurückversetzt werden konnte.

*About 72 specimens of the Mercedes G4 were built between 1933 and 1939 of which only four are still existing. The three-axle vehicle with moderate cross-country abilities is driven by both rear axles. It is equipped with two gearboxes: a five-speed transmission for road traffic and a reduction gear for cross-country purposes. It is powered by an 8-cylinder Mercedes 540 engine without supercharger with an output of 115 hp. Originally, this car had been conceived as a military vehicle for general staffs. Most of the cars, however, were used by the leaders of the Third Reich.*
*The historically valuable museum exhibit served in the occupation of Austria and thereafter in Eastern Europe. After the war it was used as a fire engine. Thanks to a patron of the museum it has been possible to restore the car to its original condition.*

## Mercedes Nürburg

Dieser offene Tourenwagen mit Cabrioverdeck, vier Türen, fünf normalen Sitzplätzen und zwei Klappsitzen war für die Prominenz der frühen 1930er Jahre das ideale Fahrzeug, um bei Paraden und Eskortenfahrten zu repräsentieren. Das Museumsstück kommt aus Prag. Der Wagen wurde von Freiherr von Neurath, dem aus Schwaben stammenden Reichsprotektor von Böhmen und Mähren und früheren Reichsaußenminister, der im Prager Hradschin residierte, benutzt.

**Technische Daten** Baujahr: 1932; Motor: 4,9l / 8-Zylinder / 110 PS

*This open touring car with convertible top, four doors, five regular- and two folding seats was the ideal vehicle for prominent figures as a status symbol on occasion of parades and escorted rides during the early 1930s. The exhibit at the museum came from Prague. It was used by Baron von Neurath, Governor of Bohemia and Moravia and former Foreign Minister of the German Reich, who originated from Swabia, and was then residing at the Hradschin Castle in Prague.*

***Technical data*** *Year of construction: 1932; Engine: 4.9 l / 8-cyl. / 110 hp*

## Mercedes 170 H und Mercedes 130

Im Verlauf der langen Firmengeschichte hat Daimler-Benz auch Mercedes-Modelle gebaut, die nicht ohne weiteres als solche zu erkennen sind. Das Bild oben zeigt einen Mercedes 170 H („H" steht für Heckmotor) aus dem Jahr 1938. Das zu einem Preis von ca. 4.300 Reichsmark angebotene Fahrzeug wurde von einem 1,7 l 4-Zylinder-Motor mit 38 PS angetrieben. Da man sich bei Daimler-Benz über die Marktchancen des Wagens unsicher war, wurde das gleiche Modell als 170 V auch mit Frontmotor verkauft.

Die beiden Bilder unten zeigen einen Mercedes 130 von 1934 mit einem 1,3 Liter 4-Zylinder Motor mit 26 PS, der ebenfalls im Heck eingebaut ist. Der Wagen erregte bei der Vorstellung auf der IAMA 1934 in Berlin zwar einiges Aufsehen, der wirtschaftliche Erfolg blieb diesem Modell jedoch versagt. Wegen der starken Hecklastigkeit war der Wagen in Kurven nur schwer zu beherrschen, außerdem traten wegen der Heckmotor-Anordnung häufig Kühlprobleme auf. Das im Museum gezeigte Exemplar wurde während des 2. Weltkriegs wegen der Treibstoffknappheit teilweise auf Holzgas-Betrieb umgestellt. Die Fahreigenschaften wurden durch den schweren Holzvergaser noch problematischer. Außerdem war der hubraumschwache Motor für den Holzgasbetrieb nur wenig geeignet.

*In the course of the company's long history Daimler-Benz also built Mercedes models that could not easily be recognized as such. The picture on top shows a model 1938 Mercedes 170 H (H for "Heckmotor" = rear engine). This vehicle, which was on the market for about 4,300 Reichsmark, was powered by a 1.7 liter 4-cylinder engine with 38 hp. Since the people at Daimler-Benz were not certain about the chances of this car on the market, the same model was also offered as 170 V with a front engine.*

*The two pictures below show a model 1934 Mercedes 130 with a 1.3 liter 4-cylinder engine with 26 hp which is also at the rear end. Although the car did cause some stir when it was introduced at the IAMA motor show of 1934 in Berlin, financial success was denied to this model. Due to the fact that it was extremely tailheavy it was highly problematic to control the car in bends. On top of that the placement of the engine in the rear frequently caused cooling problems. During World War II, due to the prevailing fuel shortage, the model on exhibit in the museum was partly converted to operate on woodgas. The heavy woodgas producer complicated handling of the car further more, apart from that the low-capacity engine was only inadequately suited for woodgas operation.*

**Mercedes 370 „Mannheim" (oben links)**
Es war nicht zuletzt die Weltwirtschaftskrise, die Mercedes ab 1930 dazu zwang, verstärkt erschwingliche Gebrauchswagen zu bauen, und den noch frischen Ruhm der S-, SS- und SSK-Modelle für deren Vermarktung zu nutzen. Es entstand u.a. der Typ 370 „Mannheim", der 1933 zu einem Preis von 12.500 Reichsmark angeboten wurde.
**Technische Daten** Baujahr: 1933; Motor: 3,7 l / 6 Zyl. / 75 PS

**Mercedes 260 D Pullmann (oben rechts)**
Mit dem 260 D präsentierte Mercedes 1936 den ersten Diesel-PKW der Welt. Den im Vergleich zu einem Benzinmotor raueren Lauf machte der Motor durch seine Wirtschaftlichkeit wett. Er verbrauchte nur 9,5 Liter Kraftstoff pro 100 km, ein Drittel weniger als ein vergleichbarer Benzinmotor. Diesel kostete damals außerdem nur halb soviel wie Benzin. Der Diesel-PKW fand auf Anhieb überall dort großen Anklang, wo Langlebigkeit und Wirtschaftlichkeit gefragt waren. Das Museumsstück ist beispielsweise ein typisches Taxi-Fahrzeug mit einer Abtrennung zwischen Fahrer und Fahrgastraum.
**Technische Daten** Baujahr: 1936; Motor: 2,6 l / 4 Zyl. / 45 PS

**Mercedes 230 (unten links)**
Dieser Wagen ist ein typisches Brot-und-Butter-Auto von Mercedes aus den 1930er Jahren. Charakteristische Merkmale sind der Rohrrahmen und die Karosserie in Stahl-Holz-Bauweise. Der Motor war zwar etwas leistungsschwach aber laufruhig und zuverlässig.
**Technische Daten** Baujahr: 1938; Motor: 2,3 l / 6 Zyl. / 55 PS

**Mercedes 170 S Cabriolet A (unten rechts)**
Zwischen 1949 und 1952 wurden bei Mercedes ca. 830 Exemplare dieses 170 S Cabriolets gebaut. Die elegante Linienführung ließ die Vorkriegstradition wieder aufleben und war ein Vorbote des kommenden Wirtschaftswunders. Erlesen ausgestattet mit Holz und Leder kostete der Wagen damals 16.000 DM.
**Technische Daten** Baujahr: 1951; Motor: 1,8 l / 4 Zyl. / 52 PS

***Mercedes 370 „Mannheim" (top left)***
*Not least because of the world economic crisis Mercedes was forced in the 1930s to build more reasonably priced cars for common use and to utilize the still fresh fame of their S-, SS- and SSK-models for marketing. One of the models designed in this line was the 370 „Mannheim" which, in 1933, was offered for sale at 12,500 Reichsmarks.*
***Technical data*** *Year of const.: 1933; Engine: 3.7 l / 6 cyl. / 75 hp*

***Mercedes 260 D Pullmann (top right)***
*With the 260 D the first passenger car worldwide powered by a diesel engine was presented by Mercedes in 1936. Its rather rough run in comparison with a gasoline engine was compensated by its economic consumption. Per 100 kilometers it needed 9.5 liters of fuel only, and thus one-third less than a comparable gasoline engine. Apart from that, at that time the price of diesel fuel was only half that of gasoline. Diesel cars were a straight-off hit wherever longevity and economy were in demand. The museum's specimen e.g. is a typical taxi-cab with a partition between driver and passenger compartment.*
***Technical data*** *Year of const.: 1936; Engine: 2.6 l / 4 cyl. / 45 hp*

***Mercedes 230 (bottom left)***
*This vehicle is a typical bread-and-butter car by Mercedes from the 1930s. Characteristic features are the tubular frame chassis and the body made of a combination of steel and wood. The engine was not very powerful but smoothly running and reliable.*
***Technical data*** *Year of const.: 1938; Engine: 2.3 l / 6 cyl. / 55 hp*

***Mercedes 170 S Covertible A (bottom right)***
*About 830 units of this 170 S convertible were built by Mercedes between 1949 and 1952. The elegant design of this beautiful car recalled prewar-tradition and heralded the coming of the economic miracle. Exquisitely equipped with wood and leather the car cost DM 16,000 at that time.*
***Technical data*** *Year of const.: 1951; Engine: 1.8 l / 4 cyl. / 52 hp*

## Mercedes 300 SL

Der Mercedes 300 SL (SL = Sport leicht) war der Traumwagen der Nachkriegszeit schlechthin. Ursprünglich war dieses Modell ein reiner Rennwagen. 1954 entschied man sich, auch eine Straßenversion als 2-sitziges Coupé auf den Markt zu bringen. Da der Rohrrahmen der Karosserie den Einbau normaler Türen nicht erlaubte, wurde der Wagen mit nach oben schwenkbaren Flügeltüren ausgestattet, eine Eigenheit, die dieses Modell zur Legende werden ließ. Der Preis des 300 SL lag 1954 bei ca. 29.000 DM, was nach heutiger Kaufkraft rund 70.000 Euro entspricht. Angetrieben von einem kernigen Dreiliter-Sechszylindermotor mit 215 PS erreichte er je nach Übersetzung Spitzengeschwindigkeiten bis zu 240 km/h. Aufgrund der geringen Produktionszahl, nur 1.400 Stück wurden zwischen 1954 und 1957 gebaut, ist der 300 SL in der Flügeltür-Version heute ein teures und besonders begehrtes Sammlerstück. Dies gilt auch für den Roadster, der 1957 die Coupé-Version ablöste, und von dem bis 1963 1.858 Stück gebaut wurden.
Bilder links: 300 SL Roadster von 1962 (oben) und zwei 300 SL Coupés von 1955 (Mitte und unten).

*The Mercedes 300 SL (SL = sport light) was the epitome of the post-war dream car. Originally this model was a pure racing car. In 1954 the decision was made to also sell a 2-seater coupé street version. Since the tube frame of the body did not allow the use of usual doors the car was equipped with the now legendary gullwings. In 1954 the price of the 300 SL was about 29,000 DM, which corresponds to a spending power of about 70,000 Euros today. Powered by a vigorous three-liter six-cylinder engine with 215 hp, this sports car could reach top speeds of up to 240 km/h, depending on its transmission ratio. As a consequence of the limited production number, only 1,400 specimens of this car were built between 1954 and 1957, the gullwing 300 SL coupé is an expensive and highly sought-after collector's item these days. This also holds true for the roadster which replaced the coupé in 1957 and of which 1,858 specimens were built until 1963.*
*Pictures left: 300 SL Roadster from 1962 (top) and two 300 SL Coupés from 1955 (middle and bottom).*

## Horch 853A

In der Fortschrittlichkeit seiner Konstruktion war der Horch 853A eine Sensation für die damalige Zeit. Der Motor hat eine obenliegende Nockenwelle mit Königswellenantrieb, sowie einen Doppel-Fallstromvergaser. Die Höchstgeschwindigkeit beträgt 140 km/h und der Durchschnittsverbrauch liegt bei knapp 20 l auf 100 Kilometer. In seiner Bauzeit von 1935 bis 1939 wurden nur 1.006 Exemplare gefertigt.

Am 7. September 2012 nahm der Wagen am Windsor Castle Concours of Elegance teil, einem der exklusivsten Concours of Elegances weltweit, bei dem nur 60 Fahrzeuge ausschließlich auf Einladung teilnehmen dürfen (siehe Bild rechts unten). Der Horch 853A gehört zu den seltensten Automobilen der Welt und es war eine Ehre, an diesem hochklassigen Event teilnehmen zu dürfen.

*The technical design of the Horch 853A was far ahead of its time. The engine has an overhead camshaft driven by an upright shaft as well as a dual throat downdraft carburetor. The top speed is 140 km/h and fuel consumption is about 20 liters per 100 km. During its production period (1935 to 1939) a mere 1.006 units were built.*

*On 7 September 2012 the car participated at the Windsor Castle Concours of Elegance, one of the most exclusive Concours of Elegance events worldwide. Only 60 automobiles, which are all invited, are allowed to present itself at this event. The Horch 853A is one of the rarest automobiles in the world and it was an honor for us that it was selected for this high-class event.*

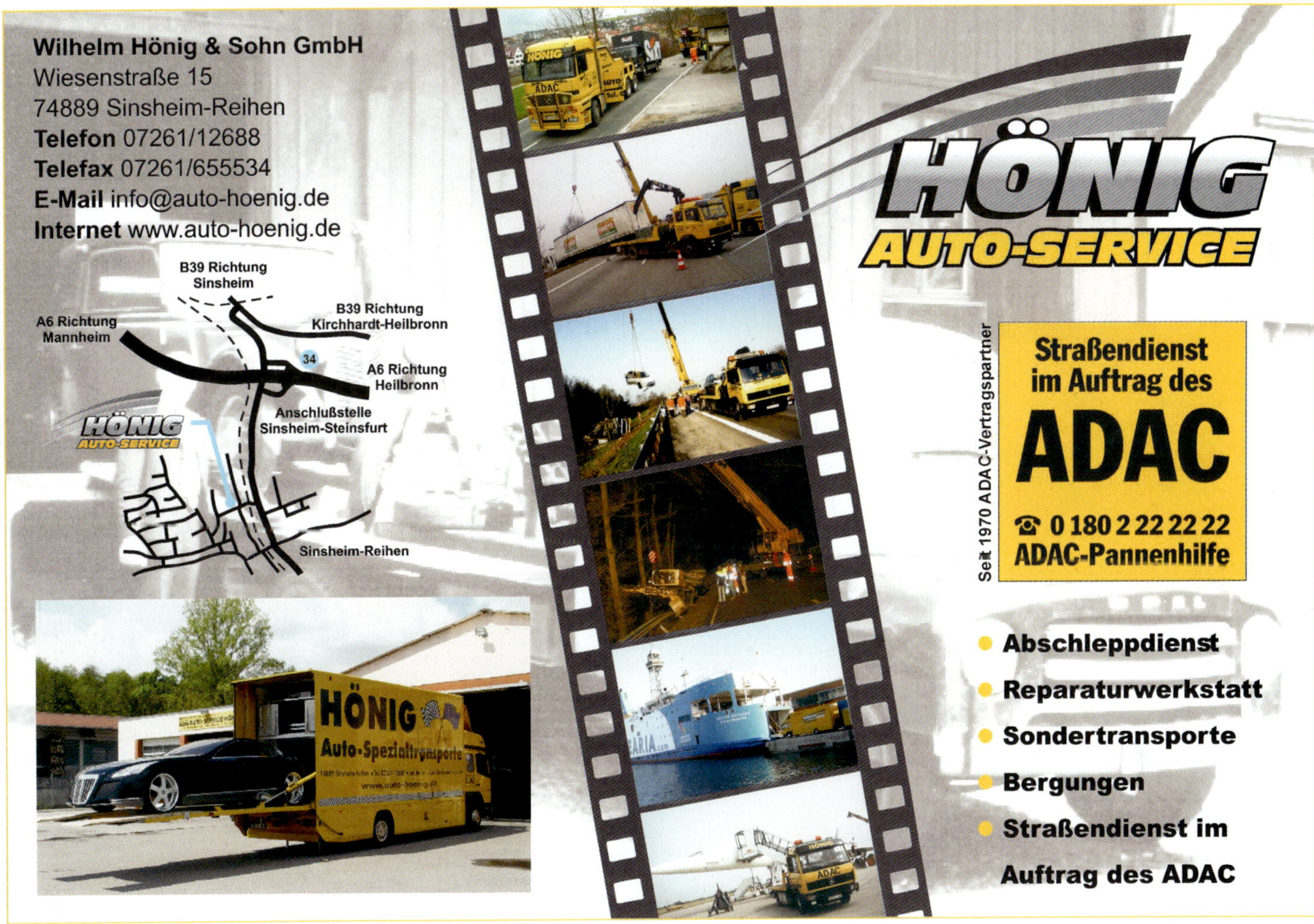
Wilhelm Hönig & Sohn GmbH
Wiesenstraße 15
74889 Sinsheim-Reihen
Telefon 07261/12688
Telefax 07261/655534
E-Mail info@auto-hoenig.de
Internet www.auto-hoenig.de
B39 Richtung Sinsheim
B39 Richtung Kirchhardt-Heilbronn
A6 Richtung Mannheim
34
A6 Richtung Heilbronn
Anschlußstelle Sinsheim-Steinsfurt
HÖNIG AUTO-SERVICE
Sinsheim-Reihen
HÖNIG Auto-Spezialtransporte
www.auto-hoenig.de
HÖNIG
AUTO-SERVICE
Seit 1970 ADAC-Vertragspartner
Straßendienst im Auftrag des
ADAC
☎ 0 180 2 22 22 22
ADAC-Pannenhilfe
Abschleppdienst
Reparaturwerkstatt
Sondertransporte
Bergungen
Straßendienst im Auftrag des ADAC

FRECH
GEBRAUCHTMASCHINEN GMBH
SECOND-HAND MACHINES
GEBRAUCHTMASCHINEN
& VERMITTLUNG VON BLECHBEARBEITUNGSMASCHINEN
(AN- UND VERKAUF)
SECOND-HAND MACHINES
AND AGENCY FOR OTHER SHEET METAL MACHINERY
(PURCHASE & SALES)
UNGERER PFORZHEIM
Frech Gebrauchtmaschinen GmbH
Werderstr. 82
D-74889 Sinsheim (Heidelberg)
P.O.Box 1342
D-74873 Sinsheim (Heidelberg)
Telefon: +49 (0) 72 61-10 11
Telefax: +49 (0) 72 61-6 39 66
Mobil: +49 (0) 1 73-3 22 32 22
E-Mail: info@frech-maschinen.de
Internet: www.frech-maschinen.de

## Die Maybach-Sammlung

Nach dem Tod seines Förderers Gottlieb Daimler im Jahr 1900 brachen für Wilhelm Maybach bei der Daimler-Motoren-Gesellschaft schwere Zeiten an. In der Geschäftsführung hatte er ähnlich wie Daimler nur wenige Freunde. 1907 schied er schließlich aus der Firma aus. Noch im gleichen Jahr tat er sich mit seinem Freund Graf Ferdinand von Zeppelin zusammen. Schon zu dieser Zeit ließ Maybachs Sohn Karl erkennen, dass er das Talent seines Vaters geerbt hatte. Dies blieb auch dem Grafen Zeppelin nicht verborgen, und so übertrug er dem erst Dreißigjährigen 1909 die technische Leitung über die neu gegründete Luftschiffmotoren-Produktion.

Für den Automobilbau begann sich Karl Maybach erst nach Kriegsende zu interessieren, da der Versailler Vertrag Deutschland den Bau von Flugzeugmotoren untersagte. Schon mit seinem ersten Wagen machte Maybach deutlich, welche Art von Autos er bauen wollte: Luxuswagen der höchsten Preiskategorie, die durch perfekte Technik und luxuriöse Ausstattung überzeugen sollten.

Bis zum kriegsbedingten Ende der Automobilproduktion im Jahr 1941 blieb Maybach dieser Linie konsequent treu. Seine Automobile gehörten stets zum besten, aber auch zum teuersten, was sich auf vier Rädern bewegte. Nur wenigen war es vergönnt, einen Maybach zu besitzen. Während der 20 Produktionsjahre wurden nur rund 1.800 Fahrzeuge gefertigt, wobei Maybach immer nur Motor und Fahrgestell herstellte.

Im Museum kann eine der weltweit größten Maybach-Sammlungen besichtigt werden, die u. a. den ältesten noch fahrbereiten Maybach-Wagen beinhaltet.

Wilhelm Maybach (Mitte im hellen Anzug) in einem frühen Daimler-Automobil.

*Wilhelm Maybach (center with a white suit) in an early Daimler car.*

## *The Maybach collection*

*Hard times began for Wilhelm Maybach at the Daimler motor company after the death of his patron Gottlieb Daimler in 1900. Just as Daimler, he had only few friends among the board members. In 1907 he left the company and joined his friend Count Ferdinand von Zeppelin. At this time it was already evident that Maybach's son Karl had inherited his father's talents. This had also become obvious to Count Zeppelin who entrusted the thirty year old engineer with the position of technical director of the newly founded airship engine production.*

*Karl Maybach did not discover his interest for automobile design until after the end of the WW I when the Versailles Treaty had barred Germany from producing aircraft engines. With his first car already, Maybach made it perfectly clear what kind of automobiles he was planning to build: luxury cars of the top price range which were to convince by perfect technology and luxurious equipment.*

*This line was adhered to by Maybach up to the end of automobile production that came in 1941, caused by WW II. His automobiles were always among the best, but also the most expensive specimens on four wheels. Only few wealthy customers had the privilege of owning a Maybach. But 1,800 cars were made in the course of 20 years of production, and only engine and chassis were actually made by Maybach.*

*One of the largest Maybach collections worldwide is on exhibit in the museum, including the oldest Maybach automobile in roadworthy condition.*

## Maybach Zeppelin DS 7

Der Zeppelin DS 7, wurde von 1930 bis 1934 gebaut. Die „7" in der Typenbezeichnung verweist auf den Motor mit sieben Litern Hubraum. Der im Museum ausgestellte Wagen hat eine äußerst seltene Karosserie von Erdmann & Rossi. Er wurde 1930 als Direktionsfahrzeug an das Zirkusunternehmen Sembach-Krone geliefert.

Überlebt hat er nur aus Zufall. Der Wagen war an das Deutsche Museum in München übergeben worden und sollte dort als Chassis ohne Karosserie gezeigt werden. Ein Sammler griff jedoch noch rechtzeitig ein und tauschte ihn gegen einen anderen Zeppelin. 1996 kam es zu einem Zusammentreffen mit der Familie Sembach-Krone (siehe Foto unten), die bis dahin nicht gewusst hatte, dass der Wagen noch existiert.

**Technische Daten** Baujahr: 1930; Motor: 7 l / 12 Zyl. / 150 PS; Höchstgeschw.: 145 km/h; Preis: ca. 30.000 RM

*The Zeppelin DS 7 was built from 1930 through 1934. The number "7" in the label is referring to the engine with seven liters displacement. The automobile on exhibit in the museum is equipped with an extremely rare body by Erdmann & Rossi. In 1930 it was supplied as a director's car to the circus enterprise of Sembach-Krone.*

*Its survival was purely accidental. The car had been handed over to the Deutsches Museum of Munich where it was to be exhibited as a chassis without body. But a collector succeeded in preventing this in the nick of time, and exchanged it for another Zeppelin. In 1996 a meeting took place with the Sembach-Krone family (bottom picture), who had been unaware up to then of the car's survival and continuing existence.*

***Technical data** Year of construction: 1930; Engine: 7 l / 12-cyl. / 150 hp; Max. speed: 145 km/h; Price: approx. 30,000 RM*

Frau Sembach-Krone mit einem ihrer Zirkuselefanten beim Wiedersehen mit dem Maybach Zeppelin.

*Mrs. Sembach-Krone with one of her circus elephants at a reunion with the Maybach Zeppelin.*

ZEPPELIN
MUSEUM SPEYER

## Maybach W 5 SG

Der im Museum gezeigte, fast drei Tonnen schwere W5SG aus dem Jahr 1928 ist der älteste noch fahrbereite Wagen aus der Maybach-Produktion. Von seinem Vorgänger, dem W3, unterscheidet sich der W5 u.a. durch den größeren 7 l Motor, der 120 PS bei nur 2.800 Upm leistet (W3: 5,7 l Motor mit 70 PS bei 2.200 Upm). Der Motor zeichnet sich durch eine fantastische Elastizität aus. Schalten war praktisch unnötig. In nur einem Gang konnte der Wagen zwischen 0 und 120 km/h bewegt werden. Nur für Bergfahrten war ein spezieller Untersetzungsgang vorgesehen. Der SG verfügte darüber hinaus noch über einen Schnellgang (daher auch der Zusatz SG), mit dem eine Spitzengeschwindigkeit von rund 130 km/h erreicht wurde. Diese Spezialgänge wurden ohne Kupplung mit einem Hebel ein- und ausgeschaltet.

Wie alle Maybachs war auch der W5 extrem teuer. Je nach Karosserievariante lag der Preis zwischen 31.500 und 33.500 RM. Zum Vergleich: Ein Opel 7 PS kostete zur gleichen Zeit ca. 5.000 RM, ein Hanomag Kommissbrot sogar nur 2.500 RM. Man musste also schon sehr vermögend sein, um sich ein solches Fahrzeug leisten zu können.

Der im Museum gezeigte W5 stammt aus dem Besitz von Dr. Vogler aus Bad Ems, dem Leibarzt des berühmten Opernsängers Enrico Caruso. Ein ähnliches Fahrzeug wurde auch an Haile Selassie, den Kaiser von Äthiopien, geliefert.

*The W5SG from 1928, with a weight of almost three tons, which is on exhibit in the museum is the oldest automobile from the Maybach production still in roadworthy condition. The difference to its predecessor, the W3, is among other things the larger engine of the W5, which produced 120 hp at only 2,800 rpm (W3: 5.7 liter engine with 70 hp at 2,200 rpm). An outstanding feature of the engine is its fantastic flexibility. It was practically unnecessary to shift gears, i.e. one gear was sufficient for speeds between 0 and 120 km/h. A special transmission gear was provided for mountain rides only. Beyond that the SG had a speed gear (hence the addition SG) which permitted top speeds of about 130 km/h. These special gears were activated and switched off by lever-action without clutch.*

*As with all of the Maybachs, the W5 was extremely expensive. Depending on the body model, its price was between 31,500 and 33,500 Reichsmark. In comparison, a contemporary Opel 7 hp cost about 5,000 Reichsmark, and a Hanomag "Army Bread" only 2,500 Reichsmark. Obviously, it required considerable wealth to be able to afford an automobile of this kind.*

*The W5 on exhibit in the museum was the property of Dr. Vogler of Bad Ems, personal physician of the famous opera singer Enrico Caruso. A similar car was also supplied to Haile Selassie, Emperor of Ethiopia.*

Die luxuriöse Innenausstattung des W 5.
*The luxurious interior fittings of the W 5.*

## Maybach Zeppelin DS 8

Wahlweise wurde der Zeppelin, das Topmodell von Maybach, ab 1931 als DS 8 mit einem 8 Liter 12-Zylinder-Motor produziert. Ab 1934 löste er den DS 7 ab. Zu dieser Zeit erhielt der Wagen u. a. anstelle des Fünfgang- ein Siebengang-Getriebe, natürlich weiterhin mit dem von Maybach entwickelten Vorwähl mechanismus. Aufgrund des hohen Preises und der schwierigen wirtschaftlichen Verhältnisse war die Nachfrage aber gering. Von den maximal 1.800 produzierten Maybach-Wagen gehörten nur ca. 200 zur Zeppelin-Baureihe, davon waren kaum mehr als 25 DS 8 mit 8-Liter-Motor.

**Technische Daten** Baujahr: 1938; Motor: 8 l / 12 Zyl. / 200 PS; Höchstgeschw.: 160 km/h; Preis: ca. 35.000 RM

*From 1931 on the Zeppelin, Maybach's top model, was produced as a model DS 8 with an 8 liter, 12-cylinder-engine. In 1934 it replaced the DS 7 altogether. At that time, among other improvements, the five-speed gear was exchanged for a gearbox with seven speeds, of course also equipped with the preselection system designed by Maybach. As a consequence of the high price and the bad economic conditions, however, the demand was rather modest. Of the approximately 1,800 Maybach cars that were built only about 200 were Zeppelin models and of which hardly more than 25 were DS 8 with an 8 liter engine.*

***Technical data** Year of construction: 1938; Engine: 8 l / 12-cyl. / 200 hp; Max. speed: 160 km/h; Price: approx. 35,000 RM*

## Maybach SW 38

Der SW 38 war das vorletzte Maybach-Modell. Der Hubraum des 6-Zylinder-Motors wurde zunächst auf 3,8 Liter erhöht, nicht um die Leistung (ca. 140 PS) zu steigern, sondern um die nachlassende Benzinqualität auszugleichen. 1939 folgte der SW 42 mit nochmals vergrößertem Hubraum bei gleicher PS-Leistung. 1941 wurde die Automobilfertigung zugunsten der Rüstungsproduktion eingestellt, und nach Kriegsende nicht wieder aufgenommen. Maybach baute weiter Motoren und ging 1965 in der MTU Friedrichshafen GmbH auf. Seit Juli 2006 firmiert der Marken- und Firmenverbund um die MTU-Gruppe unter dem Namen Tognum AG. Die drei auf diesen beiden Seiten gezeigten Maybach SW 38 Cabriolets zeigen deutlich den Trend weg vom Repräsentationsfahrzeug und hin zum sportlichen Automobil.

*The SW 38 was the second-to-last Maybach model. The capacity of the 6-cylinder-engine was raised to 3.8 liters, not to increase the output (approx. 140 hp) but to make up for the deteriorating quality of gasoline. In 1939 it was followed by the SW 42 with once more enlarged displacement while the output remained the same. In 1941 finally automobile production was abandoned for armament production and not resumed after the end of the war. Maybach continued to build engines and was incorporated into the MTU Friedrichshafen GmbH in 1965. Since July 2006 the companies belonging to the MTU group operate under the name Tognum AG. The new trend from a prestigious automobile to a sportive car is clearly evident by the three Maybach SW 38 convertibles shown on these two pages.*

MAYBACH
Museum Sinsheim
Museum Sinshe
IT-1556

## Maybach „Säge“

Nach dem Ende des Zweiten Weltkriegs wurden viele Militärfahrzeuge für zivile Zwecke umgerüstet. Manchmal passierte es aber auch, dass andere Fahrzeuge zweckentfremdet wurden. Bei diesem absichtlich nicht restaurierten Gerät handelte es sich ursprünglich um eine Repräsentationslimousine von Maybach. In der Not der Nachkriegszeit wurde diese in eine fahrbare Säge umgewandelt. Dies ist ein ungeheurer Vorgang, wenn man bedenkt, daß Maybach zu jener Zeit die Luxusautomarke schlechthin war und jeder Maybach ein kleines Vermögen kostete.

## *Maybach „Saw“*

*After the war many military vehicles were converted to fit civilian purposes. But it happened that other vehicles were also adapted to duties for which they had not been intended. This specimen, which was intentionally left unrestored, started out as a prestigious, high-class car by Maybach. In the postwar times of need it was converted into a mobile saw. This is an unheard of transformation considering that, at its time, Maybach used to be the absolute luxury brand and each Maybach was costing a small fortune.*

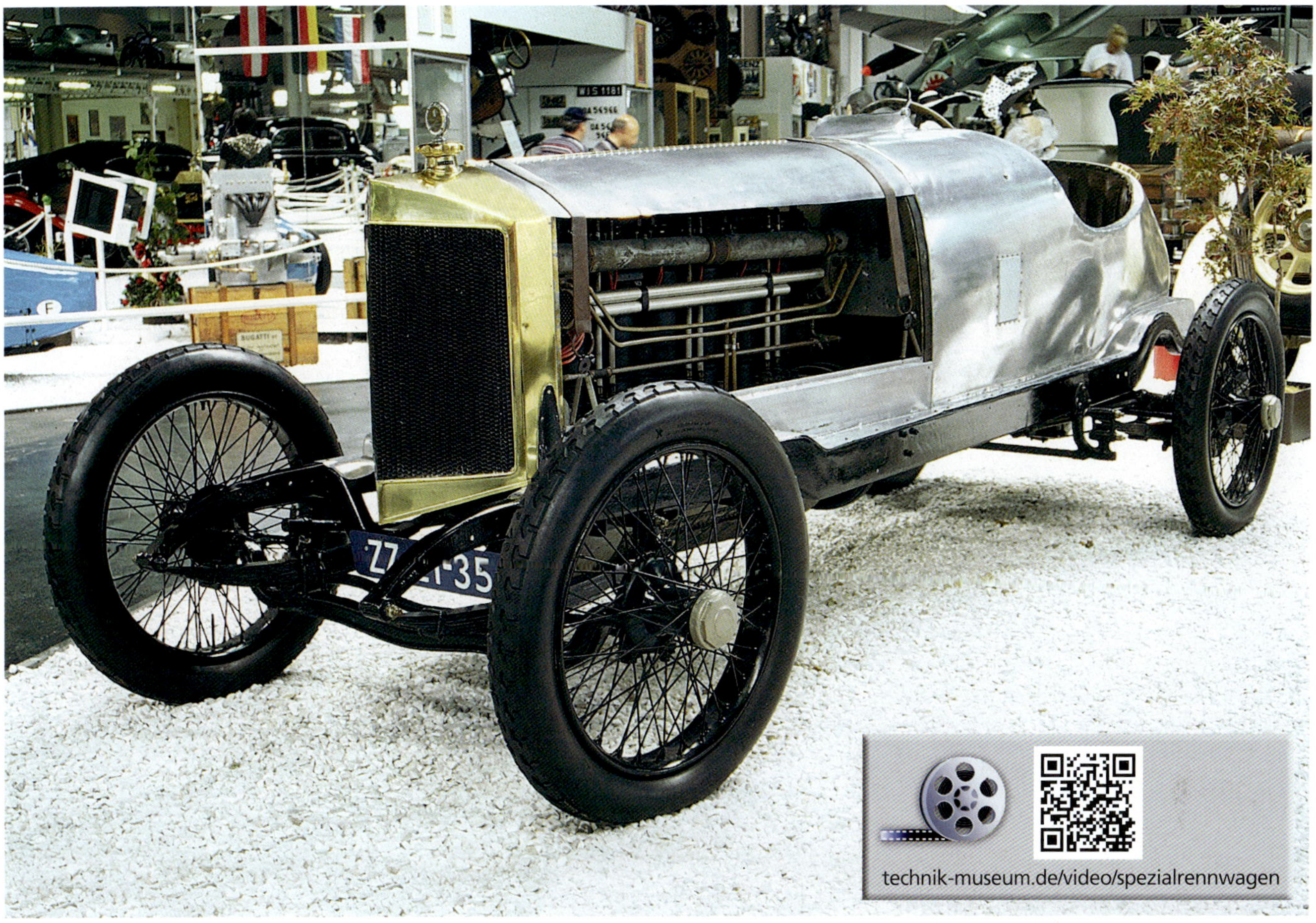


## Maybach Spezialrennwagen

Im Gegensatz zu Mercedes hat Maybach im Motorsport nie eine besondere Rolle gespielt. Durch den Einsatz einiger Privatleute wurde der Name Maybach jedoch in den 1920er Jahren zu einem Begriff in einer ganz speziellen Kategorie des Automobilsports, nämlich den Rekordfahrten über kurze Distanzen.

Hierzu wurden riesige Maybach-Zeppelinmotoren in Personenwagen-Fahrgestelle eingebaut und mit mächtigen Getrieben versehen. Das gezeigte Exponat ist typisch für diese Art von Fahrzeug. Der 6-Zylinder-Motor hat einen Hubraum von 23 Litern und leistet 300 PS. Einen vergleichbaren Motor zeigt das Bild unten. Die endlos lang wirkende Motorhaube verhindert, dass das Fahrzeug beim Beschleunigen vorne abhebt. Der Spezialrennwagen kann somit durchaus als Vorläufer der heutigen Dragster angesehen werden. Die Spitzengeschwindigkeit des außergewöhnlichen Gefährts liegt bei über 160 km/h, die bei einer Umdrehungszahl des Motors von nur 1.050 Upm erreicht werden.

## *Maybach special racing car*

*Contrary to Mercedes, Maybach has never been playing an eminent role in motor sports. Thanks to the commitment of a few private investors, however, the Maybach name became a term in the 1920s in a very special category of automobile sports, that is short distance record races.*

*For this purpose gigantic Maybach Zeppelin engines were installed in chassis of passenger cars and equipped with huge transmissions. The specimen on exhibit is a typical representative of this kind of cars. The 6-cylinder-engine has a displacement of 23 liters and generates 300 hp. A comparable Zeppelin engine is depicted in the bottom picture. The hood of seemingly endless length prevents the car's front from lifting off on acceleration. The special racing car thus can definitely be regarded as a predecessor of today's dragsters. The maximum speed of this extraordinary vehicle is about 160 km/h which are accomplished by the engine at a mere 1,050 rpm.*

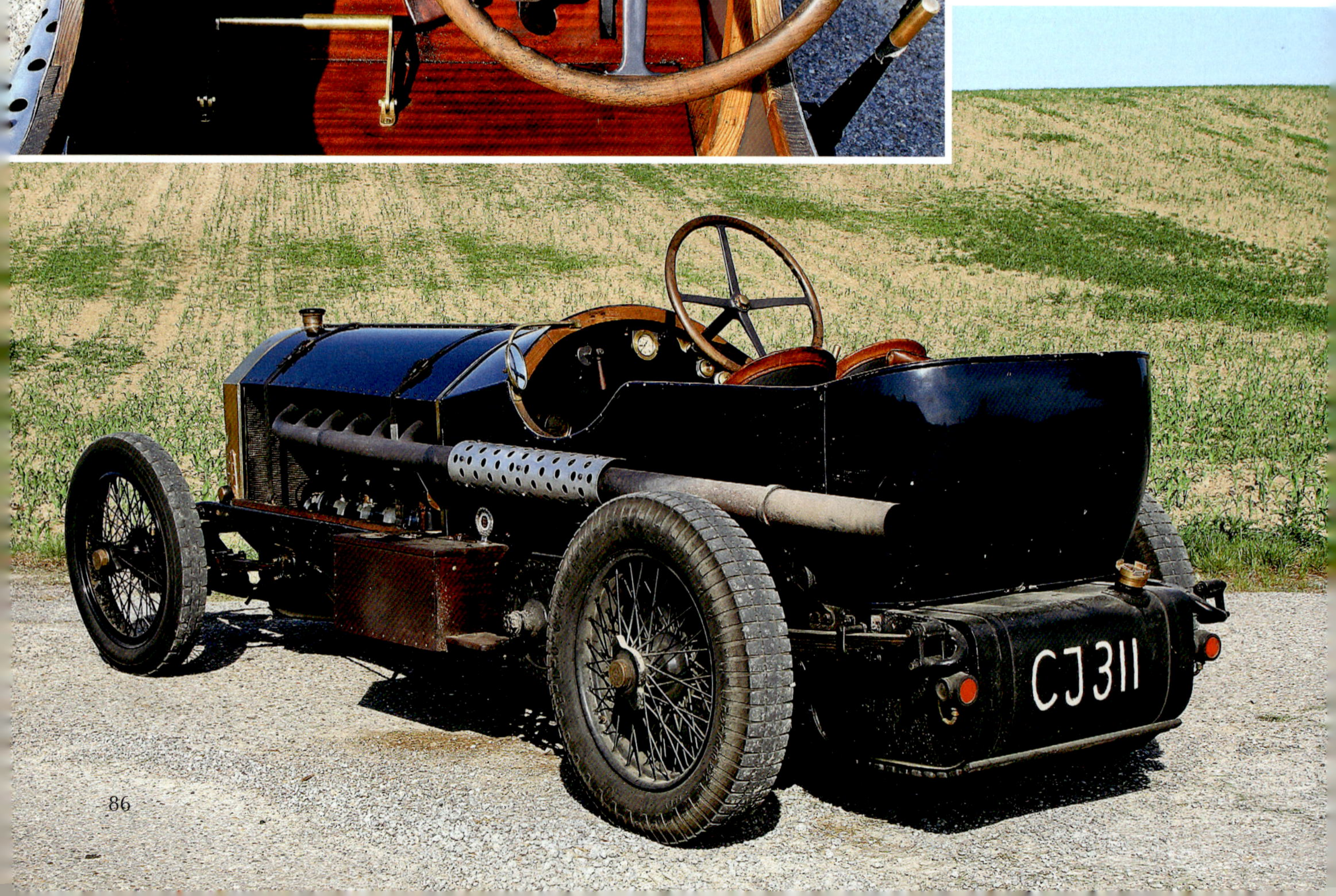
CJ 311

Der Maybach-Spezialrennwagen Seite an Seite mit dem Experimentalfahrzeug „Brutus" auf der Teststrecke Boxberg.

*The Maybach special racing car side by side with the project car "Brutus" on the Boxberg test track.*

## Spezialrennwagen mit Maybach-Flugzeugmotor

Bei diesem Spezialrennwagen wurde das Fahrgestell eines Mercedes 45 PS von 1907 mit einem riesigen Maybach-Flugzeugmotor von 1917 versehen. Der gewaltige 6-Zylinder-Motor mit fünf Ventilen pro Zylinder hat einen Hubraum von 19,5 Litern und leistet ca. 300 PS bei nur 1.200 Upm. Der Wagen wurde speziell für Rennen auf dem legendären Oval von Brooklands in England gebaut. Das ca. 5 km lange Brooklands-Oval mit seinen zwei überhöhten Kurven wurde 1907 eröffnet und bis Ende der 1930er Jahre für Rennen und als Teststrecke genutzt.

## *Special racing car with Maybach aircraft engine*

*For this special racing car the chassis of a 1907 Mercedes 45 hp was combined with a gigantic Maybach aircraft engine. The huge 6-cylinder-engine with five valves per cylinder has a displacement of 19.5 liters and generates an output of approx. 300 hp at only 1,200 rpm. The car has been specially built for races on the legendary oval race track in Brooklands / England. The Brooklands oval with a length of about 5 km and two banked curves was opened in 1907 and was used until the end of the 1930s for races and as test track.*

## Das Experiment BRUTUS - Höllenmaschine mit Flugmotor

## *The BRUTUS experiment - Infernal machine with aircraft engine*

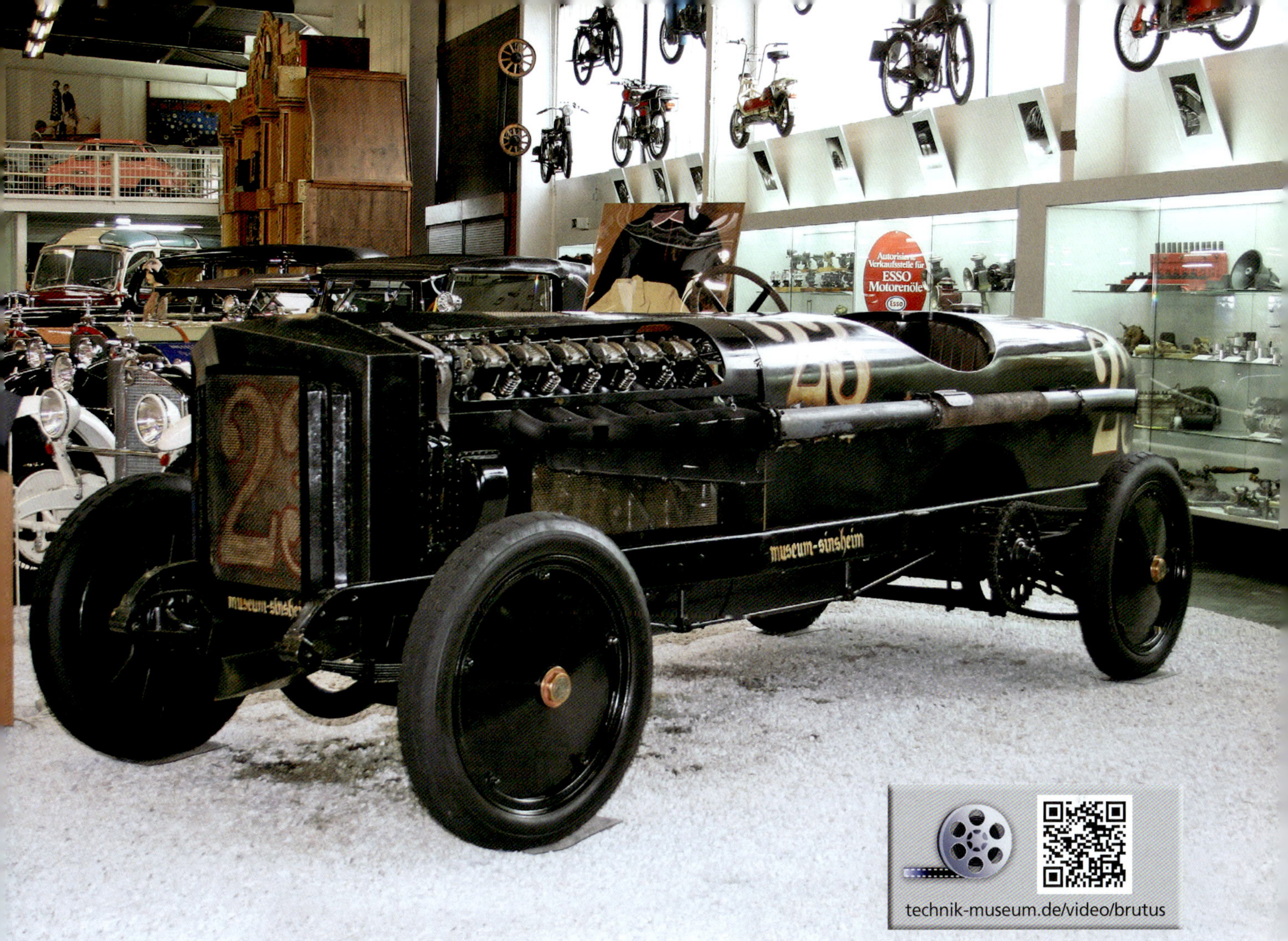


Unter der Projektbezeichnung BRUTUS wurde in den Werkstätten des Museums ein außergewöhnliches Fahrzeug aufgebaut, das weltweit seinesgleichen sucht. Konzeptionell steht es in der Tradition der ersten Spezialrennwagen für Kurzstreckenrennen. Nach dem 1. Weltkrieg waren in Deutschland viele Flugzeugmotoren vorhanden, da Deutschland aufgrund des Versailler Vertrags keine Flugzeuge besitzen durfte. Diese wurden daher häufig auf diverse Fahrgestelle montiert und für Rennzwecke verwendet.

Beim Projekt BRUTUS bildet ein Fahrgestell mit Kettenantrieb von 1908 die Grundlage. Auf dieses wurde ein 12-Zylinder-Flugmotor von BMW mit einem Hubraum von 47 Litern und einer Dauerleistung von 550 PS bei 1530 Upm montiert. Der Reiz dieses Fahrzeugs besteht nicht zuletzt darin, bei einer Umdrehungszahl von nur ca. 800 Upm eine Geschwindigkeit von weit über 100 km/h zu erreichen.

Nach mehreren Jahren harter Arbeit war das Fahrzeug einsatzfertig und wurde bereits bei zahlreichen Veranstaltungen in Aktion präsentiert. Überall, wo es auftaucht, sorgt es für fassungsloses Staunen. Wie es ist, eine Runde mit dem BRUTUS zu drehen, beschreibt der umseitige Bericht. Zahlreiche Videos mit BRUTUS live in Aktion finden Sie auch auf YouTube unter dem Stichwort BRUTUS.

*An extraordinary vehicle was constructed in the museum's workshops under the project name BRUTUS that has no equal worldwide. Its concept is following the tradition of the first special racing cars for short distance races. After World War I many aircraft engines were available in Germany since Germany was not allowed to own aircraft. Many of these engines were installed on old undercarriages and used to perform races.*

*An undercarriage with chaindrive of 1908 was being used as a basis for the BRUTUS project. On this chassis a 12 cylinder BMW aircraft engine with 47 liters displacement and a constant performance of 550 hp at 1530 rpm was mounted. The attraction of this vehicle is not least due to the fact that it is going to reach a speed of far beyond 100 km/h at about 800 rpm only.*

*After several years of hard work the vehicle was completed and presented in action at many events. Wherever it appears it proves to be the ultimate showstopper. How a ride with BRUTUS feels is vividly described in the article on the following pages. Many videos showing BRUTUS in action are also available at YouTube. Just search for BRUTUS.*

# Eine Probefahrt mit BRUTUS
# *A test ride with BRUTUS*

Am Abend riecht Hermann Layher dann doch ein wenig verbrannt - etwa so, als sei er gerade der Hölle entstiegen. Was ja auch nicht ganz falsch ist. Die Hölle, das ist das Cockpit von Brutus. Und Brutus dürfte das verrückteste, wildeste und verwegenste sein, das der Chef des Auto & Technik Museum Sinsheim bislang angestellt hat. „Am Anfang haben alle gesagt, ich sei wahnsinnig", sagt Hermann, und das kann man gut verstehen.

Die Geschichte beginnt vor vielen Jahren, als der Jäger und Sammler irgendwo den Motor einer Messerschmitt Me-109 entdeckt. Ein anderer Sammler möchte diesen Motor gerne von Layher haben, und nach jahrelangem Verhandeln erhält Hermann im Tausch einen BMW-Flugmotor VI, Baureihe 8, gebaut Anfang der 1930er Jahre. Kaum geliefert, nimmt Hermann Maß. Er stellt hinter den knapp zwei Meter langen Zwölfzylinder eine Obstkiste, dahinter einen Benzinkanister, setzt sich mit einem Lenkrad in der Hand auf die Kiste und verkündet: „Damit fahren wir."

Der umstehende Freundeskreis schüttelt den Kopf und wendet sich ab. Doch bald werden aus den Zweiflern glühende Anhänger. Einer bringt ein passendes Chassis von einem American La France, gefertigt 1907 in Elmira, New York, und ursprünglich Basis für eine Feuerspritze. Der zweite fertigt Drehteile, der dritte eine Karosserie in Form einer Cohiba Zigarre. Zur Ehrenrettung der Konvertiten sei gesagt, dass mangels technischer Daten zu Beginn niemand wusste, wie hubraumgewaltig der Motor wirklich ist. „Wie er so dastand, sah er eigentlich ganz harmlos aus", erklärt Hermann.

Tatsächlich handelt es sich bei dem BMW VI um den wirtschaftlich erfolgreichsten BMW-Flugmotor. Gebaut ab 1925 kam er unter anderem in der Heinkel He 9 oder dem Dornier Wal-Flugboot zum Einsatz. Als Besonderheit verfügt der V12 über je sechs Haupt- und Nebenpleuel, eine Bauform, die damals sehr in Mode war und Baulänge sowie Gewicht spart. Weshalb die Zylinder durch die unterschiedliche Pleuellänge auf der rechten Seite je vier Liter Hubraum haben, die gegenüberliegenden dagegen nur 3,82. Summe: 46,93 Liter. Als Dauerleistung gibt BMW 550 PS bei 1.530 Umdrehungen an, als erhöhte Kurzleistung 750 PS bei 1.700 Touren. Sturzflugdrehzahl übrigens 2.000. Um den Antrieb mit dem La France-Dreiganggetriebe samt Kupplung zu verbinden, ist wegen der tiefliegenden Kurbelwelle ein Zwischengetriebe vonnöten. Den fehlenden Anlasser entdecken er und seine Getreuen in einer Vitrine im Museum.

Als Brutus endlich drohend und schwarz wie die Nacht aus der Werkstatt rollt, steht die erste Probefahrt um die Werkhalle an. Zum Fahrer wird Dietmar Gulden bestimmt, einer der treuesten Helfer. „Der hat keine Kinder und kann somit niemanden zu Halbwaisen machen", sagt Layher. Nach einigen Versuchen hustet der Monstermotor los, und alle springen zurück. Mal abgesehen vom akustischen Flurschaden geht jedoch auf den ersten vorsichtigen Metern alles gut. Doch was passiert, wenn einer verrückt genug ist, das mittig angeordnete Gaspedal ganz hinunterzudrücken? Das herauszufinden ist Chefsache. Weise wählt Hermann dafür den Flugplatz Speyer, im Prinzip eine einzige große Auslaufzone mit guter medizinischer Versorgung. Und so stehen wir nun am Beginn des Rollfeldes - Hermann nimmt mit diabolischem Grinsen das Lenkrad fest in die Pranken. Ich stelle meine Füße auf das Drahtgitter über die offen laufende Schwungscheibe und bemühe mich, den Arm vom Auspuff fernzuhalten. Ein Zug am Dekompressionshebel, der Anlasser bringt den Motor in Schwung, Kompression: Brutus erwacht. Kupplung treten, mit dem außenliegenden Schalthebel die erste Fahrstufe einlegen, alles ganz normal.

Was dann passiert, ist nicht mehr normal. Diese Höllenmaschine schiebt so fürchterlich vorwärts, dass einem die Worte wegbleiben. Im dritten und letzten Gang drehen bei 140 km/h noch die Räder durch, bei jeder Berührung des Gaspedals bricht die kettengetriebene Hinterachse aus. In der Ferne erscheint das Ende der Startbahn, Hermann beschließt zu bremsen. Verzögert wird allerdings nur hinten. Erneut versucht uns die Hinterachse zu überholen, die Bremswirkung ist vernachlässigbar. „Es war schon richtig, den Wagen Brutus zu taufen", meint Hermann: „Der wollte damals auch seinen Chef umbringen." Als Nächstes probieren wir einige flotte Kurven. Doch Brutus interessiert es nur am Rande, wohin sein Lenker eigentlich möchte. Am Ende einer Rechtskurve kann sich ein Helfer im letzten Moment mit einem Hechtsprung vor dem spitz zulaufenden Kühler des untersteuernden Monstrums retten. Böser Brutus.

Wir brauchen eine Pause. Beim Schluck aus der Wasserflasche gehen vor lauter Zittern einige Tropfen daneben. „Das Auto macht mir Angst", sagt Hermann, „es ist gefährlich - egal, was man damit macht." Ich nicke, meine Gesichtsfarbe wird noch eine Weile brauchen, bis sie zurückkehrt. Dennoch, wir sind Männer, weiter geht die Probefahrt, diesmal mit Fahrerwechsel. Doch jetzt ist die Kupplung verbrannt, Brutus ist beleidigt - vielleicht ist das ja auch besser so. Im Museum Sinsheim steht er gut.

*In the evening Hermann Layher does smell a little burnt – more or less as if he had just emerged from hell. And, as a matter of fact, that is not entirely wrong at all. The hell, that is the cockpit of Brutus. For Brutus definitely is the craziest, wildest daredevil coup the boss ever got up to. And that is quite a lot. "In the beginning everybody said I was crazy", says Hermann, and that is easily conceivable.*

*The story begins many years ago when the hunter-gatherer discovered the engine of a Messerschmitt Me-109 somewhere. Another gatherer would like to have this engine from Layher, and after long years of negotiations Herman receives a BMW aircraft engine VI, series 8, built in the early 1930s in exchange. No sooner had it arrived when Hermann took measurements. Behind the just under two meters long twelve-cylinder engine he placed a fruit box and a petrol canister behind it, took a seat, steering-wheel in hand and announced: "We are going to drive with that."*

*The circle of friends standing around just shook their heads and turned their backs. But the doubters were soon to become ardent supporters. One of them brings a fitting chassis from an American La France, produced in 1907 in Elmira, New York, and originally the undercarriage of a fire engine. The second makes turned parts, a third a car body in the form of a Cohiba cigar. In the defence of those who changed their mind it should be said that, in the absence of technical data, no one was able at the start to size up the overwhelming capacity of the engine. "As it was standing there, it actually looked quite harmless", Hermann stated.*

*Economically, the engine VI was the most successful BMW aircraft engine. Built as of 1925 it was used, among others, for the Heinkel He-9 or the Dornier airboat "Whale". As a special feature the V12 has six main and six auxiliary connecting rods, a design which was highly popular at that time since it saved both, length and weight. As a consequence of the different lengths of the connecting rods the cylinders on the right side have 4 liters capacity each while those opposite have only 3,82. Total: 49,93 liters. Continuous engine power is given by BMW with 550 hp at 1,530 rpm and 750 hp at 1,700 rpm for short-time performance. By the way, in diving flight the rpm could reach 2,000. Because of the sunken crankshaft an additional intermediate gear was required to connect the drive with the La France three-speed transmission. The missing starter was discovered by him and his loyal followers in a show case at the museum.*

*When Brutus, the black and menacing monster, finally emerged from the workshop, the first test drive around the hall is on the schedule. Dietmar Gulden, one of the most faithful helpers, is appointed as driver. "This one doesn't have any children and thus cannot make anyone a half-orphan", says Layher. After a few trial starts the monster engine is belching into life and everyone springs back: Quite apart from the acoustic damage, however, everything on the first cautious meters is going well. But what may happen if someone were crazy enough to floor the centred accelerator pedal? To find that out is a matter for the boss. Prudently Hermann is deciding on the airfield Speyer for that, in principle a big run-off area with good medical facility. And so we are standing now at the start of the runway – a diabolic grin on his face, Hermann resolutely grabs the steering wheel with both mits. I put my feet on the wire grating above the open-running flywheel and try to hold my arm free of the exhaust pipe. A pull at the decompression lever, the starter gets the engine going, compression: Brutus awakes. Depress the clutch, then engage first with the external gear stick, everything quite normal. But what happens then can no longer be called normal. This infernal machine is advancing so fearsomely that words fail you. In third and last gear, at a speed of 140 km/h, the wheels are still slipping and the chain-driven rear axle makes a breakaway at each touch of the gas pedal. The end of the runway appears in the distance. Hermann decides to brake. But deceleration only works in the rear. Again, the rear axle tries to overtake us, the braking effect is negligible. "We were right to name the car Brutus", says Hermann, "that one also wanted to kill his boss at that time." Now we are trying some brisk bends. But Brutus is only marginally interested in where its driver actually wants to go. At the exit of a right bend a helper can save himself at the last second from the pointy radiator by taking a dive. Bad Brutus.*

*We need a break. At the gulp from the water bottle some drops are spilled from the shakes. "This car is giving me the scares", says Hermann, "it is dangerous – no matter what you are doing with it." I am nodding assent, the color of my face will take some time yet before it will be back to normal. But yet, we are men and the test drive goes on, this time with change of driver. But now the clutch is burned, Brutus is offended – what may be all for the best. At the Museum Sinsheim it stands safely.*

Text: Hans-Jörg Götzl / Fotos: Archiv
Mit freundlicher Genehmigung von Motor Klassik

## Rover Meteor Speed 20 von 1933 (oben / *top*)

Es ist nur wenigen bekannt, dass Rover in den 1930er Jahren so sportliche Fahrzeuge gebaut hat. Von diesem Modell wurden aber auch nur zwei Stück für Sportzwecke hergestellt. Der Motor fiel mit 2,8 Litern Hubraum eher klein aus, dafür erhielt das Fahrzeug eine sehr leichte Aluminium-Karosserie von Abbey Coachwork, so dass das Gesamtgewicht bei nur 1,250 Kilogramm liegt. Der Wagen wird heute noch regelmäßig bei Rallye-Veranstaltungen eingesetzt. Am Steuer des Fahrzeugs unser Vereinsmitglied Kuno Hug, der Begründer und Organisator der Heidelberg Historic Rallye.

*Only few know that Rover built such sporty cars in the 1930s. But then, only two specimens of this model were built for sports purposes. The 2.8 liters engine was more on the small side but this was compensated by the light aluminium body by Abby Coachwork (the car weighs only 1,250 kg). The car is still regularly used at rally events. On the wheel our club member Kuno Hug, founder and organizer of the Heidelberg Historic Rally.*

## Bentley 3 / 4,5 Liter (unten / *bottom*)

Heute ist die britische Traditionsmarke Bentley den meisten nur als Hersteller von Luxuslimousinen bekannt. Dies war nicht immer so, ganz im Gegenteil. Begonnen hat Bentley vielmehr als Hersteller von Sportwagen, die in der Rennausführung zwischen 1924 und 1930 neben zahllosen anderen Rennen allein fünf Mal die 24 Stunden von Le Mans für sich entscheiden konnten. Als Antrieb für diesen Bentley-Sportwagen von 1924 diente ursprünglich ein 3-Liter-Motor, der später durch das stärkere 4,5-Liter-Aggregat mit Overdrive ersetzt wurde.

*Today Bentley is mostly known as a manufacturer of luxury cars. However, the company actually began as a producer of sports cars whose racing versions won numerous victories between 1924 and 1930, amongst them five 24 Hours of Le Mans titles. This 1924 Bentley sports car was first powered by a 3 liter engine which was later replaced by the more powerful 4.5 liter engine with overdrive.*

20
Jahre
Heidelberg
Historic
RALLYE
HH
RALLYE
RALLYE
HH
HEIDELBERG HISTORIC
11. – 13. Juli 2013
KAHL
MSC
Ziegelhausen e.V.
ADAC
Nordbaden
FEDERATION INTERNATIONALE
VEHICULES ANCIENS
www.heidelberg-historic.de

PROUDLY PRESENTED BY THE AUTO & TECHNIK MUSEUM IN GERMANY SINSHEIM & SPEYER
CHEM-TOOLS
Discover a fantastic world where cars come alive!
CHEM-TOOLS FINEST AUTOMOTIVE CARE MADE IN GERMANY PRODUCED WITH ISO CERTIFIED STANDARTS FULLFILL ALL REQUIREMENTS GREEN, SOCIAL AND SUSTAINABLE
RECOMMENDED BY PAINT SUPPLIERS STANDOX, DUPONT TESTED BY LEADING JOURNALS E.G. OLDTIMER MARKT, TOURENFAHRER, STREET MAGAZINE & OUTSTANDING EXPERTS E.G. RIEGER TUNING, ETC.
EYE IT, TRY IT, BUY IT AT OUR MUSEUM STORE TO CLEAN CLASSIC AND MODERN CARS, MOTORCYCLES, PLANES & BOATS WITH THE FANTASTIC CT-MASTER COLLECTION
Chem-Tools GmbH AM NEUBERG 3, 55268 NIEDER-OLM, GERMANY
Chem-Tools is a registered trademark of the Chem-Tools GmbH Germany
WORLDWIDE AVAILABLE FOR 120,00 EURO VALID FOR 2013 / 2014 AND VISIT OUR WEBSITE
www.CHEM-TOOLS.com

## Bentley „Old Mother Gun“

Nur 3.024 Fahrzeuge sind während der Frühzeit der Firma Bentley zwischen 1919 und 1931 gebaut worden. Wenige davon sind bis heute erhalten geblieben, jedes eine kostbare Rarität. Eines aber ragt selbst aus diesem erlesenen Kreis hervor: es ist das Fahrzeug mit der Fahrgestellnummer ST 3001 mit dem Spitznamen „Old Mother Gun“.
Das Fahrgestell mit Motor verließ die Bentley-Fabrik im Londoner Stadtteil Cricklewood im Juni 1927. „Old Mother Gun“ erhielt dabei erstmals den neu entwickelten Bentley 4,5 Liter 6-Zylinder-Motor. Das Fahrzeug ist somit das erste Exemplar der im Rennsport außerordentlich erfolgreichen Bentley 4,5-Liter-Rennwagen. Der Spitzname geht übrigens auf den Bentley-Rennfahrer und Firmenmäzen Woolf Barnato zurück der passend zur Fahrgestellnummer ST 3001 reimte: „S-T-Three-O-O-One - Old Mother Gun!“.
Der erste Renneinsatz von „Old Mother Gun“ war spektakulär aber wenig erfolgreich. Nur wenige Tage nach der Fertigstellung nahm der Wagen an den 24 Stunden von Le Mans teil. In Führung liegend wurde er aber beim berüchtigten White House Corner Crash in einen Massenunfall verwickelt, bei dem sieben Fahrzeuge ineinander rasten. Zum Glück wurde niemand ernsthaft verletzt. Im darauf folgenden Jahr nahm der Wagen erneut beim Rennen in Le Mans teil und fuhr, pilotiert von Woolf Barnato und Bernhard Rubin, einen überlegenen Sieg ein.
Danach bestritt er noch einige kleinere Rennen und erhielt 1934 den 6,5-Liter-Sechszylinder-Motor des Speed Six, mit dem Bentley 1930 zum fünften Mal in Le Mans gewonnen hatte. Anschließend wurde er für Rekordfahrten auf dem Rennoval von Brooklands zum Einsitzer umgebaut. Als weitere wesentliche Modifikation wurde schließlich in den Jahren 1936 / 1937 die alte schwere Stahlkarosserie gegen eine wesentlich leichtere Karosserie aus poliertem Aluminium ausgetauscht, die den Wagen noch heute ziert. Derart erneuert erreichte „Old Mother Gun“ auf dem Brooklands-Oval 1937 die atemberaubende Durchschnittsgeschwindigkeit von 217 km/h.
Aber auch heute gehört „Old Mother Gun“ noch lange nicht zum alten Eisen. Der Hubraum des Motors wurde zwischenzeitlich auf 8 Liter erhöht und die Leistung auf 350 PS gesteigert. Seit der letzten großen Überholung im Jahr 1989 hat der Wagen über 150 Einsätze bei Veteranenrennen auf der ganzen Welt erlebt, und ein Ende ist nicht abzusehen.

*Only 3,024 Bentley vehicles were completed during the early days of the company between 1919 and 1931. Just few survived up to these days, each a valuable rarity. One of them, however, stands out even from this exquisite crowd: it is the car with the chassis number ST 3001 also nicknamed "Old Mother Gun".*
*The chassis with engine left the Bentley factory in the London neighborhood Cricklewood in June 1927. For "Old Mother Gun" the newly developed Bentley 4.5 liters 6-cylinder engine was used for the first time. Thus, this car is the first of the 4.5 liters Bentley racing cars which were exceptionally successful in racing. By the way, the nickname was coined by the Bentley racing driver and company patron Woolf Bernato who, fittingly to the chassis number ST 3001 rhymed: "S-T-Three-O-O-One - Old Mother Gun!".*
*The first race of "Old Mother Gun" was spectacular but little successful. Just a few days after completion the car competed in the 24 hours race of Le Mans. Leading the field it was involved in the infamous White House Corner Crash where seven cars crashed into each other. Fortunately no one was seriously injured. The following year the car competed again in Le Mans and won a superior victory with Woolf Barnato and Bernhard Rubin at the wheel.*
*After this triumph the car competed in several less important racing events and, in 1934, was equipped with the 6.5 liters six-cylinder engine of the speed six which had won the fifth Le Mans title for Bentley in 1930. Thereafter the car was remodeled into a one seater for record races on the Brooklands Oval race track. As a further significant modification the old heavy steel body was replaced by a much lighter body made of polished aluminium in 1936 / 1937 which decorates the car until today. Such modernized "Old Mother Gun" reached a breathtaking average speed on the Brooklands Oval of 217 km/h in 1937.*
*Today "Old Mother Gun" is still up and running. In the meantime the displacement of the engine was raised to 8 liters and the output enhanced to 350 hp. Since the last maintenance overhaul in the year 1989 the car has participated in 150 veteran races all over the world and there is still no end in sight.*

# Mythos Bugatti

MK 362H

## Bugatti Typ 57

Es waren insbesondere die sportlichen Erfolge der Privatfahrer in den 1920er und 1930er Jahren, die Bugatti legendär gemacht haben. Jeder, der das nötige Geld hatte, konnte sich damals einen konkurrenzfähigen Rennwagen von Bugatti kaufen und dann bei einer der zahlreichen Rennveranstaltungen antreten. In weniger als 15 Jahren errangen die in Molsheim im Elsass gebauten blauen Boliden etliche tausend Siege. Mit dem Typ 57 konnte Bugatti 1937 und 1939 das 24-Stunden-Rennen von Le Mans gewinnen. Die etwas zivilere Variante war dabei auch noch alltagstauglich. Am Sonntag konnte man mit dem Wagen ein schweres Rennen bestreiten und am Montag damit zur Arbeit fahren. Der Stil der sehr seltenen Spezialkarosserie des im Museum gezeigten Fahrzeugs trägt die Handschrift von Jean Bugatti, dem talentierten Sohn des „Patron" Ettore Bugatti. Der Wagen ist voll einsatzfähig wird auch heute noch von Zeit zu Zeit bei Veteranen-Rallyes gefahren.

**Technische Daten** Baujahr: 1938; Motor: 3,3 l / 8 Zyl. / 135 PS; Höchstgeschwindigkeit: ca. 160 km/h

*It were mainly the racing victories of private drivers during the 1920s and 1930s which made Bugatti a legend. Everyone who had the money could buy a Bugatti racing car and compete in one of the then frequent racing events. In less than 15 years the blue bolides from Molsheim / Alsace won several thousand races. In 1937 and 1939 with the Type 57 Bugatti won the 24 hours of Le Mans. The more civilian version was also fit for everyday use. On Sunday you could use it for racing and on Monday the same car would take you to the office. The style of the very rare special body shows the hand of Jean Bugatti, the talented son of the "padrone" Ettore Bugatti. Today the car is still driven from time to time at vintage car races.*
***Technical data*** *Year of construction: 1938; Engine: 3.3 l / 8 Cyl. / 135 hp; Max. speed: approx. 160 km/h*

Der Bugatti Typ 57 in Aktion bei der Oldtimer Winterfahrt 2005 in Garmisch-Partenkirchen.

*The Bugatti Type 57 in action during the vintage car winter rally 2005 in Garmisch-Partenkirchen.*

## Bugatti Typ 35C oben / *top*

Die Fahrzeuge von Bugatti gehören heute zu den teuersten und begehrtesten Oldtimern die es gibt. Nur rund 8.000 Exemplare wurden bis 1939 gebaut. Viele davon sind bei Unfällen zerstört worden oder sind dem Zahn der Zeit zum Opfer gefallen. Das Museum ist daher stolz, fünf originale Bugattis zeigen zu können, darunter drei der legendären Rennwagen. Der oben gezeigte Typ 35C ist eine der gelungensten Konstruktionen von Bugatti. Mit über 2.000 Rennsiegen ist dieses Modell bis heute der erfolgreichste Rennwagen aller Zeiten. Mit der klar gezeichneten Karosserie, den Breitspeichen-Aluminiumrädern, dem charakteristischen hufeisenförmigen Kühlergrill und seinen überlegenen Fahreigenschaften ist er der Prototyp eines Sportwagens von zeitloser Perfektion.

**Technische Daten** Baujahr: 1930; Motor: 2 l / 8 Zyl. / 130 PS; Höchstgeschwindigkeit: ca. 205 km/h

*Today the cars by Bugatti belong to the most expensive and most sought after vintage cars. Until 1939 only about 8,000 units were built. Many of them were destroyed in accidents or fell prey to the ravages of time. Thus the museum is proud to show five original Bugatti cars, amongst them three of the legendary racing cars. The Type 35 shown at the top is one of the most successful Bugatti designs. With more than 2,000 racing victories it still is the most successful racing car of all times. With its clearly defined bodywork, widespoke aluminium wheels, horseshoe-shaped radiator grill, and superior handling characteristics it represents the sports car of timeless perfection.*

***Technical data*** *Year of construction: 1930; Engine: 2 l / 8 Cyl. / 130 hp; Max. speed: approx. 205 km/h*

## Bugatti Typ 37 unten / *bottom*

Fünf Jahre lang, von 1927 bis 1932, beherrschte der Bugatti Typ 37 die Sport- und Rennwagenklasse für 1,5-l-Autos. Aufgrund seines günstigen Preises und seiner großen Zuverlässigkeit erfreute er sich bei den vielen Privatfahrern größter Beliebtheit. Der Vorbesitzer des Museumsstücks war der rennsportbegeisterte Graf Lobkowitz aus dem Rennstall von Vladimir Gut, der bei einem Rennunfall ums Leben kam.

**Technische Daten** Baujahr: 1926; Motor: 1,5 l / 4 Zyl. / 60 PS; Höchstgeschwindigkeit: ca. 150 km/h

*For five years, from 1927 until 1932, the Bugatti Type 37 dominated the sport and racing car class for 1.5 liters cars. As a consequence of its moderate price and great reliability it was highly popular with the large number of private drivers. The previous owner of the museum's exhibit was the racing enthusiast Count Lobkowitz from the racing team of Vladimir Gut, who died in a racing accident.*

***Technical data*** *Year of construction: 1926; Engine: 1.5 l / 4 Cyl. / 60 hp; Max. speed: approx. 150 km/h*

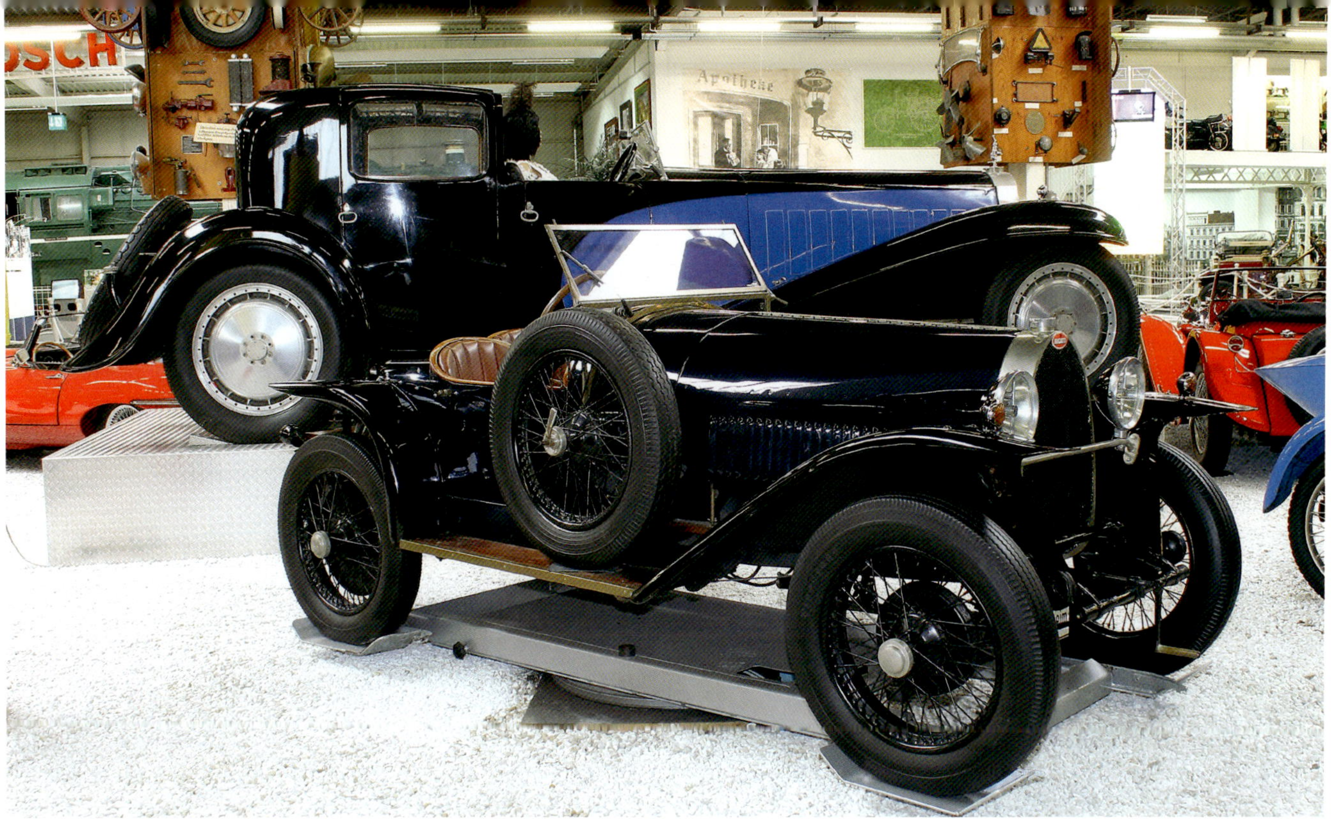

**Bugatti Typ 30 (vorne) und Typ 41 „Royale" (hinten)**
Der Typ 30 (Bild oben vorne und unten) war der erste in Serie gebaute Bugatti. Insgesamt wurden von diesem Modell zwischen 1922 und 1926 ca. 600 Stück gefertigt. Der Motor hat acht Zylinder, einen Hubraum von 1.991 ccm und leistet als Tourer ca. 75 und als Rennwagen ca. 100 PS. Die Höchstgeschwindigkeit lag bei rund 120 - 145 km/h. Diese absolute Rarität ist vermutlich der erste 8-Zylinder, der von Bugatti gebaut wurde.
Mit dem „Royale" wollte Bugatti ein Luxus-Automobil für die allerhöchsten Kreise schaffen. Für Kaiser und Könige war es gedacht, und entsprechend hoch waren die Maßstäbe, die Bugatti bei der Konstruktion anlegte. Die Grundlage für den Antrieb bildete der Prototyp eines Flugzeugmotors, den er 1923 im Auftrag der französischen Regierung konstruiert hatte. Der riesige 8-Zylinder-Motor besaß einen Hubraum von 12,7 Liter und war damit das größte, für ein Serienauto gedachte Aggregat seiner Zeit.
Wirtschaftlich gesehen war dieses monumentale Fahrzeug jedoch ein Fehlschlag. Mit einem Preis, der den eines Rolls-Royce um das Dreifache überstieg, hatte sich Bugatti zu weit von den durch die Weltwirtschaftskrise geprägten wirtschaftlichen Realitäten entfernt. Erst im April 1932 wurde der erste Wagen ausgeliefert, insgesamt fanden nur drei Exemplare einen Käufer. Der Prototyp sowie die weiteren bis dahin gebauten Exemplare wurden nach dem Krieg an Sammler verkauft. Das Museumsstück ist eine autorisierte Replik, die für eine französische Filmproduktion angefertigt wurde.

***Bugatti Type 30 (front) und Type 41 „Royale" (back)***
*The Type 30 (picture top front and bottom) was the first Bugatti produced in series. In total about 600 units of this model were built between 1922 and 1926. The engine has 8 cylinders, a displacement of 1,991 ccm, and an output between 75 hp (touring version) and 100 hp (racing version). The maximum speed was 120 - 145 km/h. This absolute rarity was probably the first 8-cylinder car ever built by Bugatti.*
*With the "Royale" Bugatti wanted to create a luxury car for high-ranking persons. It was intended for kings and emperors and correspondingly high were the standards applied by Bugatti in its design. Its engine was based on the prototype of an aircraft engine which had been developed by him in 1923, commissioned by the French government. The huge 8-cylinder engine had a capacity of 12.7 liters and thus was the largest unit of its time intended for a series automobile.*
*However, from a financial point of view this monumental vehicle was a failure. With a price three times that of a Rolls-Royce Bugatti had distanced himself too far from economical realities that were marked by the world economic crisis. It was not until 1932 that the first car was delivered, and in the end but three specimens altogether found a buyer. The prototype as well as the other cars which had been produced were sold to collectors after the war. The museum's exhibit is an authorized replica which had been built for a French film production.*

### Bugatti Typ 57 „Ventoux"

Der Typ 57 war der letzte Bugatti, der in größeren Stückzahlen produziert wurde. Er wurde von Ettore Bugattis Sohn Jean entworfen, der die Geschicke der Firma ab 1936 in die Hand genommen hatte. Eine wesentliche Neuerung war, dass Bugatti sich mit dem Typ 57 auf ein Grundmodell konzentrierte und dieses in unterschiedlichen Karosserievarianten anbot. Weiter oben ist eine Version im Stil der Bugatti-Rennwagen gezeigt, der „Ventoux" ist dagegen eine sportliche Limousine. Für den Antrieb des Typ 57 sorgte ein neu entwickelter Achtzylinder-Motor mit zwei obenliegenden Nockenwellen mit Königswellenantrieb und 3,3 Litern Hubraum. Er leistete je nach Ausführung zwischen 135 und 200 PS, was für Geschwindigkeiten von 160 bis 180 km/h ausreichte.

### *Bugatti Type 57 „Ventoux"*

*The Bugatti Type 57 was the last Bugatti to be produced on a larger scale. It was designed by Ettore Bugatti's son Jean, who had taken the firm's fortune in his hands as of 1936. An essential novelty was that, with the Type 57, Bugatti concentrated on one basic model which he offered in varying body versions. A previous page showed a version in the style of the Bugatti racing cars. The "Ventoux". on the other hand, is a sporty limousine. The Type 57 was powered by a newly developed 8-cylinder engine with two overhead camshafts, driven by a vertical shaft, and a displacement of 3.3 liters. Depending on the model it produced between 135 and 220 hp, which was sufficient for speeds from 160 to 180 km/h.*

### Peugeot „BéBé" („Baby")

Auch dieses unscheinbare Wägelchen ist ein Bugatti. Bevor Ettore Bugatti mit Rennwagen und Luxus-Automobilen für Furore sorgte verdiente er sein Geld auch mit Auftragsarbeiten, unter anderem für Peugeot, wobei dieser Wagen entstand.

**Technische Daten** Baujahr: 1912; Motor: 0,9 l / 4 Zyl. / 10 PS

*Also this unimposing small car is a Bugatti. Before Ettore Bugatti created sensations with racing cars and luxury vehicles he also earned his money with commissioned work, among others for Peugeot, which resulted in this car.*

***Technical data*** *Year of constr.*: 1912; Engine: 0.9 l / 4 Cyl. / 10 hp

### Amilcar CC

Kein Bugatti ist dagegen diese „Voiturette" von Amilcar. Als Voiturette bezeichnete man damals in Frankreich einfach gebaute und spartanisch ausgestattete offene Fahrzeuge für den sportlich ambitionierten Fahrer mit eher kleinem Geldbeutel.

**Technische Daten** Baujahr: 1922; Motor: 0,9 l / 4 Zyl. / 30 PS

*On the other hand, this "Voiturette" by Amilcar is not a Bugatti. At that time, in France, the term Voiturette was used for simply built and sparingly equipped open cars intended for drivers with sporty ambitions but a small purse.*

***Technical data*** *Year of constr.: 1922; Engine: 0.9 l / 4 Cyl. / 30 hp*

## Jaguar D-Type (oben / *top*)

Der Jaguar D-Type war ein Sportwagen für den Rennsport. Von 1955 bis 1957 siegte ein Wagen dieses Typs drei Mal hintereinander beim 24-Stunden-Rennen von Le Mans. Stirling Moss erreichte dabei im Jahr 1954 auf der Hunundieres-Geraden die für damalige Zeiten sagenhafte Spitzengeschwindigkeit von 270 km/h. Im Jahr 1962 wurde dann der direkt vom D-Type abgeleitete E-Type vorgestellt, mit dem Jaguar einen seiner größten wirtschaftlichen Erfolge feierte.
**Technische Daten** Baujahr: 1954; Motor: 3,4 l / 6 Zyl. / 253 PS

*The Jaguar D-Type was a sports car for the race track. From 1955 through 1957 a car of this type won the 24 Hours of Le Mans three times in a row. In 1954 Stirling Moss reached the 270 km/h mark, a fabulous top-speed for that time, on the Hunundieres straight. In 1962 the E-Type, a direct derivative of the D-Type, was introduced, a model that helped Jaguar to achieve one of its best financial results.*
***Technical data*** *Year of construction: 1954; Engine: 3.4 l / 6 cyl. / 253 hp*

## Jaguar E-Type (unten / *bottom*)

Der Jaguar E-Type wurde zwischen 1961 und 1975 im Wesentlichen in drei unterschiedlichen Versionen gebaut. Die ersten beiden Versionen hatten einen vom D-Type übernommenen 6-Zylinder-Motor, die dritte Version einen 12-Zylinder-Motor. Das Museumsstück gehört zur zweiten Serie. Mitte der 1960er Jahre galt der E-Type als einer der führenden Sportwagen. Das charakteristische Design mit der schier endlos langen Motorhaube wurde legendär und begeistert Sportwagen-Fans noch heute.
**Technische Daten** Baujahr: 1966; Motor: 4,2 l / 6 Zyl. / 269 PS

*Between 1961 and 1975 the E-Type was built mainly in three different versions. The first two versions had a 6-cylinder engine adopted from the D-type whereas the third version had a 12-cylinder engine. The car in the museum belongs to the second series. The E-type was considered as one of the leading sports cars of the mid-1960s. Its characteristic design with the seemingly endless hood became legendary and is filling sports car fans with enthusiasm up to this day.*
***Technical data*** *Year of construction: 1966; Engine: 4.2 l / 6 cyl. / 269 hp*

## Jaguar SS

Die Anfänge der Firma Jaguar reichen in das Jahr 1927 zurück, als William Lyons mit der Automobilfirma „Standard" eine Verbindung einging und in Blackpool / Großbritannien die SS Car Ltd. gründete. In den Jahren vor der Firmengründung hatte Lyons bereits Seitenwagen für Motorräder unter der Markenbezeichnung „Swallow Sidecars" (Swallow = Schwalbe) gebaut. Mit vierrädrigen „Super Swallows" (hierfür steht die Abkürzung „SS") wollte er jetzt in das Automobilgeschäft einsteigen. Den Durchbruch schaffte Lyons mit dem SS 100, der im Jahr 1935 debütierte (Bild oben). Er sollte eine Spitzengeschwindigkeit von 100 Meilen erreichen, daher auch die Bezeichnung „SS 100". Der SS 100 ist der Urtyp aller Jaguar-Automobile. Als Antrieb dient ein 100 PS Sechszylinder-Motor mit 2,7 Litern Hubraum. Daneben wurde dieser Typ von Jaguar aber auch mit einem 3,5-Liter-Motor mit 125 PS gebaut. 1937 wurde die Modellreihe überarbeitet. Dabei entstand u.a. auch ein viersitziges SS-Cabriolet (Bild unten). Das Museumsstück stammt von 1938. Es ist mit einem 90 PS 2,5 Liter Sechszylinder-Motor ausgestattet.

*The beginnings of the Jaguar company, famous for its sports cars, reaches back to 1927 when William Lyons joined the "Standard" automobile company in founding the SS Car Ltd. in Blackpool, Great Britain. In the years preceding the foundation of the firm Lyons had already built sidecars for motorcycles under the trade name "Swallow Sidecars". With the four-wheeled "Super Swallows" (abbreviated as "SS") he now wanted to go into the automobile business. The breakthrough was achieved by Lyons with the SS 100, which made its debut in 1935 (picture top). It was to reach a top speed of 100 miles per hour, hence the name "SS 100". The SS 100 is the prototype of all Jaguar cars. A 100 hp six-cylinder engine with 2.7 liters displacement is located under the hood. In addition, this Jaguar model was also offered with a 3.5 liter engine with 125 hp. The model series was updated in 1937. One of the resulting models was a four-seater SS-convertible (picture bottom). The specimen on exhibit in the museum was built in 1938. It is equipped with a 2.5 liter six-cylinder engine with 90 hp.*

## Rolls-Royce Sammlung

Rolls-Royce ist mehr als nur ein schönes Auto. Bis heute steht die Marke für handwerklichen Automobilbau auf höchstem Niveau – was natürlich seinen Preis hat. Aber, wie Firmengründer Henry Royce einst bemerkte: „Die Qualität bleibt in Erinnerung, wenn der Preis schon längst vergessen ist.“ Im Auto & Technik Museum Sinsheim sind ständig zahlreiche klassische Rolls-Royce Automobile ausgestellt. Einige davon werden auf dieser und den nächsten Seiten vorgestellt.

*Rolls-Royce is more than just a beautiful car. Until today the brand stands for manual car manufacturing at the highest level which, of course, has its price. But, as company founder Henry Royce once remarked: "The quality is remembered long after the price is forgotten." In the Auto & Technik Museum Sinsheim there are always numerous vintage Rolls-Royce automobiles on display. Some of them are described on these and the following pages.*

## Rolls-Royce Twenty (oben links)

Dieser Rolls-Royce von 1928 wurde von der Karrosseriebaufirma Park Ward in London zu einem Lieferwagen umgebaut. Der Wagen lief bis in die 1970er Jahre in England und wurde dann vom Schweizer Modehaus Kofler übernommen. In den ersten Jahren diente er auch dort noch als Lieferfahrzeug, später als Hingucker bei Präsentationen.

*The coach builder Park Ward of London converted this 1928 Rolls-Royce (picture top left) into a delivery car. The car was in service in England until the 1970s when it was taken over by the Swiss fashion house Kofler. They used it for some years as a delivery and transportation vehicle and afterwards as an eye catcher for presentations.*

## Rolls-Royce Silver Ghost (oben Mitte)

Dieser fantastische Rolls-Royce Silver Ghost stammt aus der Schweiz. Zwischen 1907 und 1925 sind von diesem Typ 6.173

Exemplare gebaut worden. Der extrem hohe Qualitätsstandard und die perfekte Gestaltung jedes Details brachten dem Silver Ghost das Prädikat „Bestes Auto der Welt" ein. Es war dieser Typ, der den Weltruhm von Rolls-Royce begründete.
Der Wagen wurde zunächst unter der Bezeichnung 40/50 hp im Jahr 1906 dem Publikum vorgestellt. Der Name „Silver Ghost" fand sich zunächst nur auf einem Vorführwagen. Da dieser aber bald außerordentlich populär war, wurde er von Rolls-Royce für die ganze Baureihe übernommen.
Das Museumsstück stammt aus dem Jahr 1924. Der 6-Zylinder-Motor hat einen Hubraum von 7 Litern und leistet 48 PS.

*This fantastic Rolls-Royce Silver Ghost (picture top middle) came from Switzerland. Between 1907 and 1925 altogether 6,173 cars of this model were built. The extremely high quality standard and perfect styling of each and every detail earned the Silver Ghost the title "Best Car of the World". It was this model that laid the foundation to the world fame of Rolls-Royce.*
*In 1906 the car was initially introduced to the public as model 40/50 hp. The name "Silver Ghost" at first was used for a demonstration model only. But since the name became highly popular in no time, Rolls-Royce adopted it for the entire series. The museum's exhibit is from 1924. The 6-cylinder engine has a capacity of 7 liters and an output of 48 hp.*

## Rolls-Royce Phantom III Landaulet (oben rechts)

Auffällig an diesem klassischen Rolls-Royce von 1936 ist die Landaulet Karosserie (siehe auch das Bild rechts unten). Bei dieser Bauart ist das Dach in einen festen vorderen und einen zu öffnenden hinteren Bereich unterteilt. Solche Fahrzeuge waren früher als Staatskarossen beliebt, da die aristokratischen oder politischen Herrscher bei offenem Verdeck hinten stehend die Huldigungen der Untertanen entgegen nehmen konnten. Heute bevorzugen die Staatsmänner eher gepanzerte Sicherheitsfahrzeuge.

*A remarkable feature of this classic Rolls-Royce Phantom III from 1936 (picture top right and bottom) is the landaulet body. This body type is characterized by a split roof with a hardtop at the front and a softtop at the rear. Formerly this type of car was popular as state car since it allowed the aristocratic or political rulers to stand upright in the rear of the car while receiving the homage of the subjects. Nowadays statesmen rather prefer armored security cars.*

## Rolls-Royce Silver Ghost

Exzellente Verarbeitung, Laufruhe und Zuverlässigkeit ließen den Rolls-Royce „Silver Ghost" gleich nach seinem Debüt auf der Londoner Automobilausstellung zum „besten Automobil der Welt" werden. Das hier gezeigte Museumsstück wurde für den Maharadscha von Haidarabad / Indien gebaut. Der Maharadscha nutzte den Wagen jahrzehntelang als repräsentatives und zuverlässiges Fahrzeug. Ein interessantes Detail ist das fehlende Reserverad auf der linken Seite. Hier befindet sich ein Haltegriff für den Leibwächter des Maharadscha, der auf dem Trittbrett mitfuhr.

**Technische Daten**
Baujahr: 1923; Motor: 7,3 l / 6 Zyl. / 70 PS

*Excellent workmanship, low-noise, performance and reliability won the Rolls-Royce "Silver Ghost" the title of "best automobile of the world" right after its introduction at the London Motor Show. The exhibit shown here in the museum was built for the Maharaja of Hyderabad in India. The Maharaja used this car for decades as a representative and reliable vehicle. An interesting detail is the missing spare tire on the left hand side. In its place is the grasp hold for the Maharaja's bodyguard who used to accompany his master on the running board.*

**Technical data** Year of const.: 1923; Engine: 7.3 l / 6-cyl. / 70 hp

## Mercedes 28/95

Dieser Mercedes mit Original-Werkskarosserie aus dem Sindelfinger Werk gehörte dem Bruder des Maharadscha von Heidarabad. Der Spitzkühler aus Messing und die Holzbeplankung sind typisch für die Epoche des 28/95. Er wurde 1923 zusammen mit dem oben gezeigten Rolls-Royce „Silver Ghost" nach Indien geliefert. Beide Autos wurden Ende der 1970er Jahre gemeinsam an einen Sammler in Deutschland verkauft, sind also inzwischen über mehr als neun Jahrzehnte zusammengeblieben.

**Technische Daten** Baujahr: 1922; Motor: 7,3 l / 6 Zyl. / 95 PS

*This Mercedes with an original body from the Sindelfingen factory belonged to the brother of the Maharaja of Hyderabad. It was shipped to India in 1923, together with the Rolls-Royce "Silver Ghost" shown above. Both cars were sold to a German collector in the late 1970s, meaning that they have now stayed together over a time of more than nine decades.*

***Technical data*** *Year of construction: 1922; Engine: 7,3 l / 6-cyl. / 95 hp*

## Rolls-Royce Phantom II Boattail Tourer

Nicht nur eingefleischte Oldtimer-Fans bekommen beim Anblick dieses klassischen Rolls-Royce glänzende Augen. Gebaut wurde der von einem Reihen-6-Zylinder-Motor mit 7,7 Litern Hubraum und 120 PS angetriebene Wagen im Jahr 1933. Der Preis belief sich damals auf 2.450 Pfund, was ungefähr dem Gegenwert von 20 Mittelklassewagen entsprach.
Die Geschichte des Fahrzeugs ist so spannend wie das Auto selbst. Entstanden ist das Fahrgestell 1933 in Derby. Von der Karosseriefirma Barker wurde es zunächst mit einem fünfsitzigen Sport-Saloon-Aufbau versehen und an einen reichen englischen Gentleman verkauft. Anfang der 1950er Jahre tauchte der Wagen bei der Kenya Tea Company im damaligen Britisch-Ostafrika wieder auf, die einen einheimischen Bootsbauer beauftragte, den alten Aufbau nach einem Entwurf der Firma Hooper durch eine Teakholz-Karosserie in Bootsform zu ersetzen. Seit 1999 ist das Fahrzeug im Museum Sinsheim zu bewundern.

*Not only vintage car enthusiasts will get teary eyed when they catch sight of this classic Rolls-Royce. The car, equipped with a six-cylinder in-line engine with 7.7 liter displacement and an output of 120 hp, was built in 1933. The price at that time was 2,450 pounds which amounted to the approximate value of 20 middle class cars.*
*The history of this vehicle is as thrilling as the car itself. The chassis was built in 1933 in Derby. At first it was equipped with a five-seater sport saloon body by the coach builders Barker of London, and sold to a rich English gentleman. In the early 1950s the car showed up again at the Kenya Tea Company in then British East Africa, who charged a local boat builder with the replacement of the old coach work by a boat-like teak wood body, built according to an original design by Hooper of London. Since 1999 the vehicle can be admired at the Museum Sinsheim.*

Alte Liebe braucht sanfte Pflege.
Extra schonend, extra langlebig.
Werterhalt leicht gemacht: Hochdruckreiniger von Kärcher reinigen effizient und materialschonend zugleich. Zudem sind die Gerätereihen K 3 bis K 7 mit verschleißarmen wassergekühlten Motoren ausgestattet. Für ein erstaunlich langes Geräteleben und zahllose Reinigungseinsätze rund um Hobby, Haus und Garten.
KÄRCHER®
makes a difference
www.kaercher.com

## Duesenberg Sedan

Der Duesenberg war „nur ein Auto", wie der Buckingham Palast „nur ein Haus" ist. Er war die Antwort Amerikas auf Rolls-Royce und alle anderen europäischen Luxusmarken. Nur rund 1.000 Duesenbergs wurden zwischen 1921 und 1936 gebaut, rund 250 davon dürften heute noch existieren. Gegründet wurde die Duesenberg Motor Company (DMC) 1913 in St. Paul, Minnesota von den Brüdern Friedrich und August Düsenberg (später Fred und Augie Duesenberg genannt), die mit ihrer Mutter 1885 von Deutschland in die USA ausgewandert waren.
Das beste Auto der Welt wollten die Brüder Duesenberg bauen, und das ist ihnen auch gelungen. Mit einem Preis von 20.000.- US$ war es gleichzeitig auch das teuerste. Entsprechend hochkarätig war der Kundenkreis, der sich ein solches Auto leisten konnte. Clark Gable und Gary Cooper fuhren Duesenbergs, ebenso Greta Garbo, James Cagney, der Pressekönig Randolph Hearst und der Exzentriker Howard Hughes. Heute werden für Duesenberg-Oldtimer Millionenbeträge gezahlt.
Duesenberg lieferte, wie zu jener Zeit üblich, lediglich den Motor mit Fahrgestell. Die Aufbauten wurden individuell nach Kundenwunsch gefertigt. Es gab und gibt keine zwei gleichen Duesenbergs – jedes Fahrzeug ist ein Unikat. Außer einem beeindruckenden Äußeren boten die Duesenberg-Automobile auch eine Fülle technischer Finessen. Durch die hohen Produktionskosten und die geringe Stückzahl blieb der wirtschaftliche Erfolg aber aus.
Der hier gezeigte Duesenberg Sedan entstand 1934. Angetrieben wird er von einem gewaltigen 9,5 l 8-Zylinder-Motor mit einer Leistung von 350 PS.

*The Duesenberg was "only a car" just as Buckingham Palace is „only a house". It was America's rejoinder to Rolls-Royce and the other European luxury brands. Only about 1,000 Duesenberg cars were built between 1921 and 1936, roughly 250 of which should still be existing these days. The Duesenberg Motor Company (DMC) was founded in 1913 in St. Paul, Minnesota by the brothers Friedrich and August Düsenberg (later called Fred and Augie Duesenberg) who, together with their mother, had emigrated from Germany to the United States in 1885.*
*The goal of the Brother's Duesenberg, to build the most sophisticated automobile of the world, was crowned by success. At a price of US$ 20,000 it was, at the same time, also the most expensive. Of equally top-class was the clientele in a position to afford an automobile of this kind. Clark Gable and Gary Cooper were the owners of Duesenbergs, just as Greta Garbo, James Cagney, the press mogul Randolph Hearst and the eccentric Howard Hughes. Today sums in the millions are payed for a vintage Duesenberg car.*
*As was usual at that time Duesenberg only provided the chassis with engine. The bodies were individually built according to the customer's wishes. There were, and there are, no two identical Duesenberg cars - every specimen is unique. Apart from an impressive outward appearance Duesenberg automobiles also offered any number of technical refinements. However, due to the high costs of production and the small sales number economic success failed to materialize.*
*The Duesenberg Sedan shown here originated in 1934. It is powered by a huge 9.5 l 8-cylinder engine with an output of 350 hp.*

## Deutsche Kleinwagen der Nachkriegszeit

Mit solchen Kleinwagen ging in den 1950er Jahren der Traum vom eigenen Auto für viele deutsche Durchschnittsverdiener erstmals in Erfüllung. Aus heutiger Sicht wirken diese mit einfachsten Mitteln gebauten Fahrzeuge primitiv. Es darf aber nicht übersehen werden, dass sich ein Arbeiter oder ein einfacher Angestellter vor dem Krieg überhaupt kein Auto leisten konnte. Und dies galt nicht nur für Deutschland, sondern für ganz Europa. Nur in Amerika war die Massenmotorisierung bereits in den 1920er Jahren Realität geworden. Welchen wirtschaftlichen Aufschwung die Nachkriegsgeneration erleben konnte, ist nicht zuletzt daran erkennbar, was in der heutigen Zeit im Vergleich zu diesen Kleinwagen als Durchschnittsauto angesehen wird.

## *German small cars of the post-war era*

*In the 1950s it were small cars like the ones shown here which for the first time made a dream come true for the German average earner: a car of his own. Today these cars, which were built with the most simple means, appear primitive. However, it must not be ignored that before the war a simple employee could not afford a car at all. And this was not only true for Germany but for whole Europe. Only in the United States mass motorization had already become a reality in the 1920s. The tremendous economic boom which could be enjoyed by the post-war generation can be estimated by comparing the small cars of the 1950s with the average cars of today.*

## BMW Isetta 300 (oben links und unten rechts)

Zu Beginn der 1950er Jahre stand BMW vor großen wirtschaftlichen Problemen. Die großen 6- und 8-Zylinder Automobile verkauften sich immer schlechter und auch die Motorräder fanden immer weniger Käufer. Da kam eine Neuentwicklung der Mailänder Firma ISO wie gerufen - ein formschönes, rundliches Fahrzeug das aussah wie ein Ei auf Rädern. Die hinteren Räder standen eng beisammen, zum Einstieg klappte man die Fronttür mitsamt der Lenkung zur Seite. BMW erwarb die Lizenz, versah das Fahrzeug mit einem eigenen Motorrad-Motor und brachte es unter dem Markennamen „Isetta" 1955 auf den Markt. Nachdem sich die Käufer an die ungewöhnliche Form gewöhnt hatten erwies sich die Isetta als Erfolgsmodell, das zahlenmäßig nur vom Goggomobil übertroffen wurde.

**Technische Daten** Baujahr: 1959; Motor: 1-Zylinder 4-Takt-Motor / 295 ccm / 13 PS

## *BMW Isetta 300 (top left and bottom right)*

*At the beginning of the 1950s BMW faced serious financial troubles. Sales numbers of the large 6- and 8-cylinder cars declined and it also became more and more difficult to find buyers for the motorcycles. In these difficult days a tiny roundish car, developed by ISO in Milan / Italy, came as a rare and fortunate chance. The rear wheels stood close together, to enter the car the front door was folded away together with the steering. BMW acquired the license, equipped the vehicle with a BMW motorcycle engine, and started to sell it under the brand name "Isetta" from 1955 on. The car proved to be very successful and, with respect to production numbers, was only outclassed by the Goggomobil.*

***Technical data*** *Year of construction: 1959; Engine: 1 Cylinder 4-Stroke Engine / 295 cc / 13 hp*

## Messerschmitt KR 200

Da der berühmte Flugzeugkonstrukteur Willy Messerschmitt nach dem Ende des 2. Weltkriegs keine Flugzeuge mehr bauen durfte wandte er sich anderen Geschäftsfeldern zu, u.a. dem Bau von Kleinstwagen. Die Grundidee zum berühmten Kabinenroller stammte von seinem ehemaligen Angestellten Fritz Fend. Im Frühjahr 1953 präsentierten sie gemeinsam das erste Modell. Der Kabinenroller wurde wegen seines günstigen Preises von damals 2.100.- bis 2.700,- DM zu einem Transportmittel für Leute mit kleinem Budget. Gut 25.000 Exemplare wurden bis 1955 gebaut. Dann konzentrierte sich Messerschmitt wieder auf den Flugzeugbau und überließ den Fahrzeugbau Fritz Fend, der die Produktion des Kabinenrollers bis 1964 unter dem Markennamen FMR fortführte.

**Technische Daten** Baujahr: 1955; Motor: 1-Zylinder 2-Takt-Motor / 191 ccm / 10,2 PS

*Since the famous aircraft designer Willy Messerschmitt was not allowed to built aircraft after the end of World War 2 he went into other fields of business like the production of small cars. The basic idea for the famous "Kabinenroller" (cabin scooter) was developed by his former employee Fritz Fend. In the spring of 1953 they presented the first model. Due to its low price of then 2,100.- to 2,700.- DM it soon became a means of transportation for people with a small budget. A good 25,000 specimen were built until 1955. At that time Messerschmitt concentrated again on designing aircraft and left the car business to Fritz Fend, who continued production of the "Kabinenroller" under the brand name FMR until 1964.*

***Technical data*** *Year of construction: 1955; Engine: 1 Cylinder 2-Stroke Engine / 191 cc / 10.2 hp*

## Glas Goggomobil

Der Einstieg in den Automobilbau begann für die Landmaschinenfabrik von Hans Glas in Dingolfing 1951 mit einem auf den Namen „Goggo" getauften Motorroller. Als Mitte der 1950er Jahre die Geschäfte immer schlechter liefen, da sich immer mehr Zweiradfahrer Kleinstwagen kauften, konstruierte man ein eigenes, vierrädriges Gefährt. Das „Goggomobil" kam 1955 nach weniger als einem Jahr Entwicklung zum Preis von 3.100 Mark in den Verkauf war auf Anhieb ein Renner. Im Gegensatz zu den meisten Konkurrenzmodellen sah es aus wie ein richtiges Auto und bot trotz der winzigen Maße Platz für 4 Personen. 1956 folgte ein schickes Coupé mit zweifarbiger Lackierung (Bild oben rechts). Doch zu Beginn der 1960er Jahre übernahm sich die Firma beim Versuch, größere Autos zu bauen, und wurde 1965 von BMW übernommen. Die Produktion des Goggomobil lief aber weiter und wurde erst 1969 nach über 280.000 gebauten Exemplaren eingestellt.

**Technische Daten** Baujahr: 1959; Motor: 2-Zylinder 2-Takt-Motor / 247 ccm / 13,6 PS

*The entry of the agricultural implements factory of Hans Glas, located in Dingolfing in Bavaria about 100 km away from Munich, into car manufacturing started in 1951 with a small scooter named "Goggo". When sales figures deteriorated in the middle of the 1950s because more and more bike riders bought small cars, a four-wheeled vehicle was quickly designed. After less than one year of development sales of the "Goggomobil" started in 1955 at a price of a mere 3,100 DM. The car was an instant success. In contrary to most of its rivals it looked like a real car and in spite of its tiny dimensions it had room for four persons. In 1956 a cute coupé with two color painting and white sidewall tires followed. In the early 1960s, however, the company ran into financial troubles when they tried to build larger cars and was taken over by BMW in 1965. Production of the Goggomobil was discontinued not before 1969 after more than 280.000 specimen had been built.*

***Technical data*** *Year of construction: 1959; Engine: 2 Cylinder 2-Stroke Engine / 247 cc / 13.6 hp*

# Sportwagen / *Sports cars*

Aston Martin, Jaguar, Ferrari, Lamborghini, Porsche - Wer kennt sie nicht, diese Ikonen des Automobilbaus. In der Sportwagenabteilung des Auto & Technik Museum Sinsheim können Sie viele der schönsten Boliden, die jemals die Werkshallen dieser Edelschmieden verlassen haben, aus nächster Nähe begutachten. Nur wenigen wird es jemals vergönnt sein, in einem solchen Traumwagen die ungestüme Kraft von 500 oder mehr PS zu erleben. Aber ein wenig davon träumen kann man ja.

*Aston Martin, Jaguar, Ferrari, Lamborghini, Porsche – who does not know these icons of automobile manufacture. In the sports car department of the Auto & Technik Museum Sinsheim you can examine many of the most beautiful sports cars that ever left the factory halls of these noble forges close up. But few of us will be granted the experience to feel the reckless power of 500 hp or more. But you can always take time out for a little daydreaming.*

### Lamborghini Miura P 400 S (oben / *top*)

Bei seinem Erscheinen im Jahr 1970 war der Miura der kompromissloseste Sportwagen, den man zu dieser Zeit kaufen konnte. Fast jeglicher Komfort wie eine Klimaanlage oder ein brauchbarer Kofferraum wurden zugunsten der Geschwindigkeit geopfert. Der Motor ist nur durch eine Glasscheibe von der Fahrerkabine abgetrennt - die Geräuschkulisse ist entsprechend. Der Wagen im Museum ist nur 20.000 km gelaufen und befindet sich daher in einem fast neuwertigen Originalzustand.
**Technische Daten** Baujahr: 1970; Motor: 3,9 l / 12 Zyl. / 370 PS Mittelmotor quer eingebaut; Höchstgeschw.: 280 km/h

*When it was introduced in 1970 the Miura was the most uncompromising sports car to be had at that time. Nearly all attributes of comfort, like an air-conditioning or a usable trunk, were sacrificed for the sake of top speed. The engine is separated from the cockpit by a glass partition only - the background noise is accordingly. The car in the museum has run 20,000 kilometers only and thus is in an almost as new original condition.*
***Technical data** Year of construction: 1970; Engine: 3.9 l / 12 cyl. / 370 hp horizontally mounted mid-engine; Max. speed: 280 km/h*

### Lamborghini Urraco (unten / *bottom*)

Hochelegant und leistungsstark, wenn auch etwas anfällig im Fahrbetrieb, präsentiert sich der Lamborghini Urraco. Ein typischer Sportwagen der 1970er Jahre, der als Konkurrent zum Ferrari Dino gedacht war. Ursprünglich hatte Lamborghini gehofft, rund 1.000 Fahrzeuge dieses Typs pro Jahr verkaufen zu können. Schwierigkeiten bei der Produktion und Qualitätsmängel ließen den Urraco jedoch zu einem Misserfolg werden. Weniger als 800 Fahrzeuge fanden zwischen 1973 und 1979 einen Käufer.
**Technische Daten** Baujahr: 1978; Motor: 3 l / 8 Zyl. / 265 PS; Höchstgeschw.: ca 250 km/h

*Highly elegant and powerful, but a bit unreliable, would be the correct description for the Lamborghini Urraco. A typical sports car of the 1970s that was intended as a competitor to the Ferrari Dino. When it was introduced in 1973 Lamborghini hoped it could sell up to 1,000 units of this model per year. However, production difficulties and quality defects made this car an economic failure. Between 1973 and 1979 less than 800 units could be sold.*
***Technical data** Year of construction: 1978; Engine: 3 l / 8 cyl. / 265 hp; Max. speed: ca. 250 km/h*

BE NOTICED
ROBIN RUTH
SPEYER SINSHEIM SPEYER
CONCORDE SPACE SHUTTLE CONCORDE SPACE SHUTTLE
www.technik-museum.de
MUSEUM
SPEYER SINSHEIM SPEYER SINSHEIM
CONCORDE SPACE SHUTTLE CONCORDE
WWW.ROBIN-RUTH.DE

## Lamborghini Countach LP 500 S

Mit seiner außergewöhnlichen, von Bertone entworfenen Karosserie ist der Countach ein echter Klassiker, ein absoluter Supersportwagen, der noch aggressiver wirkt als sein Vorgänger Miura. Der erste Countach erschien 1974, danach wurde die Modellreihe in unterschiedlichen Versionen bis 1990 fortgeführt. Als Antrieb dient beim 500 S ein V12-Zylinder, der als Mittelmotor vor der Hinterachse liegt. Im Gegensatz zum Miura ist er aber nicht quer, sondern längs zur Fahrtrichtung angeordnet. Im Bild unten unser Dauermitglied und Lamborghini-Fan Lutz Rogalla am Steuer dieses fantastischen Sportwagens.
**Technische Daten** Baujahr: 1986; Motor: 5 l / 12 Zyl. / 400 PS; Höchstgeschw.: 300 km/h

*With its exceptional body designed by Bertone the Countach is a true classics, an absolute super sports car that gives an even bolder impression than its predecessor Miura. The first Countach was presented in 1974, afterwards the model line was continued with different versions until 1990. The 500 S is powered by a V12-cylinder mid-engine positioned in front of the rear axle. But contrary to the Miura it is installed lengthways rather than crosswise to the direction of travel. In the picture at the bottom our permanent club member and Lamborghini fan Lutz Rogalla at the wheel of this fantastic sports car.*
***Technical data** Year of construction: 1986; Engine: 5 l / 12 cyl. / 400 hp; Max. speed: 300 km/h*

## Ferrari 342 America

Von diesem frühen Ferrari sind nur sechs Stück gebaut worden, drei als Cabrios und drei als Coupés. Das im Museum ausgestellte Exemplar hat die Fahrgestellnummer 240 AL. Mit dem America, dem ersten Straßenmodell von Ferrari überhaupt, begann die Zusammenarbeit zwischen der Autoschmiede in Maranello und dem berühmten italienischen Karosseriedesigner Pinin Farina. Interessanterweise ist dies der einzige Ferrari, der aus ästhetischen Gründen mit einem Türgriff ausgestattet wurde. Trotz seines Alters erreicht der heute fast unbezahlbare Wagen noch immer eine Spitzengeschwindigkeit von annähernd 200 km/h.

**Technische Daten** Baujahr: 1953; Motor: 4,1 l / 12 Zyl. / 240 PS

*Only six cars were built of this early Ferrari model, three as convertibles and three as coupés. The specimen on exhibit in the museum has the chassis number 240 AL. The America, the very first model built by Ferrari for normal road traffic, started the cooperation of the automobile factory in Maranello with the renowned Italian body designer Pinin Farina. Interestingly this is the only Ferrari which, for aesthetic reasons, was equipped with a door handle. In spite of its age this now prohibitively expensive car can still reach a top speed of nearly 200 km/h.*

***Technical data*** *Year of construction: 1953; Engine: 4.1 l / 12 cyl. / 240 hp*

## Ferrari F 40

Der Ferrari F 40 wurde am 21. Juli 1987 einem ausgewählten Kreis von Journalisten und Freunden der Marke präsentiert. Ein Jahr zuvor hatte Enzo Ferrari persönlich den Auftrag zur Entwicklung dieses Sondermodells zum 40. Jahrestag der Firmengründung erteilt. Hieraus leitet sich auch die Bezeichnung F 40 ab. Ursprünglich sollten nur 450 Stück gebaut werden. Die Nachfrage war aber so groß, dass die Produktion auf 1.315 Fahrzeuge erweitert wurde. Der Ferrari F 40 ist ein Rennwagen für die Straße. Der Wagen beschleunigt aus dem Stand in 4,6 Sekunden auf 100 km/h und in unter 11 Sekunden auf 200 km/h. Auch heute noch zählt der F 40 zu den schnellsten Straßenfahrzeugen.

**Technische Daten** Baujahr: 1989; Motor: 2,9 l / 8 Zyl. / 478 PS; Höchstgeschw.: ca. 320 km/h

*On 21 July 1987 the Ferrari F 40 was presented to an exclusive circle of journalists and Ferrari enthusiasts. One year before Enzo Ferrari had personally commissioned the development of this special model on occasion of the 40th anniversary of the foundation of the company. This is what the designation F 40 relates to. Originally only 450 specimens where planned. However, due to the high demand production was extended to 1,315 cars. The Ferrari F 40 is a racing car for the street. The car accelerates from 0 to 100 km/h in 4.6 seconds and reaches a speed of 200 km/h in less than 11 seconds. Today the F 40 is still one of the fastest cars for normal road traffic.*

***Technical data*** *Year of construction: 1989; Engine: 2.9 l / 8 cyl. / 478 hp; Max. speed: ca. 320 km/h*

Museum Sinsheim
technik-museum.de/video/ferrari

## Ferrari Testarossa (links / *left*)

Im Jahr 1984 präsentierte Ferrari mit dem Testarossa ein neues, aufregendes Design. Die Karosserie wurde vom Pinin Farina Designer Leopoldo Fioravanti entworfen. Mit Ausnahme der Türen besteht sie aus Aluminium, was im Vergleich zu einer Stahlkarosserie eine erhebliche Gewichtsersparnis bringt. Die seitlichen Rippen leiten die Luft zu den Kühlern, die hinter dem Fahrgastraum angeordnet sind. Der Frontgrill dient nur als Luftzufuhr für die Klimaanlage und die Scheibenbremsen. Der Wagen beschleunigt in ca. 5,3 Sekunden von 0 auf 100 km/h und erreicht eine Spitzengeschwindigkeit von 295 km/h.
**Technische Daten** Baujahr: 1988; Motor: 4,9 l / 12 Zyl. / 390 PS

*With the Testarossa of 1984 Ferrari presented a new, exciting design. The body was created by Pinin Farina's designer Leopoldo Fioravanti. Except for the doors it is made of aluminium, resulting in a considerably less weight compared with a steel body. The fins at the sides are the air intakes for the radiators positioned behind the cockpit. The front grill serves as an air intake for air-condition and disc braking system only. The car accelerates from 0 to 100 km/h in about 5.3 seconds and reaches a top speed of 295 km/h.*
***Technical data** Year of construction: 1988; Engine: 4.9 l / 12 cyl. / 390 hp*

## Ferrari 250 GT (oben / *top*)

Wie damals bei Ferrari üblich leitet sich die Typenbezeichnung des 250 GT vom Hubraum eines einzelnen Zylinders ab. Von 1953 bis 1964 wurden unter dieser Bezeichnung diverse Modelle in Kleinserien produziert. Der 250 GT mit offener Karosserie von Pinin Farina war dabei das erste von Ferrari in Serie gebaute Cabriolet für den Straßengebrauch. Nur 40 Fahrzeuge dieser Bauart sind gefertigt worden. Davon ist das im Museum gezeigte Exemplar das einzige mit Rechtslenkung. Der Wagen wurde 1959 nach Hongkong ausgeliefert und kam später über Schweden als Leihgabe nach Sinsheim.
**Technische Daten** Baujahr: 1959; Motor: 3 l / 12 Zyl. / 250 PS

*As was usual for the early Ferraris the model designation of the 250 GT relates to the displacement of a single cylinder. Between 1953 and 1964 several 250 models were built in small series. Of these the 250 GT convertible with a body made by Pinin Farina was the first Ferrari convertible for normal road traffic. Only 40 cars of this type were built. Of these the specimen on display in the museum is the only one with right hand drive. In 1959 the car was delivered to Hongkong and later came to the museum on loan via Sweden.*
***Technical data** Year of construction: 1959; Engine: 3 l / 12 cyl. / 250 hp*

### Ferrari 348 Spider (oben links / *top left*)

Der Ferrari 348 Spider wurde 1993 zeitgleich auf dem Genfer Automobilsalon und auf dem Rodeo Drive in Los Angeles vorgestellt. Im Vergleich zur Berlinetta-Version 348 tb und der Targa-Version 348 ts hat der Spider eine Lackierung in Wagenfarbe bis zur Unterkante des Fahrzeugs, einen anderen Frontgrill, sowie eine um 20 PS gesteigerte Motorleistung. Zwischen 1993 und 1995 wurden ca. 1.100 Exemplare gebaut, wobei rund die Hälfte davon in die USA ausgeliefert wurde.
**Technische Daten** Baujahr: 1995; Motor: 3,4 l / 8 Zyl. / 320 PS

*In 1993 the Ferrari 348 Spider was presented simultaneously at the Geneva Motor Show and on the Rodeo Drive in Los Angeles. Compared to the Berlinetta version 348 tb and the Targa version 348 ts the body of the Spider is completely painted in car color. Furthermore the front grill is different and the engine power was raised by 20 hp. Between 1993 and 1995 about 1,100 specimens were built, of which about half were delivered to the USA.*
***Technical data** Year of const.: 1995; Engine: 3.4 l / 8 cyl. / 320 hp*

### Ferrari 365 Berlinetta (unten links / *bottom left*)

Mit dem Namenszusatz Berlinetta bezeichnet Ferrari traditionsgemäß geschlossene 2-sitzige Fahrzeuge mit Coupé-Karosserie. Als Antrieb dient beim 365 ein besonders flacher V12-Zylinder-Mittelmotor, der längs zur Fahrtrichtung eingebaut ist. Der Wagen löste den 365 Daytona ab und blieb von 1973 bis 1984 im Programm.
**Technische Daten** Baujahr: 1974; Motor: 4,4 l / 12 Zyl. / 380 PS; Höchstgeschw. ca. 300 km/h

*The name affix Berlinetta is traditionally used by Ferrari for cars with 2 seats and coupé body. The 365 is powered by a flat, longitudinally mounted V12-cylinder mid-engine. It was the successor of the 365 Daytona and was built from 1973 until 1984.*
***Technical data** Year of construction: 1974; Engine: 4.4 l / 12 cyl. / 380 hp; Max. speed: ca. 300 km/h*

### Matra Bonnet Djet 5 S (oben rechts / *top right*)

1962 arbeitete der französische Konstrukteur René Bonnet sowohl an einem Sportwagen, dem Djet, als auch an einem Formel-3-Rennwagen mit Matra als Sponsor. Als Bonnet 1964 in finanzielle Schwierigkeiten geriet übernahm Matra das Unternehmen und führte die Entwicklungen fort. Der jetzt als Matra Jet bezeichnete Sportwagen mit Renault Gordini Motor wurde noch bis 1968 gebaut. Insgesamt entstanden ca. 1.689 Stück.
**Technische Daten** Baujahr: 1967; Motor: 1,6 l / 4 Zyl. / 90 PS

*In 1962 the French constructor René Bonnet was working on a sports car called Djet and a Formula 3 racing car sponsored by Matra. When he got into financial troubles in 1964 Matra took over the company and continued the development work. The sports car, powered by a Renault Gordini engine, was now called Matra Jet and sold until 1968 with a total number of ca. 1,689 units.*
***Technical data** Year of const.: 1967; Engine: 1.6 l / 4 cyl. / 90 hp*

### Ferrari Dino 246 GT (unten rechts / *bottom right*)

Dieser „kleine“ Ferrari trägt den Namen von Dino Ferrari, dem bereits 1956 mit nur 24 Jahren verstorbenen Sohn des legendären Firmengründers. Das Fahrwerk stammt aus dem Rennsport und ist direkt vom Ferrari P3 abgeleitet. Die rassige Form und die hervorragenden Fahreigenschaften des Dino lassen auch heute noch die Herzen aller Ferrari-Fans schneller schlagen.
**Technische Daten** Baujahr: 1972; Motor: 2,4 l / 6 Zyl. / 190 PS; Höchstgeschw. 235 km/h

*This "small" Ferrari bears the name of Dino Ferrari, the son of the legendary company founder, who died in 1956 at an age of only 24 years. The chassis frame is based on the Ferrari racing car P3. Until these days the racy design and the excellent handling characteristics of the Dino make the hearts of all Ferrari fans beat faster.*
***Technical data** Year of construction: 1972; Engine: 2.4 l / 6 cyl. / 190 hp; Max. speed: 235 km/h*

## De Lorean

Im Jahr 1975 startete der ehemalige General Motors Vizepräsident John De Lorean ein ehrgeiziges Projekt - er gründete eine eigene Automobilfirma und begann mit der Entwicklung des weltweit einzigen Serienwagens mit einer Edelstahlkarosserie. Als weiteres Extra erhielt der von einem 2,8 Liter V6-Motor angetriebene Sportwagen Flügeltüren. Nach 6-jähriger Entwicklungszeit kam der Wagen Anfang 1981 auf den Markt. Der Zeitpunkt war äußerst ungünstig, denn 1980 / 81 erlebte der Automarkt insbesondere in den USA eine der größten Rezessionen aller Zeiten. Diesem Trend konnte sich auch der De Lorean nicht entziehen. Aufgrund zahlreicher Vorbestellungen lief der Verkauf zunächst gut, brach dann aber massiv ein. 1982 musste die Produktion nach nur 8.600 Fahrzeugen eingestellt werden. Schätzungsweise die Hälfte davon existiert noch heute. Zu spätem Ruhm gelangte der Wagen in einer Reihe von Kinofilmen, u.a. im Klassiker „Zurück in die Zukunft“. Im Juli 2007 konnten zahlreiche fahrbereite De Lorean bei einem Treffen im Museum Sinsheim in Aktion erlebt werden.

*In 1975 the former General Motors Vice President John De Lorean started an ambitious project - he founded his own car company and began with the development of a car with an unique stainless steel body. As an additional extra the sports car, which was powered by a 2.8 liters V6-engine, received extravagant gullwings. After six years of development the car entered the market in the beginning of 1981. This was a very unfavorable time point since in 1980 / 81 the automobile market, especially in the USA, experienced one of the biggest recessions ever. Because of numerous pre-orders the car sold well in the beginning but then the sales numbers dropped sharply. In 1982 production had to be discontinued after only 8,600 completed units. About half of them are still existing today. The car acquired some late fame in several movies, for instance the classic "Back to the future". In July 2007 numerous De Loreans could be experienced in action during a great meeting in the Museum Sinsheim.*

GEMEINSAM VISIONEN VERWIRKLICHEN
WIR ERSCHAFFEN BEGEISTERNDE KOMMUNIKATIONSLÖSUNGEN
ZIEGLER
CROSSMEDIA EXPERTS
Foto: Herr W. Seidel | Automuseum Dr. Carl Benz Ladenburg
Erleben Sie mehr...
Scannen Sie mit ihrem Smartphone oder Tablet den QR-Code und tauchen Sie ein, in die Welt von AR (Augmented Reality).
Lassen Sie sich überraschen...
AR
augmented reality
Druckerei Ziegler GmbH + Co. KG
Auwiesen 1, 74924 Neckarbischofsheim
Tel.: 0 72 63 / 606-0, Fax: 0 72 63 / 606-60,
info@zieglerdruck.de, www.zieglerdruck.de

TICKET-CONTROL
Das vollautomatisierte Zugangskontrollsystem von ECS
Ticketautomat
esuchermanagement · Ticketautomaten · Abrechnungssysteme · Sonderlösungen
etallbau Emmeln GmbH & Co. KG
chenstraße 58
49733 Haren (Ems)
lefon: 0 59 32 / 72 55-199
lefax: 0 59 32 / 72 55-20
mail: info@ecs-emmeln.de
ternet: www.ecs-emmeln.de
ECS
Emmeln Control Systems

## Porsche 934/5 mit VW Bulli

Der Porsche 934, auch Porsche Turbo RSR genannt, ist ein GT-Rennwagen, der von 1976 bis 1977 auf Basis des Porsche 930 produziert wurde. Private Rennteams setzten das nach dem FIA-Reglement der Gruppe 4 aufgebaute Fahrzeug bis 1986 in der Sportwagen-Weltmeisterschaft und der von der nordamerikanischen IMSA veranstalteten GT-Serie ein. Von 1976 bis 1982 fuhr der Porsche 934 im 24-Stunden-Rennen von Le Mans.

Die im Jahr 1976 in der Sportwagen-Weltmeisterschaft eingesetzten und nach dem Gruppe-4-Reglement aufgebauten Porsche 934 gewannen in allen Rennen die GT-Klasse. Dadurch konnte Porsche nach 1969, 1970 und 1971 zum vierten Mal die Marken-Weltmeisterschaft gewinnen. Der unter der Bezeichnung Porsche Turbo RSR vermarktete Rennwagen wurde 1976 in einer ersten Kleinserie von rund 30 Fahrzeugen hergestellt und für 108.000 DM pro Wagen verkauft.

Der im Museum gezeigte 934/5 von 1976 wurde einst von Porsche als Werksrennwagen eingesetzt. Der Wagen befindet sich heute im Besitz eines privaten Teams, und wird noch immer bei Veteranenrennen gefahren. Der im gleichen Stil gestaltete VW-Bulli dient dabei als Werkzeugwagen und als Zugfahrzeug für den Transportanhänger.

*The Porsche 934, also called Porsche Turbo RSR, is a GT racing car based on the Porsche 930 which was built between 1976 and 1977. With this car, designed according to the FIA regulations for group 4 sports cars, private teams competed in the sports car world championship and the North American IMSA GT series until 1986. Between 1976 and 1982 the Porsche 934 also competed at the 24 Hours of Le Mans.*

*The Porsche 934 group 4 cars which competed in 1976 in the sports car world championship won all races of the GT class and thus secured the fourth constructors' championship for Porsche after 1969, 1970 and 1971. The racing car marketed under the designation Porsche Turbo RSR was built in a first small series of 30 units in 1976 and sold for a price of 108,000 DM per car.*

*The 1976 Porsche 934/5 on display in the museum was once used by Porsche as factory racing car. It is now owned by a private team and is still driven at veteran races. On these occasions the VW Bulli designed in the same style serves as workshop car and tractor for the transport trailer.*

## Ford GT (oben links / *top left*)

2002 stellte Ford unter der Bezeichnung GT40 ein Konzeptauto vor, das im Wesentlichen einer Neuauflage des von 1964 bis 1968 gebauten Le-Mans-Rennwagens entsprach. Das Fahrzeug war Teil der „Living Legends"-Reihe, mit der Ford frühere Modelle wieder aufleben ließ. Zum 100. Firmenjubiläum von Ford im Jahr 2003 entstand ein Serienmodell, von dem zwischen 2004 und 2006 4.038 Exemplare produziert wurden. Bei dem Serienfahrzeug wurde auf den Namenszusatz „40" verzichtet, da dieser auf die Wagenhöhe zurückging. Das 1964er Modell war 40 Zoll hoch, der neue GT hat dagegen eine Höhe von 43 Zoll.
**Technische Daten** Baujahr: 2005; Motor: 5,4 l / 8 Zyl. / 550 PS; Höchstgeschw.: 330 km/h

*In 2002 Ford presented the GT40 concept car which was basically a reissue of the Ford GT 40 Le Mans racing car built between 1964 and 1968. This concept car was part of the "Living Legends" series which Ford had established to revive early models. For the 100th anniversary of the company in 2003 a series model was developed of which 4.038 specimens were sold between 2004 and 2006. The series model lacked the name suffix "40" since this number originally referred to the car height of 40 inches of the 1964 model. The new GT has a height of 43 inches.*
***Technical data*** *Year of construction: 2005; Engine: 5.4 l / 8 cyl. / 550 hp; Max. speed: 330 km/h*

## Mercedes-Benz McLaren SLR 722 GT (oben rechts / *top right*)

Dieses Fahrzeug ist eine Rennversion des Mercedes-Benz McLaren SLR 722, einem Sondermodell des von 2004 bis 2009 gebauten Supersportwagens. Das Sondermodell sollte an den Sieg der britischen Rennfahrerlegende Stirling Moss und seines Beifahrers Dennis Jenkinson beim italienischen Langstreckenklassiker Mille Miglia im Jahr 1955 erinnern, wo diese die Startnummer 722 trugen, die nach der Startzeit um 7:22 Uhr vergeben wurde. Für die Rennversion wurden rund 400 Bauteile überarbeitet bzw. neu entwickelt. Das Herzstück des Fahrzeugs ist der AMG V8-Kompressormotor. Die Beschleunigung aus dem Stand auf 100 km/h beträgt 3,3 Sekunden.
**Technische Daten** Baujahr: 2007; Motor: 5,4 l / 8 Zyl. / 680 PS; Höchstgeschw.: 315 km/h

*This car is a racing version of the Mercedes-Benz McLaren SLR 722, a special edition model of the super sports car jointly developed and produced by Mercedes-Benz and McLaren between 2004 and 2009. The special edition model was built to honor the victory of Sterling Moss and Dennis Jenkinson at the Mille Miglia in 1955. At this race they had the number 722 which they were given because their start time was at 7:22 o'clock. For the racing version about 400 parts were reworked or newly developed. The central piece of the car is the supercharged AMG V8-engine. The car accelerates from 0 to 100 km/h in only 3.3 seconds.*
***Technical data*** *Year of construction: 2007; Engine: 5.4 l / 8 cyl. / 680 hp; Max. speed: 315 km/h*

# Die Flügel des Felix Baumgartner

## *The wings of Felix Baumgartner*

Er sprang von den höchsten Gebäuden, in die tiefsten Höhlen und von der Grenze zum Weltraum mit einem Fallschirm zur Erde. Die Rede ist von Felix Baumgartner, Base Jumper, Skydiver, Gas Balloonist, Helikopter-Pilot und Freund des Museums, der 2003 den Ärmelkanal im Gleitflug mit einem Flügel aus Carbon überquerte.
14. Oktober 2012 - Millionen Menschen sitzen atemlos vor ihren Fernsehgeräten. Nach jahrelangen, akribischen Vorbereitungen schwebt der österreichische Extremsportler Felix Baumgartner in einer von einem riesigen Heliumballon getragenen Kapsel hinauf in die Stratosphäre, um als erster Mensch im freien Fall die Schallmauer zu durchbrechen. Aus der bis dahin von einem Fallschirmspringer unerreichten Höhe von 38.969,4 Metern stürzt er 36.402,6 Meter im freien Fall der Erde entgegen und erreicht dabei eine Spitzengeschwindigkeit von 1357,6 km/h (Mach 1,25). Damit bricht er nicht nur den seit dem Jahr 1960 von John Kittinger gehaltenen Rekord für den höchsten Fallschirmabsprung, sondern erreicht auch sein Ziel, als erster Mensch im freien Fall schneller als der Schall zu sein.
Zu dieser Zeit ist Felix Baumgartner bereits eine lebende Legende in der Base-Jumper-Szene. Base Jumping ist eine besonders tollkühne Form des Fallschirmspringens, bei der man nicht von einem Flugzeug sondern von einem festen Objekt abspringt. Die Kurzbezeichnung „B.A.S.E." steht für die englischen Begriffe building (Gebäude), antenna (Sendemast), span (Brücke) und earth (Felsen). Spektakuläre Rekorde, die Baumgartner als Base Jumper aufstellte, waren u.a. der Sprung vom höchsten Gebäude, den 451 Meter hohen Petronas Twin Towers in Kuala Lumpur (Malaysia), und der Sprung aus der geringsten Höhe. Das war der Absprung von der Christus-Statue in Rio de Janeiro aus nur 29 Metern. Absprünge aus niedriger Höhe sind besonders riskant, denn für das Öffnen des Fallschirms bleiben nur Bruchteile einer Sekunde. Aber auch ansonsten hatte er von sich reden gemacht. Am 31. Juli 2003 startete er mit einem Skyvan Transportflugzeug von einem Flugplatz bei Dover zu einem Flug von England nach Frankreich der ganz besonderen Art: im freien Fall, getragen von einem Flügel aus Carbon, will er die französische Küste erreichen. Der Flügel hat eine Spannweite von 1,8 Metern und eine Gleitzahl von ca. 1:4. Das heißt, pro Meter Höhe kann er rund 4 Meter weit fliegen. Das Ziel in Calais ist über 30 Kilometer entfernt. Um möglichst sicher zu gehen, dass er diese Distanz auch schafft, hat er sich nach dem Start auf der englischen Seite der Kanalküste für einen Absprung aus 9.800 Metern Höhe entschieden, weit oberhalb der Todeszone, in der es nicht mehr genug Sauerstoff zum Atmen gibt.
Die Tür des Skyvan öffnet sich und wie ein moderner Ikarus stürzt sich Baumgartner in einem Spezialanzug, der ihn vor der extremen Kälte schützt, der Erde entgegen. 330 Sekunden dauert der Flug. Begleitet wird er von einem Pilatus-Propellerflugzeug, das ihm die Richtung weist und den Flug in Bildern festhält. Dann ist Calais erreicht. In nur wenigen hundert Metern Höhe öffnet Baumgartner den Fallschirm und gleitet sanft der Erde entgegen.

Seine Erlebnisse bei diesem Flug hat Felix Baumgartner in dem Buch „Projekt Ikarus" aufgezeichnet. Es war dem Museum eine besondere Freude, dass er sein Werk am 13. Dezember 2003 im Auto & Technik Museum Sinsheim im Rahmen eines „Felix-Baumgartner-Tages" erstmals der Öffentlichkeit präsentierte. Bei dieser Gelegenheit übergab er dem Museum auch einen Prototypen seines Flügels, der seither im Museum bei der Formel-1-Ausstellung besichtigt werden kann (Bild gegenüberliegende Seite oben rechts). Das Bild daneben zeigt Felix Baumgartner (links) mit Museumspräsident Hermann Layher (rechts) bei der feierlichen Übergabe des Flügels. Seit dieser Zeit ist Felix Baumgartner dem Museum freundschaftlich verbunden. Das Bild auf der gegenüberliegenden Seite unten zeigt ihn bei Filmaufnahmen in der Raumfahrthalle des Technik Museum Speyer mit der Buran im Hintergrund.

*He jumped from the highest buildings, into the deepest caves and from the boundary to space with a parachute to Earth. We are talking about Felix Baumgartner, base jumper, skydiver, gas balloonist, helicopter pilot and friend of the museum who crossed the English Channel in 2003 in gliding flight with a carbon wing.*

*14 October 2012 - millions of people are sitting in front of their TVs holding their breath. After many years of meticulous preparations, carried by a giant helium balloon the Austrian extreme sports athlete Felix Baumgartner is floating in a small capsule into the stratosphere to become the first man breaking the sound barrier in free fall. From a height of 38,969.4 meters (127,852.4 feet), the greatest height ever achieved by a parachutist, he plunges 36,402.6 meters (119,431.1 feet) down to Earth thereby achieving a maximum speed of 1357.6 km/h (843.6 mph / Mach 1.25). With this spectacular jump he not only breaks the record for the highest parachute jump set by John Kittinger in 1960 but also achieves his goal to be the first man being faster than sound in free fall.*

*At this time Felix Baumgartner is already a living legend in the base jumper scene. Base jumping is a particularly daredevil form of parachuting where you do not jump from a plane but from a stationary object instead. The designation "B.A.S.E." is standing for the English words, building, antenna, span and earth. Spectacular records set by Baumgartner as base jumper were, amongst others, the jump from the highest building, the nearly 451 metres high Petronas Twin Towers in Kuala Lumpur (Malaysia), and the jump from the lowest altitude. That was the jump from the Statue of Christ in Rio de Janeiro from a height of just 29 meters. Jumps from low heights like this are particularly risky since this leaves only the fraction of a second for the parachute to open.*

*But he also made headlines in other ways. On 31 July 2003 he took off in a Skyvan transportation plane from an airfield near Dover for a very special flight from England to Dover. In free fall, borne by a wing made of carbon that he has developed in year-long work, he wants to cross the English Channel in free fall. This wing has a span of 1.8 metres and a glide ratio of approximately 1:4, meaning that per one height metre he can cover a horizontal distance of about 4 metres. The distance to the destination in Calais is over 30 kilometers. To be sure to manage this distance he decided after the start on the English side of the Channel to jump from an altitude of 9,800 meters, far above the death zone where there is not enough oxygen for breathing.*

*The door of the Skyvan opens and like an Icarus of modern times Baumgartner, in a special suite protecting him from the extreme cold, is launching himself earthwards. The flight takes 330 seconds. He is accompanied by a Pilatus propeller plane guiding him in the right direction and documenting the flight in pictures. Then Calais has been reached. In an altitude of but a few hundred meters Baumgartner opens the parachute and glides softly back to Earth.*

*His experiences on this flight were recorded by Felix Baumgartner in the book "Projekt Ikarus". It has been an extraordinary pleasure for the museum that he first presented this book to the public in the celebration of a "Felix-Baumgartner-Day" at the Museum Sinsheim on 13 December 2003. On this occasion he also presented the museum with a prototype of his wing which since then can be visited in the museum next to the Formula 1 exhibition (right picture at the top of the opposite page). The left picture shows Felix Baumgartner (left) and the President of the Museum Hermann Layher (right) at the hand-over ceremony of the wing. Since that time there is a friendly relationship between Felix Baumgartner and the museum. The picture at the bottom of the opposite page shows him during a shooting in the space exhibition hall of the Technik Museum Speyer with the Buran in the background.*

Text und Fotos: Felix Baumgartner, Konrad Lagger, Red Bull Photofiles / Jay Nemeth und Technik Museen Sinsheim und Speyer.

Bilder oben: Felix Baumgartner bei einem Testflug mit dem Flügel (links) und beim Verlassen der Kapsel bei seinem Rekordsprung aus fast 39 km Höhe im Oktober 2012, bei dem er als erster Mensch im freien Fall die Schallmauer durchbrach (rechts).

*Pictures top: Felix Baumgartner during a test flight with the wing (left) and leaving the capsule during his record-breaking skydive from a height of almost 39 km in October 2012, during which he broke the sound barrier in free-fall for the first time in history (right).*

# Formel 1 / *Formula 1*

Das Automobil ist immer auch Sportgerät gewesen und besonders während der Anfangszeit des Automobilbaus hat die extrem hohe Beanspruchung des Materials, den der Renneinsatz mit sich bringt, ganz wesentlich zur technologischen Weiterentwicklung beigetragen. Den Rennwagen ist daher im Museum ein breiter Raum gewidmet. Neben vielen Klassikern von Bugatti, Mercedes und vielen anderen präsentiert das Museum die größte permanente Formel-1-Ausstellung Europas. Seite an Seite sehen Sie hier die legendären Rennmaschinen, mit denen sich die größten Formel-1-Fahrer der letzten Jahrzehnte unvergessliche Duelle geliefert haben. McLaren, Lotus, Williams, Benetton, ehemals pilotiert von Alain Prost, Nigel Mansell, Michael Schumacher oder dem unvergessenen Ayrton Senna - alle sind sie vertreten. Sogar ein Exemplar des legendären sechsrädrigen Tyrrell von 1976 kann in der Ausstellung bewundert werden.

*The automobile has always been figuring as an item of sports equipment as well, and in particular during the early days of automobile manufacture the extremely stringent wear and tear materials were subjected to under racing conditions acted as considerable contribution to technological development. Racing cars, therefore, are granted a wide space in the museum. Besides many classics from Bugatti, Mercedes and many others the museum presents the largest permanent Formula 1 exhibition in Europe. Side by side you can see the legendary racers that served the most prominent Formula 1 drivers of the last decades to put up their memorable duels. McLaren, Lotus, Williams, Benetton, formerly piloted by Alain Prost, Nigel Mansell, Michael Schumacher or the unforgotten Ayrton Senna – they are all represented here. You can even admire a specimen of the legendary six-wheel Tyrrell of 1976 in the exhibition.*

Oben: Williams FW 14 aus der Formel-1-Saison 1992. Als Antrieb diente ein 3,5 l Renault V10-Motor mit 700 PS. Mit diesem Typ gewann Nigel Mansell 1992 den Weltmeistertitel, den er in den Jahren zuvor dreimal knapp verpasst hatte. Unten: Sauber C32 Formel-1-Rennwagen aus der Saison 2013. Der Motor mit Getriebe und das KERS stammen von Ferrari.

*Top: Williams FW 14 from the Formula 1 season 1992. The car was powered by a 3.5 l Renault V10 engine with 700 hp. In 1992, with this model Nigel Mansell won the 1992 Formula 1 title which he narrowly missed three times in the years before. Bottom: Sauber C32 Formula 1 racing car of the 2013 season. The engine with gearbox and the KERS are from Ferrari.*

### McLaren MP4 Weltmeisterfahrzeug 1991 mit Ayrton Senna

Der Große Preis von San Marino in Imola im Jahr 1994 ist als eines der tragischsten Rennen in die Formel-1-Geschichte eingegangen. Nach vielen Jahren ohne schweren Unfall wurde zuerst der österreichische Nachwuchsfahrer Roland Ratzenberger Opfer eines tödlichen Trainingsunfalls. Beim Rennen kam es dann zur Katastrophe. Gejagt von Michael Schumacher verlor der verbissen kämpfende Ex-Weltmeister Ayrton Senna in der Tamburello-Kurve aus einem bis heute nicht völlig geklärten Grund die Kontrolle über seinen Williams-Renault und raste in die Begrenzungsmauer. Ein Teil der Vorderachse durchschlug das Helmvisier, Ayrton Senna war auf der Stelle tot. Mit ihm verlor der Motorsport einen der besten Rennfahrer aller Zeiten. Die Akribie, mit der Senna ständig nach technischen Verbesserungen suchte und die völlige Fixierung auf seinen Beruf als Rennfahrer wurden zum Vorbild einer ganzen Fahrergeneration. Schon aus diesem Grunde ist der hier gezeigte McLaren MP4 ein ganz besonderes Fahrzeug. Mit diesem, von einem Honda-Motor angetriebenen Wagen, bestritt Ayrton Senna die Formel-1-Saison 1991. Am Ende stand mit sieben Siegen und drei zweiten Plätzen der dritte Weltmeistertitel nach 1988 und 1990. Selten zuvor hatte ein Fahrer eine Saison so eindeutig beherrscht wie Senna 1991.

**Technische Daten** Baujahr: 1991; Motor: 3,5 l / 12 Zyl. / 700 PS Honda-Saugmotor

*The 1994 Grand Prix of San Marino in Imola went down into Formula 1 history as one of the most tragic races. After many years without any serious accidents the first incident to occur was the fatal training accident of the Austrian junior driver Roland Ratzenberger. The race itself culminated in a disaster. Chased by Michael Schumacher, the ex-world-champion Ayrton Senna, who was defending with great determination, lost control of his Williams-Renault in the Tamburello bend for a reason not completely clear until today and crashed into the boundary wall. A part of the front axle penetrated the helmet's visor, killing Ayrton Senna on the spot.*

*With him motor sport lost one of the best racing pilots of all times. The persistence that kept Senna constantly searching for technical improvements as well as his total fixation on his calling as a racing car pilot were adopted as an example by a whole generation of Formula 1 drivers.*

*If only for this reason, the McLaren MP4 shown here is a very special car. It is powered by a Honda engine and served Ayrton Senna to excel in the Formula 1 season of 1991. The season ended with the third world championship title, after the titles of 1988 and 1990. It hardly ever happened before that a driver dominated a season so obviously as Senna did in 1991.*

***Technical data** Year of construction: 1991; Engine: 3.5 liter / 12 cyl. / 700 hp Honda non-supercharged engine*

**Jordan J 196 (oben links / top left)**
Mit den Fahrern Rubens Barrichello und Martin Brundle sammelte Jordan in der Saison 1996 mit diesem Fahrzeug, das von einem 3 Liter Peugeot Motor mit 700 PS Leistung angetrieben wurde, 22 Punkte, was für den fünften Platz in der Konstrukteurswertung reichte.

*With this car powered by a 3 liters 700 hp Peugeot engine the Jordan team with the drivers Rubens Barrichello and Martin Brundle earned 22 points in the 1996 season, enough to finish fifth in the constructor's championship.*

**Zakspeed F1 (großes Bild oben rechts und kleines Bild unten links / *large picture top right and small picture bottom left*)**
Nur wenige rein deutsche Teams haben es bis heute ernsthaft versucht, in der Formel 1 Fuß zu fassen. Eines davon war von 1985 bis 1990 das Zakspeed-Team von Erich Zakowski aus dem Eifelstädtchen Niederzissen, das zuvor in der Deutschen Rennsport-Meisterschaft sehr erfolgreich war. Anfangs stammten sowohl das Chassis als auch der Turbo-Motor aus dem eigenen Haus. Nach dem Verbot der Turbomotoren Ende 1988 fuhr Zakspeed noch zwei Jahre mit Yamaha-Motoren weiter, allerdings weitgehend erfolglos. 1990 musste das Team aus finanziellen Gründen schließlich aufgeben. Die einzigen beiden Punkte der Teamgeschichte holte der Brite Martin Brundle mit dem im Museum gezeigten Modell 1987 mit einem fünften Rang in Imola.
**Technische Daten** Baujahr: 1987; Motor: 1,5 l / 4 Zylinder Zakspeed Turbomotor mit 748 PS

*But a few pure German teams have made serious attempts to gain a foothold in the Formula 1. One was the Zakspeed team founded by Erich Zakowski from the small town Niederzissen in the Eifel region. At the beginning in 1985 both, the chassis and the turbo engine were built in-house. When turbo engines were banned towards the end of 1988, Zakspeed continued to race with Yamaha engines for two more years, albeit with little success. Finally the team had to retire for financial reasons in 1990. The only two points in the history of the team were won by the British Martin Brundle with the model 1987 car shown in the museum who managed to finish fifth at the Grand Prix of Imola.*
***Technical data*** *Year of construction: 1987; Engine: 1.5 l / 4-cyl. Zakspeed supercharged engine with 748 hp*

## Tyrrell P 34

Zur Saison 1976 präsentierte das Formel-1-Team von Ken Tyrrell den ersten und bislang einzigen sechsrädrigen Formel-1-Rennwagen. Durch die sehr schmalen Vorderräder sollte der Luftwiderstand verringert werden. Dieses Ziel wurde jedoch kaum erreicht, da die Hinterräder unverändert blieben, und sich somit die Stirnfläche des Wagens kaum änderte.

Zunächst schien der P 34 aber zu überzeugen. Neben einigen guten Platzierungen gelang den Tyrrell-Piloten Jody Scheckter und Patrick Depailler ein Doppelsieg beim Grand-Prix von Schweden. In der Saison 1977 geriet der Wagen aber zunehmend ins Hintertreffen und wurde daher 1978 durch eine konventionelle Konstruktion ersetzt. Ein Wiedersehen mit diesem interessanten Fahrzeug feierte das Tyrrell-Team 1996 bei einem Museumsbesuch anlässlich des auf dem Hockenheimring ausgetragenen Grand Prix von Deutschland (Bild unten).

**Technische Daten** Baujahr: 1976; Motor: 3 l / 8 Zyl. / 420 PS Ford-Cosworth V8-Saugmotor; Höchstgeschw.: ca. 300 km/h

*In time for the 1976 season the Formula 1 team of Ken Tyrrell presented the first, and so far only, six-wheeler Formula 1 car. The very narrow front-wheels were to reduce air resistance. But this goal was hardly achieved since the rear wheels, and thus the front surface, remained unchanged with the result that there was next to no difference in the drag coefficient.*

*At first, however, the P 34 appeared to be convincing. In addition to some good places a double win was achieved with the drivers Jody Scheckter and Patrick Depailler at the Grand Prix of Sweden. But the car kept falling behind in the 1977 season and was thus substituted in 1978 by a more conventional design. A reunion with this interesting car was held by the Tyrrell team in 1996 when they visited the Museum on occasion of the Grand Prix of Germany taking place at the Hockenheimring (picture bottom).*

***Technical data** Year of construction: 1976; Engine: 3 liter / 8 cyl. / 420 hp Ford-Cosworth V8 non-supercharged engine; Maximum speed: approx. 300 km/h*

## BMW-Williams FW 23 (oben / *top*)

In der Saison 2001 errang das BMW-Williams-Team mit dem FW 23 vier Grand-Prix-Siege, drei durch Ralf Schumacher und einen durch Juan Pablo Montoya. Insgesamt gewannen die Schumacher-Brüder in diesem Jahr 12 von 17 Formel-1-Rennen.
**Technische Daten** Baujahr: 2001; Motor: 3 l / 10 Zyl. / 830 PS

*With the FW 23 the BMW-Williams team won 4 Grand Prix races of the 2001 season, three by Ralf Schumacher and one by Juan Pablo Montoya. In total in this year the Schumacher brothers were victorious in 12 out of 17 Formula 1 races.*
***Technical data** Year of construction: 2001; Engine: 3 liters / 10 cyl. / 830 hp*

## Sauber-Petronas C 18 (links Mitte / *middle left*)

Fünf sechste Plätze - dies war die Bilanz des Sauber-Petronas C 18 in der Saison 1999 mit den Fahrern Jean Alesi und Pedro Diniz.
**Technische Daten** Baujahr: 1999; Motor: 3 l / 10 Zyl. / 780 PS

*Five times sixth place - this was it for the Sauber-Petronas C18 and its drivers Jean Alesi and Pedro Diniz in the 1999 season.*
***Technical data** Year of construction: 1999; Engine: 3 liters / 10 cyl. / 780 hp*

## Jordan 198 (links unten / *bottom left*)

Mit diesem Typ feierten Ralf Schumacher und Damon Hill einen Doppelsieg beim Grand Prix von Belgien 1998.
**Technische Daten** Baujahr: 1998; Motor: Mugen-Honda 3 l / 780 PS

*With this model Ralf Schumacher and Damon Hill achieved a double victory at the Grand Prix of Belgium in 1998.*
***Technical data** Year of construction: 1998; Engine:* Mugen-Honda *3 liters / 780 hp*

Fürs Leben gern
ein Stuttgarter.
Stuttgarter Hofbräu
Stuttgarter Hofbräu
Stuttgarter Hofbräu
Stuttgarter Hofbräu
PILSNER
Über 400 Jahre Brautradition
Stuttgarter Hofbräu
PILSNER
Ehemals Königlicher Hoflieferant
würzig-frisch
werbungetc.de
Stuttgarter Hofbräu
Würzig-frisch

## Williams FW 18 (oben / *top*)

Nachdem Damon Hill trotz des Gewinns der Weltmeisterschaft 1997 bei Williams keinen Vertrag mehr erhielt kam Heinz Harald Frentzen neu ins Team. Gemeinsam mit dem Kanadier Jaques Villeneuve bestritt er für Williams mit dem FW 18 eine herausragende Saison bei der Jaques Villeneuve den Weltmeistertitel holte und Heinz Harald Frentzen den zweiten Platz belegte.
**Technische Daten** Baujahr: 1997; Motor: 3 l / 10 Zyl. / 700 PS

*When Damon Hill was no longer been contracted by Williams in spite of winning the world championship title in 1997, Heinz Harald Frentzen joined the team. Together with the Canadian Jaques Villeneuve he completed an outstanding season for the Williams team with the FW 18 with Jaques Villeneuve becoming the new world champion and Heinz Harald Frentzen finishing second.*
***Technical data** Year of construction: 1997; Engine: 3 liters / 10 cyl. / 780 hp*

## Williams FW 21 (unten / *bottom*)

Der FW 21 von 1999 war eines der weniger erfolgreichen Fahrzeuge des Williams Teams, was nicht zuletzt an dem kaum konkurrenzfähigen Supertec Motor lag. Bei diesem handelte es sich im Wesentlichen um einen von Mechachrome modifizierten Renault-Motor des Vorjahrs. Trotzdem gelang es Ralf Schumacher mit dem FW 21 immerhin 35 WM Punkte zu erringen.
**Technische Daten** Baujahr: 1999; Motor: 3 l / 10 Zyl. / 780 PS

*The FW 21 of 1999 was one of the less successful cars of the Williams team, not least due to the hardly competitive Supertec engine, essentially a Renault engine of the previous season that had been modified by Mechachrome. Nevertheless, Ralf Schumacher succeeded in winning a respectable 35 world championship points with the FW 21.*
***Technical data** Year of construction: 1999; Engine: 3 liters / 10 cyl. / 780 hp*

**Benetton-Renault B 195 (Weltmeisterfahrzeug der Saison 1995 mit Michael Schumacher /**
***World championship car of the 1995 season with Michael Schumacher*)**

Am 23. August 1991 betrat ein junger Rennfahrer die Formel-1-Bühne, der schon bald Rennsportgeschichte schreiben sollte. Eddie Jordan gab einem gewissen Michael Schumacher die Chance, in seinem Formel-1-Team etwas Grand-Prix-Luft zu schnuppern. Der bedankte sich brav und fuhr den Jordan-Ford im belgischen Spa-Francorchamps in der Qualifikation auf Anhieb auf den siebten Startplatz. Ein Kupplungsschaden setzte dem Höhenflug im späteren Rennen aber leider ein jähes Ende.

Trotz des kurzen Auftritts war Flavio Briatore auf den jungen Deutschen aufmerksam geworden. Der Benetton-Teamchef war gerade auf der Suche nach einem hungrigen jungen Piloten, der seinem in die Jahre gekommenen Spitzenfahrer Nelson Piquet Beine machen sollte. In einer Nacht-und-Nebel-Aktion warb er Schumacher von Jordan ab und steckte ihn in seinen Benetton. Dies war das Ende des dreimaligen Weltmeisters Piquet. Schumacher war dem Altstar so überlegen, dass dieser nach der Saison 1991 entnervt von der Formel-1-Bühne abtrat und sich in die amerikanische Cart-Serie zurückzog.

Im darauf folgenden Jahr bestritt Michael Schumacher seine erste komplette Formel-1-Saison. Am Ende standen 53 WM-Punkte, der erste Sieg, errungen beim Großen Preis von Belgien in Spa-Francorchamps, und der dritte Platz in der Fahrerwertung auf seinem Konto. Nach einem weiteren Lehrjahr, das er als Vierter beendete, war es 1994 endlich soweit - mit Michael Schumacher war erstmals ein deutscher Fahrer in der Formel 1 Weltmeister geworden. Nur ein Jahr später gelang es ihm, dieses Kunststück mit dem hier gezeigten Benetton B 195 zu wiederholen.

**Technische Daten** Baujahr: 1995; Motor: 3 l / 10 Zyl. / 700 PS Renault Saugmotor

*On 23 August 1991 a young racing driver, who was to make racing sport history before long, made his entry on the Formula 1 scene. Eddy Jordan gave Michael Schumacher the chance to take a whiff of Grand Prix air in his Formula 1 team. With a polite "thank you", Schumacher drove the Jordan-Ford straight to starting grid number 7 in the qualifications at Spa-Francorchamps, Belgium. A clutch defect in the subsequent race, unfortunately, brought this flight of fancy to a sudden end. In spite of this brief appearance Flavio Briatore had taken notice of the young German driver. The boss of the Benetton team was just then searching for a hungry young pilot to act as an incentive for his top-driver Nelson Piquet who was getting on in years. In a clandestine operation he attracted Schumacher away from Jordan, shoving him into his Benetton. This was the end of the three time world champion Piquet. Schumacher's predominance over the ex-champion was so immense that, after the 1991 season, the latter, unnerved, retired from the Formula 1 scene and joined the American cart series.*

*In the following year Michael Schumacher performed his first complete Formula 1 season. In the end his score consisted of 53 world championship points, the first victory, which he won at the Grand Prix of Belgium in Spa-Francorchamps, and the third place in the drivers' championship. Following a further year of apprenticeship, which he concluded as number four, the feat was finally accomplished in 1994 - with Michael Schumacher a German driver had become world champion in Formula 1 for the first time. Just one year later he was able to repeat this feat with the Benetton B 195 shown here.*

***Technical data** Year of construction: 1995; Engine: 3 liters / 10 cyl. / 700 hp Renault non-supercharged engine*

# Die „Roboshops" der Museen
# *The "Roboshops" of the museums*

Willkommen beim Roboshop in der Formel-1-Ausstellung des Auto & Technik Museum Sinsheim. Hier werden Sie von einem echten Industrieroboter bedient. Man sucht sich das gewünschte Museumssouvenir aus und schon wenige Sekunden später liegt der gewünschte Artikel auf dem Fließband. Ein zweiter Roboshop befindet sich in der Raumfahrthalle des Technik Museum Speyer. Möglich wurde diese weltweit einzigartige Innovation durch eine intensive Kooperation mit Firmen aus der Automatisierungsbranche.

Die Geschichte der Roboshops begann am 23. April 2004. Von drei mächtigen Kränen wurde an diesem Tag das neueste Schmuckstück des Auto & Technik Museum Sinsheim, die Air France Concorde F-BVFB, auf ein massives Stahlgerüst oberhalb des Museumsdachs gehoben. Unter den zahlreichen Schaulustigen, die den gewaltigen Hub verfolgten, befand sich auch Jürgen Michel, Mitglied im Förderverein Auto & Technik Museum e.V. Als die Concorde unter dem Applaus des Publikums schließlich erfolgreich ihren Platz auf dem Museumsdach gefunden hatte, kam er mit Eberhard Layher, dem Präsidenten des Museums, ins Gespräch. Eine ausrangierte Tubenfüllmaschine hätte er anzubieten. Wäre das nicht vielleicht etwas für die Museumsausstellung? Grundsätzlich sind die Museen an allen technischen Gerätschaften interessiert, aber eine Tubenfüllmaschine erschien dem Museumpräsidenten dann doch als etwas zu exotisch. Aber ein Industrieroboter, ließ er durchblicken, den man den Museumsbesuchern in unterhaltsamer Form präsentieren könnte, das wäre etwas, an dem er schon lange interessiert sei. Jürgen Michel ließ seine vielfältigen Industriekontakte spielen und meldete sich wenig später mit der erfreulichen Nachricht, dass der bekannte Roboterspezialist KUKA seine Bereitschaft signalisiert hätte, dem Museum einen ausgedienten Industrieroboter zu spenden. So kam das Museum zu seinem ersten Roboter.

Einige Wochen später stand er dann da, ein einarmiger Koloss aus Stahl und Hydraulikschläuchen im charakteristischen KUKA Orange, schon etwas in die Jahre gekommen aber noch immer rüstig und voll einsatzfähig. Was könnte man damit anstellen? Das war jetzt die Frage. Eine Tür oder Klappe an einem Auto an- und wieder abbauen? Nein, das erschien zu langweilig. Das hatte er schließlich sein ganzes bisheriges Roboterleben lang getan. Da kam der rettende Einfall. Der Roboter sollte vom Fließbandarbeiter zum Verkäufer umgeschult werden. Nichts Geringeres als der erste Robotershop der Welt sollte in Sinsheim entstehen, ein „Roboshop" in dem die Besucher nicht von einem menschlichen Verkäufer, sondern von einem Roboter bedient werden.

Bei der Realisierung dieses ehrgeizigen Projekts war unser Vereinsmitglied Jürgen Michel erneut von zentraler Bedeutung. Zunächst galt es, die Gestaltung des Shops an die Möglichkeiten des Roboters anzupassen, und ein geeignetes Warensortiment auszuwählen. Dann mussten Spezialwerkzeuge angefertigt werden, ein Fließband zur Warenausgabe wurde benötigt und schließlich war eine Neuprogrammierung des Roboters erforderlich. All dies wäre ohne die vielfältigen Kontakte von Herrn Michel zu Firmen aus dem Bereich der Industrieautomation, die uns mit Rat und Tat zur Seite stehen konnten, nicht zu leisten gewesen. Besonders hervorzuheben ist dabei, dass alle Kooperationspartner bereit waren, das Museum mit Geräten und ihrem Know-how kostenlos zu unterstützen.

Nach gut 18 Monaten intensiver Arbeit war es im Sommer 2006 endlich soweit: Der erste Robotershop der Welt konnte im Auto & Technik Museum Sinsheim in Betrieb gehen. Seither verrichtet unser „Kollege Roboter" störungsfrei und zuverlässig seinen Dienst. Ein riesiger Spaß und eine außergewöhnliche Attraktion für die Museumsbesucher.

Ermutigt durch den großen Anklang, des „Roboshops" in Sinsheim fiel 2008 nach der Eröffnung der Raumfahrthalle im Technik Museum Speyer die Entscheidung, auch dort einen solchen Shop einzurichten. Dabei wurde nicht nur das Sortiment erweitert, sondern zusätzlich auch noch eine Kartonfaltmaschine zusätzlich installiert, die es ermöglicht, ausgewählte Museumssouvenirs vor den Augen der Besucher automatisch in einen kleinen Karton zu verpacken.

Unser Dank gilt allen Beteiligten, die uns bei der Einrichtung der Robotershops in Sinsheim und Speyer unterstützt haben, in erster Linie unserem Vereinsmitglied Jürgen Michel, sowie den Firmen KUKA Augsburg, Schunk Lauffen, Fuchs Umwelttechnik Staig, Trumpf-Laser Schramberg, Festo AG Ostfildern, Technisches Büro GmbH Karlsruhe, WTC Obersulm, Morbach-Verpackungsmaschinen Rischweiler Mühlbach, CAB Laser Karlsruhe und Kaeser Kompressoren Coburg.

*Welcome to the "Roboshop" at the Formula 1 exhibition of the Auto & Technik Museum Sinsheim. Here you are served by a genuine industry robot. You make your choice of the museum souvenir you want and but a few seconds later the requested object is on the conveyor belt. An intensive cooperation with companies from the automation sector helped to make this worldwide unique innovation possible.*

*The history of the museums' "Roboshops" began on 23 April 2004. On this day three mighty cranes heaved the latest gem of the Auto & Technik Museum Sinsheim, the Air France Concorde F-BVFB, onto a massive steel structure above the museum's roof. Among the numerous onlookers watching the lift was also Jürgen Michel, member of the supporters club of the Auto & Technik Museum e.V. When the process had been successfully completed and the Concorde had finally found her position on the museum's roof, amid the applause of the crowd he happened to talk to Eberhard Layher, the President of the Museum. He had a discarded tube-filling machine on offer. Might that possibly be an item for the museum's exhibition? Basically, the museums are interested in all kind of objects of technology but a tube-filling machine, after all, appeared to be somewhat too exotic in the opinion of the President of the Museum. But an industrial robot, he implied, which could be presented to the museum's visitors in an entertaining manner, this would be something he has been interested in for a long time already. Jürgen Michel pulled strings with his various industrial contacts and got back a short while later with the gratifying news that the well-known robot specialist KUKA had signalled their willingness to donate an retired industrial robot to the museum. This is how the museum got its first robot.*

*Some weeks later then it was standing there, a one-armed colossus of steel and hydraulic hoses in the characteristic orange color of KUKA, albeit somewhat advanced in age, still sprightly and fully operational. What could be done with it now? This was the question. Attach a door or flap to a car and remove it again? No, this seemed too boring. It had been doing that all its life, after all. Then a bright idea came up that solved the situation. The robot was to be retrained from assembly line worker to vendor. Nothing less than the first shop of the world operated by a robot was to be set up in Sinsheim; a "Roboshop" where visitors were not served by a human shop assistant but by a robot instead.*

*In the realization phase of this ambitious project our club member Jürgen Michel once more played a decisive role. First it was essential to adapt the design of the shop to the possibilities of the robot and to select a suitable product assortment. Then it was necessary to make special purpose tools and a conveyor belt for the goods issue. Finally a re-programming of the robot was necessary for the retraining from conveyor belt worker to vendor. All of that could not have been done without Mr. Michel's many contacts to companies from the field of industrial automation which could help us with support and advice. We have to emphasise in particular that all cooperative partners were ready to assist the museum with equipment and know-how free of charge.*

*After a good 18 months of intensive work the time had finally come in summer of 2006: The first robot-operated shop of the world could start operations. Our "Colleague Robot" has been performing its duty trouble-free and reliable ever since. A lot of fun and an extraordinary attraction for the visitors of the museum.*

*Encouraged by the strong appeal of the "Roboshop" in Sinsheim, after the grand opening of the space flight hall at the Technik Museum Speyer we decided to establish a shop like that there, too. This opportunity was taken not only to expand the product assortment but to install a carton-folding machine as well which made it possible to pack museum souvenirs picked out by the visitors into small cartons directly before of the visitor's eyes. This has made the selling process of these products even more interesting and entertaining yet.*

*We thank all who cooperated with us and lent their assistance towards the establishment of the "Roboshops" in Sinsheim and Speyer, first and foremost our club member Jürgen Michel, as well as the companies KUKA Augsburg, Schunk of Lauffen, Umwelttechnik Staig, Trumpf Laser of Schramberg, Festo AG Ostfildern, Technisches Büro GmbH Karlsruhe, WTC of Obersulm, Morbach-Verpackungsmaschinen of Rischweiler / Mühlbach, CAB Laser Karlsruhe and Kaeser Compressors Coburg.*

technik-museum.de/video/robotershop

# Rekordfahrzeug „The Blue Flame“

D-8055
Grunau - Baby II b
BLUE FLAME
GOODYEAR

## „The Blue Flame" - Schnellstes Raketenfahrzeug aller Zeiten

Eine der größten Sensationen im Museum Sinsheim ist das Rekordfahrzeug „The Blue Flame", das schnellste raketengetriebene Landfahrzeug aller Zeiten. Am 7. Oktober 1970 stellte der Amerikaner Gary Gabelich mit dieser Kreuzung aus Auto und Rakete auf dem Bonneville-Salzsee mit einer Durchschnittsgeschwindigkeit von 1014,656 km/h einen phantastischen neuen Weltrekord auf.

Geschwindigkeitsrekorde sind fast so alt wie das Auto selber. Der erste offizielle Rekord für Fahrzeuge mit Brennstoffantrieb datiert aus dem Jahr 1902. Am 9. April dieses Jahres erreichte W. K. Vanderbilt mit einem Automobil von Mors eine Geschwindigkeit von 122,449 km/h. Den vorläufigen Endpunkt für radgetriebene Fahrzeuge setzte der Amerikaner George Poteet am 17. September 2012 mit 707,408 km/h. Schon viele Jahre zuvor hatten andere Fahrer mit raketen- bzw. düsengetriebenen Fahrzeugen wesentlich höhere Geschwindigkeiten erzielt und eindeutig bewiesen, dass der absolute Weltrekord auf Dauer Fahrzeugen mit einem Schubantrieb vorbehalten sein wird.

Einen Meilenstein setzte dabei Gary Gabelich, der mit der „The Blue Flame" („Die Blaue Flamme"), im Jahr 1970 über 1.000 km/h erreichte. Der Name für das Rekordfahrzeug war durchaus zutreffend. Als Treibstoff diente nämlich eine höchst explosive Mischung aus flüssigem Erdgas und Wasserstoffsuperoxyd, das die „Blue Flame" auf einem blauen Feuerstrahl vorantrieb. Dreizehn Jahre lang hielt Gary Gabelich nicht nur den Rekord für Raketenfahrzeuge, sondern den absoluten Geschwindigkeitsrekord für Landfahrzeuge überhaupt. Erst am 4. Oktober 1983 gelang dem Engländer Richard Noble eine Verbesserung. Mit seiner düsengetriebenen „Thrust 2" schaffte er in der Wüste von Black Rock in Nevada eine Durchschnittsgeschwindigkeit von 1019,44 km/h. Am 15. Oktober 1997 erreichte Andy Green mit der von Richard Noble entwickelten „Thrust SSC", einem von zwei Phantom-Düsentriebwerken angetriebenen Monster, die sagenhafte Rekordgeschwindigkeit von 1227,986 km/h (schneller als Schallgeschwindigkeit!).

**Technische Daten** Hersteller: Reaction Dynamics Corp. Milwaukee und Natural Gas Industry, Institute of Gas Technology, Chicago; Antrieb: Erdgasgetriebener Raketenantrieb, Brenndauer 20 Sekunden; Leistung: ca. 58.000 PS; Chassis: Leichtmetall-Rohrrahmen mit genieteter Aluminiumverkleidung; Bremsen: Scheibenbremsen und Bremsfallschirm. Maße: Länge 11,64 m, Höhe 1,82 m, Radstand 7,77 m, Gewicht 2.950 kg.

## *"The Blue Flame" - Fastest rocket vehicle ever*

*One of the greatest sensations at the Museum Sinsheim is the record breaker "The Blue Flame", the fastest rocket-propelled surface-craft of all times. On 7 October 1970 the American Gary Gabelich set a fantastic new world record with this hybrid between car and rocket, when he reached an average speed of 1.014,656 km/h on the Bonneville salt flats.*

*Speed records are almost as old as the automobile itself. The first official record for fuel-propelled vehicles dates from the year 1902. On 9 April of that year, W.K. Vanderbilt reached a speed of 122,449 km/h with an automobile by Mors. The final point for vehicles with wheel-drive so far was set by the American George Poteet on 17 September 2012 with a speed of 707.408 km/h. Many years before already other drivers had achieved substantially higher speeds with rocket- or jet-propelled vehicles, respectively, proving beyond any doubt that future absolute world-records were reserved for vehicles with thrust propulsion.*

*A milestone in this field was set by Gary Gabelich who reached a speed of over 1,000 km/h with the "Blue Flame" in 1970. This name was absolutely befitting for the record-breaking vehicle, since the fuel, a highly explosive mixture of fluid natural gas and hydrogen peroxide, made it ride on a blue jet flame. For 13 years not only the record for rocket propelled vehicles but the absolute speed record for surface-craft in general was held by Gary Gabelich. It was not until 4 October 1983 that the Englishman Richard Noble succeeded in achieving an improvement, when he reached an average speed of 1019.44 km/h in the desert of Black Rock, Nevada with his jet-propelled "Thrust 2". With the "Thrust SSC", developed by Richard Noble, a monster propelled by two Phantom jet engines, Andy Green achieved the phenomenal record speed of 1227.986 km/h (faster than the speed of sound) on 15 October of 1997.*

***Technical data** Producer: Reaction Dynamics Corp. and Milwaukee Natural Gas Industry, Institute of Gas Technology, Chicago; Propulsion: Natural gas-fuelled rocket propulsion, combustion time 20 seconds; Power: approx. 58,000 hp; Undercarriage: Light-metal tubular frame with riveted aluminium covering; Brakes: Disk brakes and brake chute. Dimensions: 11.64 m length, 1.82 m height, 7.77 m wheelbase; Weight 2,950 kg.*

# Dragster

Pioneer
CINEMAXX
Pioneer
RED LINE OIL
www.petzoldts.de

RICOS BENZ
NITROLYMPICS
HOCKENHEIM 18.-20. August
Metalflake
PC 22
LUK
SHOWDOWN

**Top fuel dragster (oben / *top*)**
Mit diesem Dragster wurde Rico Anthes 2001 mit einer Endgeschwindigkeit von rund 490 km/h deutscher Rekordhalter über die 400-Meter-Distanz.

*With this dragster Rico Anthes became the German record holder in the 400 meter distance with a final speed of 490 km/h in 2001.*

**Mercedes funny car (links unten / *left bottom*)**
Mercedes Funny Car mit 2.000 PS und einer Höchstgeschwindigkeit von 362 km/h über die Viertelmeilen-Distanz.

*Mercedes funny car with 2,000 hp and a top speed of 362 km/h over a quartermile distance.*

**Citroen 2CV dragster (rechts Mitte / *right middle*)**
Ein bemerkenswertes Gefährt ist dieser einem 2 CV nachempfundene Dragster mit einem 650-PS-Motor und dem passenden Namen „Wildente".

*A remarkable vehicle is this dragster with a 650 hp engine adapted from a Citroen 2 CV, aptly named "Wildente" (wild duck).*

**Dragster-Gruppe in der Halle 1 (rechts unten)**

***Dragster group in hall 1 (right bottom)***

# Rico Anthes - 30 Jahre auf der Überholspur
# *Rico Anthes - 30 Years in the fast lane*

Die meisten Dragster, die im Museum Sinsheim besichtigt werden können, stammen aus dem Besitz des langjährigen deutschen Dragster-Champions Rico Anthes. Die Bilder zeigen ihn in Aktion in einigen der Dragster, die jetzt im Museum stehen. Wir haben einmal nachgefragt, wie der Kontakt zum Museum zustande kam, und wie er zu diesem eher ungewöhnlichen Sport gekommen ist.

**Rico Anthes, seit vielen Jahren stehen etliche Deiner Dragster im Auto & Technik Museum Sinsheim. Wie ist der Kontakt zum Museum zustande gekommen?**

Anfang 1980 gab es schon die ersten Kontakte zwischen dem 1. Deutschen Verein für Drag Racing (1. DVD) und Hermann Layher, der ja schon immer großes Interesse an außergewöhnlichen Fahrzeugen hatte. Aus diesen Gesprächen zwischen Layher und dem 1. DVD entwickelte sich die Idee, mit den Dragstern ein Demonstrations-Rennen auf der Zufahrtsstraße zum Museum zu fahren. Die Zuschauer am Straßenrand waren schwer beeindruckt und wir verabredeten daraufhin, eine Dragster-Sonderausstellung im Museum einzurichten.

**Dragster ist ja eigentlich eine uramerikanische Rennsportart. Wie kommt man als Deutscher dazu?**

Richtig. Drag Racing wurde von den amerikanischen Soldaten nach Deutschland eingeschleppt. Nach dem Besuch eines Dragster-Rennens im Frühjahr 1979 ging es ziemlich schnell, wie alles im Drag Racing. Schon wenige Wochen später nahm ich mit meinem straßenzugelassenen Golf GTI an den Races in Erlensee teil. Dann wurde zügig ein US Muscle-Car gesucht und gefunden, ein 1958er Chevy BelAir. Der war jedoch noch nicht schnell genug und ich beschloss im „Homeland" USA ein echtes Dragsterfahrzeug zu erwerben, mit dem ich dann Anfang der 1980er Jahre auch in England und Schweden an Dragster-Rennen teilnahm. Die weitere Entwicklung ging mit Highspeed weiter. Aus dem US-Dragster wurde die legendäre „Wildente" und im Laufe von 10 Jahren kamen noch zahlreiche schnellere Dragster hinzu, bis hin zum Einstieg in die Königsklasse „Top Fuel" im Jahr 1992. Alle meine Dragster findet man entweder in Sinsheim oder in Speyer ausgestellt.

**Was fasziniert Dich am Dragster-Rennsport?**

Ohne Zweifel der speed und die Beschleunigung. Jeder hat wohl schon einmal den Drang verspürt, seinem Auto die „Sporen" zu geben, und aus dem Stand loszusprinten, "so schnell es die Kiste hergibt". Dabei sucht man gerne auch mal den Vergleich mit dem Straßennachbarn: „Mal sehen, wer der Schnellere ist". Nichts anderes ist Drag Racing. Die Basics sind und bleiben: Das Duell an der Startampel, die beste Reaktion, blitzschnelles Schalten der Gänge und optimale Beschleunigung bis zum Erreichen des Ziels am Ende der Viertelmeile.

**Wie fühlt es sich an, wenn man in knapp 5 Sekunden auf fast 500 km/h beschleunigt? Was bekommt man da als Fahrer mit?**

Der speed ist natürlich atemberaubend und die Beschleunigung mit 5 oder 6 G beim Start ist wie ein Tritt ins Kreuz. Die Beschleunigung von 0 auf 100 in weniger als einer Sekunde ist ein Gefühl, als wäre man mit einem Katapult abgeschossen worden. Bei Tempo 480 tritt man in eine andere Welt ein. Die Wahrnehmung des Gehirns wechselt scheinbar in einen anderen Modus, denn die 400 Meter Renndistanz werden gespenstisch lang und jede Sekunde dauert scheinbar Minuten. Man reagiert im Bruchteil eines Wimpernschlages. Wer beim Start länger als 45 Hundertstel Sekunden braucht, hat das Rennen schon verloren.

**Du hast den Dragster-Sport 2002 auch wegen Deines Sohnes aufgegeben. Wie gefährlich ist Dragster fahren?**

Ein Crash bei Tempo 500 ist natürlich immer fatal. Da können auch die extrem hohen Sicherheitsstandards der Dragster-Cockpits nicht mehr gewährleisten, dass dem Fahrer nichts passiert. In den USA haben in letzter Zeit einige Unfälle bei Tempo 530 dazu geführt, dass man die Renndistanz verkürzt hat und nur noch 1000 Fuß (rund 330 Meter) beschleunigt, damit der Topspeed wieder unterhalb der 500 km/h Marke bleibt. Ich hatte auch schon einige spektakuläre Ritte über die Quartermile. Im Jahr 1993 habe ich mit meinem Top Fuel Dragster eine Rolle rückwärts absolviert, weil die Front beim Start senkrecht aufstieg und mich dann die Hinterräder quasi unterm Hintern überholt haben. Außer jeder Menge Blechschaden ist dabei allerdings nichts passiert.

**Wie groß ist das Interesse an Dragster-Rennen in Deutschland?**

Es gibt eine eingeschworene Gemeinschaft treuer Dragster-Fans, die sich jedes Jahr im August auf dem Hockenheimring bei den NitrolympX treffen um zu erleben, wie die 6.000-PS-Motoren den Asphalt beben und die Luft vibrieren lassen. Etwa 50.000 Zuschauer kommen jährlich zu diesem Speed-Happening auf den Ring. In Deutschland dürfte es etwa 200 Aktive geben. Im Jahr 2010 wurden deutsche Fahrer sogar FIA-Champion und Vize-Champion in der Top-Methanol-Klasse.

**Wo kann man Informationen über Dragster-Rennen in Deutschland bekommen?**

Die NitrolympX auf dem Hockenheimring, die ich selbst 23 Jahre lang koordiniert und geleitet und zum größten Dragster-Rennen in Europa ausgebaut habe, sind ein Muss für Motorsportfreunde. Zu meiner Zeit war schon das Motto: POWER, SPEED & ACTION. Heute heißt es „100% Adrenalin!!!“. Egal wie es auch immer formuliert wird, ich kann jedem Speedfreak einen Besuch dieses Top-Events wärmstens empfehlen, zumal er dort dann auch Gelegenheit hat, mein „Lebenswerk“ auf der „Rico Anthes Quartermile“ hautnah mitzuerleben. Alles hierüber findet man unter www.dragster.de und www.eurodragster.com.

*Most of the dragsters which can be visited in the Museum Sinsheim are on loan from the long standing German dragster champion Rico Anthes. The pictures show him in action in some of the dragsters that are now in the museum. We once asked him how the contact to the museum came about and how he came to take up this unusual racing sport.*

***Rico Anthes, a number of your dragsters have been on exhibit at the Auto & Technik Museum Sinsheim for many years. How was this contact with the museum established?***
*The first contacts between the 1. Deutschen Verein für Drag Racing (1. DVD – first German club for drag racing) and Hermann Layher, who has always been interested in unusual vehicles, are dating back to early 1980. In the course of this conversation between Layher and the 1. DVD the idea developed to hold a demonstration race with the dragsters on the access road to the museum. The onlookers along the road were greatly impressed and we arranged thereafter to install a special exhibition of dragsters at the museum.*

***Originally, dragster is a classic American sort of racing sport. How come that a German is driving dragster?***
*Correct. Drag racing was dragged to Germany by American soldiers. After my first visit of a dragster race in spring of 1979, everything went pretty fast thereafter, like all things in drag racing. But few weeks later I took part in the races at Erlensee with my road registered VW Rabbit GTI. Then followed the speedy search for a US muscle car which was soon found, a 1950 Chevy Bel Air. But that was not yet fast enough and I decided to go to the dragster homeland USA to acquire a genuine dragster vehicle there which I then used in the early 1980s to participate in dragster races in England and Sweden. From then on things developed at high speed. The US-dragster turned into the legendary "Wild Duck" and in the course of the following 10 years numerous further dragsters accumulated, which were faster yet, up to the arrival on the premier tier "Top Fuel" in 1992. You can find all of my dragsters on exhibit either in Sinsheim or in Speyer.*

***What is fascinating you in dragster racing sport?***
*The speed, without doubt, and the acceleration. I believe all of us have been feeling the urge now and then to spur their car and sprint off from the start "with all the speed the hotrod has in it". On this occasion you also like to seek the comparison with your neighbor on the road: "Let's see who is faster". This and nothing else is drag-racing. The basics are and will always be: The duel at the start light, the best reaction, change gears with lightning speed and optimum acceleration until reaching the finishing line at the end of the quartermile.*

***How does it feel to accelerate to nearly 500 km/h in about 5 seconds? How much do you register of that as a driver?***
*The speed is breathtaking, of course, and the acceleration with 5 or 6 G at the start is like a kick in your back. The acceleration from 0 to 100 km/h in less than a second makes you feel like being launched from a catapult. At speed 480 you enter another world. The perception of your brain seems to change into another mode, for the 400 meters of the racing distance are becoming eerily long and each second seems to last for minutes. You are reacting in a fraction of the blink of an eye. A driver who needs longer than 45 hundredth of a second at the start has already lost the race.*

***In 2002 You gave up dragster sport not least for the sake of your son. How dangerous is it to drive dragsters?***
*A crash at a speed of 500 km/h can always be fatal, of course. In a situation like that even the extremely high safety standards of the dragster cockpits can no longer guarantee that nothing will happen to the driver. In the USA some accidents at speeds of up to 530 km/h have lately caused the racing distance to be shortened with an acceleration distance of only 1000 feet (about 330 meters) to keep the top speed below the 500 km/h mark. I already had some spectacular rides along the quartermile myself. In the year 1993 I made a roll backwards with my top fuel dragster because the front climbed vertically at the start while the rear wheels so-to-say overtook me right below my behind. But with the exception of bodywork damage nothing really serious happened.*

***How intense is the interest in dragster racing in Germany?***
*There is a dedicated community of diehard dragster fans who are meeting in August each year at the Hockenheimring for the NitrolympX to feel how the 6.000 hp engines are shaking the asphalt and make the air vibrate. About 50.000 onlookers are coming each year to this speed happening on the Ring. There are about 200 active participants in Germany. In 2010 German drivers even won the FIA championship and vice championship of the top methanol class.*

***If one would like to see a race, where is information available about dragster races in Germany?***
*The NitrolympX at the Hockenheimring, which I coordinated and managed for 23 years and which I developed into the biggest dragster race within Europe, are an absolute must for motor sport fans. At my time we already had the motto: POWER, SPEED & ACTION. Now it is "100% Adrenalin!!!" But no matter how you word it, I most warmly recommend the visit of this top-event to each speed-freak the more so as he will also have an opportunity there to enjoy my "life's work" on the "Rico Anthes Quartermile" up close. Anything about the event can be found under www.dragster.de and www.eurodragster.com.*

# Amerikanische Traumwagen / *American dream cars*

Über zwei Jahrzehnte lang beherrschten die Straßenkreuzer die amerikanischen Highways. Luxuriös ausgestattet, mit chromblitzenden überdimensionalen Karosserien, riesigen V8-Motoren, einer superweichen Federung und den obligatorischen Weißwandreifen prägten sie das Bild vom „American way of life" wie Hamburger, Petticoats, Rock´n Roll und Coca-Cola. Neben den Wolkenkratzern haben die Straßenkreuzer dem Rest der Welt wohl am deutlichsten demonstriert, dass in Amerika alles etwas größer ist. Besonders In den 1950er und 1960er Jahren entwickelten sich die gewaltigen chromblitzenden Karossen zu Standardfahrzeugen, die in Amerika so selbstverständlich waren wie in Deutschland der VW-Käfer.
Doch das Ende für diesen speziellen Typus von Automobil kam jäh. Wie die Dinosaurier waren die Chevys und Fords ganz einfach zu groß geworden, und als auch in Amerika nach der ersten Ölkrise zu Beginn der 1970er Jahre die Zeit des Überflusses endgültig vorbei schien, begann für die amerikanischen Autofirmen, die die Zeichen der Zeit nicht rechtzeitig erkannt hatten, der Kampf ums Überleben. Noch heute ist es aber der Traum vieler Auto-Fans, einmal mit einem solchen Traumwagen fast schwerelos auf einem endlosen Highway entlanggleiten zu dürfen.

*For more than two decades the big cars dominated American highways. With luxurious outfits, larger-than-life bodies gleaming with chrome, giant V8-engines, supersoft suspensions and the obligatory white-wall tires, they characterized the "American Way of Life", just as hamburgers, petticoats, rock'n-roll and Coca-Cola. Apart from the skyscrapers, the American cars of that period were probably the best example to demonstrate to the world that, in America, everything is a bit bigger. Particularly in the 1950s and 1960s, these huge, chrome-gleaming stately vehicles developed into standard cars which were as commonplace in America as was a VW Beetle in Germany.*
*But then this special type of automobile met with a sudden end. Just like the dinosaurs, the Chevys and Fords had simply become too big, and when, after the first oil crisis that came in the early 1970s, the horn of plenty finally ran dry in America too, the struggle for survival began for American automobile producers which had failed to see the writing on the wall in time. But even today many automobile fans are still fantasizing about gliding along an endless highway in a dream car of this kind.*

Vorne: Chevrolet „Impala" Cabriolet von 1958. Hinten: Ford „Fairlane" Cabriolet von 1956.

*Front: 1958 Chevrolet "Impala" convertible. Back: 1956 Ford "Fairlane" convertible.*

MARLENE
CHRYSLER
CALIFORNIA 61
300 G HEMI

## Cadillac Eldorado Brougham (links oben / *left top*)

Auch für die Maßstäbe von Cadillac war der „Eldorado Brougham" ein außergewöhnliches Fahrzeug. Mit diesem Modell versuchte Cadillac, den amerikanischen Straßenkreuzer der Luxuskategorie neu zu definieren. Er ist mit allen nur erdenklichen Extras ausgestattet, einschließlich einer Kristallkaraffe mit passenden Whiskygläsern. Ein besonderes Erkennungszeichen ist das auffällige Dach aus gebürstetem, rostfreien Stahl. Die vom technischen Standpunkt aus gesehen revolutionärste Neuerung war aber die beim „Brougham" erstmals in einem PKW eingesetzte Luftfederung.
**Technische Daten** Baujahr: 1958; Motor: 5,2 l / 8 Zyl. / 335 PS; Länge / Breite: 5,70 / 2,10 m; Höchstgeschwindigkeit: 192 km/h; Neupreis: 13.074 $; Produktion: 904 Stück

*The "Eldorado Brougham" was an exceptional car even for Cadillac standards. With this model Cadillac ventured to give a new definition to American cars of the luxury class. It is equipped with all extras imaginable, inclusive of a crystal decanter with matching whiskey glasses. A special mark of identification is its conspicuous roof made of stainless steel with brushed finish. From a technical standpoint, however, the most revolutionary novelty was the air suspension of the "Brougham" which was used for the first time in a passenger car.*
***Technical data** Year of construction: 1958; Engine: 5.2 liter / V8-cylinder / 335 hp; Length / Width: 5.70 m / 2.10 m; Max. speed: 192 km/h; Selling price: $ 13,074; Total production: 904 units*

## Chrysler 300 G (links unten / *left bottom*)

Was den 300 G berühmt gemacht hat waren weniger die luxuriösen Extras, sondern der unglaublich starke V8-Motor. Mit einer Motorleistung von 450 PS und einer Spitzengeschwindigkeit von über 200 km/h läutete Chrysler mit diesem Modell eine neue Runde im Wettlauf um das stärkste amerikanische Automobil ein. Aufgrund des hohen Preises war dieser Wagen nur für wenige erreichbar aber wenn man reich war, Wert auf ein sportliches Image legte und obendrein auffallen wollte, dann war dies genau das Auto, das man haben musste. Fahrzeuge wie der Chrysler 300 G waren ganz sicher ein wesentlicher Teil des „Amerikanischen Traums".
**Technische Daten** Baujahr: 1961; Motor: 6,8 l / 8 Zyl. / 450 PS; Länge / Breite: 5,70 m / 2,20 m; Höchstgeschw.: 232 km/h; Neupreis: 7.340 $; Produktion: 337 Stück

*What made the 300 G famous were not so much the luxurious extras but rather its unbelievably powerful engine with 450 hp output and the top speed of beyond 200 km/h. With this model Chrysler sounded the bell for another round in the race for the most powerful American automobile. Due to its high price this car was within reach for only a few but if you were rich, wanted to stand out by a sportive image and attract attention then this was the very car to have. Automobiles like the Chrysler 300 G definitely were an essential part of the „American Dream".*
***Technical data** Year of construction: 1961; Engine: 6.8 liter / 8-cylinder / 450 hp; Length / Width: 5.70 m / 2.20 m; Maximum speed: 232 km/h; Selling price: $ 7,340; Total production: 337 units*

## Cadillac Eldorado Modell 1970 (oben / *top*)

Der Cadillac Eldorado von 1970 steht am Ende der Straßenkreuzer-Ära. Die Heckflossen sind verschwunden und die rundlichen Formen der 1950er und 1960er Jahre haben einer eckigen Sachlichkeit Platz gemacht. Wenige Jahre später läutete die erste Ölkrise das vorläufige Ende der überdimensionierten Fahrzeuge ein.
**Technische Daten** Baujahr: 1970; Motor: 8,2 l / 8 Zyl. / 406 PS; Höchstgeschwindigkeit: 195 km/h

*The 1970 Cadillac Eldorado marks the end of the big car era. The tail fins have vanished and the roundish shapes of the 1950s and 1960s made room to an angled simpleness. A few years later the first oil crisis heralded the temporary end for oversized cars.*
***Technical data** Year of construction: 1970; Engine: 8.2 liter / 8-cylinder / 406 hp; Max. speed: 195 km/h*

## Chevrolet Corvette Convertible von 1954

Die große Nachfrage nach europäischen Sportwagen veranlasste General Motors zu Beginn der 1950er Jahre zur Entwicklung der „Corvette". Sie wurde 1953 erstmals auf den Markt gebracht und wird bis heute gebaut. Dieses schon lange legendäre Modell entwickelte sich schnell zu einem Verkaufsschlager und wird von vielen als der einzige echte amerikanische Sportwagen bezeichnet. Besonders fortschrittlich war damals die leichte, aus Kunststoff gefertigte Karosserie. Der 6-Zylinder-Reihenmotor des ersten Modells war dagegen eher konservativ. Dies änderte sich mit dem hier gezeigten sehr seltenen Fahrzeug aus dem Jahr 1954, als Chevrolet erstmals einen wesentlich stärkeren V8-Motor verwendete. Das Museumsstück ist die allererste „Corvette" mit V8-Motor und daher äußerst wertvoll. Das Fahrzeug wurde 1994 komplett restauriert.

**Technische Daten** Baujahr: 1954; Motor: 3,7 l / 8 Zyl. / 180 PS; Länge / Breite: 4,50 m / 1,90 m; Höchstgeschwindigkeit: ca. 200 km/h; Neupreis: 2.774 $; Produktion: 3.640 Stück

*The great demand for European sports cars caused General Motors in the early 1950s to develop the "Corvette". It was introduced to the market in 1953 and is still being built up to these days. This model, which has enjoyed a long-standing legendary reputation, rapidly turned into a big seller and, by many, is being regarded as the only genuine American sports car. A particularly progressive feature at that time was its light fiber glass body. The 6-cylinder in-line engine of the first model, on the other hand, was more on the conservative side. This changed with the very rare vehicle shown here, a model from the year 1954 when Chevrolet used a considerably more powerful V8-engine for the first time. The specimen on exhibit in the museum is the very first "Corvette" equipped with a V8-engine and thus particularly valuable. The car was completely restored in 1994.*

***Technical data*** *Year of construction: 1954; Engine: 3.7 liter / 8-cylinder / 180 hp; Length / Width: 4.50 m / 1.90 m; Max. speed: approx. 200 km/h; Selling price: $ 2,774; Total production: 3,640 units*

## Chevrolet Corvette Convertible von 1956

Zwei Jahre liegen zwischen der auf der gegenüberliegenden Seite gezeigten ersten „Corvette" und diesem Modell aus dem Jahr 1956. Von seinem Vorgänger unterscheidet es sich insbesondere durch die Form der Scheinwerfer, das sanft abfallende Heck und die auffälligen Einbuchtungen an beiden Seiten, die von Corvette-Fahrern schnell als „Präriestreifen" bezeichnet wurden. Verglichen mit den meisten anderen amerikanischen Automobilen dieser Zeit war das Styling der „Corvette" aber dennoch eher zurückhaltend. Obwohl das Fahrzeug eindeutig als Sportwagen ausgelegt war, kam auch der Komfort nicht zu kurz, was insbesondere an den bequemen Sitzen und der nicht übermäßig harten Federung zu erkennen war. Der 6-Zylinder, zunächst noch als Option angeboten, hatte aufgrund der geringen Nachfrage bald endgültig ausgedient. Mit dem kraftvollen V8-Motor erreichte die „Corvette" Fahrleistungen, die einem echten Sportwagen in jeder Hinsicht angemessen waren. Von 0 auf 100 km/h beschleunigte der Wagen in 7,5 Sekunden, die Spitzengeschwindigkeit lag bei über 190 km/h. Dies wurde auch von den Fachzeitschriften honoriert, die anerkennend feststellten: „General Motors baut jetzt auch Sportwagen."

**Technische Daten**
Baujahr: 1956
Motor: 4,3 l / 8 Zyl. / 250 PS
Länge / Breite: 4,50 m / 1,90 m
Höchstgeschw.: ca. 200 km/h
Neupreis: 3.650 $
Produktion: 3.467 Stück

*Two years passed between the production of the first "Corvette" shown on the opposite page and this model from the year 1956. The difference to its predecessor is evident in particular in the shape of its headlights, the gently sloping rear and the conspicuous indentations on both sides which were promptly dubbed "prairie stripes" by Corvette drivers. Compared with the majority of the other American cars of the period, however, the styling of the "Corvette" was rather restrained. Although the car had definitely been designed as a sports car comfort was not neglected either, considering the soft seats in particular as well as the not too hard suspension. The six-cylinder, first still offered as an option, was soon abandoned for lack of demand. The powerful V8-engine enabled the "Corvette" to achieve a performance which could absolutely compete in every respect with that of a genuine sports car. The car accelerated from 0 to 100 km/h within 7.5 seconds, the maximum speed was over 190 km/h. This was even acknowledged by motor journalists and honored with the compliment: "General Motors now also builds sports cars".*

**Technical data**
Year of construction: 1956
Engine: 4.3 liter / 8-cylinder / 250 hp
Length / Width: 4.50 m / 1.90 m
Max. speed: approx. 200 km/h
Selling price: $ 3,650
Total production: 3,467 units

ROCKET 98
COLORADO

NEW YORK
NEW YORKER

### Oldsmobile Rocket Ninety Eight (links oben / *left top*)

1952 war der „Rocket Ninety Eight" das längste Automobil auf Amerikas Straßen und besaß darüber hinaus den stärksten Motor. Der Wagen verfügte bereits über Extras wie Servolenkung, Servobremsen und Automatikgetriebe. Das perfekte, vollrestaurierte Museumsstück hat 16 erste Plätze bei Eleganz-Prämierungen gewonnen. Weltweit existieren nur noch drei Exemplare dieses Typs.
**Technische Daten** Baujahr: 1952; Motor: 5 l / 8 Zyl. / 160 PS; Länge / Breite: 5,90 m / 2,10 m; Höchstgeschwindigkeit: 183 km/h; Neupreis: 3.207 $; Produktion: 3.544 Stück

*In 1952 the "Rocket Ninety Eight" was the car with the greatest length on American roads and, on top of that, had the most powerful engine. The car was already equipped with special features like power steering, power brakes and automatic gear shift. The perfect, completely restored specimen on exhibit in the museum has been the winner in 16 concour d'elegance contests. Only three cars of this type are still existing worldwide.*
***Technical data** Year of construction: 1952; Engine: 5 liter / 8-cylinder / 160 hp; Length / Width: 5.90 m / 2.10 m; Max. speed: 183 km/h; Selling price: $ 3,207; Total production: 3,544 units*

### Chrysler „New Yorker" (links unten / *left bottom*)

Der „New Yorker" De Luxe von 1954 war eines der Spitzenmodelle von Chrysler. Lediglich 724 Stück wurden produziert, von denen heute nur noch fünf Exemplare existieren. Das 1985 komplett restaurierte Museumsstück ist somit eine echte Rarität. Ausgestattet mit allen erdenklichen Extras markiert dieses Luxusgefährt Chryslers Einstieg in den PS-Wettbewerb, der damals zwischen den Herstellern ausgetragen wurde. Über ein Jahrzehnt dominierte Chrysler in dieser Auseinandersetzung mit immer größeren Motoren, die zum Schluss Leistungen von bis zu 450 PS aufwiesen.
**Technische Daten** Baujahr: 1954; Motor: 5,5 l / V8 Zyl. / 235 PS; Länge / Breite: 5,80 m / 2,10 m; Höchstgeschwindigkeit: 200 km/h; Neupreis: 3.938 $; Produktion: 724 Stück

*The "New Yorker" of 1954 was one of Chrysler's top models. Only 724 units were produced, five of which are still existing these days. The museum's exhibit, which was completely restored in 1985, therefore is a true rarity.*
*Equipped with all imaginable extras, this luxury vehicle marked Chrysler's entry into the hp competition that was raging at that time between producers. Chrysler dominated this rivalry for more than a decade with constantly more powerful engines which ultimately reached outputs of up to 450 hp.*
***Technical data** Year of construction: 1954; Engine: 5.5 liter / V8-cyl. / 235 hp; Length / Width: 5.80 m / 2.10 m; Max. speed: 200 km/h; Selling price: $ 3,938; Total production: 724 units*

### Ford Thunderbird (oben / *top*)

Von diesem Ford „Thunderbird" Cabriolet wurden lediglich 2.134 Exemplare gebaut, von denen nur 62 Stück erhalten geblieben sind. Keines davon befindet sich in einem ähnlich perfekten Zustand wie das Museumsstück. Besonders bemerkenswert ist das Verdeck, das vollautomatisch im Kofferraum versenkt werden kann, ganz ohne zusätzliche menschliche Hilfe. Dieses Musterbeispiel für eine vollendete Restaurierung wurde 1994 vom weltweit besten Thunderbird-Experten fertiggestellt.
**Technische Daten** Baujahr: 1958; Motor: 3,5 l / 8 Zyl. / 300 PS; Länge / Breite: 5,80 m / 2,10 m; Höchstgeschwindigkeit: 192 km/h; Neupreis: 3.929 $; Produktion: 2.134 Stück

*Only 2,134 units of this Ford "Thunderbird" were built altogether, but 62 of them survived. None of them are in a condition similar to that of the museum's exhibit. A particularly remarkable feature is the top that folds away into the trunk fully automatically, without any human assistance. This prime example of a successful restoration was completed in 1994 by the world's foremost Thunderbird expert.*
***Technical data** Year of construction: 1958; Engine: 3.5 liter / 8-cylinder / 300 hp; Length / Width: 5.80 m / 2.10 m; Max. speed: 192 km/h; Selling price: $ 3,929; Total production: 2,134 units*

## Cord 812 (oben links / *top left*)

Die futuristische, streng aerodynamische Karosserie des Cord 812 mit versenkbaren Schlafaugenscheinwerfern aus dem Jahr 1937 gilt noch heute als Lehrstück für alle Designstudenten. Die Kundschaft indes war offenbar überfordert. Nur 2.320 Exemplare dieses Automobils fanden einen Käufer. Der im Museum gezeigte, perfekt restaurierte Wagen hat beim Concours d'Elegance in Mühlhausen den 1. Publikumspreis gewonnen.
**Technische Daten** Baujahr: 1937; Motor: 4,9 l / 8 Zyl. / 170 PS; Höchstgeschw.: 150 km/h

*The futuristic, strictly aerodynamic body of the Cord 812 with concealed headlights from 1937 is still of model-character in the training of design students. The customers, however, seemed to be overstrained. But 2,320 specimens of this automobile were able to attract a buyer. The perfectly restored Cord 812 on exhibit in the museum ranked first in the public contest of the Concours d'Elegance in Mulhouse.*
***Technical data** Year of construction: 1937; Engine: 4.9 liter / 8-cylinder / 170 hp; Max. speed: 150 km/h*

## Plymouth MP 2 „Fury" (unten links / *bottom left*)

Mitte der 1950er Jahre erfolgte bei Plymouth eine komplette Überarbeitung der Modellpalette um neue Käufer anzulocken. Ein Ergebnis war der betont sportliche „Fury", der im Gegensatz zu den meisten Konkurrenzmodellen bereits serienmäßig mit einem 8-Zylinder-Motor ausgestattet war.
**Technische Daten** Baujahr: 1959; Motor: 5,1 l / 8 Zyl. / 230 PS; Höchstgeschw.: ca. 197 km/h; Produktion: 275.000 Stück

*In the middle of the 1950s Plymouth completely overhauled its model lines to attract more buyers. One result was the decidedly sporty "Fury" which, in contrast to most of its rivals, was equipped with an 8-cylinder engine as standard.*
***Technical data** Year of construction: 1959; Engine: 5.1 l / 8 cyl. / 230 hp; Max. speed: ca. 197 km/h; Production: 275,000 units*

## Cadillac Convertible 1953 (oben rechts / *top right*)

Ein massiver Kastenrahmen gepaart mit einer üppigen Karosserie, einem großvolumigen Motor, reichlich Zubehör und einer betont komfortablen Federung – das waren in den 1950er Jahren die wesentlichen Eigenschaften eines Straßenkreuzers, insbesondere wenn er von Cadillac kam. Zahllose Stars aus dem Show- und Film-Business wie Elvis Presley oder Marylin Monroe waren zu jener Zeit Cadillac-Fans. Heute gelten diese Fahrzeuge als Ikonen des Fünfziger-Jahre-Stylings.
**Technische Daten** Baujahr: 1953; Motor: 5,3 l / 8 Zyl. / 209 PS

*A massive box chassis combined with an ample body, a large volume engine, abundant extras and a soft suspension* – these were the essential elements of a big American car of the 1950s in particular if manufactured by Cadillac. Countless stars from the show- and film-business like Elvis Presley or Marylin Monroe were Cadillac fans these days. Today, these cars are considered to be the icons of the style of the 1950s.
***Technical data** Year of construction: 1953; Engine: 5.3 l / 8 cyl. / 209 hp*

## Cadillac „De Ville" (unten rechts / *bottom right*)

Straßenkreuzer wie der Cadillac „De Ville" von 1962 waren zwar einfach aufgebaute, aber luxuriös ausgestattete und auch außergewöhnlich zuverlässige Autos, die von ihren Besitzern über viele Jahre gefahren werden konnten. Auch das Museumsexponat ist noch immer voll fahrbereit.
**Technische Daten** Baujahr: 1962; Motor: 5,7 l / 8 Zyl. / 300 PS; Höchstgeschw.: 192 km/h; Produktion: 12.830 Stück

*Big cars like the Cadillac "De Ville" from 1962 were simply built, but luxuriously equipped and exceptionally reliable and could be driven by their owners for many years. Also the exhibit item in the museum is still in an absolutely roadworthy condition.*
***Technical data** Year of construction: 1962; Engine: 5.7 l / 8 cyl. / 300 hp; Max. speed: 192 km/h; Production: 12,830 units*

## Ford Skyliner Convertible von 1958

Im Gegensatz zu Buick oder gar Cadillac hat Ford immer preiswerte Autos fürs Volk gebaut. So war auch der „Skyliner" ein Fahrzeug, das sich trotz der luxuriösen Extras wie Servolenkung, Servobremsen und Automatikgetriebe die Masse der Amerikaner leisten konnte.

Eine ganz außergewöhnliche Besonderheit ist das auf Knopfdruck automatisch im riesigen Kofferraum versenkbare Stahldach. Es scheint heute unglaublich, dass eine derart erstaunliche Technik schon in den 1950er Jahren in einem billigen Ford angeboten wurde. Über Jahrzehnte hat kein anderer Hersteller etwas Vergleichbares auf den Markt gebracht. Der Mercedes SL kam dem zwar nahe, allerdings mit einem Stoffdach. Erst der SLK von 1996 verfügte wie der „Skyliner" über ein versenkbares Stahldach.

**Technische Daten** Baujahr: 1958; Motor: 4,1 l / V8 Zyl. / 202 PS; Länge / Breite: 5,20 m / 2,10 m; Höchstgeschwindigkeit: 192 km/h; Neupreis: 3.359 $; Produktion: 58.147 Stück

*Contrary to Buick, not to mention Cadillac, Ford has always built reasonably priced cars for the masses. True to this policy the "Skyliner" was another car which in spite of luxurious extras like power-steering and -brakes as well as automatic gear shift was affordable for the majority of Americans.*

*A very special extra is the steel-top that could be folded away into the gigantic trunk automatically just by pressing a button. It appears unbelievable today that an amazing technique of this kind has been offered in the 1950s already in a low-priced Ford. For decades no other manufacturer offered anything on the market that could compare with this model. Although the Mercedes SL came close, it was equipped with a soft top, and it was not until 1996 that the SLK could boast a fold-away steel-roof, just as the "Skyliner" did 40 years before.*

***Technical data*** *Year of construction: 1958; Engine: 4.1 liter / V8-cylinder / 202 hp; Length / Width: 5.20 m / 2.10 m; Maximum speed: 192 km/h; Selling price: $ 3,359; Total production: 58,147 units*

## Cadillac Sedan von 1956 (links / *left*)

Diese Cadillac Limousine aus den 1950er Jahren mit riesigem V8-Motor und butterweichem Fahrwerk ist ein besonderes Schmuckstück. Die rosarote Lackierung ist original. Elvis Presley besaß mehrere rosarote Cadillac und daher war diese Farbe bei seinen Fans besonders beliebt.

**Technische Daten** Baujahr: 1956; Motor: 5,4 l / 8 Zyl. / 240 PS

*This Cadillac sedan from the 1950s powered by a huge V8-engine and a chassis with a very soft suspension is a true gem. The pink paint is original. Elvis Presley owned several pink Cadillacs which made this color very popular amongst his fans.*

***Technical data*** *Year of construction: 1956; Engine: 5.4 l / 8 cyl. / 240 hp*

## Cadillac Fleetwood von 1957 (links / *left*)

Obwohl zwischen dem links gezeigten rosafarbenen Cadillac und diesem schwarzen Exemplar nur ein Baujahr liegt, zeigt das Design wesentliche Unterschiede. Besonders auffällig sind die Frontpartie mit den Doppelscheinwerfern und die großen Heckflossen, die beim älteren Modell nur angedeutet sind.

**Technische Daten** Baujahr: 1957; Motor: 6,3 l / 8 Zyl. / 306 PS

*Although there is only one production year between the pink Cadillac at the left and the black one at the right, the design is considerably different. Particularly conspicuous are the front part with the dual head lamps and the much larger tail fins.*

***Technical data*** *Year of construction: 1957; Engine: 6.3 l / 8 cyl. / 306 hp*

## Ford Galaxie 500 New York Police Department

Dieser leistungsstarke Wagen von 1968 mit einem 325 PS V8-Motor war bei der New Yorker Polizei (NYPD) im Einsatz. Die hohe Motorleistung und die gute Straßenlage machten den Ford „Galaxie" zu einem idealen Fahrzeug sowohl für die Verbrecherjagd in den Häuserschluchten der großen Metropolen Amerikas als auch für Routineeinsätze wie z. B. Verkehrskontrollen.

*This high performance car from 1968 powered by a 325 hp V8-engine was used by the New York Police Department (NYPD). Its powerful engine and the good handling characteristics made the Ford "Galaxie" a preferred vehicle not only for chasing criminals in the streets of the large cities but also for routine missions like traffic controls.*

## Cadillac Eldorado Biarritz Convertible von 1959

Mit dem „Eldorado Biarritz" stieß Cadillac Ende der 1950er Jahre in vielerlei Hinsicht in neue Dimensionen vor. Die Heckflossen mit den teilweise integrierten Rückleuchten hatten schon fast die Größe eines Flugzeugleitwerks. Die Fahrzeuglänge betrug jetzt fast sechs Meter, was das Auffinden eines geeigneten Parkplatzes nicht gerade leicht machte. Und unter der riesigen Motorhaube verrichtete ein voluminöser 6,4 Liter V8-Motor seine Arbeit, über dessen Benzinverbrauch man besser schweigt. An Zubehör hatte dieses absolute Luxusauto einfach alles, was damals gut und teuer war, u.a. eine Klimaanlage, Servolenkung, elektrische Fensterheber, Automatikverdeck, elektrisch verstellbare Sitze, Scheinwerferdimmer und vieles mehr.

**Technische Daten** Baujahr: 1959; Motor: 6,4 l / 8 Zyl. / 345 PS; Länge / Breite: 5,90 m / 2,20 m; Höchstgeschwindigkeit: 192 km/h; Neupreis: 7.401 $; Produktion: 1.320 Stück

*For Cadillac the "Eldorado Biarritz" of the late 1950s was a venture into new dimensions in more than one respect. The tail fins with their partly integrated rear lights were almost bordering on the dimensions of an airplane's tail unit. The length of the car now had reached nearly 6 meters which was not exactly helpful when it came to finding a parking space. A voluminous 6.4 liter V8-engine, whose fuel consumption is best ignored, was laboring away under the enormous hood. The car was equipped with all extras that were to be had for money at that time, among them air-conditioning, power steering, electric window control, automatic top, electrically adjustable seats, headlight-dimmers and many further accessories.*

***Technical data*** *Year of construction: 1959; Engine: 6.4 liter / 8-cyl. / 345 hp; Length / Width: 5.90 m / 2.20 m; Max. speed: 192 km/h; Selling price: $ 7,401; Total production: 1,320 units*

US-CAR TREFFEN
Das Treffen für historische US-Fahrzeuge
Jedes Jahr im Sommer auf dem Freigelände des
Auto & Technik
MUSEUM SINSHEIM
Infos: www.technik-museum.de/us-car
MUSEUM
SINSHEIM
AUTO&TECHNIK
technik-museum.de/video/us-car

# Motorräder - Motorcycles

Nur wenigen ist bekannt, dass Gottlieb Daimler und sein genialer Ingenieur Wilhelm Maybach noch vor dem Automobil das Motorrad erfunden haben. Am 10. November 1885, also ein gutes halbes Jahr vor der ersten dokumentierten Fahrt des Benz'schen Dreirads, unternahm Wilhelm Maybach mit einem von ihm konstruierten „Reitwagen" die ersten Fahrten in der Umgebung von Stuttgart. In den rund 130 Jahren, die seither verstrichen sind, hat das Motorrad eine wechselvolle Geschichte durchlaufen. Bis in die 1950er Jahre hinein diente es in erster Linie als verhältnismäßig billiges Fortbewegungsmittel für alle, die sich kein Auto leisten konnten. Mit dem zunehmenden Wohlstand und dem Aufkommen preiswerter Automobile verschwand das Motorrad dann für ein Jahrzehnt fast völlig von den Straßen. Erst Ende der 1960er Jahre wurde es als Freizeitfahrzeug und als Ausdruck eines besonderen Lebensgefühls wiederentdeckt. Die rund 300 Motorräder, die ständig im Auto & Technik Museum Sinsheim gezeigt werden, dokumentieren alle Entwicklungsstufen von den Anfängen bis zur heutigen Zeit.

*Only few are aware that Gottlieb Daimler and his brilliant engineer Wilhelm Maybach invented the motorcycle even before the automobile. On 10 November 1885, and hence a good six months before the first documented ride of Benz's tricycle, Wilhelm Maybach took on his first ride with a self-constructed motorcycle that he called "riding vehicle" in the outskirts of Stuttgart. In the good 130 years that have passed since the motorcycle has experienced many contrasts and changes. Up into the 1950s it was mainly used as a relatively inexpensive means of transport for those who were not in a position to afford a car. With growing prosperity and the advent of moderately priced cars the motorcycle all but vanished from the roads for a decade. And it was not until the late 1960s that it was rediscovered as a leisure time vehicle and expression of a special lifestyle. The roughly 300 motorcycles on permanent exhibit in the Auto & Technik Museum Sinsheim document the complete history of motorcycles from the beginnings to our days.*

Originalgetreue 1:1 Replik des „Reitwagens" von Gottlieb Daimler und Wilhelm Maybach aus dem Jahr 1885.

*True-to-the-original 1:1 replica of the "riding vehicle" designed by Gottlieb Daimler and Wilhelm Maybach from the year 1886.*

## Einrad-Motorrad

Ein höchst ungewöhnliches Fortbewegungsmittel ist dieses einrädrige Motorrad, das um die Jahrhundertwende von Erich Edison-Puton in Paris gebaut wurde. Obwohl es voll funktionsfähig ist, hat sich das hier verwirklichte extravagante Bauprinzip nicht durchsetzen können und geriet bald in Vergessenheit. Mit einem Originalkorpus und einem Originalmotor aus Paris wurde das Fahrzeug vom Restaurator Ferdinand Schlenker aus Sexau rekonstruiert. Das Museumsstück ist voll fahrbereit und wurde von Herrn Schlenker auf dem Museumsparkplatz mehrfach vorgeführt.

**Technische Daten**
Baujahr: um 1910
Motor: 150 ccm 1-Zylinder-De Dion-Motor mit 3,5 PS

## *Monowheel Motorcycle*

*A highly extraordinary means of transportation is this monowheel motorcycle that was built by Erich Edison-Puton in Paris at the turn of the century. Although fully functional, the extravagant concept carried into effect in this model did not meet with acceptance and was soon forgotten. An original body as well as an original engine from Paris were used by the restorer Ferdinand Schlenker of Sexau to reconstruct the vehicle. The exhibit at the museum is fully operational, as demonstrated by Mr. Schlenker repeatedly at the parking lot of the Museum.*

***Technical data***
*Year of construction: ca. 1910*
*Engine: 150 ccm 1-cylinder-De Dion-engine with 3.5 hp*

Ferdinand Schlenker bei einer seiner Versuchsfahrten mit dem Einrad-Motorrad.

*Ferdinand Schlenker on occasion of one of his test-rides with the monowheel-motorcycle.*

technik-museum.de/video/einrad

## Mars A 20

Mars war eine Eisenofenfabrik in Nürnberg, in der später auch Fahrräder hergestellt wurden. Im Jahr 1903 begann man mit dem Bau von Motorrädern und Automobilen. Der Autobau blieb eine kurze Episode, die bereits 1908 wieder beendet wurde. Die Motorrad-Produktion wurde dagegen bis Mitte der 1920er Jahre weitergeführt.

Das berühmteste Modell war die 1920 von Claus Franzenberg entworfene und bis 1925 gebaute, legendäre „Weiße Mars“ die, für viele unbekannt, auch in roter und grüner Lackierung erhältlich war. Dieses fantastische Motorrad, ein wichtiger Meilenstein in der Zweirad-Geschichte, wurde von einem Zweizylinder Boxermotor angetrieben, der nach den Plänen von Franzenburg exklusiv für Mars von Maybach in Friedrichshafen hergestellt wurde. Ein auffälliges Merkmal ist die Kurbel, mit der der Motor gestartet wird. Der luftgekühlte Motor hat einen Hubraum von 956 ccm und leistet ca. 8 PS. Der Rahmen besteht aus geschweißtem und genietetem Stahlblech. Das Motorrad wiegt rund 140 kg und erreicht eine Höchstgeschwindigkeit von ca. 90 km/h.

Die beiden im Museum gezeigten Mars-Motorräder wurden von „The Classic Bike Mike“ Mike Kron aus Krautheim-Klepsau restauriert. Sie befinden sich in einem perfekten Zustand und sehen aus, als wenn sie die Werkshalle in Nürnberg eben erst verlassen hätten. Sie sind die absolute Sensation bei jedem Veteranentreffen. Das Bild auf der nächsten Seite unten zeigt den Restaurator mit der weißen Mars auf der Rennstrecke von Montlhery bei Paris. Im Mai 2002 erhielt die Maschine dort den Preis für das außergewöhnlichste Motorrad.

*Mars was a factory for iron ovens in Nuremberg / Germany and later also built bicycles. In 1903 the company started to produce motorcycles and automobiles. Automobile production remained a brief episode which already ended in 1908. The manufacturing of motorcycles, however, was continued until the middle of the 1920s. The most famous model was the legendary "White Mars". It was designed in 1920 by Claus Franzenburg and built until 1925. Unknown to many, the "White Mars" was also available in green and red painting. This fantastic motorcycle, a milestone of motorcycle history, was powered by a 2-cylinder transverse boxer engine designed by Franzenberg and manufactured by Maybach in Friedrichshafen exclusively for Mars. A striking feature is the starting-handle which is required for starting of the engine. The air-cooled engine has a displacement of 956 ccm and an output of approx. 8 hp. The frame is made of welded and bolted sheet-steel. The motorcycle weighs about 140 kg and reaches a maximum speed of approx. 90 km/h.*
*The two Mars motorcycles on exhibit in the museum were restored by "The Classic Bike Mike" Mike Kron from Krautheim-Klepsau. They are in perfect condition and look as if they had just left the factory halls in Nuremberg. They are absolute show-stoppers at every classic bike meeting. The picture at the lower right hand side shows Mike Kron with the white Mars on the racing track of Montlhery near Paris where the bike was awarded the prize for the most exceptional motorcycle in 2002*

## BMW R32

Die Bayerische Motoren Werke AG wurde während des Ersten Weltkriegs gegründet und produzierte zunächst Flugzeugmotoren für die deutsche Armee. Da der Versailler Vertrag nach Kriegsende Deutschland die Flugzeugproduktion verbot, musste BMW auf andere Geschäftsfelder ausweichen. So entschloss man sich Anfang der 1920er Jahre zur Herstellung von Motorrädern. Die R32 war die erste Eigenentwicklung der Münchner Firma und wird daher zu Recht als das erste echte BMW-Motorrad bezeichnet. Bereits bei diesem Modell finden sich zwei Konstruktionsmerkmale, die für die BMW-Motorräder charakteristisch bleiben sollten - der Kardanantrieb und der Boxermotor mit den zwei gegenüberliegenden Zylindern. Insgesamt wurden 3.100 Exemplare der R32 in reiner Handarbeit gefertigt. Mit dem quergestellten Boxermotor, dem Kardanantrieb und dem verwindungssteifen Rohrrahmen war dem Konstrukteur Max Friz ein großer Wurf gelungen.

Das Museumsstück ist die erste R32, die BMW produziert hat. Auch dieses Motorrad wurde von Mike Kron restauriert und befindet sich in einem perfekten Zustand. Die Maschine ist äußerst wertvoll und wird daher in einer geschlossenen Glasvitrine gezeigt.

**Technische Daten** Baujahr: 1923; Motor: 486 ccm 2-Zyl.-Boxermotor mit 8,5 PS, Dreiganggetriebe und Kardanantrieb; Leergew.: 122 kg; Höchstgeschwindigkeit: 90 km/h; Preis: 2.200 Goldmark

*The Bayerische Motoren Werke AG were founded during WWI and, at first, produced aircraft-engines for the German Army. Since the Versailles Treaty prohibited Germany from building airplanes after the end of the war, BMW had to switch to other fields of business. In the early 1920s a decision was made to build motorcycles. The R32 was the first in-house design of the firm and is, therefore, justly described as the first true BMW-motorcycle. This first model already has two design features that were to remain characteristic for all BMW motorbikes - the cardan drive and the two cylinder transverse boxer engine. Altogether 3,100 units of the R32 were manufactured, all entirely handmade. The boxer engine, the cardan drive and the rigid tubular frame all contributed to the great hit accomplished by the designer Max Friz.*

*The specimen on display in the museum is the very first R32 built by BMW. Like the Mars bikes it was also restored by Mike Kron and is in a perfect condition. The bike is exceptionally valuable and, therefore, is shown in a closed glass showcase.*

**Technical data** *Year of construction: 1923; Engine: 486 ccm, 2-cylinder boxer engine with 8.5 hp, three-speed gearbox, and cardan drive; Net Weight: 122 kg; Maximum Speed: 90 km/h; Price: 2,200 Goldmarks*

Die BMW R32 bei der Übergabe nach der umfassenden Restaurierung im Jahr 2003.

*The BMW R32 at the handing over ceremony after complete restoration in the year 2003.*

## BMW R62 (oben / *top*)

Fünf Jahre nach der legendären R32 erschienen 1928 zwei neue BMW-Modelle mit 750-ccm-Motor, die R62 und die R63. Die auch für den Seitenwagenbetrieb ausgelegten Maschinen erwiesen sich als sehr zuverlässige Touren- und Reisemotorräder. Durch die jetzt rationellere Fließband-Fertigung konnte der Preis deutlich gesenkt werden, wodurch das Motorrad erstmals zum Massenverkehrsmittel wurde.

**Technische Daten** Baujahr: 1928; Motor: 745 ccm 2-Zyl.-Boxermotor mit 18 PS, Dreiganggetriebe, Kardanantrieb; Leergew.: 155 kg; Höchstgeschw.: 115 km/h; Preis: 1.450 Reichsmark

*Five years after the legendary R32, two new BMW models with 750 ccm-engines, the R62 and the R63, were launched in 1928. These bikes, which could also be equipped with sidecars, rapidly proved to be highly reliable touring- and long distance-motorcycles. Since at that time assembly lines and mass production were already standard, the price could be significantly reduced and the motorbike thus definitely became a vehicle for the masses.*

***Technical data** Year of construction: 1928; Engine: 745 ccm 2-cyl. boxer engine with 18 hp, three-speed gear, cardan drive; Net weight: 155 kg; Maximum speed: 115 km/h; Price: 1,450 Reichsmarks*

## BMW R47 Rennversion (unten links / *bottom left*)

Schon in den ersten Jahren erkannte man bei BMW die Bedeutung des Motorsports für den Absatz und die Weiterentwicklung der eigenen Produkte. So entstand 1927 eine aus der R32 entwickelte Sportversion, die u. a. anstelle der hinteren Keilklotzbremse eine Kardanbremse sowie eine bessere Vorderradbremse aufwies. Der 494-ccm-Motor mit vergrößerten Kühlrippen leistete 18 PS, womit die Soloversion der R47 ca. 110 km/h erreichte. Insgesamt wurden von diesem Modell 1.720 Stück gebaut.

*The significance of motor sports for marketing as well as for improving the design of their products was realized by BMW in the course of the first years already. Accordingly, a sport-version developed from the R32 was built in 1927, equipped with better front- and rear brakes. The 494-ccm-engine with enlarged cooling fins generated 18 hp which made the solo-version of the R47 reach a speed of approx. 110 km/h. Altogether 1,720 units were built.*

## BMW R67/2 (unten rechts / *bottom right*)

Die großen BMW 2-Zylinder-Maschinen der 1950er und 1960er Jahre gelten als echte Klassiker und sind heute entsprechend gefragt. Wie bei BMW üblich, unterlagen auch diese Modelle einer ständigen Weiterentwicklung. So wurde 1952 die Duplex-Vorderradbremse eingeführt. Ab 1955 gab es völlig neue Fahrgestelle. Das gezeigte Gespann stammt von 1953. Der Motor hat einen Hubraum von 594 ccm und leistet 28 PS.

*The big BMW 2-cylinder bikes of the 1950s and 1960s are regarded as genuine classics and are very sought-after today. As customary with BMW these models were also subjected to constant further development. 1952, e.g., saw the introduction of the duplex front wheel brake. A completely new frame was introduced as of 1955. The bike and sidecar combination shown here is from the year 1953. The engine has a displacement of 594 ccm and generates an output of 28 hp.*

## Indian

Über viele Jahrzehnte war Indian eine der berühmtesten Motorrad-Marken, die von vielen amerikanischen und europäischen Herstellern kopiert wurde. Die Geschichte dieser legendären Motorradfirma begann im Jahr 1900, als sich die beiden ehemaligen Radrennfahrer Hendee und Hedstrom zusammentaten um gemeinsam ein Motorfahrrad zu entwickeln. Ein charakteristisches Merkmal von Indian war der mit nur 42° extrem spitzwinklige 2-Zylinder V-Motor, der erstmals im Jahr 1907 erschien.

Die Indian-Modelle gehörten zu den erfolgreichsten Motorrädern in der Frühphase der Motorisierung, und zwar nicht nur in Amerika, sondern auch in Europa. Hierzu haben nicht zuletzt die Rennerfolge beigetragen, die sie u. a. bei der Tourist Trophy auf der Isle of Man erringen konnten. 1912 wurden 20.000 Einheiten gefertigt, 1914 waren es bereits 60.000. Nach dem Ersten Weltkrieg erlebte Indian eine weitere Blütezeit und blieb über Jahrzehnte einer der wichtigsten Konkurrenten von Harley-Davidson. Das Ende kam dann wie für viele andere Hersteller in den 1950er Jahren.

Die im Bild oben gezeigte Indian von 1912 mit einem 7 PS 1-Liter V2-Motor gehört zu den ganz frühen und daher auch sehr seltenen Exemplaren. Der vordere Schwingarm und die Blattfeder am Hinterrad boten zumindest etwas Komfort bei der Fahrt über die damals weitgehend unbefestigten Straßen. Am Lenker unser Vereinsmitglied Claus Kobia.

Das links unten gezeigte „Power Plus"-Gespann mit der typischen Lackierung in Indian-Rot stammt aus dem Jahr 1917. Der Seitenwagen, ein Eigenbau aus Holz, entstand um 1925. Als Antrieb dient ein typischer 2-Zylinder Indian-V-Motor mit 1.000 ccm und 18 PS.

*For many decades Indian was one of the most famous motorcycle brands which was copied by many American and European manufacturers. The history of this legendary company began in 1900, when the two former racing cyclists Hendee and Hedstrom joined forces to develop a motor bicycle. A characteristic feature of Indian motorcycles, the extremely acute-angled 2-cylinder V-engine of but 42°, was first introduced in the year 1907.*

*Indian models belonged to the most successful motorbikes in the early stage of motorization in America and in Europe. This was not least due to the victories in races that they succeeded in winning, among other events also in the Tourist Trophy in the Isle of Man. While 20,000 units were built in 1912, the production number had increased to 60,000 by 1914. Indian experienced a further heyday following WWI and, for decades, remained one of the most serious competitors of Harley-Davidson. Like for many other manufacturers, their end then came in the 1950s.*

*The picture at the top shows an Indian from 1912 with a 7 hp 1-liter V2-engine. It belongs to the very early and, therefore, very rare models. The swinging fork at the front and the leaf spring at the rear provided at least a little comfort while riding across the mostly unpaved streets of these days. On the handlebar our club member Claus Kobia.*

*The "Power Plus" motorbike with sidecar with the typical Indian-red paint shown at the bottom left is from 1917. The sidecar, a custom design made of wood, was built around 1925. It is powered by a typical Indian V2-engine with 1,000 ccm displacement and an output of 18 hp.*

Autohaus
Kobia
...anders als Andere
Tel. 07261 9752100
autohaus@kobia.de
www.kobia.de
Ihr SEAT Vertragshändler in Sinsheim

KoMota
Solutions
Telefonanlagen
IP Telefonie
CTI Lösungen
DECT Infrastruktur
Unified Communications
Beratung / Installation / Service
VASTRA
GOLD
Certified
KoMota Solutions GmbH · Gustav-Kirchhoff-Straße 17
67098 Bad Dürkheim · Tel. 06322 95475 0
www.komota.de · info@komota.de

## Indian Scout, Indian Ace, Indian Four und Indian Chief

Mit den amerikanischen Truppen kamen im Verlauf des Ersten Weltkriegs auch viele Indian-Motorräder nach Europa. Dies hat wesentlich dazu beigetragen, dass die Motorräder aus Springfield in den 1920er Jahren zu einer festen Größe auf dem europäischen Motorradmarkt wurden. Eine der erfolgreichsten Konstruktionen war die 1919 erstmals vorgestellte „Scout". Das Bild links unten zeigt ein Exemplar von 1928 mit einem 600 ccm V2-Motor mit 12 PS.

Für den Bau größerer Maschinen wurde der Hubraum des V2-Scout-Motors 1922 auf 1.000 ccm (Chief-Modelle) und 1924 sogar auf 1.200 ccm (Big Chief Modelle) erhöht. Das Bild auf der gegenüberliegenden Seite unten zeigt eine Big Chief „Roadmaster" von 1947 mit einem 1.200 ccm 40 PS Motor.

Fünfzehn Jahre lang, von 1927 bis 1942, hat Indian auch große Motorräder mit längs eingebautem 4-Zylinder-Motor anstelle des typischen V2-Motors hergestellt. Die beiden auf dieser Doppelseite jeweils oben gezeigten Maschinen markieren den Anfangs- und den Endpunkt dieser bemerkenswerten Modellreihe.

Die Indian „Ace" (diese Seite oben) war das erste von Indian verkaufte 4-Zylinder-Modell. Entwickelt wurde diese Maschine von den Brüdern Henderson für ihre „Ace"-Motorradfabrik, die 1927 von Indian aufgekauft wurde. Der Motor hat einen Hubraum von 1.265 ccm und leistet ca. 30 PS. Die Höchstgeschwindigkeit liegt bei rund 130 km/h. Die im Museum gezeigte Maschine ist eine der allerersten unter dem Namen Indian verkauften 4-Zylinder-Motorräder und entsprechend wertvoll.

Bereits 1929 erschien der Nachfolger der „Ace", der von nun an unter der Bezeichnung „Indian Four" vertrieben wurde. Die rechts oben gezeigte „Indian Four" gehört zur letzten Serie. Auffällig sind die großen Schutzbleche mit den breiten Radabdeckungen. Diese wurden zusammen mit der Hinterradfederung als wesentliche Neuerung ab dem Jahr 1940 eingeführt. Bemerkenswert sind auch der stilistisch hervorragend gelungene Motorblock und das weit hochgezogene, waagerechte Auspuffrohr.

Der Hubraum des Motors blieb über die gesamte Zeit unverändert, lediglich die Leistung wurde auf 40 PS gesteigert, was für ca. 145 km/h ausreichte. Von 1942 bis 1945 konzentrierte sich Indian auf den Bau von Militärmotorrädern mit 2-Zylinder-Motoren. Nach dem Krieg wurde die Produktion der großen 4-Zylinder nicht wieder aufgenommen.

During WWI many Indian motorbikes came to Europe together with the American troops. This promoted the motorcycles from Springfield and helped them gain a firm position on the European motorbike market. One of the most successful models was the "Scout", first presented in 1919. The picture at the bottom left of the opposite page shows a 1928 "Scout" powered by a 600 ccm V2-engine with 12 hp.

To build bigger bikes the displacement of the V2 Scout engine was raised to 1,000 cc in 1922 ("Chief" models) and to 1,200 cc in 1924 ("Big Chief" models). The picture at the bottom of this page shows a 1947 "Big Chief" with a 1.200 cc 40 hp engine.

For fifteen years, from 1927 through 1942, Indian also built big motorbikes with longitudinally installed 4-cylinder in-line engines. The bikes shown on the top of these two pages are marking the beginning and the end of this remarkable string of models.

The Indian "Ace" (opposite page top) was the first 4-cylinder model sold by Indian. The bike had been developed by the Henderson brothers for their "Ace"-motorbike factory which was bought by Indian in 1927. The engine has a displacement of 1,265 ccm and generates approx. 30 hp. The maximum speed is around 130 km/h. The bike on exhibit at the museum is one of the very first 4-cylinder motorbikes sold under the Indian brand and is correspondingly valuable.

The year 1929 already saw the advent of the successor model of the "Ace", which was henceforth sold under the name "Indian Four". The "Indian Four" of 1941 shown at the top of this page belongs to the last series. Prominent features are the big mudguards with their broad wheel covers, which were introduced as essential novelties as of 1940, together with rear wheel spring suspension. Further remarkable characteristics are the engine block of excellent stylistic design as well as the elevated, horizontal exhaust pipe.

The displacement of the engine remained unchanged in all that time, only the output was increased to 40 hp, sufficient for a speed of about 145 km/h. From 1942 through 1945 Indian concentrated on building military motorbikes with 2-cylinder-engines, and the production of the big 4-cylinder models was no longer resumed after the end of the war.

## Indian Steilwand Motorrad

In früheren Jahren waren Steilwandshows mit Motorrädern eine beliebte Attraktion auf Jahrmärkten. Heute ist diese Art von Akrobatik kaum noch zu sehen. Wir sind daher Stolz, dass es uns gelungen ist, diese alte Tradition wieder aufleben zu lassen: Im Rahmen des alljährlichen Motorrad-Klassiker-Treffens am ersten Oktober-Wochenende präsentiert das Museum die Steilwand-Show von Henny Kroeze. Auf einer historischen Holz-Steilwand von 1936 zeigen Henny Kroeze und seine Truppe atemberaubende Fahrmanöver auf der steilen Wand, u.a. mit drei historischen Indian-Motorrädern!

Das Bild oben zeigt ein solches Indian Steilwand Motorrad auf einer Rollenbank. Um dem Publikum einen Eindruck davon zu geben, was Sie während der Show erwartet, werden die Motorräder auf einer solchen Rollenbank in voller Fahrt präsentiert und die Akrobatik gezeigt, die später auf der Steilwand zu sehen ist. Von Zeit zu Zeit kann auch im Museum eine alte Indian auf den Rollen live fahrend bewundert werden.

*In former years wall of death shows featuring motorbikes were a popular attraction on country fairs. Nowadays this type of acrobatic show is rare if not extinct. It is with great pride, therefore, to show that we succeeded in reviving this old tradition: On occasion of our annual motorbike meeting on the first October weekend the museum is presenting the wall of death show of Henny Kroeze. On a historic wooden wall of death from the year 1936 Henny Kroeze and his team are performing breathtaking manoeuvres on the steep wall, among others with three historic Indian-motorbikes.*

*The picture at the top shows an Indian wall of death motorbike of this kind upon a roller-bank. To convey an impression to the spectators of what they may expect during the show the motorbikes are presented on a roller-bank of this kind in full speed complete with acrobatics which are going to be performed later on in the wall of death. From time to time there will also be an opportunity at the museum to admire an old Indian performing live on the rollers.*

Henny Kroeze auf dem Steilwand-Motorrad im Museum (oben) und bei seiner Steilwand-Show, die jedes Jahr beim Motorrad-Treffen am ersten Oktoberwochenende zu sehen ist (unten).

*Henny Kroeze riding the wall of death bike in the museum (top) and at his wall of death show which can be watched each year during the motorbike meeting on the first October weekend (bottom).*

MOTOR
HARLEY-DAVIDSON
TECHNIK MUSEUM SPEYER

# Henny Kroeze's wall of death

Alles wirkt ungeheuer authentisch. Die historische, 70 Jahre alte Steilwand, die klassischen Indians mit ihrem gewaltigen Sound, der Geruch von verbranntem Benzin - genau wie zu den Zeiten, als die Pioniere der Steilwand von Volksfest zu Volksfest zogen. Diesem Hang zum Unverfälschten ist es wohl auch geschuldet, dass Schutzausrüstungen bei Steilwandfahrern offensichtlich bis heute verpönt sind. Kein Trapezkünstler verzichtet noch auf ein Fangnetz, kein Alpinist geht mehr mit einem Hanfseil auf Klettertour. Auf der Steilwand ist die Zeit dagegen stehen geblieben. Protektoren, Lederkombis oder wenigstens ein Helm? - nichts dergleichen. Steilwandfahren ist eine gnadenlos ehrliche Kunst geblieben, ganz ohne Netz und doppelten Boden. Gut, dass Unfälle verhältnismäßig selten vorkommen.

Viel zu schnell vergeht die Zeit. Zum Abschluss noch ein donnernder „Steilwandapplaus", dann ist die Show vorbei. Das Publikum strömt wieder hinaus auf das Freigelände des Museums und wir nutzen die Gelegenheit um bei Henny Kroeze nachzufragen, wie er eigentlich dazu gekommen ist, mit einer Steilwand durch Europa zu touren.

**Henny, Du bist seit 2001 mit Deiner Steilwandshow beim Motorradwochenende dabei. Wie ist der Kontakt zum Museum zustande gekommen?**

Hermann Layher hat zusammen mit Udo Dobrzanski nach einer Steilwand-Show als besondere Attraktion für das Motorrad-Treffen im Auto & Technik Museum Sinsheim gesucht. Hermann hat sich zunächst zwei andere Steilwand-Shows angesehen, aber die haben ihm nicht gefallen. Die waren ihm zu viel Kirmes und zu wenig klassische Motorrad-Akrobatik. Udo hat ihm dann gesagt: „Dann musst Du den Henny nehmen. Der zelebriert Steilwandfahren so, wie Du es Dir vorstellst."

**Das Museum ist ja auch ein passender Ort für Deine Steilwand, denn Du legst ja besonderen Wert darauf, dass Du keine Kirmesattraktion bist.**

Das stimmt. Ich bin Motorradfahrer und kein Kirmesfahrer. Ich war früher Rennfahrer und bin Speedway-Rennen gefahren. Ich liebe alte Motorräder. Das Steilwandfahren ist ein Teil der Motorradgeschichte und die möchte ich mithelfen zu bewahren. Dafür ist eine Kirmes nicht der richtige Ort und daher treten wir auch fast nie bei Kirmesveranstaltungen auf.

**Wie bist Du zum Steilwandfahren gekommen?**

Ich war 18 Jahre lang Speedway-Profi und irgendwann kam dann der Tag, wo der Körper das nach den vielen Stürzen und Brüchen nicht mehr mitgemacht hat. Da fragt man sich dann, wie es weitergehen soll. Ich habe eine Ausbildung zum Maschinenschlosser gemacht und danach drei Jahre in einer Fabrik gearbeitet. Aber da war ich total unglücklich. Ich hab' den Job wieder an den Nagel gehängt und mit meiner Frau und einem Freund eine Motorrad-Show organisiert, mit der wir auf Tour gegangen sind. Bei dieser Show war auch eine Steilwand mit dabei und da war mir klar: Das ist genau das Richtige für mich, das will ich machen.

**Wenn Du Speedway-Rennen mit Steilwandfahren vergleichst, was ist gefährlicher?**

Ganz klar das Speedway-Fahren. Da trittst du gegen junge Burschen an die fast jedes Risiko eingehen. Vier Fahrer voller To-

desverachtung auf Motorrädern ohne Bremsen, die alle auf die Ideallinie wollen. Ich bin auch ein paar Mal übel von der Steilwand gestürzt aber ich habe mich nicht so schwer verletzt wie während meiner Zeit als Speedway-Profi. Da gab es Zeiten, da bin ich häufiger im Krankenhaus aufgewacht als neben meiner Frau.

**Seit wann hast Du deine eigene Steilwand?**
Ich habe sie 1997 gekauft und bin der fünfte Besitzer. Vorher bin ich zweieinhalb Jahre bei einer anderen Truppe mitgefahren. Mit dieser Steilwand konnte ich endlich selbst auf Tour gehen mit historischen Motorrädern und mit einer Show mit Motorrad-Akrobatik, wie ich sie mir vorstelle.

**Welche Eigenschaften braucht ein Steilwandfahrer?**
Er muss mutig sein, aber nicht übermütig. Er trägt ja nicht nur Verantwortung für sich, sondern auch für seine Kollegen. Bei einem Sturz kann er nicht nur sich, sondern auch seine Kollegen böse verletzen oder sogar töten.

**Warum fährst auf Deiner Steilwand überwiegend mit alten Indian-Motorrädern?**
Steilwandfahren und Indian-Motorräder gehören zusammen. Schon bei den frühesten Steilwand-Shows ist man auf Indians gefahren, da diese kaum Öl verloren und einen besonders starken Rahmen hatten. Eine historische Steilwand-Show ohne Indians ist keine historische Steilwand-Show.

*Everything is conveying an absolutely authentic impression. The historic, 70 year old steep wall, the classic Indians with their tremendous sound, the scent of burnt petrol – exactly like the times when the pioneers of the wall of death were roving from funfair to funfair. And it is probably owing to this quest for the pure and straight that protective gear obviously seems to be neglected by wall of death riders up to this day. No trapeze artist is dispensing with a safety net these days, no mountain climber still goes with a hemp rope on an uphill climb. On the wall of death, on the other hand, time stood still in this respect too, protectors, leathers, or a helmet at least? – No such thing. Up to this day riding the wall of death is a merciless, honest art, absolutely without net and false bottom. It's a good thing that accidents are comparatively rare.*
*But time flies much too fast. At the end another thundering "wall of death applause" and the show is over. The audience is pouring out again into the open air grounds of the museum and we are taking the opportunity to ask Henny Kroeze how he came to touring Europe with the wall of death.*

***Henny, you have been at the motorbike weekend with your wall of death Show since 2001. How did you get in contact with the museum?***
*Hermann Layher, together with Udo Dobrzanski, had been looking for a wall of death show as a special attraction for the biker meeting at the museum. Hermann first looked at two other death wall shows but he didn't like those. To his taste they were too much funfair and not enough classic motorbike acrobatics. Udo told him: "Then you have to take Henny. He is celebrating riding the wall of death the way you would expect."*

***The museum is in fact a fitting place for your wall of death show since you are attaching great importance to the fact that you are not a funfair attraction.***
*That's true. I am a motorbike rider and not an act at a funfair. I was a racing driver and competed in speedway races. I love vintage bikes. Riding the wall of death is part of motorbike history which I would like help to preserve. A funfair is not the right place for that and this is why we hardly ever perform at funfairs.*

***How did you come to riding the wall of death?***
*I was a speedway pro for 18 years and then came the day when, after many falls and broken bones, the body simply refused to go on. In a situation like that you are asking yourself: what now? I made an apprenticeship as an engine fitter and worked in a factory for three years thereafter. But I was absolutely unhappy there. I hung the job up again and, together with my wife and a friend, organized a motorbike show and went touring with it. This show also had a wall of death and I realized: This is exactly my thing, that's what I want to do.*

***When you compare speedway racing with riding the wall of death, what is more dangerous?***
*Quite obviously speedway racing is much more dangerous. There you are contesting with young fellows who are ready to take almost any risk. Four daredevil riders on bikes without brakes, all of whom want to ride the racing line. I did have a few nasty crashes from the death wall too, but never hurt myself so much as in my days as a speedway pro. There were times then when I woke up in the hospital more often than next to my wife.*

***Since when do you have your own wall of death?***
*I bought it in 1997 and I am the fifth owner. Before that I was riding with another troupe for two and a half years. With this wall of death I was finally able to do my own tours, with historic bikes and with a motorbikes acrobatics show like the one I have in mind.*

***What qualities does a death wall rider need?***
*He must be courageous but not careless. After all he is not only responsible for himself but also for his partners. In a crash he cannot only injure or even kill himself but his teammates as well.*

***Why do you prefer to ride your wall of death mainly with old Indian motorbikes?***
*Wall of death riding and Indian motorbikes belong together. Back in the very early days of wall of death shows already it was customary to ride on Indian motorbikes since there was practically no oil leakage, which is very important if you are riding on a wooden track which easily can become slippery, and also on account of their especially strong frames. A historic wall of death show without Indian motorbikes is not a historic wall of death show.*

**Norton ES 2**
Kurz nach dem erneuten Sieg bei der Tourist Trophy im Jahr 1927 präsentierte Norton zwei neue Modelle, die CS 1, eine Serienausführung der Siegermaschine mit Königswelle, und die hier gezeigte ES 2 ohv, die über viele Jahre gebaut wurde. **Technische Daten** Baujahr: 1937; Motor: 1 Zyl. / 490 ccm / 22 PS

*Shortly after winning another victory at the Tourist Trophy in 1927, Norton presented two new models: the CS 1, a series model of the winning bike with vertical shaft drive and the model ES 2 ohv that was built for many years.* ***Technical data*** *Year of construction: 1937; Engine: 1-cylinder / 490 cc / 22 hp*

## Norton

Wie bei vielen anderen Firmen war es auch bei Norton ein Rennerfolg, der den Ruhm der Marke begründete. Im Jahr 1907 hatte sich der Norton-Fahrer H. Rem Fowler durch seinen bei der ersten Tourist-Trophy (T. T.) auf der Isle of Man herausgefahrenen Sieg in der 2-Zyl.-Klasse über 259 km mit einem Durchschnitt von 58,29 km/h einen Namen gemacht. Die Maschine besaß damals noch einen Peugeot-Motor. Der Firmeninhaber James L. Norton war von da an bei jedem T. T.-Rennen dabei. 1924 gab es gleich zwei Norton-Siege, denen bis 1939 noch 16 weitere folgen sollten. Bis dahin gab es noch 11 Europa-Meisterschaften. Nach dem Zweiten Weltkrieg holte sich Norton 16 T. T.-Siege und acht Weltmeistertitel sowie unzählige weitere Rennerfolge. In diesen Jahrzehnten gehörten die Nortons zu den beliebtesten Motorrädern. Ab 1968 war das Modell „Commando" ein Welterfolg, 1974 ging es mit Wankel-Motor-Modellen weiter. 1977 lief die Produktion aus.

*Like many other firms, Norton also used the victory won by them in a race as a basis for the future fame of their brand. In the year 1907 the Norton rider H. Rem Fowler had made a name for himself in the first Tourist Trophy (T.T.) in the Isle of Man by winning the 2-cylinder-class over a distance of 259 km at an average speed of 58.29 km/h. At that time the bike was equipped with a Peugeot engine. From now on the firm's owner James L. Norton did not miss a single race. In 1924 Norton was even able to achieve a double victory, which was to be followed by 16 further wins until 1939, up to which time eleven European-championships were won besides. After WWII 16 T.T.-victories and eight world championships as well as innumerable other racing sports events were won by Norton. In these decades Norton models were among the most popular motorbikes. The model "Commando" was a world success as of 1968. In 1974 came models equipped with Wankel engines. Production was discontinued in 1977.*

**Norton „Manx"**
Die Norton „Manx" ist ein typischer Vertreter der Rennmotorräder der frühen 1950er Jahre. Bei zahllosen Straßenrennen belegten Motorräder dieses Typs die ersten Plätze. **Technische Daten** Baujahr: 1961; Motor: 500 ccm / 1 Zyl. / 50 PS

*The Norton "Manx" is a model typical for racing bikes of the early 1950s. Motorbikes of this type won first places in innumerable race events.* ***Technical data*** *Year of construction: 1961; Engine: 500 ccm / 1-cyl. / 50 hp*

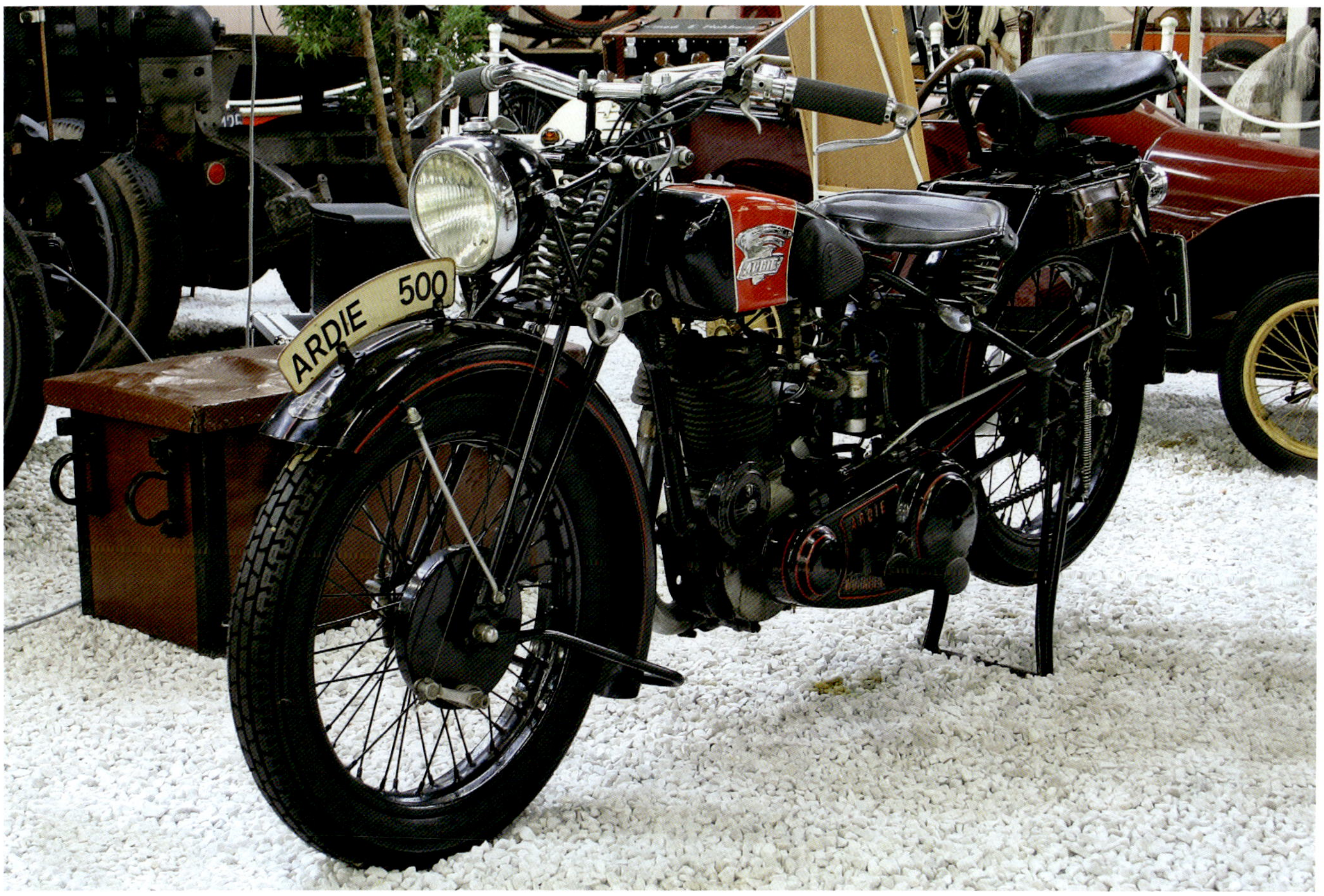


**Ardie 500**
Ein sehr schönes Tourenmotorrad, das Anfang der 1930er Jahre in mehreren Varianten gebaut wurde. Ausgerüstet mit englischen 500 ccm JAP-Motoren gehörten die Ardie 500 zu den meistverkauften Halbliter-Motorrädern in Deutschland.

*A beautiful touring motorbike that, in the early 1930s, was built in several different versions. Equipped with English 500 cc JAP-engines, the Ardie 500 models belonged to the best-selling half liter motorbikes in Germany.*

## Ardie

Die Markenbezeichnung „Ardie" leitet sich vom Namen des Firmengründers Arno Dietrich ab, der die Motorradfabrik 1919 in Nürnberg gegründet hatte. Bis 1958 entstanden bei Ardie Gebrauchsmotorräder mit Ein- und Zweizylindermotoren, zumeist mit Hubräumen bis 500 ccm, wobei sowohl eigene Entwicklungen als auch Einbaumotoren, z.B. von JAP, verwendet wurden. Ende der 1950er Jahre musste Ardie wie viele andere Motorradhersteller die Produktion einstellen.

*The brand-name "Ardie" derived from the name of the company founder, Arno Dietrich, who started the motorbike factory in Nuremberg in 1919. Up to 1958 Ardie built street bikes with one- and two-cylinder engines, mostly with displacements up to 500 cc, using both in-house developments as well as OEM engines, e.g. by JAP. As many other motorcycles manufacturers Ardie had to discontinue production in the late 1950s.*

**Ardie RZ 200**
Liebevoll restauriertes Motorrad von Ardie aus dem Jahr 1937. Als Antrieb dient ein 200 ccm 1-Zylinder-Motor mit 7 PS.

*Excellently restored Ardie motorbike built in 1937. It is powered by a 200 cc 1-cylinder engine with an output of 7 hp.*

## NSU 1000 und NSU 2000 Weltrekord-Motorräder

Einmal im Guinnes Buch der Rekorde stehen, wer möchte das nicht? Franz Langer, der Konstrukteur dieser beiden Motorräder, hat es geschafft. Mit der oben gezeigten NSU 1000 hielt er über viele Jahre den Weltrekord für das Motorrad mit dem hubraumstärksten Einzylinder-Motor.

Als Basis für die einzigartige Maschine diente eine NSU 600 OSL aus dem Jahr 1939 in verstärkter Ausführung, bei der der Hubraum auf 1 Liter aufgebohrt wurde. Das rund 180 Kilogramm schwere Motorrad leistet ca. 40 PS und ist rund 90 km/h schnell. Langer musste für sein Rekordmotorrad eine spezielle Kupplung entwickeln, um ein Absterben des großvolumigen Motors bei der Beschleunigung verhindern zu können.

Die NSU 1000 wurde inzwischen von einem 1-Zylinder-Motorrad mit 1,5 Litern Hubraum übertrumpft. Um den Rekord wieder zu erlangen, wurde die rechts unten gezeigte „Bison 2000" gebaut, und für den Weltrekord angemeldet. Angetrieben wird die Maschine von einem riesigen 1-Zylinder-Motor mit 2 Litern Hubraum.

*To be listed in the Guinness Book of Records, who would not want this to happen one time? Franz Langer, the designer of these two motorcycles, did make it. With the NSU 1000 shown above he was holding the record over many years for the motorbike equipped with the one-cylinder engine with the largest displacement. The basis for this unique bike was an enhanced version of a NSU 600 OSL from 1939 which had its capacity enlarged to 1 liter. The motorbike weighing a good 180 kilograms has an output of approximately 40 hp and achieves a top speed of about 90 km/h. To prevent the large-volume engine from stalling during acceleration, Langer had to develop a special clutch for his record-breaking motorbike. The NSU 1000 has meanwhile been outdone by a 1-cylinder motorbike with a capacity of 1.5 liters. To win the record back the "Bison 2000" shown at the bottom was built and registered for the world record. The machine is powered by a gigantic 1-cylinder engine with a capacity of 2 liters.*

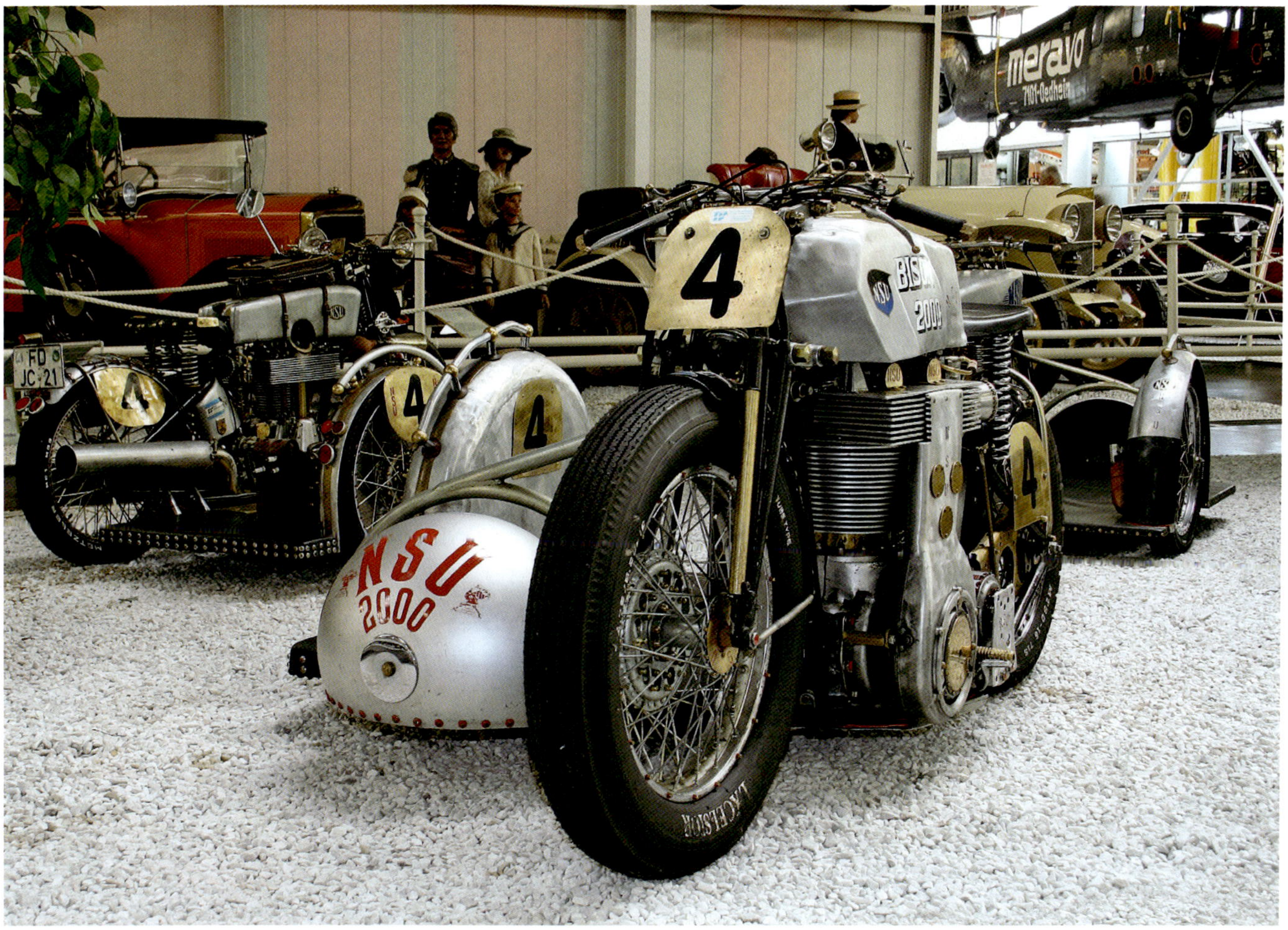

## NSU Eigenbau-Gespanne

Diese drei Boliden mit Seitenwagen stammen ebenfalls aus der Werkstatt von Franz Langer. Die Bauzeit der NSU 2000 (Bild oben) betrug 3 Jahre. Der Rahmen ist ein Eigenbau, das Kurbelhaus gehörte zu einem 600er NSU Wehrmachtskrad. Um die riesige Bohrung von 146 mm aufnehmen zu können, wurde es in der Vertikalen und der Horizontalen um 66 mm erweitert. Das Gewicht der Kurbelwelle beträgt 34 kg und das Gesamtgewicht beläuft sich auf 305 kg. Bei der NSU 1000 (Bild Mitte) stammt das Kurbelgehäuse ebenfalls von einer 600er NSU und wurde erweitert, um die mit Königswellenantrieb ausgestatteten Zylinder aufnehmen zu können. Die Beiwagen sind Eigenbauten von Franz Langer mit einer Alu-Rahmenkonstruktion. Bei der NSU 500 (Bild unten), die vom TÜV abgenommen wurde und bis Juli 2008 noch im Straßenverkehr bewegt wurde, war der Beiwagen (ein „Rennboot") im Fahrzeugschein als „Lastenbeiwagen" eingetragen, weil er im Straßenverkehr nicht zur Personenbeförderung zugelassen werden konnte.

*These three motorbikes with sidecars were also built by Franz Langer. It took 3 years to build the NSU 2000 (picture at top). The frame was custom-built by him. The engine was based on the crankcase of a NSU 600 army bike. To accommodate the gigantic 146 mm borehole, it was expanded horizontally and vertically by 66 mm. The crankshaft alone weighs 34 kg and the total weight of the bike sums up to 305 kg. The crankcase for the NSU 1000 (middle picture) was also taken from an NSU 600 and expanded to make room for the larger cylinders with vertical shaft drive. The sidecars are aluminium frame constructions custom-built by Franz Langer. The NSU 500 (picture bottom) has an official approval for road service and was regularly used on normal streets until July 2008. The sidecar (a "racing boat"), however, was approved only for transportation of goods and not for passenger transportation.*

**Harley-Davidson V/VL Gespann von 1931**
Als Antwort auf die legendäre Indian „Scout" brachte Harley-Davidson 1929 u. a. die V / VL mit 1.200-ccm-Motor und 28 PS Leistung auf den Markt. Das Museumsstück befindet sich technisch und optisch in einem hervorragenden Originalzustand.

***1931 Harley-Davidson V/ VL motorbike with sidecar***
*The V/VL powered by a 28 hp 1,200 cc engine was one of the models launched by Harley-Davidson as a rejoinder to the legendary Indian "Scout". The museum's exhibit is in an excellent technical and optical condition.*

**Harley-Davidson von 1940**
Eine zeitlos schöne Harley mit 1.300 ccm 2-Zylinder-V-Motor mit 34 PS.

*A Harley of timeless beauty with a 1,300 cc 34 hp 2-cylinder-V-engine.*

## Harley-Davidson

Harley-Davidson wurde 1901 von William Harley und Arthur Davidson gegründet. Zwei Jahre später brachten sie ihr erstes, selbst konstruiertes Motorrad auf den Markt, eine 1-Zylindrige Maschine mit 405 ccm und 3 PS. Das erste Modell mit dem für diese Marke so charakteristischen V-Motor entstand bereits 1909. Somit reicht die Tradition von Harley-Davidson, der heute einzigen amerikanischen Motorradfabrik, noch um einiges weiter in die Vergangenheit zurück als die von BMW.
Dass Harley-Davidson noch heute existiert liegt sicherlich nicht zuletzt an dem Umstand, dass die Modelle speziell der 1950er und 1960er Jahre den amerikanischen Geschmack sehr gut trafen und durch Filme wie „Easy Rider" zum Bestandteil des Lebensgefühls einer ganzen Generation wurden.

*Harley-Davidson was founded in 1901 by William Harley and Arthur Davidson. Two years later they introduced their first self-designed motorbike, a 1-cylinder model with 405 cc displacement and 3 hp output. The first model with the V-engine characteristic for this brand originated in 1909 already. As far as seniority is concerned, therefore, the tradition of Harley-Davidson, the only American motorbike factory of our times, reaches further back even than that of BMW.*
*That Harley-Davidson is still existing these days is definitely due not least to the fact that the models, specifically those of the 1950s and 1960s, were a great hit with the American public and, as a result of movies like "Easy Rider", became part of the way of life of a whole generation.*

## Harley-Davidson Typ J

Diese Harley-Davidson J mit einem 750 ccm 30 PS Motor entstand im Jahr 1941, als die Fertigung im Zeichen der Rüstungsaufträge stand. Das Modell J ist extrem selten, in Europa sind nur drei Exemplare bekannt.

*This Harley-Davidson J with a 750 cc 30 hp engine was built in 1941, when production was dominated by military orders. The J is an extremely rare model, only three specimens are known to exist in Europe.*

## Harley-Davidson Electra Glide

Mit Modellen wie der „Electra Glide", die schnell zum bevorzugten Fahrzeug sowohl der Highway-Polizei als auch der Hells Angels wurde, festigte Harley-Davidson nach dem Krieg seine Position als Produzent bequemer Reisemotorräder mit extrem großvolumigen Motoren. Nicht zuletzt aufgrund der zahllosen Hollywood-Filme, in denen solche Maschinen auftraten, wurde dieses Motorrad in den 1960er und 1970er Jahren zu einem Kultobjekt hochstilisiert. Die „Electra Glide" wird seit 1965 in kaum veränderter Form produziert und erfreut sich auch heute noch dank ihres einzigartigen Images einer großen Beliebtheit.
**Technische Daten** Baujahr: 1981; 1.207 ccm V2-Zyl.-Motor mit 66 PS

*With models like the "Electra-Glide", which rapidly turned into the favorite vehicle not only of the highway police but of Hells Angels as well, Harley-Davidson consolidated their reputation after the war as a producer of comfortable touring-bikes with extremely large-volume engines. Not least due to numerous Hollywood movies starring such bikes this motorcycle was hyped into a cult object in the 1960s and 1970s. The "Electra Glide" has been built since 1965 in an almost unchanged form, and keeps enjoying high popularity up to these days.*
***Technical data*** *Year of construction: 1981; 1,207 cc V2-cylinder engine with 66 hp*

## Böhmerland

Die „Böhmerland" Motorräder wurden zwischen 1925 und 1939 vom Mechaniker Albin Liebisch in Schönlinde im Sudetenland produziert. Alle wichtigen Teile wie Motor, Rahmen und die eigenartige Gabel wurden von Liebisch konstruiert. Die Langversion (Bilder oben und unten) gilt mit 3,20 m Länge als das längste Motorrad der Welt. Auf ihr fanden vier Personen Platz, drei auf dem Fahrersattel und einer auf dem Sozius. Die Langversion war für das Militär gedacht, fand dort aber wenig Anklang. Die konventionelle zweisitzige Version war dagegen aufgrund ihrer robusten Bauweise insbesondere in ländlichen Gebieten beliebt. Als Antrieb diente in beiden Fällen ein 600 ccm Einzylinder-Motor mit einer Leistung von 24 PS. Insgesamt wurden schätzungsweise 3.000 Böhmerland-Motorräder von Liebisch gebaut, von denen noch etwa 75 Stück existieren.

*The "Böhmerland" bikes were built between 1925 and 1939 by the engineer Albin Liebisch in Schönlinde / Sudetenland. All important parts like engine, frame and the unusual fork were designed by Liebisch. The long version (pictures top and bottom) with a length of 3.20 meters is considered to be the longest motorbike in the world. It has room for four persons, three on the driver's seat and one on the pillion. The long version was intended for military use but did not catch on very much. However, the conventional version with two seats was quite popular in rural regions due to its sturdy design. Both bikes were powered by a 600 cc single cylinder engine with a performance of 24 hp. In total about 3,000 Böhmerland bikes were built of which about 75 specimens are still in existence today.*

**Horex „Regina Sport" mit einzelnem Auspuff (Einport)**
Die „Regina" war in den 1950er Jahren eines der beliebtesten Motorräder der 350er-Klasse. Heute erlebt diese hervorragende Maschine als begehrtes Oldtimer-Motorrad ein grandioses Comeback. Der Lenker und der Schalldämpfer des Museumsstücks sind Sonderzubehör. **Technische Daten** Baujahr: 1954; Motor: 1-Zyl.-Motor mit 342 ccm und ca. 20 PS

*The "Regina" was one of the most popular 350 cc motorbikes of the 1950s. Today this excellent bike has a terrific comeback as a highly sought-after vintage motorcycle. Handlebars and muffler of the museum's exhibit are optional accessories.* ***Technical data*** *Year of construction: 1954; Engine: 1-cylinder engine with 342 ccm and approx. 20 hp*

**Horex S 35**
Die Horex-Motorräder besaßen stets das Image eines kernigen Motorrads nach englischem Vorbild. Die S 35 aus der Zeit vor dem Zweiten Weltkrieg machte da keine Ausnahme. **Technische Daten** Baujahr: 1936; Motor: 1-Zyl.-Motor mit 344 ccm und 12,5 PS

*Horex-motorbikes have always had the image of a robust motorcycle in the British fashion. In this the model S 35 from the time before World War II was no exception.* ***Technical data*** *Year of construction: 1936; Engine: 1-cyl. with 344 ccm and 12.5 hp*

## Horex

Über viele Jahrzehnte baute die von Fritz Kleemann in den 1920er Jahren gegründete Firma Horex im kleinen Bad Homburg Motorräder, die zum Besten gehörten, was auf zwei Rädern unterwegs war. Eines der erfolgreichsten Modelle war die „Regina", die 1950 erstmals vorgestellt wurde und sich in der Wirtschaftswunderzeit als wahrer Verkaufsschlager erwies. Aber auch diese renommierte Motorradschmiede erlag der eisernen Auslese des Marktes. Anfang der 1960er Jahre brachte die Massenproduktion preiswerter Kleinwagen auch für Horex das Aus.

*Over a period of many decades the Horex company, founded in the 1920s by Fritz Kleemann in the small city of Bad Homburg, was building motorcycles which belonged to the best en route on two wheels. One of the most successful models was the "Regina" which was first presented in 1950 and turned into a veritable sales hit during the boom years after WW II. But this renowned motorbike factory, too, fell prey to the merciless selection of the market. In the early 1960s mass production of small cars also forced Horex to close down.*

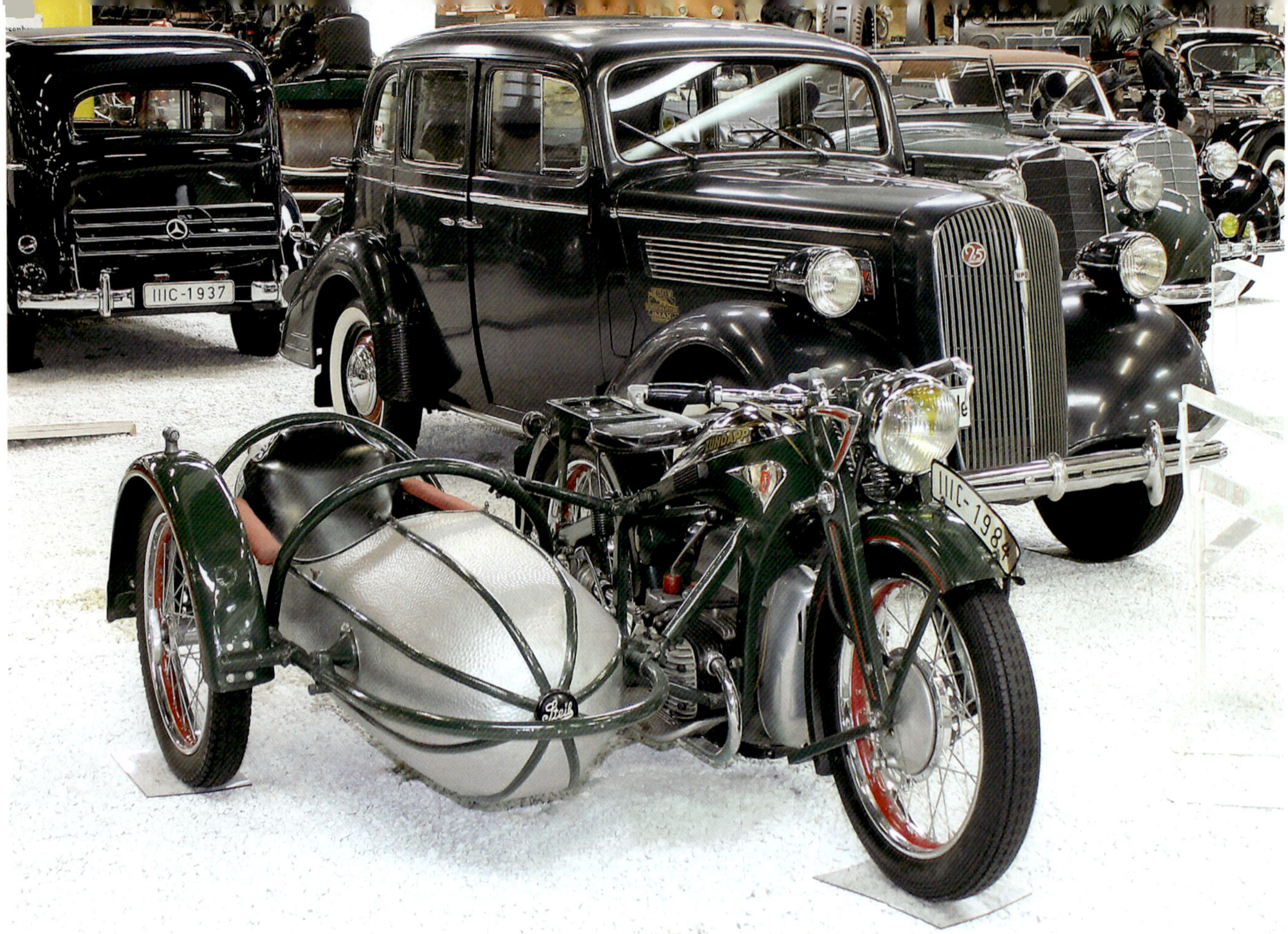

## Zündapp

Nach dem Ersten Weltkrieg begann die ehemalige „Zünder- und Apparatebau GmbH" von Fritz Neumeyer in Nürnberg ab 1921 mit dem Bau von Motorrädern mit dem Markennamen „Zündapp". Neumeyers Pläne kreisten um einfache Volksmotorräder. Ein „Motorrad für Jedermann" wollte er bauen. Zündapp war mit dieser Strategie sehr erfolgreich und, wie bei den meisten anderen Motorradfabrikanten, die den Krieg halbwegs überlebt hatten, ging es auch bei Zündapp nach 1945 schnell wieder bergauf. Erneut waren es die Alltagsmodelle, die den Markterfolg brachten. Zündapp war über viele Jahre im Sport engagiert und gewann speziell mit den kleinen 50- und 80-ccm-Maschinen viele Titel. Ende der 1970er Jahre verschlechterten sich jedoch die Verkaufszahlen. Die letzte Zündapp Fabrik in München schloss 1984. Die Produktionsanlagen wurden nach China verkauft.

*After the end of WWI the former "Zünder- und Apparatebau GmbH" of Fritz Neumeyer in Nuremberg began building motorcycles with the brand name "Zündapp" in 1921. Neumeyer's plans were targeted at building uncomplicated motorbikes for the average people. Zündapp was quite successful with this strategy and, as with most other motorbike factories which managed to survive the Second World War in reasonably good shape, things also quickly began to pick up at Zündapp after 1945. Once more it were the ordinary models that brought profitable sales figures. Zündapp engaged in sports for many years and won many titles especially with their small 50- and 80 ccm bikes. However, sales numbers deteriorated at the end of the 1970s. The last Zündapp factory in Munich closed down in 1984 and all production equipment was sold to China.*

**Zündapp K 800 Gespann**

Der Zündapp-Typ K 800 wurde von 1933 bis 1938 in Nürnberg hergestellt und meist als Gespann eingesetzt. Der seitengesteuerte 4-Zylinder-Boxermotor leistete 20 - 22 PS bei 4.800 Upm. Weitere wesentliche Merkmale waren das 4-Gang-Kugelschalt-Kettengetriebe, der Profilrahmen aus Pressstahl und der Kardanantrieb.

*The Zündapp Type K 800 was built from 1933 through 1938 in Nuremberg and mostly used with a sidecar. The 4-cylinder side valve boxer engine produced 20 - 22 hp at 4,800 rpm. Further essential features were the 4-speed ball gear with chain and sprocket drive, the sectional moulded steel frame and the cardan drive.*

Neben vielen historischen Motorrädern aus der Zeit bis zum Zweiten Weltkrieg sind im Museum auch zahlreiche Motorrad-Youngtimer zu sehen. Eine kleine Auswahl zeigt diese Seite.

Oben links: Benelli 750 sei von 1976 mit dem berühmten 6-Zylinder 750 ccm Motor mit 63 PS.

Oben rechts: BSA A75 / Rocket 3 von 1972 angetrieben von einem 750 ccm 3-Zylinder-Motor mit 64 PS.

Mitte links: Real-Rotax 250 ccm Grand-Prix Rennmaschine von Manfred Herweh aus der Saison 1985.

Mitte rechts: Jawa 500 ccm 60 PS Eisspeedway-Rennmotorrad von 1988 für Rennen auf Eispisten.

Unten links: KTM 660 Rally; Siegermotorrad der Rally Paris-Dakar 2001 mit dem Fahrer F. Meoni.

Unten rechts: Zwei Zündapp „Bella" Motorroller von 1956.

*Besides many vintage bikes from the era until World War II there are also many motorcycle youngtimers on display in the museum. A small selection is shown on this page.*

*Top left: 1976 Benelli sei with the famous 6-cylinder 750 cc engine with 63 hp output.*

*Top right: 1972 BSA A75/Rocket 3 powered by a 3-cylinder 750 cc engine with 64 hp.*

*Middle left: Real-Rotax 250 cc Grand Prix racing bike piloted by the German rider Manfred Herweh in the season 1985.*

*Middle right: Jawa 500 cc 60 hp ice speedway racing motorbike for racing on ice tracks.*

*Bottom left: KTM 660 Rally; winning motorbike of the rally Paris - Dakar 2001 with the rider F. Meoni.*

*Bottom right: Two 1956 Zündapp "Bella" scooters.*

# Orgeln und Mobiles -
# *Organs and mobiles*

## Die größte Tanzorgel der Welt

In Sinsheim befindet sich die größte Tanzorgel der Welt, gebaut von der belgischen Firma Mortier. Das Grundinstrument entstand 1912. In der jetzigen Ausführung verfügt die Tanzorgel über 900 Pfeifen, ein Saxophon, zwei Akkordeons mit 41 Pianotasten und 120 Bässen (chromatisch) sowie eine vollständige Schlagzeugausrüstung. Die Mortier-Orgel ist 8 m breit, 7 m hoch, und 4,4 m tief, belegt eine Grundfläche von über 30 $m^2$ und spielt die gesamte Palette der Tanzmusik sowie klassische Werke. Gesteuert wird das gewaltige Instrument durch einen Lochkartonstreifen mit einer Breite von 435 mm. Hinter der Orgel sind über 1.000 Notenbücher gelagert, die in der ganzen Welt gesammelt wurden.

## *The largest dance organ in the world*

*The world's largest dance organ, also known as calliope, built by the Belgian firm Mortier, is located in Sinsheim. The basic instrument was built in 1912. In its present design the instrument is equipped with more than 900 pipes, a saxophone, two accordions with 41 piano keys and 120 basses (chromatic) as well as a complete set of percussions. The Mortier organ is 8 m wide, 7 m high, and 4.4 m deep, covers a floor area of more than 30 square meters, and can play the whole range of dance music as well as classical pieces. A 435 mm wide perforated cardboard tape is used to control the colossal instrument. More than 1,000 music books collected from all over the world are being stored behind the organ.*

## Hooghuys Orgel

Die Firma Hooghuys wurde 1880 von Louis und Edmond Hooghuys in Willebroek / Belgien gegründet. Sie ist eine der bedeutendsten Firmen des klassischen Großorgelbaus und bekannt für eine optimale Klangfarbengestaltung. Die Hooghuys-Orgel im Museum mit ihrer fantastischen Fassade ist einzigartig in der Welt. Sie entstand um 1910 und umfasst 84 Tonstufen.

*The Hooghuys company was founded in 1880 by Louis and Edmond Hooghuys in Willebroek / Belgium. It is one of the most important companies of classic large organ production. Its instruments are famous for their optimal timbre. The Hooghuys organ in the museum with its fantastic facade is absolutely unique. It was built around 1910 and has a range of 84 degrees.*

## Decap Großorchestrion

Dieses prachtvolle Instrument entstand Mitte der 1930er Jahre. Es befindet sich in der Halle 2 in Sinsheim. Verankert auf einem drehbaren Podest spielt das Orchestrion auf Wunsch populäre Melodien.

*This magnificent instrument was built in the middle of the 1930s. It is located in Hall 2 at Sinsheim. Anchored to a turntable platform the instrument plays popular tunes on request.*

## Aeolian Grand Konzertorgel

Hoch oben auf einem Podest befindet sich in der Halle 2 im Auto und Technik Museum Sinsheim eine echte Sensation: die größte selbstspielende Orgel der Welt. Das als Konzert- und Kathedralorgel gedachte Instrument wurde von der Schweizer Orgelbauanstalt Gatringer in den Jahren zwischen 1928 und 1930 gebaut. Der mechanische Steuerteil stammt von der amerikanischen Firma Aeolian. Mitte der 1980er Jahre gelangte die Aeolian Grand nach Sinsheim, wo sie von der Firma Arnold umfassend restauriert wurde. Dieses unvergleichliche Meisterwerk der Orgelbaukunst ist 8 m hoch, 6 m breit und 7 m tief und besitzt 2.500 Pfeifen. Die größte Pfeife ist 8,5 m lang, wiegt ca. 435 kg und erzeugt einen akustisch nicht mehr wahrnehmbaren Ton mit einer Frequenz von nur 16 Hz. Die kleinste Pfeife ist ein Winzling von 8 mm Länge und 10 Gramm Gewicht. Sie erzeugt einen gerade noch hörbaren Ton von 18.000 Hz. Durch die vollautomatische Steuerung kann die Orgel so gespielt werden, als hätte der Organist 60 Finger. Die Orgelsteuerung ist von unten einsehbar, da das Instrument auf einem Gitterrost steht. Die mehr als 1.000 Musikrollen, die für die Aeolian Grand vorhanden sind, umfassen die gesamte Palette moderner und klassischer Musik.

*High upon a pedestal in Hall 2 at the Auto & Technik Museum Sinsheim is a true sensation, the biggest self-playing organ of the world. The instrument, conceived as concert- and cathedral organ, was built from 1928 through 1930 by the Swiss organ builders Gatringer. The mechanical control unit originated from the American firm Aeolian. In the middle of the 1980s the Aeolian Grand was brought to Sinsheim where it was thoroughly restored by Messrs. Arnold. This unique masterpiece of organ building is 8 m high, 6 m wide, and 7 m deep, and equipped with 2,500 pipes. The biggest pipe is 8,5 m long, weighs about 435 kg, and produces an acoustically no longer perceptible sound of only 16 Hz. The smallest pipe is a midget, 8 mm long and weighing 10 grams. It produces a sound of 18,000 Hz which is just about audible. The fully automatic control permits the organ to be played as if the organist had 60 fingers. The organ's control is visible from below since the instrument is positioned on a grate. The more than 1,000 music rolls available for the Aeolian Grand cover the entire range of modern and classical music.*

**Decap Großorchestrien**

Zwei imposante Großorchestrien des weltberühmten belgischen Herstellers Decap. Das Instrument oben mit der wunderschönen Beleuchtung steht in der Halle 2. Das Instrument unten befindet sich in der Halle 1. Es ist auf einer drehbaren Plattform montiert. Die Orchestrien sind voll funktionsfähig und spielen auf Wunsch Unterhaltungsmusik.

*Two impressing calliopes built by the world-famous Belgian Decap company. The instrument with the beautiful illumination shown above is located in Hall 2. The instrument shown below is situated in Hall 1. It is mounted on a revolving platform. Both calliopes are fully functional and play popular music by request.*

## Lebendig, dröhnend, laufend -
# Die Unnützmaschinen

Die Bedeutung der meisten Exponate in den Museen erschließt sich von selbst. Ein Auto ist ein Auto, ein Flugzeug ist ein Flugzeug und ein Motorrad ist ein Motorrad. Wer wollte dies in Frage stellen? Aber was ist eine Unnützmaschine? Eine Maschine, die zu nichts nutze ist? Sicher mag es technische Innovationen geben die niemandem nutzen, außer dem, der sie herstellt. Gerätschaften, bei denen die größte Leistung darin besteht, Menschen zu finden, die dafür Geld ausgeben. Doch von dieser Art von Unnutz sind die Großmobiles „Mefistofeles“ und „Imperator“ und die beiden Wasserspiele in den Technik Museen Sinsheim und Speyer weit entfernt. Wenn man sieht, mit welcher Freude die Großmobiles von den Besuchern in Gang gesetzt werden und wenn man die Fanfaren hört, die erklingen, wenn die sich Wasserspiele klappernd in Bewegung setzen, kann man kaum an der Nützlichkeit dieser Apparate zweifeln. Sie heißen schließlich auch nicht deshalb Unnützmaschinen, weil sie nichtsnutzig wären. Ihr Name ergibt sich vielmehr aus dem Umstand, dass hier zahllose Dinge aus vergangenen Tagen, vom Wagenrad bis zum Reisekoffer, die unnütz geworden sind, sei es, weil die Entwicklung der Technik sie aufs Altenteil geschickt hat, oder aber, weil sie durch die oft jahrzehntelange Nutzung ihrer ursprünglichen Funktion beraubt wurden, einer neuen Aufgabe zugeführt wurden, nämlich der Unterhaltung der Museumsbesucher. Ein nützliches, weil Freude bereitendes, Kunstobjekt aus unnützen Utensilien, das ist es, was den Kern der Unnützmaschinen ausmacht. Erschaffen wurden die wundersamen Objekte vom Kreativteam des Museums unter der Leitung unseres im Jahr 2012 verstorbenen ehemaligen Präsidenten Eberhard Layher.

Neben dem rein ästhetischen Genuss bieten die Unnützmaschinen übrigens auch noch zusätzlich eine nützliche erzieherische Funktion. Sie lassen sich nämlich auf zwei Arten in Gang setzen. Der Faule oder Verschwenderische wirft eine Münze in den Automaten und schon kann er sich am Dröhnen und Klappern der Maschinen erfreuen. Der Fleißige oder Sparsame kann das gleiche Vergnügen gemäß dem Motto „Leistung lohnt sich“ nach etwas Kurbelarbeit kostenlos haben.

Damit wäre zu unseren Unnützmaschinen eigentlich alles gesagt. Falls Sie aber trotz der hier dargelegten erschöpfenden Erläuterungen noch immer Fragen zum Nutzen des eigentlich Unnützen haben, dann kommen Sie doch einfach einmal in die Museen und erleben sie unsere mechanischen Kunstwerke persönlich in Aktion. Ganz bestimmt werden auch Sie ihre Freude daran haben.

Großmobile „Imperator“ und Wasserspiel im Auto & Technik Museum Sinsheim.
*Large mobile "Imperator" and trick fountain at the Auto & Technik Museum Sinsheim.*

### *Alive, roaring, running -*

# *The useless machines*

*The meaning of most of the exhibits in the museums is self explanatory. A car is a car, an aircraft is an aircraft and a motorbike is a motorbike. Who would call this into question? But what is a useless machine? There definitely may be technological innovations which are of no use to anyone apart from the constructor. Implements the greatest achievements of which are consisting of finding people who are ready to spend money for them. But the large mobiles "Mefistofeles" and "Imperator" as well as the two trick fountains in the Auto & Technik Museum Sinsheim and the Technik Museum Speyer are very far from this kind of uselessness. When you are watching the joy of visitors when they get the two huge mobiles going and when you hear the flourish of fanfares when the trick fountains start to move with clattering sounds you can hardly doubt the usefulness of these machines. And, after all, they are not called useless machines because they are of no use. No, their name is stemming from the fact that innumerable things from olden days, from a cartwheel to a suitcase, be it because they were retired by technological innovations or else using them for decades has robbed them of their original function, have been put to a new use, namely the entertainment of the museum visitors.*

*To convert useless utensils into a useful object of art that makes people happy and smiling was the idea at the core of the useless machines. These wondrous objects have been created by the members of the creative team of the museums under the leadership of our former President Eberhard Layher who died in 2012.*

*Apart from the purely aesthetic pleasure, by the way, the useless machines are also serving a useful educational function. Because there are two ways to set them in motion. The lazy guy - or the big spender - just drops a coin into the device and can promptly enjoy the roaring and clattering of the machines. The industrious or thrifty person, on the other hand, can enjoy the same fun free of charge with some work on the crank after the motto "effort pays off".*

*With that everything to be said in connection with our useless machines should just have been told. But should you still have questions about the usefulness of actually useless objects in spite of the detailed explanations provided here, why don't you just come to the museums to personally enjoy our mechanical works of art in action. We are sure that you will have fun, too.*

Großmobile „Mefistofeles" und Wasserspiel im Technik Museum Speyer.
*Large mobile "Mefistofeles" and trick fountain at the Technik Museum Speyer.*

# Lokomotiven - *Locomotives*

Die industrielle Revolution im 18. und 19. Jahrhundert schaffte die Grundlage für viele neue technische Entwicklungen. Eine davon war die Erfindung der Eisenbahn. Begonnen hatte alles mit der Dampfmaschine. Zwischen 1765 und 1784 war es dem Engländer James Watt gelungen, Wärmeenergie in Bewegungsenergie umzuwandeln. Damit stand erstmals eine nicht müde werdende Kraftquelle zum Antrieb von Maschinen zur Verfügung.

Schon früh wurden Überlegungen angestellt, Dampfmaschinen auch zum Antrieb von Fahrzeugen zu verwenden. Die ersten Versuche scheiterten jedoch an dem sehr ungünstigen Verhältnis zwischen Gewicht und Leistung. Der erste Durchbruch erfolgte im Jahr 1804, als es dem Walliser James Trevithick gelang, eine Grubenbahn mit Hilfe einer Dampfmaschine zum Rollen zu bringen. Der Verdienst, die erste voll funktionsfähige Eisenbahn geschaffen zu haben, wird im allgemeinen George Stephenson zugeschrieben, der seine erste Eisenbahnstrecke 1822 in der Grafschaft Durham zwischen Stockton und Darlington eröffnete. In Deutschland begann das Dampfeisenbahnzeitalter 1835 mit der Verbindung Nürnberg - Fürth. Die erste dort verwendete Lokomotive, der „Adler", wurde ebenfalls von George Stephenson gebaut. Noch heute geht von der Eisenbahntechnik eine Faszination aus, der sich kaum jemand entziehen kann. Die rund 20 Lokomotiven, die im Museum Sinsheim in voller Größe bewundert werden können, beeindrucken die Besucher nicht zuletzt aufgrund ihrer gewaltigen Ausmaße, die in den Museumshallen besonders zur Geltung kommen.

Das Bild oben zeigt die Lokomotivenhalle des Museums. Im Bild links eine Güterzug-Dampflokomotive der Baureihe 44, die dort ausgestellt ist. Von 1926 bis 1946 wurden von diesem Typ 1.753 Exemplare für die Deutsche Reichsbahn und 226 Loks für die französische SNCF gebaut. Die letzten zehn 44er entstanden 1948/49 in der sowjetischen Besatzungszone. Ab Mitte der 1950er Jahre wurden 32 44er der Deutschen Bundesbahn auf Ölhauptfeuerung umgestellt. Mit der Einführung der neuen Betriebsnummerierung ab Januar 1968 erhielten die kohlegefeuerten Dampflokomotiven die Nummer 044 und die ölgefeuerten Loks die Nummer 043.

**Technische Daten** Baujahr: 1939; Hersteller: Henschel; Baureihe: 1'Eh3; Leistung: 2.500 PS; Länge: 22,6 m, Höhe: 4,55 m; Gewicht mit Tender: 170 to; Höchstgeschwindigkeit: 80 km/h

*The industrial revolution of the 18th and 19th century created the basis for many new technological developments. One of them was the invention of the railway. It all began with the steam engine. Between 1765 and 1784 the Englishman James Watt succeeded in converting thermal energy into kinetic energy. With this invention for the first time an untiring source of power for driving machines was available.*

*Early on it was tried to use steam engines also for the propulsion of vehicles. But the first attempts failed due to the highly unfavorable weight/power proportion. The first breakthrough came in 1804 when the Welshman James Trevithik succeeded in setting a mine railway in motion by means of a steam engine. The merit for building the first, fully functional railway is generally attributed to George Stephenson, who opened his first railway line in 1822 in County Durham between Stockton and Darlington. In Germany the steam railway era started in 1835 with the line Nuremberg - Fürth. The first locomotive used there, the "Adler" ("Eagle"), was also built by George Stephenson.*

*Up to these days it is hard to escape the fascination that is still radiating from railways and their technology. The 20 life-size locomotives that can be admired at the Museum are impressing the viewer not last by their enormous size, which becomes particularly obvious in the indoor exhibition at the Museum.*

*The picture at the top shows the hall of locomotives of the museum. The picture on the opposite page shows a freight train locomotive of the series 44 which is on display there. Between 1926 and 1946, 1,735 specimens of these engines were built for the Deutsche Reichsbahn and 226 for the French SNCF. The last ten 44s were built in 1948/49 in the Soviet Zone of Occupation. Starting in the mid 1950s, 32 44s of the Deutsche Bundesbahn were converted to main oil firing. Together with the introduction of the new numerical system as of January 1968, the coal-fired steam engines received the reference number 044, and the oil-fired engines the reference number 043.*

***Technical data*** *Year of construction: 1939; Manufacturer: Henschel; Series: 1'Eh3; Performance: 2,500 hp; Length: 22.6 m, Height: 4,55 m; Weight with tender: 170 to; Maximum speed: 80 km/h*

## „Krokodil" Gebirgslokomotive aus der Schweiz

**Technische Daten**
Baujahr: 1921
Hersteller: SLM Winterthur
Bauart: (1'C)(C1')
Leistung: 1650 KW
Länge: 19,5 m
Gewicht: 128 to
Höchstgeschw.: 65 km/h

***Technical data***
*Year of construction: 1921*
*Manufacturer: SLM Winterthur*
*Series: (1'C)(C1')*
*Performance: 1650 KW*
*Length: 19.5 m*
*Weight: 128 tons*
*Max. speed: 65 km/h*

Die Schweizer Bundesbahn nahm im Jahr 1909 mit der Gotthardbahn den Betrieb ihrer wichtigsten internationalen Bahnverbindung auf. Da es auf der steilen Strecke mit Dampflokomotiven ständig Probleme gab, wurde in den 1920er Jahren eine neue Elektro-Lokomotive konzipiert, die nicht nur eine große Zugkraft besaß, sondern obendrein auch wendig genug war, um die engen Kehren am Gotthard zu meistern. Unter dem Namen „Krokodil" ist diese herausragende Lok später legendär geworden. Unter den charakteristischen Vorbauten sind je zwei Fahrmotoren mit 700 KW Stundenleistung installiert, die über eine Kuppelstange die drei Antriebsachsen pro Vorbau antreiben. Die ausgestellte Lok wurde bis Anfang der 1980er Jahre eingesetzt.

*With the "Gotthardbahn" the Swiss Federal Railways commenced their most important international railway line in 1909. Since the steep sections kept causing problems for steam engines, a new electric engine was designed in the 1920s, which not only had great traction force but, on top of that, was also manoeuvrable enough to master the short radius curves at the Gotthard. Under the name "Crocodile" this outstanding locomotive subsequently won legendary fame. Two electric motors with a power of 700 kW each are installed below the characteristic attachments to drive the three live axles per attachment via a coupling rod. The locomotive on exhibition was in service up to the early 1980s.*

## „Krokodil" Gebirgslokomotive aus Österreich

**Technische Daten**
Baujahr: 1924
Bauart: (1'C)(C1')
Leistung: 1900 KW
Länge: 22,4 m
Gewicht: 110 to
Höchstgeschw.: 70 km/h

***Technical data***
*Year of construction: 1924*
*Series: (1'C)(C1')*
*Performance: 1900 KW*
*Length: 22.4 m*
*Weight: 110 tons*
*Max. speed: 70 km/h*

Dieses „Krokodil" aus Österreich legte auf den steilen Bergstrecken der Alpen etliche Millionen Schienenkilometer zurück. Auf ihrer letzten Fahrt zum Bahnhof Sinsheim wurde sie im Herbst 1989 zusammen mit ihrer italienischen „Schwester", die sich im Technik Museum Speyer befindet, von einer Diesellok gezogen. Die Verladung war eine Sensation. Drei Riesenkräne hoben die 110 Tonnen schwere Lok fast spielend vom Gleis auf einen Tieflader, mit dem sie die letzten zwei Kilometer zum Museum transportiert wurde.

*This "Crocodile" from Austria covered quite a few millions of kilometers on the steep rail tracks of the Alps. On its last ride to Sinsheim station, which it took together with its Italian "sister", both of them were pulled by a diesel engine. Loading was a sensation. Three giant cranes lifted the 110 ton locomotive, almost like a toy, from the tracks onto a flat bed trailer which brought it the last two kilometers to the museum.*

## Güterzug-Dampflokomotive der Baureihe 50

**Technische Daten**
Baujahr: 1940
Hersteller: BMAG
Baureihe: 1'Eh2
Leistung: 1625 PS
Länge: 23 m, Höhe: 4,50 m
Gewicht mit Tender: 136,4 to
Höchstgeschw.: 80 km/h

***Technical data***
*Year of construction: 1940*
*Manufacturer: BMAG*
*Series: 1'Eh2*
*Performance: 1,625 hp*
*Length: 23 m, Height: 4.50 m*
*Weight with tender: 136,4 to*
*Max. speed: 80 km/h*

Die Güterzuglokomotiven der Baureihe 50 zählten zu den besten Konstruktionen der Deutschen Reichsbahn. Am Ende der Dampflokzeit waren sie zur Universalgattung geworden. Die niedrige Achslast ermöglichte einen Einsatz auch auf Nebenstrecken. Bis 1943 wurden 3.164 Maschinen dieser Baureihe von nahezu allen mitteleuropäischen Lokomotivfabriken gebaut, und noch lange nach Kriegsende genutzt. Das Museumsstück hat einen sehr seltenen Kabinentender mit einem Arbeitsabteil für den Zugführer, in dem dieser die Transportpapiere bearbeiten konnte.

*The freight-train locomotives of the 50 series were among the best designs of the Deutsche Reichsbahn. Towards the end of the steam engine era they had become general purpose models. The low axle load permitted their use also on secondary lines. Up to 1943 altogether 3,164 engines of this series were produced by almost all middle European locomotive factories and used well beyond the end of the war. The museum exhibit is equipped with a very rare cabin tender containing a small office cabin for the train conductor in which he could process the transfer documents.*

## Badische Schnellzuglokomotive der Baureihe 18.3

Diese Schnellzugdampflok von Maffei wurde 1919 von den Badischen Staatsbahnen beschafft und kam viele Jahre im oberen Rheintal im Schnellzugdienst zum Einsatz. Mit ihren riesigen Antriebsrädern mit 2,10 m Durchmesser und dem leistungsstarken Vierzylinder-Verbundtriebwerk gehörte die über 23 m lange und, dienstbereit ohne Tender, 105 Tonnen schwere Lok mit der Betriebsnummer 18 314 zu den imposantesten deutschen Dampfloks.
Im Jahr 1948 gelangte die Lok im Tausch gegen eine bayerische S 3/6 in die damalige Sowjetzone. Die Deutsche Reichsbahn der DDR unterzog das Einzelstück von 1958 bis 1960 einer konstruktiven Überarbeitung im RAW „7. Oktober" Zwickau, im damaligen Sprachgebrauch der DDR-Reichsbahn als „Rekonstruktion" bezeichnet, bei der sie u.a. einen modifizierten Neubaukessel Typ „39E" erhielt. Danach war sie für eine Höchstgeschwindigkeit von 150 km/h zugelassen. 1971 liefen die Einsatzfristen ab. Fortan bemühte sich das Verkehrsmuseum Dresden um ihre Erhaltung. 1984 wurde sie nach Westdeutschland verkauft und kurz darauf im Auto & Technik Museum Sinsheim restauriert.

*This fast-train locomotive by Maffei was procured by the Badische Staatsbahn (Railway of the State of Baden) in 1919 and was employed for many years at the upper Rhine valley. With its huge driving wheels with 2.10 meters diameter and its powerful 4-cylinder engine the 23 meters long and, ready for operation without tender, 105 tons heavy locomotive with the registration number 18 314 was one of the most impressive German steam locomotives. In 1948 the locomotive was transferred to the Soviet Zone of Occupation in exchange for a Bavarian S 3/6. Between 1958 and 1960 the Deutsche Reichsbahn of the GDR subjected the unique locomotive to a constructive remodeling at the RAW "7th October" Zwickau, a process which at that time was referred to as "reconstruction". Amongst others it received a modified new boiler type "39E". Afterwards it was permitted a maximum speed of 150 km/h. In 1971 the operating permits ended. During the following years the Transport Museum Dresden took care of its preservation. In 1984 the locomotive was sold to Western Germany and shortly afterwards it was restored by the Auto & Technik Museum Sinsheim.*

Die Maffei Dampflokomotive bei der Ankunft im Bahnhof Sinsheim.

*The Maffei steam locomotive at its arrival at the railway station Sinsheim.*

## Mehrzweck-Dampflokomotive der Baureihe 41

**Technische Daten**
Baujahr: 1939
Hersteller: Krupp
Baureihe: 1'D1'h2
Leistung: 1940 PS
Länge: 23,9 m, Höhe: 4,55 m
Höchstgeschw.: 90 km/h

***Technical data***
*Year of construction: 1939*
*Manufacturer: Krupp*
*Series: 1'D1'h2*
*Performance: 1940 hp*
*Length: 23,9 m, Height: 4.55 m*
*Max. speed: 90 km/h*

Schon im Jahr 1936 zeigte sich, dass man mit dieser ersten schnell fahrenden Güterzug-Dampflok der Baureihe 41 eine Universal-Gattung für mittelschwere Züge zur Verfügung hatte. Das neu entwickelte Fahrwerk wurde mit der ausgezeichneten Kesselkonstruktion der Baureihe 03 gepaart. Zu Beginn der 1950er Jahre erhielt ein Großteil der nach 1945 in Westdeutschland verbliebenen Loks neue, vollständig geschweißte Ersatzkessel. Von den so umgebauten Lokomotiven wurden 40 Stück ausgewählt und mit einer Ölhauptfeuerung ausgerüstet.

*It became evident back in 1936 already that with this first high speed freight train steam engine of the 41 series a general-purpose type was now available for medium-heavy trains. The newly developed undercarriage was combined with the excellent 03 series boiler design. In the early 1950s most of the engines remaining in Western Germany after 1945 were equipped with new, completely welded replacement boilers. Forty of the thus reconstructed locomotives were chosen for equipment with a main oil firing system.*

## Kriegslokomotive der Baureihe 52

Die Baureihe 52 entstand im Jahr 1942 als vereinfachte Variante der Baureihe 50. Auf alle entbehrlichen Teile wurde verzichtet und die Konstruktion auf die einfachsten Fertigungsmöglichkeiten zugeschnitten. In erster Linie war die Lokomotive für den Nachschub- und Truppentransport zu den verschiedensten Kriegsschauplätzen vorgesehen. Bis zum Jahr 1951 wurden ca. 6.300 Lokomotiven dieser Baureihe hergestellt. Das Museumsstück wurde von der Firma Jung gebaut und war nach dem Krieg in Österreich im Einsatz.
Da die üblicherweise schwarzen Lokomotiven auf den weißen Schneefeldern Rußlands leicht zu sehen und daher ein leichtes Ziel für die feindlichen Flugzeuge waren, wurden Tarnversuche wie mit der hier gezeigten Zebrabemalung unternommen. Neben Bomben und Geschossen war aber auch der unter ca. 14 Bar Druck stehende Heißdampf für Lokführer und Heizer lebensgefährlich. Auf dem Führerstand herrschte vorne an der Feuerung auch im tiefsten Winter eine große Hitze, im hinteren Teil war die Mannschaft dagegen Zugluft mit -40°C und weniger ausgesetzt. Gesundheitsschäden blieben dabei nicht aus.

*The 52 series was created in 1942 as a simplified variant of the 50 series. All parts which were not absolutely necessary were dispensed with and the design adapted to simplest production facilities. The main purpose of this locomotive was to transport supplies and troops to the various theaters of war. Up to 1951 approximately 6,300 locomotives of this series were produced. The specimen on display in the museum was built by Jung and used for many years after WW II in Austria.*
*Since the commonly black locomotives were highly visible on the white snow fields of Russia offering an easy target for enemy aircraft, attempts at camouflage were made with a zebra-pattern as shown here. But besides bombs and bullets the superheated steam under a pressure of about 14 Bar was an additional life threatening hazard for engineer and stoker. At the front of the cab near the furnace the staff had to contend with a terrific heat even in the depths of winter, while in the back they were exposed to drafts of -40°C and below. Health defects were the inevitable consequence.*

## Mit Wasserkraft betriebene Gattersäge

Ein nicht alltägliches Ausstellungsstück im Auto & Technik Museum Sinsheim ist diese mit Wasserkraft betriebene Gattersäge aus der Zeit um 1870. Über viele Jahrzehnte hat sie in einem Sägewerk bei Geislingen ihren Dienst verrichtet. Die Stämme wurden auf dem Wasserweg angeliefert, die fertigen Balken und Bretter mit Pferde- oder Ochsenkarren abtransportiert. Fast alles ist aus Holz gefertigt. Im Gegensatz zu den heutigen Sägen, die mit vier oder fünf Sägeblättern ausgerüstet sind, hat diese Gattersäge nur ein Blatt. Damals war Arbeitszeit billig. Um einen Balken zu sägen, musste der Stamm vier Mal umgespannt und komplett durchgesägt werden. Schon 30 Jahre später arbeitete man mit mehreren Sägeblättern und konnte so den Arbeitsaufwand wesentlich reduzieren.

## *Water powered gang saw*

*A truly exceptional exhibit at the Auto & Technik Museum Sinsheim is this water powered gang saw from about 1870. For many decades it was doing its work in a sawmill in Geislingen. The trunks were ferried to the mill by water and the processed beams and planks were transported by horse or oxen carts. It is almost entirely made of wood. In contrast to modern saws which are equipped with four or five blades this gang saw has but one saw blade. Human labor was inexpensive at that time. To saw one beam the trunk had to be rechucked four times and sawn through completely. Thirty years later already several sawblades were used which permitted to significantly reduce labor time.*

## 1-Zylinder Heißdampfmaschine

Von 1929 bis 1961 erzeugte diese Heißdampfmaschine der Papierfabrik Bohnenberger & Cie. in Niefern den benötigten Strom für die Fabrikation. Der einzelne Zylinder mit einem Hubraum von 211 Litern wird von Frischdampf mit einer Temperatur von 350°C und einem Druck von 13 Bar betrieben. Die Dampfmaschine hat eine Leistung von 1.200 PS und erzeugt 100 Kilowatt / Stunde elektrische Energie.

Über viele Jahre hatte die Papierfabrik nach der Stilllegung dieses technischen Wunderwerks versucht, einen Interessenten zu finden, der die Maschine vor dem Verschrotten bewahrt. Erst 1981 fand sich mit dem Auto & Technik Museum Sinsheim ein Abnehmer, der es sich zutraute, die riesige Anlage sachgerecht zu demontieren und funktionsgerecht wieder aufzubauen. Stück für Stück wurde das Kraftwerk zerlegt und nach Sinsheim transportiert, wo es jetzt als ein Denkmal der Industriegeschichte bewundert werden kann.

## *1-Cylinder hot steam engine*

*From 1929 through 1961 this superheated steam engine of the papermill Bohnenberger & Cie. in Niefern provided the required electricity for the factory. The single cylinder with a capacity of 211 liters is powered by hot steam with a temperature of 350°C and a pressure of 13 Bar. The steam engine has an output of 1,200 hp generating electric power of 100 kw/h.*

*Following its shut-down the papermill had been trying for many years to find someone willing to save the machine from scrapping. But it took until 1981 before an interested party was found in the Auto & Technik Museum Sinsheim who trusted that they were capable of expertly dismantling the huge machinery and rebuilding it again ready to function. Part by part the power station was dismantled and brought to Sinsheim where it can now be admired as a memorial of industrial history.*

## U-Boot-Motor mit Generator

Dieser riesige, 26 Tonnen schwere 6-Zylinder 4-Takt MAN Dieselmotor aus dem Jahr 1917 mit einem Hubraum von 400 Litern und einer Leistung von 1.200 PS bei 450 U/min war ursprünglich für das U-Boot Nr. 48 der österreichischen k. u. k. Marine bestimmt. Österreich grenzt zwar nicht ans Meer, unterhielt aber damals Marinestützpunkte in Triest (heute Italien) und Pola (heute Kroatien). Auf ihrem Höhepunkt vor dem Ausbruch des Ersten Weltkriegs galt sie als die sechstgrößte Marine der Welt. Mit der Niederlage der Mittelmächte im Ersten Weltkrieg und der Auflösung der Österreichisch-Ungarischen Monarchie im Jahre 1918 war auch das Schicksal der österreichischen Kriegsmarine besiegelt.
Zum bestimmungsgemäßen Einsatz ist der Motor nie gekommen, da er nicht rechtzeitig fertig wurde. Er wurde daher zum Stationärmotor für den Antrieb eines Stromgenerators umgebaut und nach Bolivien verkauft. Dort versorgte er ein ganzes Bergwerk mit Elektrizität. Nach der Außerdienststellung wurde er von einem Mitglied des Museumsvereins erworben und nach Sinsheim transportiert.

## *Submarine engine with electric power generator*

*This gigantic 6-cylinder 4-stroke MAN diesel engine with 400 liters displacement and an output of 1,200 hp at 450 rpm built in 1917 was intended for the submarine No. 48 of the Austrian k. u. k. navy. Austria has no maritime border but then had navy bases at Triest (now Italy) and Pola (now Croatia). In its heyday shortly before the outbreak of WW I it was considered the 6th largest navy in the world. With the defeat of the Central Powers in WW I and the end of the Austrian-Hungarian monarchy the fate of the Austrian navy was also sealed.*
*This engine was never used as intended since it was not completed in time. It therefore was remodeled as a stationary engine for powering an electric generator and sold to Bolivia. There it supplied a whole mine with electric energy. After retirement it was bought by a sponsor of the museum ad transported to Sinsheim.*

## MAN Schiffs-Dieselmotor von 1943

Ein im Vergleich zum U-Boot-Motor aus dem 1. Weltkrieg nicht weniger imposantes Exponat ist dieser ebenfalls von MAN produzierte Schiffs-Dieselmotor aus dem Jahr 1943, der zusammen mit einer Reihe anderer Stationärmotoren und Generatoren direkt neben dem U-Boot-Motor ausgestellt ist. Der nach dem Zweitakt-Verfahren arbeitende Motor mit 24 Zylindern und Kraftstoffeinspritzung hat einen Hubraum von 850 Litern und leistet 12.600 PS. Im hellgrauen Gehäuse an der linken Stirnseite des Motors befindet sich zur Leistungssteigerung ein Turbolader.

Dieser damals hochmoderne Motortyp wurde in erster Linie zum Antrieb von Kriegsschiffen verwendet. Für einen Zerstörer wurden sechs dieser Motoren gekoppelt, wodurch sich eine Gesamtleistung von rund 75.000 PS ergab. Überlebt hat der Motor die Kriegsereignisse im MAN Werk in Augsburg. Unser Dank gilt der Firma MAN, die diesen eindrucksvollen Motor dem Museum als Dauerleihgabe überlassen hat.

## *MAN ship diesel engine from 1943*

*Compared to the submarine engine from the time of WW I this huge ship diesel engine from the year 1943, also built by MAN, is not less impressive. It is displayed directly next to the submarine engine together with several other stationary engines and generators. The 2-stroke engine with fuel injection is equipped with 24 cylinders with a total capacity of 850 liters and generates an output of 12,600 hp. The bright grey casing at the left front side of the engine contains a turbo charger for performance enhancement.*

*This then state-of-art engine type was mainly used for powering warships. For a destroyer six such engines were coupled resulting in a total engine performance of about 75.000 hp. This engine survived the war in the MAN factory in Augsburg. We are grateful to MAN for giving this impressive engine to the museum as a permanent loan.*

## Robert Gärtner

# Wie alles begann
# *How everything began*

Als Werkstattleiter und Gründungsmitglied des Museumsvereins, dessen Vizepräsident ich heute bin, durfte ich, Robert Gärtner, die Entwicklung der Museen in Sinsheim und Speyer vom ersten Tag an miterleben und mitgestalten. Als ich Ende der 1970er Jahre erstmals die Halle in Sinsheim besichtigte, in der ein von Technik-Liebhabern neu gegründeter Verein ein Museum einrichten wollte, war ich eher ernüchtert. Auf einem Gelände direkt neben der Autobahn, das im Wesentlichen aus Wiese bestand, erblickte ich eine schmucklose Halle. Vier Wände, ein Dach, das war alles. Noch mehr erschrak ich, als ich erfuhr, welche Exponate hier aufgebaut werden sollten: tonnenschwere Dampfmaschinen, riesige Lokomotiven, haushohe Schiffsmotoren. Dass nebenbei auch noch Oldtimer, Motorräder und andere Fahrzeuge in dieser Halle eine Unterkunft finden sollten nahm ich vor dem Hintergrund der Herausforderungen, die vor meinem inneren Auge vorüber zogen, schon nicht mehr wahr. Aber, so dachte ich mir, wenn es Menschen gelungen ist, nur mit Muskelkraft Pyramiden zu bauen, dann sollte auch dieses Unterfangen möglich sein.

Während ich eine erste Mannschaft für die kommenden Aufgaben zusammenstellte, begannen die Vereinsmitglieder mit der Beschaffung der Exponate. Schnell wurde mir klar, dass der Museumsverein nicht nur große Visionen hatte, sondern diese auch in die Tat umzusetzen verstand. Ein Stromgenerator mit einem haushohen ehemaligen U-Boot-Motor als Antrieb, eine gewaltige Dampfmaschine und zwei riesige Dampfloks gehörten zu den ersten Exponaten, die in der Halle installiert werden sollten. Hier galt es, wie einst bei den Pyramidenbauern, gewaltige Massen mit möglichst wenig Kraftaufwand zu bewegen. Aber auch an anderer Stelle war Erfindungsreichtum gefragt. Der Museumsverein legte nämlich größten Wert darauf, dass alle Exponate im Museum möglichst funktionsfähig sein sollten. Nicht eine Verwahrstätte für ausgemusterte technische Relikte, sondern eine lebendes Museum mit einsatzfähigen Objekten sollte in Sinsheim entstehen. Bei den Großmotoren war diese Vorstellung naturgemäß nur eingeschränkt umsetzbar, aber bei den Lokomotiven ersannen wir einen Mechanismus, mit dem das Fahrwerk ächzend und dampfend in Bewegung gesetzt werden konnte. Zur Dekoration der Ausstellungsflächen, auf denen die Fahrzeuge aufgestellt wurden, verwendeten wir Marmorkies, ein leicht demontierbares Steckgeländer trennte die Besucherwege von den Exponaten. Die Sache nahm Gestalt an. Im Mai 1981 hatten wir den ersten Teil der Halle, dort, wo noch heute die Großmotoren stehen, mit rund 5.000 m² Fläche soweit fertig, dass die Türen erstmals für die Besucher geöffnet werden konnten, und im folgenden Jahr betrug die Ausstellungsfläche bereits 25.000 m², fast so viel wie heute.

Nach fast zehn Jahren harter Arbeit war das Auto & Technik Museum Sinsheim Ende der 1980er Jahre weitgehend an seiner Kapazitätsgrenze angelangt und ich sah die Gelegenheit kommen, mich in Ruhe um die vielen kleinen Unzulänglichkeiten kümmern zu können, die in Sinsheim noch zu erledigen waren. Aber ich hatte die Rechnung ohne den Museumsverein gemacht. 1989 überraschte man mich mit der Neuigkeit, dass geplant sei, auf dem Gelände einer ehemaligen Flugzeugfabrik in Speyer ein zweites Museum zu errichten, um dem Museum die Erweiterungsmöglichkeiten zu geben, die in Sinsheim nicht mehr möglich waren. Schon die erste Besichtigung in Speyer machte mir klar, dass erneut eine gewaltige Aufbauleistung vonnöten war.

Die Gebäude in Speyer waren interessant, aber in einem desolaten Zustand. In der Liller Halle häufte sich im wahrsten Sinne des Wortes zentnerweise der Mist, da sie unter anderem den Elefanten eines Wanderzirkus als Unterkunft gedient hatte. Der schöne Speerbau, in dem sich heute das Museum Wilhelmsbau befindet, war kurz zuvor teilweise in Flammen aufgegangen und auch ansonsten befand sich das Gelände in einem verwahrlosten Zustand. Aber die Entscheidung für das Technik Museum Speyer war gefallen und so ging es erneut an die Arbeit. Diesmal stand jedoch von Beginn an eine erprobte Werkstattmannschaft zur Verfügung und wir profitierten von den Erfahrungen, die wir beim Aufbau des Museums in Sinsheim gesammelt hatten. Nach kaum 12 Monaten war das Gröbste geschafft und das Museum konnte die ersten Besucher empfangen. Jetzt musste noch etwas Großes her, um das Museum in die Presse zu bringen. Und was 1993 geschah, war ein echter Paukenschlag. Ein U-Boot, 466 Tonnen schwer und 46 Meter lang, schwamm auf

Bilder diese Seite: Der ehemalige Werkstattleiter und heutige Vizepräsident des Museumsvereins Robert Gärtner mit dem riesigen U-Boot-Motor heute und bei der Ankunft 1980.

*Pictures this page: Robert Gärtner, former manager of the museum workshop and now Vice President of the Museum Club with the gigantic submarine engine today and at delivery in 1980.*

einem Ponton über den Rhein nach Speyer und wurde dann über Land auf das Museumsgelände gebracht. Bis heute ist die U-9 das schwerste Exponat, das von den Museen bewegt wurde. Der spektakuläre Transport ging wochenlang durch die Presse und schlagartig war das Museum Speyer in aller Munde.

1997 zwang mich eine schwere Krankheit, die Leitung der Museumswerkstatt in jüngere Hände zu legen. Bis heute stehe ich dem Museum aber gerne mit Rat und Tat zur Seite, denn wer einmal vom Museumsvirus infiziert ist, der wird ihn nicht mehr los. Wenn Sie dieses Buch durchgelesen haben, dann wissen Sie warum.

*As workshop manager and founding member of the museum club, where I am presently holding the office of Vice President I, Robert Gärtner, personally had the pleasure of participating in the development and structuring of the museums from day one. When I first visited the hall in Sinsheim which had been selected by a newly founded club of technology fans for housing a museum I was rather disillusioned. On an area, directly adjacent to the autobahn, consisting essentially of meadows, I saw a plain, lonely hall. Four walls, a roof, that was all. But I was even more alarmed when I learned what kind of exhibits were to be installed here: steam engines weighing many tons, giant locomotives, ship engines as high as houses. The plan that veteran cars, motorbikes and other vehicles were to be housed in this hall as well were not even registered by me considering the background of challenges conjuring up before my inner eye. But, so I thought to myself, if people succeeded in building pyramids with the mere physical strength of their muscles, then this undertaking should also be possible.*

*While I was assembling a first team for the challenges to come the museum club started collecting the exhibits. I soon became aware that the museum club not only had great visions but also the ability for their realization. A electricity generator powered by a former submarine engine as high as a house, an enormous steam engine and two giant steam locomotives were among the first exhibits to be installed in the hall. As in those times of pyramid builders it was also required here to move enormous masses with as little physical effort as possible. But inventiveness was also required elsewhere since the museum club placed greatest importance on a far-reaching functionality of all exhibits in the museum. Not a retreat for retired relics of technology, but a living museum with objects fit for action was to be created in Sinsheim. Where the huge engines were concerned, of course, this concept was practicable to a limited degree only, but for the locomotives we devised a mechanism that would set the running gear, groaning and steaming, in motion. As decoration for the exhibition areas where the vehicles were to be displayed we used gravel of marble, to separate the passages for visitors from the exhibits we used stick-railings which could be easily dismantled. Things were taking shape. In May of 1981 we had completed the first part of the hall, where the huge engines are still stationed today, to an extent that the doors could be opened for visitors for the first time and in the following year the exhibition area measured 25.000 m² already, almost as large as today.*

*After nearly ten years of hard work, in the late 1980s, the Auto & Technik Museum Sinsheim had more or less reached the limits of its capacity and I was hoping I would now be coming into calmer waters, and thus have the opportunity to look in a leisurely fashion after the many small shortcomings which had still to be taken care of in Sinsheim. But I had not reckoned with the museum club. In 1989 I was surprised with the news that there were plans to build a second museum on the site of a former aircraft factory in Speyer in order to give the museum the chance for expansion which was no longer possible in Sinsheim. On occasion of the first tour of the building site in Speyer already it became more than clear to me that another enormous investment of labor and effort would be required.*

*The buildings in Speyer were really interesting but in a desolate condition. In the so called "Liller Halle" there were heaps of dung in the true sense of word since, among others, it had also been used to house the elephants of a travelling show. Parts of the beautiful Speer building, which is nowadays home of the Museum Wilhelmsbau, had shortly before gone partially up in flames and all in all the whole site was in a rather shabby state. But the decision in favor of the Technik Museum Speyer had been made and so work had to be commenced once more. This time, however, I could rely on an experienced workshop-crew right from the start and we profited from the experience gathered in the creation of the Museum in Sinsheim. After hardly 12 months we could see the light at the end of the tunnel and the museum was in a position to welcome its first visitors. Now it was only necessary to find a great attraction to make the Technik Museum Speyer known to the wide public. And that what happened in 1993 was a veritable thunderbolt. A submarine with a weight of 466 tons and a length of 46 meters was swimming on a pontoon over the river Rhine to Speyer and was then brought to the museum's grounds by land. Up to this day this submarine is the heaviest exhibit ever moved by the museums. The spectacular transport captured the attention of the press for weeks and all of a sudden the museum in Speyer was on everyone's lips.*

*In 1997 a severe illness forced me to lay the management of the museum workshop into younger hands but up to this day I am always available to support the museum in word and deed for, who has once been infected by the "museum virus", cannot ever get rid of it again. When you have read though this book you will know the reason why.*

Bis heute ist das U-Boot im Technik Museum Speyer das schwerste Exponat, das von den Museen bewegt wurde. Im Vordergrund links Robert Gärtner.

*Until today the submarine at the Technik Museum Speyer is the heaviest object that has been moved by the museums. In the foreground at the left Robert Gärtner.*

# Nutzfahrzeuge und Traktoren - *Utility vehicles and tractors*

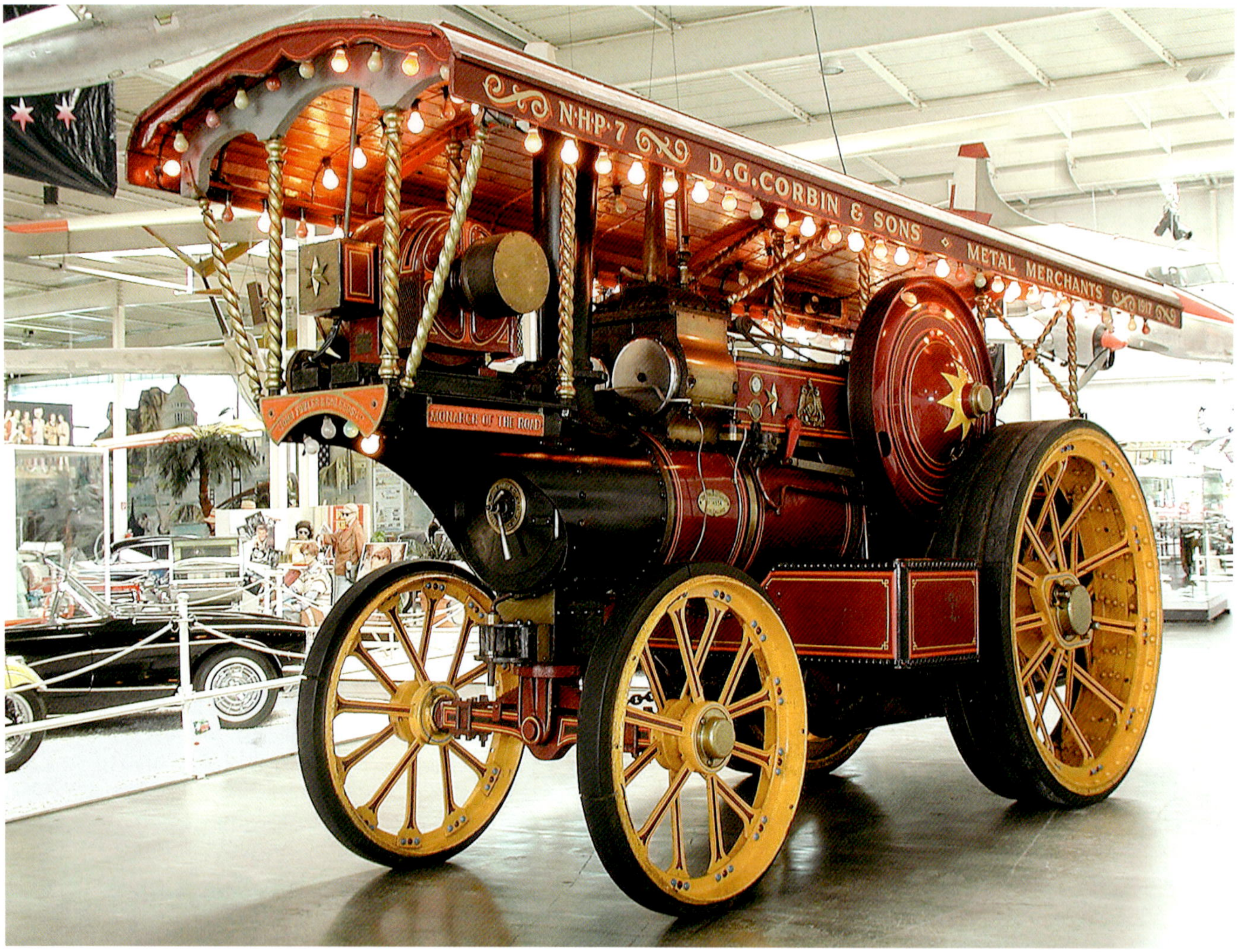


Motorbetriebene Fahrzeuge wurden von Beginn an auch als Zugmaschinen und zum Transport schwerer Lasten verwendet. Die ersten dieser Nutzfahrzeuge, die insbesondere in der Landwirtschaft Verwendung fanden, und ganz wesentlich zur Steigerung der landwirtschaftlichen Produktion im 19. Jahrhundert beigetragen haben, wurden durch Dampfmaschinen angetrieben. Sie waren bereits jahrzehntelang im Einsatz, bevor das erste Automobil von Carl Benz das Licht der Welt erblickte. Daneben gab es viele Bestrebungen, den Dampfantrieb auch bei kleineren Fahrzeugen einzusetzen. Dampfmaschinen sind im Verhältnis zu ihrer Leistung aber außerordentlich schwer, teuer und kompliziert in der Bedienung, so dass sie für den Antrieb z.B. von Personenfahrzeugen kaum verwendbar sind. Bei den Nutzfahrzeugen erreichte der Dampfantrieb jedoch eine erhebliche Verbreitung und es dauerte einige Zeit, bis er von den Benzin- und Dieselmotoren abgelöst wurde.

Die hier gezeigte dampfgetriebene Zugmaschine aus England stammt z.B. aus dem Jahr 1917, aus einer Zeit also, zu der das Automobil bereits seinen Siegeszug angetreten hatte. Gebaut wurde das imposante Gefährt, das über viele Jahre bei einem Schaustellerbetrieb im Einsatz war, von der damals weltbekannten Firma John Fowler & Co. im englischen Leeds. Das Fahrzeug ist 6,83 m lang, 2,10 m breit und mit Kamin 3,73 m hoch. Das Gewicht beträgt 16 Tonnen, der Achsabstand liegt bei 3,20 m. Es handelt sich um ein echtes Vielzweckfahrzeug, das nicht nur für Zugzwecke, sondern auch als Seilwinde und zur Elektrizitätserzeugung verwendet werden konnte.

*From the beginning, motor-driven vehicles were also used as tractors and to transport heavy loads. The first of these utility vehicles, which were mainly used for farming purposes and contributed significantly to the large increase of agricultural production in the 19th century, were powered by steam engines. They had been in service for decades already before the first automobile of Carl Benz saw the light of day. At the same time extensive efforts were made to use steam engines in smaller vehicles as well. But, in comparison to their output, steam engines are extremely heavy, quite expensive and complicated to operate which makes them rather unsuitable for the use for instance in passenger cars. In utility vehicles, however, steam engines were widely used and it took some time until they were finally replaced by gasoline and diesel engines.*

*For instance, the steam powered tractor from England shown here was built in 1917, and thus is from a time when the automobile had already begun its victorious advance around the world. The imposing vehicle, which served a business of fairground and circus performers for many years, was built by John Fowler and Co. of Leeds in England, who were world-famous at that time. The vehicle is 6.83 m long, 2.10 m wide and, complete with chimney, 3.73 m tall; it weighs an impressive 16 tons and has a wheelbase of 3.20 m. It is a veritable multipurpose vehicle which could be used not only as a tractor, but also as a cable winch and for generating electric power.*

## Dreschmaschinen-Lokomobile

Um 1800 ernährte die Arbeit eines Bauern außer die Angehörigen des eigenen Hofs nur einen einzigen Nichtlandwirt. Heute erzeugt eine landwirtschaftliche Arbeitskraft Nahrungsmittel für 40 Personen und mehr. Dieser Produktivitätszuwachs hat im Wesentlichen zwei Ursachen: Die Mechanisierung der Arbeitsvorgänge und die Verbesserung der Anbaumethoden auf der Basis exakter wissenschaftlicher Erkenntnisse, wobei insbesondere die auf die Arbeiten von Justus von Liebig zurückgehende Kunstdüngung zu nennen ist.

Eingeleitet wurde die Mechanisierung der Landwirtschaft durch die Nutzbarmachung der Dampfkraft. Zwei Beispiele für frühe, dampfbetriebene landwirtschaftliche Maschinen sind die hier gezeigten Dreschmaschinen-Lokomobile, die beide aus dem Jahr 1915, also der Zeit des Ersten Weltkriegs, stammen. Solche Lokomobile wurden von Ochsen oder Pferden aufs Feld gezogen und dienten insbesondere zum Antrieb von Dreschmaschinen. Es handelte sich also um eine Art beweglicher Stationärmotor. Die Befeuerung erfolgte mit Holz oder Stroh, nur in Ausnahmefällen wurde Kohle verwendet.

*In about 1800 the labor of a farmer was just sufficient to feed the members of his own farmstead and only one single non-farmer besides. Today an agricultural laborer can produce food for 40 people or more. Essentially, there are two reasons for this increase of productivity: mechanization of work processes and improvement of growing methods based on accurate scientific discoveries, and here in particular the introduction of artificial fertilizers as a result of the research work of Justus von Liebig.*

*Utilization of the power of steam initiated the mechanization of agriculture. Two examples for early, steam-powered agricultural machines are the threshing machine locomobiles shown here. Such locomobiles were hauled to the field by oxen or horses and used particularly to drive threshing machines. It thus was a kind of mobile stationary engine. It was fuelled with wood or straw, and with coal in exceptional cases only.*

BULLDOG
MUSEUM - SINSHEIM

McCORMICK-DEERING

Im Auto & Technik Museum Sinsheim sind eine Vielzahl historischer Traktoren und Landmaschinen ausgestellt. Eine Auswahl zeigen diese beiden und die folgenden Seiten.

*The Auto & Technik Museum Sinsheim presents a great variety of historic tractors and farming machines. A selection is shown on these two and the following pages.*

**Bild linke Seite oben:** 1.) Lanz Glühkopf Bulldog von 1934 mit einem 30 PS 1-Zylinder-Motor mit 12,6 l Hubraum (links, grau). Dieses Modell wurde 1930 bei der Weltschlepperprüfung in England zum weltbesten Schlepper gekürt. 2.) Hanomag WD Radschlepper mit einem 4-Zylinder Mehrstoff-Ottomotor mit Vergaser mit 28 PS Leistung von 1927 (rechts, grün).

***Picture left hand page top:*** *1.) 1934 Lanz Bulldog with a 30 hp 1-cylinder hot bulb engine with 12.6 l displacement (grey, left). On occasion of the World Tractor Competition 1930 in England this model was rewarded the title as the best tractor in the world. 2.) 1927 Hanomag WD wheel tractor powered by a 28 hp 4-cylinder multi-fuel Otto engine (right, green).*

**Bild linke Seite unten:** 1.) McCormick-Deering Traktor von 1920 mit einem 6 l 4-Zylinder-Motor mit 32 PS (links, grau). Die McCormick-Deering Traktoren galten als die Antwort von International Harvester auf die Fordson-Produkte und sollten die Kunden durch mehr Qualität überzeugen, allerdings verbunden mit einem relativ hohen Preis. 2.) Lanz D 8506 Bulldog von 1941 mit einem liegenden 1-Zylinder 2-Takt-Niederdruckmotor mit 10,3 l Hubraum und 35 PS (rechts, schwarz).

**Picture left hand page bottom:** *1.) 1920 McCormick-Deering tractor with a 32 hp 6 l 4-cylinder engine (left, grey). The McCormick-Deering tractors were regarded as the response of International Harvester to the Fordson products. They were to convince the customers with a better quality, but carried a relatively high price tag. 2.) 1941 Lanz D 8506 Bulldog with a horizontal 1-cylinder 2-stroke low-pressure engine with 10.3 l displacement and an output of 35 hp (right, black).*

**Bild diese Seite (von links nach rechts):** 1.) Lanz Allzweck-Bulldog von 1938 mit einem 4,7 l 1-Zylinder-Motor mit 25 PS (rot). 2.) Lanz Bulldog HM aus der Zeit zwischen 1923 und 1925 mit einem 4,4 l 1-Zylinder 2-Takt-Verdampfermotor (schwarz). 3.) Lanz FM „Schienenbulldog" aus der Zeit zwischen 1921 und 1927 mit einem 6,6 l - Motor mit 12 PS (schwarz). Dies ist ein besonders interessantes Fahrzeug, da hier ein früher Lanz-Bulldog zu einer Zugmaschine für eine Feldbahn umfunktioniert wurde. 4.) O.M. Traktor von 1928 mit einem 4,7 l 4-Zylinder-Motor mit 38 PS (blau/rot). Dieser Traktor aus italienischer Produktion war bis 1975 auf einem Gut in Norditalien im Einsatz.

***Picture this page (from left to right):*** *1.) 1938 Lanz all-purpose Bulldog with a 25 hp 4.7 l 1-cylinder engine (red). 2.) Lanz Bulldog HM from the time between 1923 and 1925 with a 4.4 l 1-cylinder 2-stroke evaporator engine (black). 3.) Lanz FM "railway Bulldog" from the time between 1921 and 1927 with a 12 hp 6.6 l engine (black). This is an especially interesting vehicle since here an early Lanz Bulldog was converted into a hauling machine for field railways. 4.) 1928 O.M. tractor with a 38 hp 4.7 l 4-cylinder engine (blue/red). This tractor, manufactured in Italy, was used on a large manor in Northern Italy until 1975.*

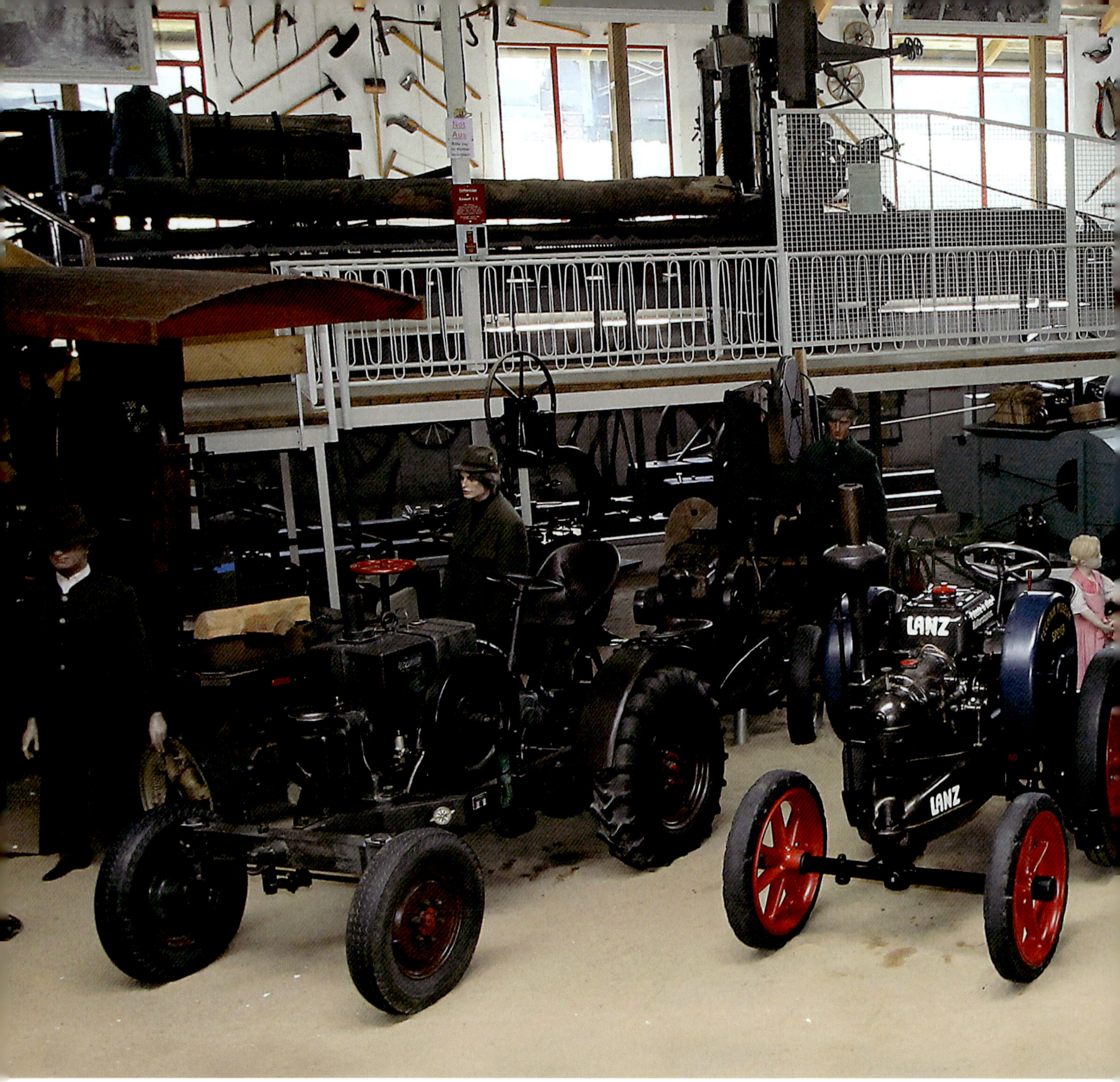


**Kramer K 18 Traktor von 1940 (ganz links)**
Die von Kramer ab 1925 produzierten Schlepper erfreuten sich großer Beliebtheit und wurden wegen ihrer Vielseitigkeit auch mit dem Namen „Allesschaffer" versehen. Nach dem Krieg entwickelte sich die Firma nach und nach zu einem Baumaschinen-Hersteller und gehört heute zum Wacker-Neuson-Konzern.

**Lanz Bulldog von 1922 (2. v.l.)**
In der Zeit nach dem Ersten Weltkrieg haben die fast unverwüstlichen Traktoren der Mannheimer Firma Lanz entscheidend zur Mechanisierung der Landwirtschaft in Deutschland beigetragen. Die ab 1921 gebauten „Bulldogs" konnten nicht nur schwere Wagen ziehen, sondern auch die unterschiedlichsten Maschinen antreiben. Heute sind die Lanz-Bulldogs mit ihren legendären, riesigen Einzylinder-Motoren, die nahezu jeden Treibstoff verwerten konnten, begehrte Sammlerstücke, die von Technik-Fans aus allen Bevölkerungsschichten liebevoll restauriert werden. Dieses hervorragend erhaltene Exemplar stammt von 1922. Es gehört somit zu den ersten Lanz Bulldogs überhaupt. Als Antrieb dient ein 6,2 Liter 1-Zylinder-Glühkopfmotor mit 12 PS bei 420 Upm.

**Stihl Allzweckschlepper 140 von 1949 (3. v.l.)**
Nach dem Ende des 2. Weltkriegs baute die für ihre Motorsägen bekannte Firma Stihl auch Ackerschlepper. Als Antrieb für das hier gezeigte Modell 140 diente ein kleiner 1-Zylinder 2-Takt-Dieselmotor mit 633 ccm Hubraum und 12 PS Leistung.

**Willys Jeep Umbau (4. v.l., leicht nach hinten versetzt)**
Aus der Not heraus wurde der Motor dieses Willys Jeep der US-Armee nach dem Ende des 2. Weltkriegs gegen einen Hatz 1-Zylinder-Motor mit Glühkopfzündung ausgetauscht und das Fahrzeug anschließend für Feldarbeiten verwendet.

**Lanz Bulldog Typ 1530 von 1941 (ganz rechts)**
Der Lanz 1530 war ein typischer Bulldog für die Holzwirtschaft. Er hat Gewichte in den Vorderrädern, keine Kotflügel vorne und ein „schnelles" Getriebe mit Untersetzung. Als Antrieb dient ein typischer 1-Zylinder Lanz-Motor mit 10,3 Litern Hubraum und 35 PS. Der im Museum gezeigte Traktor wurde viele Jahre vom Fuhrunternehmen „Pfenninger" in Gemmingen zum ziehen von Holzstämmen und für Schwertransporte eingesetzt.

**1940 Kramer K 18 tractor (far left)**
*The tractors made by Kramer from 1925 on were quite popular and, because of their versatility, were also called "Allesschaffer" which means "a machine which can do anything". After the war the company step by step developed into a manufacturer of construction machines and today belongs to the Wacker-Neuson-Group.*

**1922 Lanz Bulldog (2nd from left)**
*After the end of World War I the almost indestructible tractors built by Lanz in Mannheim played an important role in establishing mechanized farming in Germany. The "Bulldogs", built from 1921 on, were used as tractors as well as for driving many diverse machines. Today the Lanz Bulldogs with their legendary, gigantic 1-cylinder-engines, which could make use of almost any fuel, are highly sought-after collector items that are carefully restored by technology fans of all social classes. The particularly well preserved specimen shown here was built in 1922. It thus belongs to the earliest Lanz tractors ever built. It is powered by an 6.2 liter 1-cylinder hot-bulb engine with an output of 12 hp at 420 rpm.*

**1949 Stihl 140 multi purpose tractor (3rd from left)**
*After the end of WW II the Stihl company, mainly known for their motor saws, also built tractors. The model 140 shown in the museum is powered by a small 12 hp 1-cylinder 2-stroke diesel engine with 633 cc displacement.*

**Remodeled Willys Jeep (4th from left, slightly in the back)**
*Out of necessity, after the end of the WW II the engine of this Willys Jeep of the US Army was replaced by a Hatz 1-cylinder hot-bulb engine and the vehicle then used as tractor for farming purposes.*

**1941 Lanz Bulldog model 1530 (far right)**
*The Lanz model 1530 Bulldog was mainly used for forestry purposes. It has extra weights in the front wheels, no front fenders and a "fast" gearbox with reduction gear. It is powered by a typical Lanz 1-cylinder engine with 10.3 liters displacement and an output of 35 hp. The tractor shown in the museum was used for many years by the haulage company "Pfenninger" of Gemmingen for hauling logs as well as for heavy load transports.*

## Dieselzwerg

Der vielseitig einsetzbare, dreirädrige Kleinschlepper „Dieselzwerg" ist eine interessante Konstruktion, die kurz nach Kriegsende bei der in Sasbach in der Ortenau ansässigen Firma Kühner und Berger entstanden ist. Die dortige Landwirtschaft war damals geprägt von Obstbau und Kleinparzellen. Daher bestand ein Bedarf an einem preiswerten Kleinschlepper, der auch den Anbau von Zusatzgeräten erlaubte. Als Antrieb wählte man einen kleinen Dieselmotor von Farny und Weidmann (heute Faryman Diesel), für die Kraftübertragung verwendete man ein Willys-Jeep-Getriebe. Der Rahmen bestand aus einer vorne und hinten offenen geschweißten Rohrkonstruktion. Bis 1956 wurden vom „Dieselzwerg" 198 Exemplare gebaut. Der Leihgeber für dieses interessante Exponat ist der Schlepper und Oldtimer Club „Vor der Hornisgrinde". Vermittelt wurde die Leihgabe von Dr. Hubert Lang, ehemaliger deutscher Botschafter in Bahrain und Ehrenmitglied des Fördervereins (im unteren Bild auf dem Schlepper), der das Museum beim Erwerb des Buran-Raumgleiters entscheidend unterstützt hat.

*The very versatile small three-wheeled tractor "Dieselzwerg" ("diesel dwarf") is an interesting design which was developed shortly after the end of WW II at the company Kühner und Berger in Sasbach in the Ortenau region especially for farm work in orchards and small lots of land. As means of propulsion a small Farny & Weidmann (now Faryman Diesel) diesel engine was selected, for power transmission a Willys Jeep gearbox was used. The frame was made of welded steel tubes. Until 1956, 198 units were built. The lender of this interesting exhibit item is the tractor and vintage vehicle club „Vor der Hornisgrinde". The loan was arranged by Dr. Hubert Lang, former German ambassador in Bahrain and honorary member of the museum club (in the lower picture at the left sitting on the tractor), who decisively helped the museum in the acquisition of the Buran space shuttle.*

Zur Übergabe des „Dieselzwerg" waren im Juni 2012 viele Mitglieder des Leihgeber-Vereins nach Sinsheim gereist.

*Many members of the club who gave the "Dieselzwerg" to the museum attended the handing-over ceremony in June 2012.*

## Fordson Traktor

Mit der Herstellung seines ersten Traktors im Jahr 1917 erfüllte sich der Autobauer Henry Ford seinen Jugendtraum. Mit dem Fordson-Traktor (der Name leitet sich von der Herstellerfirma „Henry Ford & Sohn" ab) hatte er ein Fahrzeug geschaffen, das die harte Landarbeit auf den Farmen entscheidend erleichterte. Der Motor weist konstruktiv viele Ähnlichkeiten zum T-Modell auf. Der Vergaser war umschaltbar, so daß mit Benzin gestartet und mit Petroleum gefahren werden konnte. In Deutschland, England und Amerika wurden ca. 250.000 Stück dieses Typs gebaut. In Rußland entstanden bis 1940 mehr als 200.000 Lizenzbauten des Fordson-Traktors. Das Museumsstück stammt aus dem Jahr 1925. Als Antrieb dient ein 4,4-Liter-Motor mit 25 PS.

*By producing his first tractor in 1917 the automobile builder Henry Ford had made his own dream from childhood come true. With the Fordson Tractor (derived from the producer's name "Henry Ford & Son") he had created a vehicle that contributed greatly to facilitating hard field work. The constructional features of the engine closely resembled those of the famous model T. The carburettor was convertible which permitted to start with gasoline and drive with petroleum. About 250,000 units of this type were built in Germany, England and America. More than 200,000 license models of the Fordson-Tractor were built in Russia up to 1940. The museum exhibit is from the year 1925. It is powered by a 4.4 liter engine with an output of 25 hp.*

## Lanz Eilbulldog

Der Lanz-Eilbulldog war der exklusivste und schnellste Vertreter seiner Gattung. Er wurde überwiegend als Zugmaschine für schwere Lastenanhänger verwendet. Die geschwungenen Kotflügel geben ihm ein besonders elegantes Äußeres. Vor dem Starten musste der Glühkopf mit einer Lötlampe erhitzt werden. Das Flaggschiff war der 55 PS starke Eil-Bulldog mit Fünfganggetriebe. Die Spitzengeschwindigkeit des mit Dieselöl betriebenen Fahrzeugs liegt bei ca. 35 km/h, was bei einem Gewicht von fast fünf Tonnen eine bemerkenswerte Leistung ist. Der Tankinhalt beträgt rund 200 Liter, die Druckluftbremse kann bis zu zwei LKW-Anhänger abbremsen. Sammler zahlen heute astronomische Summen für ein solches Fahrzeug. Der hier gezeigte Eilbulldog aus dem Museum stammt aus dem Jahr 1940. Als Antrieb dient der legendäre 1-Zylinder-Motor mit 10.3 Liter Hubraum und 55 PS Leistung.

*The Lanz Eil-Bulldog (fast Bulldog) was the most exclusive and fastest representative of its kind. It was mainly used for hauling heavy truck trailers. The curved fenders contribute to its particularly elegant appearance. Prior to starting, the cylinder head of the hot bulb engine had to be preheated by a blowtorch. The flagship was the 55 hp Eil-Bulldog with 5-speed gearbox. The maximum speed of the Eil-Bulldog, which was equipped with a diesel fuel engine, was about 35 km/h, quite remarkable for a vehicle with a weight of almost five tons. The tank capacity was about 200 liters. The pneumatic brakes could slow down two truck trailers. Today collectors pay exorbitant prices for a vehicle of this type.*
*The Eil-Bulldog from the museum shown here was built in 1940. It is powered by the legendary 10.3 liters 1-cylinder engine with 55 hp output.*

## Lanz HR 8

Der Lanz Bulldog HR 8 wurde zwischen 1935 und 1944 gebaut. Es gab unterschiedliche Ausführungen mit und ohne Luftbereifung zum Einsatz als Ackerbulldog oder als Zugmaschine auf der Straße. Als Antrieb diente ein 1-Zylinder-Motor mit einem Hubraum von 10,3 Liter. Die Leistung variierte je nach Ausführung zwischen 30 und 55 PS.

*The Lanz Bulldog HR 8 was built between 1935 and 1944. There were different version with or without pneumatic tires for use on farms or as tractor on normal roads. All were powered by a 1-cylinder engine with a displacement of 10.3 liters. The performance varied between 30 and 55 hp depending on the model.*

technik-museum.de/video/hr8

## Mit dem Lanz-Eilbulldog von Sinsheim nach Mannheim

## *A ride with the Lanz-Eilbulldog from Sinsheim to Mannheim*

Eigentlich passt so ein Bulldog nicht zu einem von Servohilfen und elektrischen Anlassern verwöhnten Stubenhocker wie mich. Und ich hatte auch noch das größte Exemplar erwischt, den Eil-Bulldog mit seinem riesigen liegenden Einzylinder, dessen wassereimergroßer Kolben bei der Wahnsinns-Drehzahl von 750 Umdrehungen pro Minute 55 PS auf die fast einen dreiviertel Meter durchmessenden Schwungscheiben hämmert. Normalerweise steht dieses Ungetüm Baujahr 1940 friedlich im Auto & Technik Museum Sinsheim, aber als Blickfang für den Motor-Klassik-Stand auf der Veterama in Mannheim musste der weiße Riese dorthin gefahren werden. Museums-Chef Hermann Layher hatte spontan zugesagt, als ich anfragte, ob ich den Lanz auf eigener Achse nach Mannheim fahren könnte.
Ein Kurzlehrgang klärt mich über die Bedienung, vor allem über das Anlassen auf: Zuerst mit der Lötlampe dem Glühkopf zu einer roten Farbe verhelfen, dann insgesamt drei Diesel-Hähne aufdrehen, das Standgas auf „halb“ stellen und dann mit dem Lenkrad am Schwungrad seitlich an der dafür vorgesehenen Aufnahme mit pendelnden Bewegungen solange drehen, bis sich der erste „kult“ ankündigt. Danach heißt es schnell reagieren, denn der Dieselmotor kommt sofort auf Touren. Und wer das Lenkrad nicht rechtzeitig aus der Öffnung bekommt, bleibt in den Speichen hängen und bricht sich mit etwas Glück nur den Arm.
Auf was habe ich mich da bloß eingelassen? Aber ein Zurück gab es nicht mehr. Die Museums-Herren erklären mir noch kurz das Fahrverhalten und die Bedienung der einzelnen Schalter und Hebel. „Anfahren ohne Anhängelast im dritten Gang, das Getriebe ist nicht synchronisiert, Zwischenkuppeln ist nicht nötig, wenn`s beim Schalten kracht, ist das normal. Vorsicht beim Bremsen, der Trecker zieht leicht schief, weil er nur an den Hinterrädern Bremsen hat. Die Lenkung ist ein wenig schwergängig, Servo-Unterstützung gab`s damals nicht. Im Zweifelsfall Gewalt anwenden.“ Prima, hört sich alles ja ganz einfach an.
Es geht los. Der dritte Gang ist für einen Endgeschwindigkeit von 12,4 km/h ausgelegt. Kurz vorher stemme ich mich mit voller Kraft in die Kupplung, um den vierten Gang einzulegen. Ich warte die richtige Schaltdrehzahl ab, kupple nur andeutungsweise, reiße den Prügel nach vorne in die richtige Ebene - und kann stolz auf mich sein. Es kracht kaum, und der Gang sitzt.
Jetzt die Bremsprobe. Ich mache mich darauf gefasst, wie beim Kuppeln, so auch beim Bremsen, nur mit Brachial-Gewalt zum Erfolg zu kommen. Nur mit viel Glück fliege ich nicht zur Windschutzscheibe heraus: Die Bremse reagiert brutal schon auf sehr geringen Druck. Ich werd`s schon überleben. Kult-kult-kult - ich fahre über den Museumsparkplatz und der erste Bordstein wird mir fast zum Verhängnis. Wie ein junger Springbock fängt der Lanz-Elefant zu hüpfen an, nachdem er über den Randstein geholpert ist. Ich spüre keine Federung. Bis ich das Ungetüm unter Kontrolle habe, ist mir klargeworden, warum die Trecker-Fahrer sich im Straßenverkehr so zurückhaltend benehmen. Der Bulldog fordert einen nämlich hundertprozentig. Die Lenkung macht meinen dünnen Schreibtischtäter-Ärmchen gehörig zu schaffen, ich drehe mit ganzem Körpereinsatz an dem sportlich wirkenden Holzrad. Sportlich? Ja natürlich sportlich - hier muss man Body Building machen.
Aber die Belohnung folgt bei Fuß: Als ich, stilgerecht eingekleidet mit blütenweißem Overall, ebensolcher Lederhaube und Rennbrille an einer Tankstelle vorfahre und entgegen den Vorschriften mit laufendem Motor tanke, kommt der Tankstellenpächter nicht dazu, den laut kultenden Motor zu reklamieren. Sein Mund bleibt einfach offen stehen. Als ich dann noch zwei Liter Motoröl bestelle - „egal welches“ - weiß er, dass er am nächsten Stammtisch mit seiner Erzählung über den verrückten Treckerfahrer zum Alleinunterhalter avanciert
Die Kollegen vom Tiefbau mit der Straßenwalze nehmen das weiße Ungetüm eher gelassen zur Kenntnis. Sie wundern sich höchstens über die für Trecker ungewöhnliche, schmutzempfindliche weiße Tracht von Mensch und Maschine und staunen über den Auspuffgasdruck, der das Gras noch auf der anderen Straßenseite bei jedem Kult zum Wogen bring. In Heidelberg hatte ich mit dem Lanz einen Riesen-Erfolg: Eine elegant gekleidete Mittdreißigerin in einem Ledermantel von Nazareno Gabrielli schaut mir und meinem Trecker mit tiefem Blick zu. Ich fühle mich angesprochen. „Komm mit“, brülle ich gegen den Lärm an. Entweder hat sie mich nicht verstanden oder sie wollte vielleicht gesiezt werden. Unter Bulldog-Freunden jedenfalls duzt man sich.
Als ich in Richtung Innenstadt durch die Tunnels fahre, bläst es mir fast das Hirn aus der Schale, so stark spüre ich den Schalldruck. Ein Kontroll-Blick auf die Neonröhren der Tunnelbeleuchtung: Gutes Material, keine ist geplatzt. Als ich kurze Zeit später auf dem Veterama-Gelände in Mannheim aufkreuze, wieder das Hubschrauber-Syndrom. Jeder denkt, ein Hubschrauber würde einfliegen, bis er den Lanz sieht. Dann folgt das Phänomen mit dem offenen Mund und danach ein erstauntes „Aha“.
Vor der Rückfahrt der Kampf mit der Technik. Ebenso wie beim Schaulaufen am Samstag auf der Veterama will die Lötlampe keine ausreichende Flamme ausspucken. Am Samstag hatte uns Adolf Diener, Lanz-Spezialist aus Mannheim, mit seiner Lötlampe gehol-

fen. Am Sonntag half erst eine zweistündige Reparatur der Lötlampe durch Kollege und Ingenieur Reinhold Ziegler. Erst danach konnte ich den Bulldog starten. Der Lötlampen-Stress war im übrigen das Anstrengendste an der ganzen Trecker-Tour. Alles andere hat mir nur Muskelkater verursacht. Sogar am Hintern - dort aber so stark, dass ich diesen Bericht ausnahmsweise im Stehen geschrieben habe. Und wenn Sie meinen, dass ich übertrieben habe, dann schauen Sie doch einmal beim jährlichen Bulldog-Treffen im Technik Museum Speyer vorbei und machen Sie sich selbst ein Bild.

*Actually a Bulldog like this does not really chime with a servo assisted, electro starter spoilt couch-potato like me. And I had also caught hold of the largest specimen, the Eil-Bulldog with a giant horizontal one-cylinder engine whose piston of water-bucket size, at a crazy revolution of 750 per minute, was hammering 55 hp on the flywheels sized three-quarters of a metre.*

*Usually, this mammoth model of 1940 is standing peacefully in the Auto & Technik Museum Sinsheim, but as an eye catcher for the Motor Classic Magazine stand at the Veterama in Mannheim the white giant had to be brought there. I got a spontaneous consent from the Museum's Head, Hermannn Layher, when I asked whether I could drive the Lanz to Mannheim on its own wheels.*

*A brief training course taught me the operating instructions. Above all how to start it: First make the hot-bulb go red by means of a blowlamp, then open altogether three diesel-taps, turn the idle speed to "half" and then, with the steering wheel, rotate the lateral flywheel with pendulous movements at the holding point provided for this purpose until the first "kult" can be heard. Thereafter, speedy reaction is of the essence for the diesel engine is immediately gaining speed. And anyone who does not get the steering wheel from the aperture in time gets caught in the spokes and, with luck, is only breaking the arm.*

*My innermost feelings were: I've let myself in for something there! But there was no going back. The gentlemen of the museum just gave me some brief explanations regarding road performance and operation of the individual levers and switches. "Start up without trailer in third gear, transmission is not synchronized. It is not necessary to double declutch, the crashing noise when you are shifting gears is normal. Watch out, when braking the tractor tends to get out of line because it has brakes on the rear-wheels only. Steering is a bit stiff, there was no power steering at that time. When in doubt use force." Great, sounds quite easy.*

*Here I go. The third gear is laid out for a speed of up to 12.4 km/h. Shortly before reaching that mark I press down on the clutch with all my might to engage fourth. I wait for the correct engine speed for shifting and hit the clutch just by way of a hint. I tear the club forward into the right level – and can be proud of myself. There is hardly a crash-bang and the fourth is properly engaged.*

*Now for testing the braking procedure. I am anticipating that, just as with the clutch, the brakes will also require brute force to comply. It is only with a great stroke of luck that I am not flying through the windshield: The brake is reacting brutally to but a minimum amount of pressure. However, I expect that I will survive all that. "Kult-kult-kult" – I am driving across the museum's parking lot and the first kerb already is almost my undoing. After stumbling over the kerb the Lanz elephant begins to jump like a young springbok. I cannot feel any springs. By the time I have the monster under control I understand why drivers of tractors are acting with such restraint when in road traffic. Because the Bulldog is confronting you with a hundred percent challenge. The steering proved to be a real test for the thin arms of a pencil-pusher like me. I am turning the sporty wooden wheel with the full use of my physical strength. Sporty? Yes, of course sporty – this requires body building.*

*But the reward follows hot on the heels: When I drive into a gas station in my overall, white as fallen snow, leather cap of the same color and goggles and tank up, against regulations with running engine, the gas station attendant does not even get to complaining about the loud "kult" noise of the engine. His mouth is simply gaping. And when I then order two litres of motor oil – "doesn't matter what kind" – he knows that with his story about the crazy man with the tractor he will advance to the status of solo entertainer at the next meeting of his group of regulars.*

*The colleagues of the civil engineering department with their steam-rollers, on the other hand, are taking note of the monster with a rather cool attitude. If anything they are wondering about the white outfit of man and machine, unusual for a tractor since sensitive to dirt, and are amazed about the pressure of the exhaust gas which causes the grass to wave at each "kult" even on the other side of the road. In Heidelberg the Lanz and I were a great success: An elegantly clad lady in her mid-thirties with a leather coat by Nazareno Gabrielli gazed at me and my tractor with avid eyes. I felt addressed. "Come along", I shouted above the noise. But either she did not understand me or my speech was too informal. Well, informal is how we speak among Bulldog-friends.*

*When I took the route through the tunnels in the direction of downtown I felt like my brain was blowing away from the sound pressure. A controlling look at the neon tubes of the tunnel lighting: Decent material, none of them had burst. When I am appearing at the Veterama exhibition in Mannheim a short while later, again the helicopter syndrome. Everybody believes a helicopter was about to touch down until they see the Lanz. Then follows the phenomenon with the gaping mouth and thereafter a baffled "aha".*

*Prior to the return the fight with technology. Exactly as at the exhibition display on Saturday at the Veterama the blowlamp refuses to spit out an adequate flame. On Saturday Adolf Diener, a Lanz specialist from Mannheim, helped out with his blowlamp. On Sunday a two-hour repair of the blowlamp done by a colleague, engineer Reinhold Ziegler, was required before I could start the bulldog. The blowlamp stress, by the way, was the most taxing part of the entire tractor tour. Everything else just caused me aching muscles. And should you think that I am exaggerating, why don't you come to the annual Bulldog meeting at the Technik Museum Speyer to get yourself an idea.*

Text: Hermann Ries / Fotos: Archiv

Mit freundlicher Genehmigung von Motor Klassik

## Caterpillar D9 Planierraupe

Neben Landmaschinen sind in der Nutzfahrzeugabteilung im Auto & Technik Museum Sinsheim auch zahlreiche LKWs und Baumaschinen ausgestellt. Einige Beispiele finden Sie auf dieser und den folgenden Seiten.

Bei ihrer Vorstellung im Jahr 1954 war die hier gezeigte Cat D9 Planierraupe von Caterpillar die bis dahin weltgrößte Planierraupe. Ein Jahr später war sie auf den Großbaustellen der Welt im Einsatz. Das gigantische Fahrzeug wiegt 25 Tonnen und wird von einem Cat D353 Turbodieselmotor angetrieben. Zwei Ausführungen wurden angeboten, das Modell 18A mit Direktantrieb und das Modell 19A mit Drehmomentwandler.

Trotz ihres Alters ist die Planierraupe noch immer voll einsatzfähig und in der Lage so ziemlich alles einzuebnen, was sich ihr in den Weg stellt. Welche Kräfte dabei wirken, können Sie in dem Video anschaulich erleben.

**Technische Daten** Baujahr: 1956; Motor: 6-Zylinder-Turbodiesel mit 24 Litern Hubraum und einer Leistung von 286 PS

*Besides agricultural vehicles, the department of utility vehicles at the Auto & Technik Museum Sinsheim also presents many trucks and construction machines. Some of them are shown on this and the following pages.*

*At its introduction in 1954 the Cat D9 bulldozer by Caterpillar shown here was the biggest bulldozer worldwide. One year later it was performing on construction sites all over the world. The gigantic vehicle has a weight of 25 tons and is powered by a Cat D353 turbo diesel engine. On offer were two versions, model 18A with direct drive, and model 19A with torque converter. In spite of its age this bulldozer is still completely fit for use and in a position to level as good as anything getting in its way. On the video you can watch in graphic detail what kind of forces are at work to this end.*

***Technical data*** *Year of construction: 1956; Engine: 6-cylinder-turbodiesel with 24 liters displacement and a power of 286 hp*

Grosses LANZ
Bulldog-Treffen
LANZ BULLDOG
Jeden Sommer im Technik MUSEUM SPEYER
Lassen Sie sich dieses geräuschvolle Erlebnis nicht entgehen.
TECHNIK MUSEUM SPEYER
Technik MUSEUM SPEYER
Infos: www.technik-museum.de/lanz
technik-museum.de/video/lanz-treffen

## Maurer Typ V II b LKW mit Reibradantrieb - Opel 4 to Regellastwagen

Das Bild oben zeigt einen der ältesten noch existierenden LKW. Er stammt von 1907 und wurde von der Firma Maurer in Nürnberg gebaut. Der wassergekühlte 2-Zylinder-Motor mit 2,7 l Hubraum leistet 12 PS, was für eine Höchstgeschwindigkeit von ca. 25 hm/h ausreicht. Der LKW wurde 1917 in einer Scheune versteckt und vergessen. Erst 1984 wurde er wieder entdeckt und restauriert.
Eine interessante Besonderheit ist der unten gezeigte Opel-LKW. Es handelt sich um einen sogenannten „Regellastwagen". Dies waren in wesentlichen Teilen genormte, militärtaugliche LKWs, deren Kauf vom Staat subventioniert wurde, allerdings nicht ohne Hintergedanken. Im Falle einer Mobilmachung wurden die Fahrzeuge nämlich vom Militär bevorzugt eingezogen. Mit dem Ausbruch des Ersten Weltkriegs erwies sich damit der Erwerb eines solchen Fahrzeugs für die Besitzer als ein schlechtes Geschäft.

*The picture above shows one of the oldest trucks still existing worldwide. It was built in 1907 by Maurer of Nuremberg. The water-cooled 2-cylinder engine with a capacity of 2.7 l has an output of 12 hp, sufficient for a top speed of about 25 km/h. In 1917 the vehicle was hidden in a barn and forgotten. It was not discovered until 1984 when it was restored.*

*An interesting rarity is the Opel truck shown below. It is a so-called „specification truck". These were trucks with their major parts designed according to standard specifications. They were fit for military use and their purchase was eligible for government subventions, albeit not without ulterior motives, since such vehicles were first to be confiscated by the military forces in case of mobilization. At the outbreak of the First World War, therefore, the purchase of such a vehicle turned out to be a bad investment for its owner.*

**Opel Blitz A 3 to Allrad LKW**

Bei diesem LKW handelt es sich um das erste Auslieferungsfahrzeug der Fa. Ensinger Mineral- und Heilwasser. Angetrieben wird der Opel Blitz von einem 3,6 Liter Benzinmotor mit 68 PS.

***Opel Blitz A 3 tons truck with all-wheel drive***

*This vehicle, an Opel Blitz ("Lightning"), was the first truck used by the Ensinger Mineral- und Heilwasser company. It is propelled by a 3.6 liter gasoline engine with 68 hp.*

**Dampfwalze von 1908**

Diese Dampfwalze der Maschinenbaugesellschaft Heilbronn wurde an die Stadt Tuttlingen ausgeliefert und blieb dort für 95 Jahre. 2003 kam sie sozusagen aus erster Hand ins Museum. Die Walze ist in allen Teilen komplett und sogar noch betriebsfähig.

***Steam-roller from the year 1908***

*This steam-roller was built by the Maschinenbaugesellschaft Heilbronn and delivered to the City of Tuttlingen where it stayed for 95 years. In 2003 it was given to the museum, so to say from first hand. It is fully complete and even in running order.*

# Flugzeuge - *Airplanes*

Wenn Sie die Faszination der Luftfahrt einmal ganz nah erleben möchten, dann sind Sie im Auto & Technik Museum Sinsheim genau richtig. Über 60 Flugzeuge, viele davon begehbar, sowie Hubschrauber aller Epochen aus dem militärischen und dem zivilen Bereich warten auf dem Freigelände und in den Museumshallen auf Sie. Die Hauptattraktionen sind zweifellos die Air France „Concorde" und die „russische Concorde" Tupolev Tu-144, die beide in Startposition auf dem Museumsdach aufgestellt sind. Der Transport dieser legendären Überschallriesen in das Museum Sinsheim hat europaweit für Schlagzeilen gesorgt. Das Museum Sinsheim ist das einzige Museum weltweit, das diese bisher einzigen in Serie produzierten Überschall-Passagierflugzeuge Seite an Seite präsentiert.
Einzigartig ist auch der begehbare Dachbereich auf der Halle 1. Über Wendeltreppen gelangen die Besucher auf eine riesige Dachterrasse, von der sie nicht nur einen einmaligen Blick über das Museumsgelände und die umliegende Landschaft genießen, sondern auch zahlreiche Flugzeuge, darunter die „Concorde" und die Tupolev 144, aus nächster Nähe von innen und außen besichtigen können.

*If you wish to experience the fascination of aviation close up, the Auto & Technik Museum Sinsheim is the right place for you. More than 60 airplanes, many of them accessible for the visitors, as well as helicopters of all periods, from the military as well as civil field, are awaiting you in the open-air grounds and in the museum halls. Main attractions, no doubt, are the Air France "Concorde" and the "Russian Concorde" Tupolev Tu-144, both of which were mounted on the museum's roof in take-off position. The transport of these legendary supersonic giants to the Museum Sinsheim were hitting the headlines all over Europe. The Museum Sinsheim is the only museum worldwide presenting the so far only series produced supersonic commercial airplanes side by side.*
*Another unique feature is the walkable roof of hall 1. Via spiral staircases visitors reach the large roof-terrace affording not only an unique view of the museum's grounds and surrounding landscape but also the opportunity to inspect numerous airplanes, among them the "Concorde" and the Tupolev 144, up close inside and out.*

Blick auf einige der kleineren Flugzeuge auf dem Freigelände. Die meisten davon sind begehbar. Im Hintergrund die Rhein-Neckar-Arena der TSG 1899 Hoffenheim. Ganz rechts ein gigantisches Rotorblatt der Pilot-Windkraftanlage „Growian", eines der Erkennungszeichen des Auto & Technik Museum Sinsheim.

*View of some of the smaller airplanes on the open air ground. Most of them can be visited. In the background the Rhein-Neckar-Arena of the TSG 1899 Hoffenheim. At the very right you can see a gigantic rotor blade of the pilot wind energy plant "Growian", one of the hallmarks of the Auto & Technik Museum Sinsheim.*

## Concorde F-BVFB

Zehntausende Zuschauer waren am 24. Juni 2003 zum Flughafen Karlsruhe / Baden-Baden gepilgert, um ein einmaliges Schauspiel mitzuerleben: Die letzte Landung der Air France „Concorde“ F-BVFB. Gegen 10 Uhr war die Maschine in Paris gestartet, um über dem Atlantik ein letztes Mal die Schallmauer zu durchbrechen. Gut zwei Stunden später ging dann für das Museum ein Traum in Erfüllung. Nur zwei „Concorde“ wurden nach der Außerdienststellung von Air France an Museen außerhalb Frankreichs vergeben, eine davon nach Sinsheim.
„Die Concorde war ein Meilenstein in der Geschichte von Air France“, unterstrich der Air France Vorstandsvorsitzende Jean-Cyril Spinetta. „Die siebenundzwanzigjährige Concorde-Ära war geprägt von Engagement, Rekorden, Enthusiasmus und der Tragödie vom 25. Juli 2000, die sich für immer in unser Gedächtnis eingegraben hat. Die Erinnerung an die Besatzung und die Passagiere des Fluges 4590 wird für immer in uns weiterleben. Wir alle wissen, wie sehr unsere deutschen Freunde von diesem tragischen Ereignis betroffen waren. Die Hommage an die Opfer bewog Air France nun wie selbstverständlich dazu, dem Technik Museum Sinsheim, einem der faszinierendsten Luftfahrtmuseen der Welt, ein Flugzeug aus der Concorde Flotte zu überstellen.“

*Tens of thousands of onlookers had flocked to the Karlsruhe / Baden-Baden airport on 24 June 2003 in order to watch a unique spectacle: The last touch-down of the Air France “Concorde” F-BVFB. At about 10 o’clock the aircraft had taken off in Paris to break through the sound barrier one last time over the Atlantic. A good two hours later a dream came true for the Museum. Two “Concordes” only were given by Air France to museums outside of France upon retirement, one of them to Sinsheim.*
*Jean-Cyril Spinetta, chairman of Air France, emphasized that “The Concorde was a milestone in the history of Air France.” He continued “Commitment, records, enthusiasm and the tragedy of 25 July 2000, engraved in our memory for all times, left their indelible marks on the Concorde era of twenty-seven years. We will commemorate the crew and passengers of Flight 4590 for all times. All of us know how much our German friends had to suffer from this tragic incident. To pay hommage to these victims it was a matter of course for Air France to let the Technik Museum Sinsheim, one of the most fascinating aeronautical museums of the world, have one of the specimens of the Concorde fleet.”*

Oben: Die „Concorde“ unmittelbar nach der Landung. Mitte links: Museumsleiter Hermann Layher mit „seiner Concorde“. Mitte rechts: Das Museumsteam, das den Transport der „Concorde“ nach Sinsheim zu bewältigen hatte. Unten rechts: Museumsleiter Hermann Layher (rechts) mit Guy Tardieu (Vice President External Relations der Air France; links) und Franck Thiebaut (Direktor der Air France für Deutschland; Mitte) bei der Pressekonferenz.

*Top: The "Concorde" immediately after touch-down. Mid left: Hermann Layher, Director of the Museum, together with „his Concorde". Mid right: The museum's team responsible for the feat of transporting the "Concorde" to Sinsheim. Bottom right: Hermann Layher, Director of the Museum (on the right) with Guy Tardieu, Vice President External Relations of Air France (on the left), and Franck Thiebaut, Director of Air France for Germany (centre), at the press conference.*

Fotos: Elser Film, Museum Sinsheim, Scherer, Sefrin

Die „Concorde" Seriennummer 7 mit der Kennung F-BVFB wurde am 8. April 1976 in die Air France Flotte aufgenommen. Die Maschine flog vom 1. bis 21. September 1988 um die Welt und legte dabei in 38 Stunden und 13 Minuten 47.572 km zurück. Insgesamt brachte diese Concorde 14.771 Flugstunden und 5.473 Flüge hinter sich.

Viele Arbeiten waren nach der Landung notwendig, um die Königin der Lüfte transportfertig zu machen (siehe die folgende Doppelseite). Spezialisten der Air France und des Auto & Technik Museum Sinsheim bauten die Triebwerke aus und nahmen die Flügelspitzen und das Heckleitwerk ab. Nach zahlreichen Machbarkeitsstudien und Sitzungen mit den zuständigen Behörden wurde eine optimale Transportstrecke ausgewählt und der Transport akribisch vorbereitet. Wie bei fast allen Schwertransporten des Museums waren wieder die Spezialisten der Spedition Kübler und der Firma Scholpp federführend tätig. Das größte Problem war die extreme Breite des Flugzeugs. Trotz der Demontage der Flügelspitzen betrug diese immer noch stolze 14,45 Meter. Der Transport konnte daher nur auf einem kippbaren Spezial-Tieflader erfolgen (Bild unten rechts). Ansonsten hätte die „Concorde" nicht unter der Autobahnbrücke beim Museum hindurchgepasst.

Der Straßentransport startete am 19. Juli 2003 und dauerte bis in die Morgenstunden des darauf folgenden Tages. Zehntausende Schaulustige säumten noch weit nach Mitternacht die gesperrte Autobahn, um das Großereignis mitzuerleben. Nach dem Zusammenbau wurde die „Concorde" am 17. März 2004 in Startposition auf einem Stahlgerüst über der Halle 2 des Museums neben der Tupolev 144 verankert.

Wir möchten uns bei Air France ganz herzlich bedanken, dass unseren Museumsbesuchern die Möglichkeit gegeben wurde, den „Mythos Concorde" auch nach der aktiven Zeit dieses fantastischen Flugzeugs weiter zu erleben. Wir haben dies zum Anlass genommen, Air France die Ehrenmitgliedschaft in unserem Museumsverein zu verleihen.

*The "Concorde" F-BVFB with the serial number 7 was included in the Air France fleet on 8 April 1976. From 1 September until 21 September 1976 the aircraft flew round the world thereby covering a distance of 47,572 kilometers in 38 hours and 13 minutes. Altogether, this "Concorde" accomplished 14,771 flight hours and 5,473 flights.*

*A lot of work was required after touch down to ready the Queen of the Airways for transport (see following centre-fold). Specialists of Air France and the Auto & Technik Museum Sinsheim removed the engines and dismantled the wing tips as well as the tail unit. After numerous feasibility studies and conferences with the authorities an optimal transport route was determined followed by a meticulous preparation of the transport process. As in almost all heavy transports of the museum the specialists of Kübler Haulage Contractors and Scholpp Cranes were once more entrusted with the overall control of the operation. The main problem was the extreme width of the aircraft which, in spite of the now dismantled wing tips, was still measuring an impressive 14.45 metres. Therefore, the transport could only be accomplished on a special tip-up low-loader (picture below right). Otherwise the "Concorde" would not have been able to clear the bridge over the autobahn at the Museum.*

*The road transport started on 19 July 2003 and lasted into the early morning hours of the following day. Tens of thousands of spectators kept lining the closed-off autobahn until long after midnight to watch the big event. Upon reassembly the "Concorde" was mounted in take-off position on a tubular-steel scaffolding above Hall 2 of the museum next to the Tupolev 144 on 17 March 2004.*

*We wish to extend our sincere gratitude to Air France for granting the visitors of our museum the opportunity to keep experiencing the "Myth of Concorde" even after the active service of this fantastic aircraft. We have taken this as an occasion to convey the honorary membership in our museum club to Air France.*

Fotos: Elser Film

# CONCORDE F-BVFB – D

**Die letzte Reise der AIR FRANCE Concorde F-BVFB**

1. Vorbereitung zum letzten Start vom Flughafen „Charles de Gaulle" in Paris am 24. Juni 2003.
2. Im Cockpit bei Mach 2 über dem Atlantik.
3. Landung auf dem Flughafen Karlsruhe / Baden-Baden.
4. Nach der Demontage der Flügelspitzen und des Leitwerks wird der Flugzeugrumpf auf einen Tieflader verladen. Der Transport in das Auto & Technik Museum Sinsheim erfolgt durch die Spezialspedition Kübler / Schwäbisch Hall, die für das Museum schon zahlreiche Schwertransporte durchgeführt hat.
5. Gezogen von zwei LKW verlässt der Tieflader mit dem einstmals schnellste Passagierflugzeug der Welt den Flughafen.
6. Transport zur Nato-Rampe am Rhein bei Söllingen.
7. Nach der Verladung auf einen Lastenponton wird die Concorde auf dem Rhein Richtung Speyer transportiert.
8. Ankunft des Pontons im Naturhafen Lußhof nahe Speyer.
9. Der Transport auf der gesperrten Autobahn zum 50 km entfernten Auto & Technik Museum Sinsheim konnte nur in der Nacht erfolgen. Durchschnittsgeschwindigkeit: 5 km/h.
10. Nach dem Zusammenbau wird die Concorde am 23. April 2004 auf das Museumsdach gehoben.
11. Die Concorde und die Tupolev 144, die beiden einzigen in Serie gebauten Überschall-Passagierflugzeuge, gemeinsam begehbar auf dem Museumsdach - eine weltweit einmalige Sensation.

***The last travel of the AIR FRANCE Concorde F-BVFB***

1. *Final preparations before the last take-off from the airport "Charles de Gaulle" / Paris on 24 June 2003.*
2. *In the cockpit at Mach 2 above the Atlantic.*
3. *Landing at the airport Karlsruhe / Baden-Baden.*
4. *After removal of the wing tips and the tail unit, the fuselage was loaded on a special trailer. The transport to the Auto & Technik Museum Sinsheim was performed by Kübler Haulage Company of Schwäbisch Hall, which already carried out many heavyweight transports for the museum.*
5. *Hauled by two trucks the trailer with the once fastest passenger aircraft in the world leaves the airport.*
6. *Transport to the NATO ramp at the Rhine near Söllingen.*
7. *After loading on a heavy-load pontoon, the Concorde is transported on the Rhine towards Speyer.*
8. *Arrival of the pontoon at the natural harbor Lußhof near Speyer.*
9. *The transport on the closed off Autobahn over a distance of 50 km to the Auto & Technik Museum Sinsheim could only take place at night. Average speed: 5 km/h.*
10. *Upon assembly the Concorde was hoisted up onto the museum's roof on 23 April 2004.*
11. *The Concorde and the Tupolev 144, the only two commercial supersonic aircraft built in series together as accessible exhibits on the museum's roof - an unparalleled sensation worldwide.*

Fotos: Bach, Elser Film, Museum Sinsheim

# tar des Auto & Technik Museum Sinsheim

Die „Concorde" im Museum ist komplett begehbar. Der Aufstieg führt die Besucher auf bis zu 30 Meter Höhe und ist mit Sicherheit einer der ganz besonderen Höhepunkte des Museumsrundgangs.

*The "Concorde" at the museum is fully accessible inside and out. The ascent will bring the visitors up to a height of 30 meters and is definitely one of the very special highlights in the tour of the museum.*

**Wissenswertes zur AIR FRANCE Concorde F-BVFB**
Länge: 62,13 m, Spannweite: 25,56 m, Höhe: 12,22 m, Breite Rumpf: 2,88 m, Flügeloberfläche: 358 m², Länge Kabine: 39,57 m, Breite Kabine: 2,63 m, Höhe Kabine: 1,96 m, Erstflug: 6. März 1976, Indienststellung: 8. April 1976, Überschallflüge: 4.791, Flüge gesamt: 5.473, Flugstunden: 14.771, Schubleistung total: 677,2 kN, Leergewicht: 78.900 Kg, Max. Startgewicht: 185.070 Kg, Max. Landegewicht: 111.130 Kg, Max. Treibstoffmenge: 119.786 Liter, Kraftstoffverbrauch: 428 l / Min., Reiseflughöhe: ca. 16.000 m, Max. Flughöhe: ca. 18.290 m, Reisegeschwindigkeit: Mach 2,02, Max. Geschwindigkeit: Mach 2,02, Startgeschwindigkeit: 397 km/h, Landegeschwindigkeit: 300 km/h, Passagiere max.: 100, Besatzung: 3 Cockpit / 6 Kabine

***Things worth knowing about the AIR FRANCE Concorde F-BVFB***
*Length: 62.13 m, Wing Span: 25.56 m, Height: 12.22 m, Fuselage Width: 2.88 m, Wing Surface: 358 m², Cabin Length: 39.57 m, Cabin Width: 2.63 m, Cabin Height: 1.96 m, First Flight : March 6, 1976, Commission: April 8, 1976, Supersonic Flights: 4,791, Total Flights: 5,473, Flight Hours: 14,771, Total Thrust: 677.2 kN, Net Weight: 78,900 Kg, Max. Take-off Weight: 185,070 Kg, Max. Landing Weight: 111,130 Kg, Max. Fuel: 119,786 liters, Fuel Consumption: 428 liters / min., Cruising Altitude: ca. 16,000 m, Max. Altitude: ca. 18,290 m, Cruising Speed: Mach 2.02, Max. Speed: Mach 2.02, Take-off Speed: 397 km/h, Landing Speed: 300 km/h, Passengers max.: 100, Crew: 3 cockpit / 6 cabin*

# Tupolev Tu-144 - Die „russische Concorde"

In den 1960er Jahren wetteiferten die Konstrukteure der britisch/französischen „Concorde" und der russischen Tupolev 144 darum, wer als erster ein Überschall-Verkehrsflugzeug in die Luft bringen würde. Spätestens nachdem die Russen 1965 auf dem Salon de l'Aéronautique in Paris das Modell eines Überschall-Passagierflugzeugs gezeigt hatten war klar, dass sie diesen prestigeträchtigen Titel ihren westlichen Kollegen nicht kampflos überlassen würden. Und tatsächlich hatten sie am Schluss die Nase vorn. Am 31.12.1968 erhob sich der erste Prototyp der Tupolev 144 in den Himmel. Die „Concorde" folgte erst am 2.3.1969. Die große Ähnlichkeit zwischen der Tu-144 und der „Concorde" ließ naturgemäß den Verdacht der Industriespionage aufkommen, letztlich konnte diese Vermutung aber nicht bewiesen werden.
Das roll-out des weitgehend fertig entwickelten Flugzeugs erfolgte am 21. Mai 1970 auf dem Moskauer Flugplatz Scheremetjewo. Fünf Tage später erreichte es mit 2.150 km/h als erstes Verkehrsflugzeug der Welt Mach 2. Als die Tu-144 ein Jahr später auf dem Luftfahrtsalon 1971 in Paris zum ersten Mal im Westen erschien, hatte sie bei Übungsflügen bereits eine Spitzengeschwindigkeit von 2.443 km/h erreicht. Den ersten schweren Rückschlag erlebte das Projekt allerdings 1973, als eine Tu-144 bei der Pariser Luftfahrtausstellung vor laufenden Kameras abstürzte. Nach mehrjährigen Weiterentwicklungen nahm die Tu-144 schließlich trotzdem am 1. November 1977 den Liniendienst zwischen Moskau und Alma Ata auf. Nur 7 Monate später wurden diese Flüge nach einem erneuten Absturz jedoch wieder eingestellt. Auch die mangelnde Wirtschaftlichkeit mag zu dieser Entscheidung beigetragen haben. Der letzte reguläre Flug einer Tu-144 erfolgte am 1. Juni 1978.
Nach langwierigen Verhandlungen ist es dem Museumsverein zum 20-jährigen Museumsjubiläum 2001 gelungen, ein Exemplar dieses Flugzeugtyps, der ein wichtiges Kapitel Luftfahrtgeschichte geschrieben hat, für die Flugzeugausstellung in Sinsheim zu erhalten. In einem Aufsehen erregenden Transport, der über 4.000 km von Moskau nach Sinsheim führte und europaweit ein riesiges Echo gefunden hat, wurde die Tupolev auf dem Wasser- und Landwege zum Museumsgelände transportiert, und anschließend in Startposition über dem Dach der Halle 1 auf drei Stahlstützen montiert.

technik-museum.de/video/tupolev

## Tupolev Tu-144 - The "Russian Concorde"

In the 1960s the designers of the British / French "Concorde" and the Russian Tupolev 144 were competing for the feat to beat the other team in bringing the first supersonic passenger plane into the air. In 1965 at the latest, when the Russians had presented the model of a supersonic passenger plane at the Salon de l'Aeronautique in Paris, it was clear that they would not relinquish this prestigious title to their Western competitors without putting up a fight. And, as a matter of fact, In the end they were ahead by a nose. On 31 December 1968 the first prototype of the Tupolev 144 was rising into the skies. The "Concorde" did not follow until 2 March 1969. The immense likeness of the Tu-144 to the "Concorde" naturally gave rise to the suspicion of industrial espionage, but ultimately it was impossible to prove this conjecture. The roll-out of the nearly finished airplane took place on 21 May 1970 at Scheremetjewo airfield in Moscow. Five days later, with a speed of 2,150 km/h, it was the first passenger plane of the world to reach Mach 2. At its first appearance in the West one year later on occasion of the 1977 aeronautic exhibition in Paris, the Tu-144 had already reached a top speed of 2,433 km/h in test flights. However, the project suffered a first severe set-back in 1973 when a Tu-144 crashed at the Paris Air Show in front of filming cameras. After several years of further development the Tu-144 finally commenced scheduled service, after all, on the route between Moscow and Alma Ata. Seven months later, however, these flights were discontinued again following another crash. The lack of profitability might have been another factor contributing to this decision. The last regular flight of a Tu-144 took place on 1 June 1978.

After lengthy negotiations the museum club succeeded in acquiring a specimen of this type of plane, which had made an important chapter of aeronautic history, for the airplane exhibition in Sinsheim on occasion of the museum's 20th Anniversary. In a sensational transport covering a distance of over 4,000 km from Moscow to Sinsheim, which attracted lively response all over Europe, the Tupolev was brought by water and over land to the museum's premises where it was mounted on three steel pillars in take-off position above the roof of exhibition hall 1 of the Auto & Technik Museum Sinsheim.

# Die fantastische Reise der Tupolev 144 von Moskau nach Sinsheim

In der Nacht zum 8. November 2000 fand eine der spektakulärsten Unternehmungen des Auto & Technik Museum Sinsheim einen triumphalen Abschluss: gehalten von zwei gewaltigen Kranwagen schwebte der 48 Meter lange Rumpf einer Tupolev Tu-144 auf das Museumsgelände. Begonnen hatte das Abenteuer wenige Wochen zuvor in Moskau. Auf dem Wasserweg war die Maschine zunächst nach St. Petersburg und von dort nach Rotterdam gebracht worden. Danach ging es weiter bis nach Mannheim und anschließend, nach der Verladung auf ein kleineres Schiff, zum Heilbronner Hafen. Die letzten Kilometer mussten zwangsläufig mit einem Spezialtransporter auf dem Landweg zurückgelegt werden. Da aufgrund der gewaltigen Ausmaße der Tupolev eine Fahrt durch das Stadtgebiet von Sinsheim nicht in Frage kam, wurde das zerlegte Flugzeug direkt von der gesperrten Autobahn auf das Museumsgelände gehoben.

Anschließend galt es, den Riesenvogel wieder komplett zu montieren, und von innen und außen zu konservieren. Gleichzeitig liefen die Planungen zum Bau der mächtigen Stahlpfeiler, die dem 67 Meter langen und rund 100 Tonnen schweren Flugzeug auch im Falle eines Sturms einen sicheren Halt geben sollten.

Am 26. März 2001 war dann schließlich alles bereit zum großen Finale. Dies war die Stunde der Spezialisten der Firma Scholpp, die bereits bei der Ankunft das noch zerlegte Flugzeug von der Autobahn auf das Museumsgelände gehoben hatten. Da das Flugzeug aufgrund seiner Länge von einem einzelnen Kran nicht stabil manövriert werden konnte, kam ein Kran-Tandem zum Einsatz. Die Hauptlast trug ein gewaltiger Raupenkran mit einer maximalen Tragelast von 1.000 Tonnen (Demag CC 2500), der das Flugzeug am Heck mittels einer Hecktraverse anhob. Um die Last gezielt drehen zu können, wurde das Flugzeug über dem Bugfahrwerk von einem zweiten Kran (Modell Demag AC 300) gehalten. Nach genau geplantem Durchschwenken des Flugzeugs durch die beiden Krane wurde es auf die Stahlkonstruktion bei 35 Meter Ausladung sicher abgesetzt, und anschließend fest mit den Podesten am Ende der Stahlpfeiler verschraubt.

## *The fantastic journey of the Tupolev 144 from Moscow to Sinsheim*

*During the night of 8 November 2000 one of the most spectacular enterprises of the Auto & Technik Museum Sinsheim found its triumphant conclusion: supported by two huge crane trucks the 48 meter long fuselage of a Tupolev Tu-144 floated down onto the museum's grounds. The adventure had its beginning a few weeks earlier in Moscow. By sea the craft had been first ferried to St. Petersburg and from there to Rotterdam. From here the journey was continued to Mannheim and subsequently, after it had been loaded on a smaller ship, to the port of Heilbronn. There was no other choice but to cover the last kilometers on a special trailer by land. Since the enormous dimensions of the Tupolev prohibited a transport through the city of Sinsheim, the dismantled plane was heaved from the closed off autobahn directly into the museum's grounds.*
*Then it was necessary to completely reassemble the huge bird and to conserve it inside and out. At the same time plans were made to build the mighty tubular steel pillars which were to provide a safe support for the plane with a length of 67 m and a weight of a round 100 tons, also in stormy weather.*
*Then, on 26 March 2001 everything was finally ready for the great finale. This was the hour of the specialists of Messrs. Scholpp, who had already accomplished the feat of hoisting the then still disassembled plane, upon its arrival, from the autobahn to the museum's grounds. Since, due to its length, the plane could not possibly be maneuvered safely by one single crane alone, a crane-tandem was used. The main load was supported by a huge caterpillar crane with a maximum load-bearing capacity of 1000 tons (Demag CC 2500), which lifted the plane at the tail by means of a rear traverse. To be able to turn the load precisely, the plane was held by a second crane (model Demag AC 300) above the nose gear. After swinging the plane between the two cranes in a minutely planned passage, it was safely lowered onto the steel construction at a radius of 35 meters and then bolted to the platforms at the end of the steel pillars.*

D-CADE
27
BULGARIAN AIR T
BECK'S

OK

Nur die Skyline von New York ist schöner! Von links nach rechts sehen Sie hier eine Canberra B.2, eine Douglas DC-3, eine Junkers Ju-52, eine Iljuschin IL14P, eine Vickers Viscount 800, die Concorde, die Tu-144, eine Aero L-39 „Albatross" und eine Suchoi Su-22. Die Canberra B.2 ist ein Ganzmetall-Schulterdecker, der insbesondere als Aufklärer und zu Schulungszwecken verwendet wurde. Das Museumsstück diente dem Deutschen Geographischen Institut zur Herstellung von Luftaufnahmen für die Kartenerstellung. Die Ju-52 und die DC-3 sind jedem, der sich für Flugzeuge interessiert, ein Begriff. Sie wurden in den 1930er Jahren entwickelt und erwarben sich insbesondere während der Zeit des Zweiten Weltkriegs aufgrund ihrer Zuverlässigkeit und Anspruchslosigkeit einen legendären Ruf als universell einsetzbare Transport- und Passagiermaschinen. Auch nach dem Kriegsende waren viele Maschinen noch über Jahrzehnte im Einsatz. In einigen Ländern wird die DC-3 noch heute für kommerzielle Transportzwecke verwendet. Die IL14P ist in wesentlichen Teilen der DC-3 nachempfunden und wurde in den 1950er und 1960er Jahren als Passagierflugzeug eingesetzt. Die Vickers „Viscount" war das erste Turbo-Prop-Verkehrsflugzeug der Welt. Die im Museum gezeigte Maschine, Baujahr 1950, war bei der französischen Fluggesellschaft „Air Inter" in Betrieb. Die Aero L-39 „Albatross" ist ein Schul- und Übungsflugzeug für die Fortgeschrittenen-Schulung aus tschechischer Produktion. Ab 1971 wurde dieses Modell in vielen Ostblockstaaten geflogen. Die Suchoi Su-22 ist ein in der Sowjetunion entwickelter Jagdbomber aus den 1960er Jahren mit Schwenkflügeln. Die Luftaufnahme links unten zeigt die Iljuschin IL-18 auf dem Freigelände. Dieser Typ wurde Mitte der 1950er Jahre als Passagiermaschine für die russische Fluggesellschaft Aeroflot entwickelt.

*Only the skyline of New York can surpass this view! From left to right in the top picture you see a Canberra B.2, a Douglas DC-3, a Junkers Ju-52, an Iljuschin IL14P, a Vickers Viscount 800, the Concorde, the Tu-144, an Aero L-39 "Albatros" and a Suchoi Su-22. The Canberra B.2 is a full metal high-wing aircraft used mainly as a reconnaissance and training plane. The museum's exhibit served the German Geographical Institute to shoot aerial photographs for cartographic purposes. The Ju-52 and the DC-3 are familiar types known to anyone interested in aircraft. Developed in the 1930s, these highly reliable and undemanding models gained a legendary reputation as universally serviceable transport- and passenger planes, particularly during WWII. A great number of these planes continued to be in action for decades after the war. And even today the DC-3 is still being used in some countries for commercial transport purposes. The design of the IL14P was largely inspired by the DC-3. During the 1950s and 1960s it was used in many countries as passenger aircraft. The Vickers "Viscount" was the first commercial turboprop aircraft of the world. The specimen shown in the museum was built in 1950 and served with the French airline "Air Inter". The Aero L-39 "Albatros" was an instruction- and training-aircraft for advanced trainee pilots of Czech production. As of 1971 this model was being flown in many East Bloc countries. The Suchoi Su-22 is a fighter bomber with swing wings developed in the Soviet Union in the 1960s. The aerial photograph at the bottom left shows the Iljuschin IL-18 on display in the open air ground of the Auto & Technik Museum Sinsheim. This type of aircraft was developed in the middle of the 1950s as passenger aircraft for the Russian Airline Aeroflot.*

Immer wieder werden wir gefragt: „Wie sind denn eigentlich die ganzen Flugzeuge, die Lokomotiven und die anderen Riesenteile in euer Museum gekommen?". Eine pauschale Antwort auf diese Frage gibt es nicht, denn jeder Transport eines Großexponats hat seine eigenen Probleme und Besonderheiten. Auf den vorhergehenden Seiten wurde gezeigt, wie die Tupolev 144 und die „Concorde" nach Sinsheim gekommen sind. Im Speyer-Teil des Museumsbuchs finden Sie Berichte über die Transporte des Space Shuttle BURAN und der Boeing 747 „Jumbo Jet", des Unterseeboots U-9, der chinesischen Dampflock „Qian Jin" und des Seenotkreuzers „John T. Essberger". Auf dieser Doppelseite möchten wir Ihnen einen Eindruck von einigen spektakulären Großtransporten insbesondere von Flugzeugen aus den Anfangsjahren des Museums geben, die Sie heute auf dem Freigelände des Auto & Technik Museum Sinsheim besichtigen können.

*Time and again we will hear the question: "How on earth did all these airplanes, the locomotives and the other huge exhibits manage to come into your museum?" There is no single answer to this question, since each transport of a large exhibit has its own problems and specialities. On the preceding pages it was described how the Tupolev 144 and the "Concorde" came to Sinsheim. In the Speyer section of this book you will find reports about the transports of the space shuttle BURAN, the Boeing 747 "Jumbo Jet", the submarine U-9, the Chinese steam locomotive "Qian Jin" and the rescue cruiser "John T. Essberger". On this double page we would like to give you an impression of some spectacular large transports, particularly of aircraft, during the early years of the museum which you can now visit in the open air grounds of the Auto & Technik Museum Sinsheim.*

**Transport der Iljuschin 14 (oben) und der Tupolev 134 (links unten) nach Sinsheim**
Die auf dem Freigelände gezeigte Iljuschin 14 beendete ihren letzten Flug 1988 auf dem Flugplatz Speyer. Um das Flugzeug besser transportieren zu können wurden die Flügel demontiert. Ein Hubschrauber der Bundeswehr nahm den Flieger dann an den Haken und brachte ihn nach Sinsheim. Das Bild zeigt das Gespann beim Abflug in Speyer.
Die Tupolev 134 wurde 1989 zerlegt und mit einem Tieflader von Manching bei Ingolstadt über die Autobahn nach Sinsheim transportiert. Das Bild zeigt den Transport bei einem Zwischenhalt auf der Autobahnraststätte Hohenlohe.

***Transport of the Iljuschin 14 (top) and of the Tupolev 135 (bottom left) to Sinsheim***
*The Iljuschin 14 shown in the open air grounds ended its last flight in 1988 on the airfield in Speyer. To be able to better transport the plane, the wings were dismantled. A helicopter of the German Air Force then took the craft on a hook, transporting it this way to Sinsheim. The picture shows the team at take-off in Speyer.*
*The Tupolev 134 was disassembled in 1989 and brought on a low loader from Manching near Ingolstadt to Sinsheim via the autobahn. The picture shows the transport at a stop on the motorway service area Hohenlohe.*

**Ankunft der der DC 3 in Sinsheim 1986**
Die DC 3, zivile Bezeichnung C 47, kam gemeinsam mit der Ju-52 im teilzerlegten Zustand per Tieflader ins Museum. Das Bild zeigt das Flugzeug beim Abladen kurz nach der Ankunft.

***Arrival of the DC 3 in Sinsheim 1986***
*The DC 3, civilian designation C 47, reached the museum together with the Ju-52 on a low loader. The picture shows the airplane during unloading shortly after its arrival.*

**Aufbau der Iljuschin 18 in Sinsheim 1990**
Die Iljuschin 18 wurde 1990 zerlegt auf drei Tiefladern von ihrem letzten Landeplatz in Nürnberg nach Sinsheim transportiert.

***Assembly of the Iljuschin 18 in Sinsheim in 1990***
*The Iljuschin 18 was disassembled in 1990 and brought on three low loaders from its last landing site in Nürnberg to Sinsheim.*

**Ankunft des österreichischen „Krokodils" in Sinsheim 1989**
Die im Museum gezeigte „Krokodil" Gebirgslokomotive aus Österreich wurde im Herbst 1989 von einer Diesellok zum Bahnhof Sinsheim gezogen. Dort wurde der gut 110 Tonnen schwere Koloss von drei Kränen auf einen Tieflader geladen und ins Museum transportiert.

***Arrival of the Austrian "Crocodile" in Sinsheim 1989***
*In the fall of 1989, the Austrian "Crocodile" mountain locomotive on exhibit in the museum was pulled by a diesel engine to Sinsheim station. There, three giant cranes lifted the colossus with a weight of a good 110 tons onto a low loader which then transported the locomotive to the museum.*

## Canadair CL-215

Dreißig Jahre lang flog diese Canadair unermüdlich Löscheinsätze gegen die hauptsächlich am Mittelmeer auftretenden, oft verheerenden Waldbrände. Das Flugzeug war zuletzt auf dem Flugplatz Marignane bei Marseille stationiert und stand im Dienst der französischen „Protection Civile" (Zivilschutz). Acht Tage dauerte der Transport von Marseille nach Sinsheim. Dort wurde die Canadair auf einem Stahlgerüst so montiert, dass sie wie im Sinkflug auf eine Wasseroberfläche zusteuert. Der Innenraum des Flugzeugs kann über eine Wendeltreppe von den Besuchern erreicht und besichtigt werden.
Zur Feuerbekämpfung trägt die CL-215 bis zu 5.445 Liter Wasser oder Löschflüssigkeit in zwei Rumpftanks. Das Wasser kann aus einem See oder Fluss durch zwei Öffnungen in der Rumpfunterseite aufgenommen werden, während das Flugzeug im Tiefflug über die Wasseroberfläche fliegt. Ein gleiches Modell befindet sich auch im Technik Museum Speyer.

*For thirty years this Canadair was used for fighting forest fires mainly in the Mediterranean area. The airplane was last stationed at the Marignane airfield near Marseille where it was employed by the French "Protection Civile". The transport of the aircraft from Marseille to Sinsheim took eight days. There it was mounted on a steel scaffold in a position as if it were diving down to a water surface. Visitors can gain access to the interior of the plane via a spiral staircase.*
*For fire fighting the CL-215 can carry up to 5,445 liters of water or fire fighting fluid in two tanks. The water can be gathered from a sea or river by two openings located at the bottom of the hull while the airplane is flying at low altitude over the water surface. A second specimen can be visited at the Technik Museum Speyer.*

## De Havilland Venom „Jet Pilot“

Bei dem pneumatisch gesteuerten Flugzeug „Jet Pilot“ handelt es sich um ein echtes Flugzeug des Modells De Havilland Venom, Baujahr 1950 mit einem Gewicht von 3 Tonnen. Fluidische Muskeln von FESTO bewegen das Flugzeug, das an der Museumsdecke aufgehängt ist. Die Steuerung erfolgt über einen Joystick, der von den Museumsbesuchern bedient werden kann. Für die benötigte Druckluft stellte die Firma Kaeser-Kompressoren einen leistungsfähigen Schraubenkompressor zur Verfügung. Der fluidische Muskel besteht im Wesentlichen aus einem hohlen elastischen Schlauch mit eingewobenen Aramid-Kunstfasern. Wird der Muskel mit Luft oder Wasser befüllt vergrößert sich dieser im Durchmesser und verkürzt sich in der Länge. Ohne Last kann der fluidische Muskel auf 75 % der Ausgangslänge verkürzt werden. Bei vergleichbarer Größe erreicht der fluidische Muskel das Zehnfache der Kraft eines Zylinders. Mit fluidischen Muskeln können langsame, gleichförmige aber auch schnelle Bewegungen realisiert werden. Das Projekt „Jet Pilot“ wurde in enger Zusammenarbeit mit den Firmen FESTO und Kaeser realisiert.

*The pneumatically controlled airplane "Jet Pilot" is a genuine De Havilland Venom aircraft built in 1950 with a weight of 3 tons. Fluidic muscles by FESTO are moving the airplane which is connected to the roof of the museum hall. The "Jet Pilot" is operated by a joystick which can be activated by the visitors. The required compressed air is supplied by a high-performance screw compressor built by the German company Kaeser. In principle, the fluidic muscle consists of a hollow elastic tube with interwoven synthetic aramid fibers. If the muscle is filled with water or air its diameter increases and its length decreases. Without load the muscle can contract up to 75 % of its original length. Thereby it can generate a force which is ten times stronger than the force possible with a cylinder of the same length. With fluidic muscles slow, uniform but also fast movements are possible. The project "Jet Pilot" was realized in tight cooperation with the companies FESTO and Kaeser.*

Das obere Bild gibt einen Eindruck von den in den Museumshallen gezeigten Flugzeuge. Das untere Bild zeigt eine Heinkel He-111, den Standardbomber der deutschen Luftwaffe während des Zweiten Weltkriegs. Eine ausführliche Beschreibung speziell der Flugzeuge aus der Zeit des 2. Weltkriegs finden Sie im Buch „Militärtechnik in den Technik Museen Sinsheim und Speyer“. Eine Buchbeschreibung mit Bezugsquelle finden Sie im Kapitel über die Militärausstellung.

*The top picture gives an impression of the aircraft shown in the museum halls. The bottom picture shows a Heinkel He-111, the standard bomber aircraft of the German air force in World War 2. Extensive descriptions especially of the aircraft from the time of World War 2 can be found in the book „Militärtechnik in den Technik Museen Sinsheim und Speyer“. For a description of this book and ordering information please refer to the chapter covering the military exhibition.*

## Junkers Ju-52 (oben links / *top left*)

Im Museum Sinsheim sind zwei Ju-52 ausgestellt. Die Maschine in der Halle trägt einen militärischen Tarnanstrich. Das zweite Exemplar auf dem Freigelände hat eine Lackierung, wie sie bei den Passagierflugzeugen der Lufthansa üblich war. Zwei weitere Ju-52 befinden sich im Technik Museum Speyer.

*In the Museum Sinsheim there are two Ju-52 on display. The specimen in the hall has a military camouflage paint. The one in the open air ground has a painting common for the passenger aircraft of the Lufthansa. Two further Ju-52 are shown at the Technik Museum Speyer.*

## Junkers Ju-88 (oben rechts / *top right*)

Von der Ju-88, einem mittleren deutschen Horizontal- und Sturzflug-Bomber aus dem 2. Weltkrieg, sind nur ganz wenige Exemplare erhalten geblieben. Die im Auto & Technik Museum Sinsheim ausgestellte Maschine wurde 1986 aus einem See in Schweden geborgen.

*Of the Ju-88, a middle German horizontal and dive bomber from the time of World War 2, only very few specimens have survived. The aircraft shown in the Auto & Technik Museum Sinsheim was salvaged from a Swedish sea in 1986.*

## Kamov Ka-26 (Mitte links / *middle left*)

Ziviler Mehrzweck-Hubschrauber des sowjetischen Herstellers Kamow hauptsächlich für landwirtschaftliche Aufgaben, der 1965 erstmals flog, und bis 1985 produziert wurde.

*Civilian multi-purpose helicopter of the Soviet manufacturer Kamov mainly for agricultural purposes built between 1965 and 1985.*

## MiG-15 (Mitte rechts / *middle right*)

Erstes sowjetisches Jagdflugzeug mit Strahltriebwerk. Eingeführt ab 1948 kam die MiG-15 u.a. im Koreakrieg zum Einsatz.

*First Soviet jet fighter plane. Introduced from 1948 on the MiG-15 was employed, amongst others, in the Korean War.*

## Antonov An-2 (unten links / *bottom left*)

Größter einmotoriger Doppeldecker der Welt. Die An-2 wurde nach dem 2. Weltkrieg in der UdSSR entwickelt und wird sowohl für zivile als auch für militärische Zwecke bis heute genutzt.

*Largest single engine biplane in the world. The An-2 was developed in the USSR after World War 2 and is used for civilian and military purposes until today.*

## Junkes Ju-87 (unten rechts / *bottom right*)

Deutscher Sturzkampfbomber aus dem 2. Weltkrieg. Weltweit existieren nur noch zwei intakte Maschinen und eine Handvoll Wracks. Das im Museum gezeigte Exemplar wurde 1989 aus dem Mittelmeer geborgen.

*German dive bomber from World War 2. Today only two complete crafts and a handful of wrecks are still existing. The specimen shown in the museum was salvaged from the Mediterranean Sea in 1989.*

# Militärgeschichte - *Military history*

Zu allen Zeiten wurden technische Neuerungen nicht nur zivil, sondern auch militärisch genutzt. Sehr häufig war das Militär sogar die treibende Kraft, die viele Entwicklungen erst möglich gemacht oder aber zumindest wesentlich beschleunigt hat. Ein Museum, das es sich zur Aufgabe gemacht hat, die Gesamtheit der Technikgeschichte darzustellen, muss daher auch der Militärtechnik den ihr gebührenden Platz einräumen.

In der militärhistorischen Abteilung des Auto & Technik Museum Sinsheim steht dabei die Motorisierung der Streitkräfte im Zweiten Weltkrieg im Mittelpunkt. Schwerpunkte sind Panzerfahrzeuge, Lastkraftwagen und Zugmaschinen. Des Weiteren sind, neben neueren Militärflugzeugen, auch sehr seltene Flugzeuge aus der Zeit des Zweiten Weltkriegs zu sehen. Abgerundet wird die Sammlung durch eine Vielzahl weiterer Fahrzeuge, Modelle, Uniformen, Dokumente und viele Dinge des täglichen Lebens, die den entbehrungsreichen Alltag des einfachen Soldaten auch heute noch fühlbar werden lassen.

Im Museumsbuch kann aus Platzgründen leider nur ein sehr kleiner Teil der Exponate kurz vorgestellt werden. Eine umfassende Dokumentation mit vielen Hintergrundinformationen finden Sie in unserem Buch „Militärtechnik in den Technik Museen Sinsheim und Speyer", das in den Museumsshops und im Internet-Shop www.technik-museum.de/shop erhältlich ist.

*At all times technical innovations were not only used in the civilian but also in the military field. As a matter of fact, without the military many inventions would not have been made in the first place, and if at all then only greatly delayed. A museum which has made its goal to show technological history in its entirety must award its due place to military technology, too.*

*Along these lines, the exhibition of military history at the Auto & Technik Museum Sinsheim is focusing its attention on the motorization of armed forces in the Second World War with the main emphasis on tanks, trucks, and tractors. Moreover, besides newer military aircraft, the museum also shows very rare aircraft from the Second World War. The collection is completed by numerous further vehicles, models, uniforms, documents and articles of day-today life, conveying a vivid impression of the deprivations of the common soldier's daily struggle for existence.*

*Unfortunately, due to limited space only a very small portion of the collection can be briefly described in this book. A comprehensive documentation with a lot of background information can be found in our book "Military Technology in the Technik Museums Sinsheim and Speyer" which is available in the museum shop and in the internet shop www.technik-museum.de/shop. The book is written in German but English speaking readers will find summaries in English of the most important facts at the end of each chapter.*

Museumsshop im Internet: www.technik-museum.de/shop

In diesem reich bebilderten Buch werden die wichtigsten Militär-Exponate aus den Technik Museen Sinsheim und Speyer umfassend dargestellt. Die ausführlichen Texte und zahlreichen historischen Fotografien geben am Beispiel der in den Museen ausgestellten Exponate einen realistischen Eindruck von der historischen Entwicklung der Wehrtechnik insbesondere während der Zeit des Zweiten Weltkriegs. Englischsprachige Leser finden jeweils am Ende eines Kapitels eine englische Zusammenfassung der wichtigsten Fakten.

*In this richly illustrated book the most important military exhibits from the Technology Museums Sinsheim and Speyer are comprehensively described. Using the exhibits shown in the museums as examples, the extensive texts and numerous historic pictures give a realistic insight into the historic development of military equipment especially during the time of World War II. English speaking readers will find English summaries of the most important facts at the end of each chapter.*

**Militärtechnik in den Technik Museen und Speyer**
188 Seiten, über 350 Abbildungen mit vielen historischen Einsatzbildern, Format 280 x 236 mm, gebunden
Gleich bestellen im Museumsshop Tel. 07261 / 92 99 - 83
oder im Internet www.technik-museum.de/shop

Shop

Ein besonderes Anliegen des Museums ist es, die militärischen Ausstellungsstücke wo möglich nicht isoliert zu präsentieren, sondern in historische Szenerien, wie der mit großer Sorgfalt gestalteten „Afrika-Gruppe", einzubetten (siehe Bilder oben und rechts unten). Um die Zuordnung zu erleichtern, wurden die wichtigsten Exponate im oberen Bild mit Nummern versehen. Im diesem Bild zu sehen sind (alle Exponate stammen aus der Zeit des Zweiten Weltkriegs):

1. Deutsche 10,5 cm Flak. Da dieser Geschütztyp für den mobilen Einsatz zu schwer war kam er bei der Heimatluftverteidigung, auf Schiffen oder als Eisenbahngeschütz zum Einsatz.
2. Sturmgeschütz 40 Ausführung „G" mit 7,5-cm-Kanone. Sturmgeschütze sind gepanzerte Fahrzeuge zur Infanterieunterstützung.
3. NSU-Kettenkrad mit Anhänger. Eine Kreuzung aus Motorrad und Kettenfahrzeug für leichte Anhängelasten. Aufgrund der geringen Breite kippte das Fahrzeug leicht um.
4. DEMAG 1to Halbketten-Zugmaschine mit 2-cm-Flak 38 und Sonderanhänger 51.
5. Jagdpanzer „Jagdpanther". Spezielle Variante des Kampfpanzers „Panther" für die Panzerabwehr.
6. Deutsche 7,5-cm-Panzerabwehrkanonen PaK 40.
7. Russische 7,62-cm-Panzerabwehrkanone.
8. 8to Halbketten-Zugmaschine Sd. Kfz. 7. Eine der wichtigsten Zugmaschinen der Wehrmacht im Zweiten Weltkrieg.
9. VW-Kübelwagen (siehe auch die Abbildung rechts unten). Wichtigster leichter deutscher Militär-PKW im 2. Weltkrieg.

*It is the explicit intention of the museum that, rather than isolated, the exhibits should, wherever possible, be displayed in historic surroundings, like the most carefully composed „Africa Group" (see pictures top and bottom right). To make correlation easier numbers have been assigned to the most important exhibits shown in the top picture. This picture shows (all exhibit items are from the time of World War 2):*

*1. German 10.5 cm anti-aircraft gun. Since this gun model was to heavy for field use it was employed as a stationary gun for homeland protection, on ships or on specialized platform waggons to protect trains from air attacks.*
*2. Assault gun 40 version "G" with 7.5 cm gun. Assault guns are armored vehicles for infantry support.*
*3. NSU half-track motorbike. A crossover between motorbike and tracked vehicle for hauling light loads. Because of the narrow width there was a great danger of tilting.*
*4. DEMAG 1 ton half-track with 2 cm anti-aircraft gun 38 and special trailer 51.*
*5. Tank destroyer "Jagdpanther". Special version of the German "Panther" tank for fighting enemy tanks.*
*6. German 7.5 cm anti-tank guns.*
*7. Russian 7.62 cm anti-tank gun.*
*8. 8 ton half-track Sd. Kfz. 7. One of the most important tractors of the German Wehrmacht in World War 2.*
*9. VW bucket car (see also picture bottom right). Most important light German military car in World War 2.*

8
9
7
6
4
WH-114411
technik-museum.de/video/demag1to

U.S.A.
3067538

P
03
H

**Wrack eines „Panther“ (linke Seite oben / *left page top*)**
Der „Panther“ war der technisch beste deutsche Kampfpanzer im 2. Weltkrieg. Neben einem komplett erhaltenen Exemplar ist im Museum auch dieses Wrack eines zerstörten „Panthers“ zu sehen, das im Februar 1944 bei Tscherkassy in der Ukraine eingesetzt war, und dort verloren ging. Ob der Panzer von der Mannschaft aufgrund eines technischen Defekts gesprengt wurde oder nach einem Treffer explodierte ist unbekannt.

*The "Panther" was the technically most advanced German tank in World War 2. Besides a completely preserved specimen there is also this wreck of a destroyed "Panther" on display which was employed and lost near Tscherkassy in the Ukraine in 1944. Whether the tank was blown up by its crew because of a technical defect or exploded after being hit is unknown.*

**Russischer T-34 (linke Seite unten / *left page bottom*)**
Völlig unbemerkt von der deutschen Spionage gelang es der russischen Armee mit dem T-34 einen überlegenen Panzer zu konstruieren und zu bauen, der wie ein Schock auf die deutschen Truppen in Russland wirkte. Weder der Großteil der deutschen Panzer noch die Panzerabwehrwaffen waren zur Bekämpfung des T-34 ausreichend. Erst der „Panther“ und der „Tiger“ waren dem T-34 überlegen, der dann aber immer noch mit der schieren Masse das ausgleichen konnte, was ihm an technischer Raffinesse fehlte. Insgesamt wurden im Verlauf des Zweiten Weltkriegs ca. 15.000 T-34 gebaut.

*Unnoticed by the German intelligence service, the Russian army succeeded in designing and building the T-34, a superior tank that came as a veritable shock for the German troops in Russia. Neither the majority of German tanks nor the anti-tank weapons were adequately equipped to be a match for the T-34. It took the "Panther" and the "Tiger" to finally fight the T-34 effectively. But even then the latter was able to make up by sheer bulk what it was lacking in technical refinement. In the course of World War II about 15,000 T-34 were built.*

**Panzerjäger Marder III (oben links / *top left*)**
Der Panzerjäger „Marder III“ diente zur Panzerabwehr und kann als Vorläufer der Jagdpanzer angesehen werden. Auf Fahrgestelle des ausrangierten 38 (t) wurden zunächst erbeutete russische 7,62 cm Paks und ab März 1943 7,5 cm Paks aus deutscher Fertigung montiert. Die Produktion wurde bis Mai 1944 mit nur geringen Modifikationen fortgeführt. Der „Marder III“ war lange Zeit die wirksamste Waffe der deutschen Panzerabwehr im 2. Weltkrieg.

*The tank hunter "Marder III" ("Marten III") served as anti-tank defense and may be regarded as a forerunner of the tank destroyers. The chassis of the obsolete 38 (t) was first mounted with captured Russian 7.62 cm anti-tank guns and, starting in March 1943, with German 7.5 cm anti-tank guns. The production was continued up to May 1944 with only slight modifications. For a long time the "Marder III" was the most effective weapon of the German anti-tank defence in World War 2.*

**Panzerhaubitze „Hummel“ (oben rechts / *oben right*)**
Um die Artillerie beweglicher zu machen, wurden schon im 2. Weltkrieg großkalibrige Kanonen auf Panzer-Fahrgestelle montiert. Bei der „Hummel“ wurde das Fahrgestell des Panzer IV mit dem Antrieb und der Kraftübertragung des Panzer III kombiniert, und darauf eine 15-cm-Haubitze montiert.

*To make the artillery more mobile, in World War 2 already large caliber guns were mounted on tank chassis. In case of the "Hummel" (bumble bee) the chassis of a tank IV was combined with the power transmission of a tank III and on top of this a 15 cm howitzer was mounted.*

# Preisreduzierte Original-Ausgaben von Bernard & Graefe

Karl-Heinz Golla
**Zwischen Reggio und Cassino**
*536 Seiten, 55 Abbildungen (Fotos, Kartenskizzen, Truppengliederung). Geb.*
*Original LP € 34,- /* ***jetzt € (D) 19,90***
ISBN 978-3-7637-6255-2
Das Kriegsgeschehen in Italien im zweiten Halbjahr 1943.

Karl-Dieter Seifert
**Der deutsche Luftverkehr 1926-1945 – auf dem Weg zum Weltverkehr**
*392 Seiten, 398 Fotos, zahlreiche Tabellen. Ln.*
*Original LP € 49,- /* ***jetzt € (D) 19,90***
*ISBN 978-3-7637-6118-0*
Das Werk schildert die Verkehrs- und Luftfahrtentwicklungen im beschriebenen Umfeld.

Komitee Nachbau Sturmpanzerwagen A7V (Hrsg.)
**Sturmpanzerwagen A7V**
*482 Seiten, zahlreiche Farb- und Schwarzweißabbildungen. Geb.*
*Original LP € 49,- /* ***jetzt € (D) 24,-***
*ISBN 978-3-7637-6243-9*
Vom Urpanzer zum Leopard 2.

Karl-Dieter Seifert
**Der deutsche Luftverkehr 1955-2000 – Weltverkehr, Liberalisierung, Globalisierung**
*416 Seiten, zahlreiche Abbildungen (Fotos, Skizzen, Grafiken), Tabellen. Ln.*
*Original LP € 49,- /* ***jetzt € (D) 19,90***
*ISBN 978-3-7637-6121-0*
Das Buch dokumentiert auch die Entwicklungen in politischen, wirtschaftlichen und technischen Zusammenhängen.

Eberhard Rössler
**Die Sonaranlagen der deutschen Unterseeboote**
*212 Seiten, zahlreiche Farb- und Schwarzweißfotos und Zeichnungen. Geb.*
*Original LP € 24,- /* ***jetzt € (D) 12,40***
*ISBN 978-3-7637-6272-9*
Entwicklung, Erprobung, Einsatz und Wirkung akustischer Ortungs- und Täuschungseinrichtungen der deutschen Unterseeboote.

**Bernard & Graefe in der Mönch Verlagsgesellschaft mbH**
**Heilsbachstraße 26**
**53123 Bonn**
**Tel.: 02 28 / 64 83-0**
**Fax: 02 28 / 64 83-109**
**E-Mail: horst.jung@mpgbonn.de**
**www.mpgbonn.de**

Diese beiden Seiten zeigen eine kleine Auswahl der im Museum gezeigten Militär-PKW und LKW aus der Zeit des Zweiten Weltkriegs. Linke Seite oben: leichter PKW Tempo 1200 mit Allrad-Antrieb. Oben links: mittlerer deutscher Einheits-PKW Kfz. 15 von Horch. Oben rechts: Opel Blitz 3-to-LKW mit Holzvergaser umgebaut auf Holzgasbetrieb. Mitte links: amerikanischer Willys Jeep. Mitte rechts: pferdebespannte Feldküche. Unten: VW Schwimmwagen Typ 166 mit Allrad-Antrieb im Museum und bei einer Ausfahrt auf dem Neckar mit Museumspräsident Hermann Layher am Steuer.

*These two pages show a small selection of military cars and trucks from the time of World War 2 on display in the museum. Left page top: light all-terrain car Tempo 1200 with all-wheel drive. Top left: medium German standard car Kfz. 15 built by Horch. Top right: Opel Blitz 3 tons truck remodelled with a wood gas producer for wood gas operation. Middle left: American Willys Jeep. Middle right: horse drawn field kitchen. Bottom: VW amphibious car Type 166 with all-wheel drive in the museum and during a test ride in the Neckar with museum president Hermann Layher at the wheel.*

technik-museum.de/video/horch15

technik-museum.de/video/opelblitz

Wenn Sie sich für Militärgeschichte interessieren, dann sollten Sie es nicht versäumen, die Militär-Sonderausstellung im Freigelände zu besuchen. In Ergänzung zu den in den Museumshallen gezeigten Exponaten sind hier eine Vielzahl von weiteren Panzern, Geschützen, Selbstfahrlafetten, Militärfahrzeugen und technischen Geräten von der Zeit des Zweiten Weltkrieg bis zu den 1970er Jahren ausgestellt. Der deutsche „Leopard" ist hier genauso vertreten wie der russische T-54 sowie neuere Panzer und Geschütze aus der Schweiz, Amerika, Frankreich, Großbritannien und vielen anderen Ländern. Die Bildleiste rechts zeigt (von oben nach unten) einen Schützenpanzer vom Typ HS 30 sowie einen Leopard 1 Kampfpanzer (beide ehemals bei der Bundeswehr im Einsatz) und einen russischen T-72 Kampfpanzer.

*If you are interested in military history you should not miss to visit our special military exhibition in the open air grounds. As an addition to our indoor exhibits we are presenting here a multitude of further military vehicles for you to look at such as tanks, artillery guns, self propelled guns, transport vehicles and technical equipment from the time from World War II until the 1970s. The German "Leopard" can be seen here just as the Russian T-54 as well as recent tanks and guns from Switzerland, the USA, France, Great Britain and many other countries. The pictures at the right show (from top to bottom) a HS 30 armored personnel carrier and a Leopard 1 tank (both once in service with the German Bundeswehr) and a Russian T-72 tank.*